トランスレーショナルリサーチを支援する

遺伝子医学MOOK(ムック)・23号
臨床・創薬利用が見えてきた
microRNA

監修：落谷孝広（国立がん研究センター研究所分子細胞治療研究分野分野長）
編集：黒田雅彦（東京医科大学分子病理学講座主任教授）
　　　尾﨑充彦（鳥取大学医学部生命科学科病態生化学分野准教授）

定価：5,500円（本体5,238円＋税）、B5判、236頁

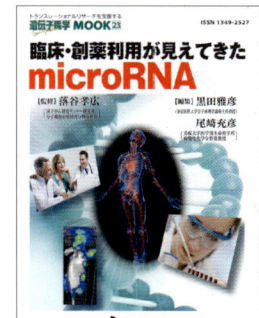

●序文

●第1章　microRNA診断
1. 肝疾患における miRNA 診断
2. 肺がんにおける miRNA 診断
3. 糸球体腎炎における miRNA 診断の展望
4. 神経変性疾患に関与する miRNA とその臨床応用への可能性
5. 整形外科疾患における microRNA
6. 乳がんにおける microRNA 診断
7. 小児疾患における miRNA 診断
8. 血液疾患における miRNA 診断の応用
9. 胃がんにおける miRNA 診断
10. 腎がんにおいて異常発現する miRNA とその機能
11. 眼疾患における miRNA
12. 大腸がんにおける miRNA 診断
13. 血清中 microRNA を用いた炎症性腸疾患の診断
14. 膵がん領域における miRNA 研究
15. 脳腫瘍における miRNA
16. 妊娠における miRNA 診断：胎盤特異的 miRNA と妊娠高血圧症候群の発症予知
17. 疼痛と神経疾患による脳内 miRNA 発現変動：中枢性疾患の診断基準としての miRNA

●第2章　microRNA治療
1. miR-146 による関節炎モデルにおける骨破壊抑制
2. がん抑制的 miRNAs
 - 効率な単離法から機能解析まで -
3. マイクロRNA によるがん幹細胞標的治療
4. miR-22 による乳がんモデルマウスを用いた増殖・転移抑制
5. 膀胱がんに対する miRNA 治療の可能性
6. マイクロRNA によるがん転移予防への展開
 - miR-143 による骨肉腫肺転移抑制効果とその標的遺伝子の同定 -
7. 分泌型 microRNA による新たな細胞間コミュニケーション：エクソソームを用いた microRNA 治療への挑戦
8. 核酸医薬などのドラッグデリバリーをめざした磁性ナノコンポジットの創製
9. 2'-OME RNA オリゴを基盤とした独特の二次構造をもつ新規 microRNA 阻害剤 S-TuD
10. miRNA 制御ウイルスによるがん細胞特異的治療法の開発
11. microRNA による遺伝子発現制御システムを搭載したアデノウイルスベクターの開発
12. miRNA による iPS 細胞作製と再生医療への展開
13. miRNA による抗がん剤感受性増強効果

●第3章　microRNA創薬
1. アテロコラーゲンによる核酸医薬デリバリー開発
2. miRNA 医薬開発の現状と展望
3. がんにおける miRNA 生合成機構の異常と治療標的としての可能性
4. がん抑制型 microRNA を基点としたがん分子ネットワークの解明とがんの新規治療戦略

お求めは医学書販売店、大学生協もしくは弊社購読係まで

発行／直接のご注文は

株式会社 メディカルドゥ

〒550-0004
大阪市西区靭本町1-6-6　大阪華東ビル 5F
TEL.06-6441-2231　FAX.06-6441-3227
E-mail　home@medicaldo.co.jp
URL　http://www.medicaldo.co.jp

遺伝子医学 MOOK 25
エピジェネティクスと病気

● Dnmt1 の立体構造 　　　　　　　　　　　　　　　　　　　（本文 28 頁参照）

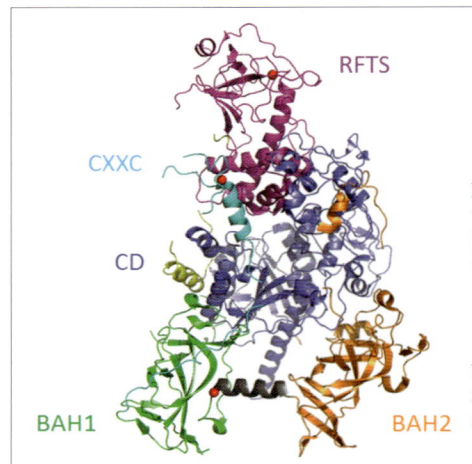

Dnmt1 は N 末端に様々な因子を結合する独立の領域構造をもつ．それ以降の構造は X 線結晶構造が解かれている[54]．RFTS（magenta），2 つの Zn フィンガーからなる CXXC モチーフ（light blue），2 つの BAH ドメイン（green と brown），触媒領域（CD）（dark blue）を示す．注目すべきは，触媒領域に RFTS は嵌まり込み，このままの状態では基質である DNA が触媒中心に近づけないことである．

● ヒストンのメチル化修飾の遺伝子構造における分布（文献 1 より改変）　　　　（本文 32 頁参照）

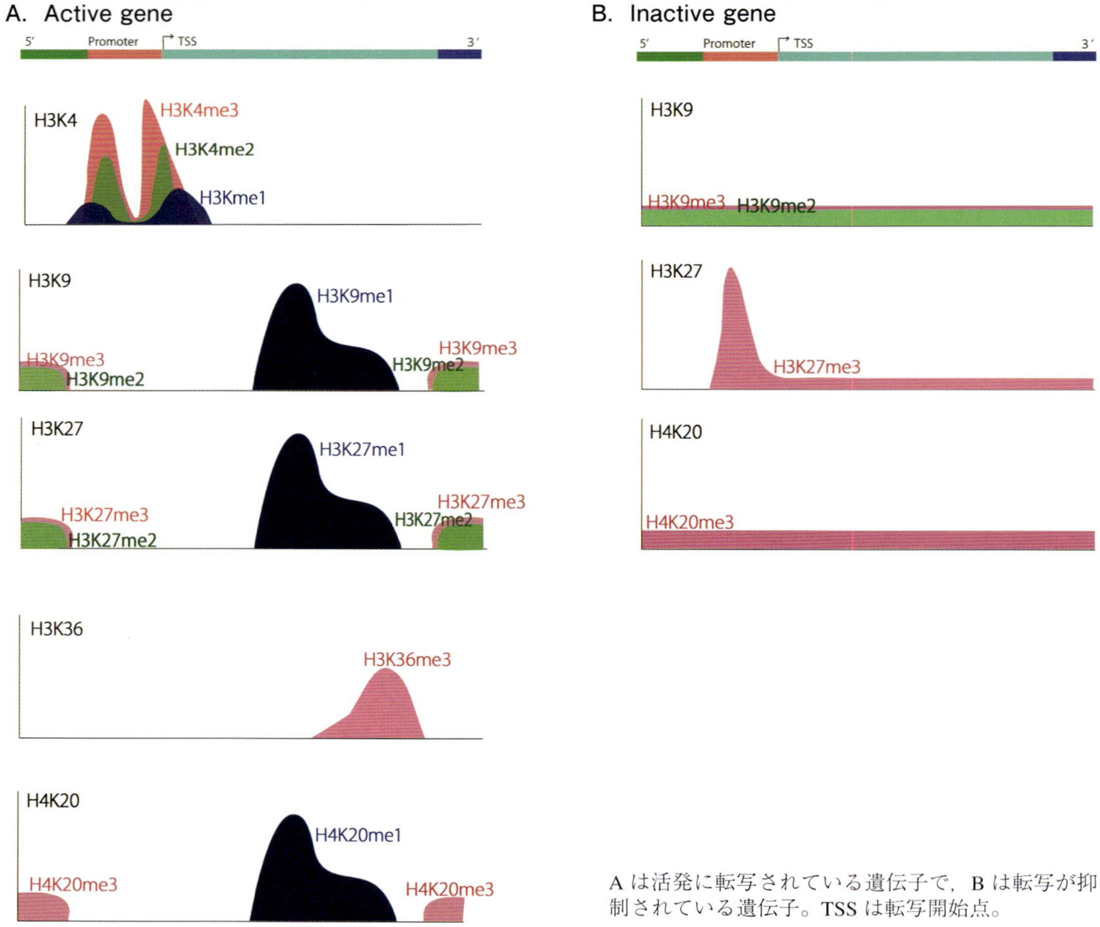

A. Active gene

B. Inactive gene

A は活発に転写されている遺伝子で，B は転写が抑制されている遺伝子．TSS は転写開始点．

巻頭 Color Gravure

● エピジェネティック治療におけるポリコーム群機能　　　　　　　　　（本文41頁参照）

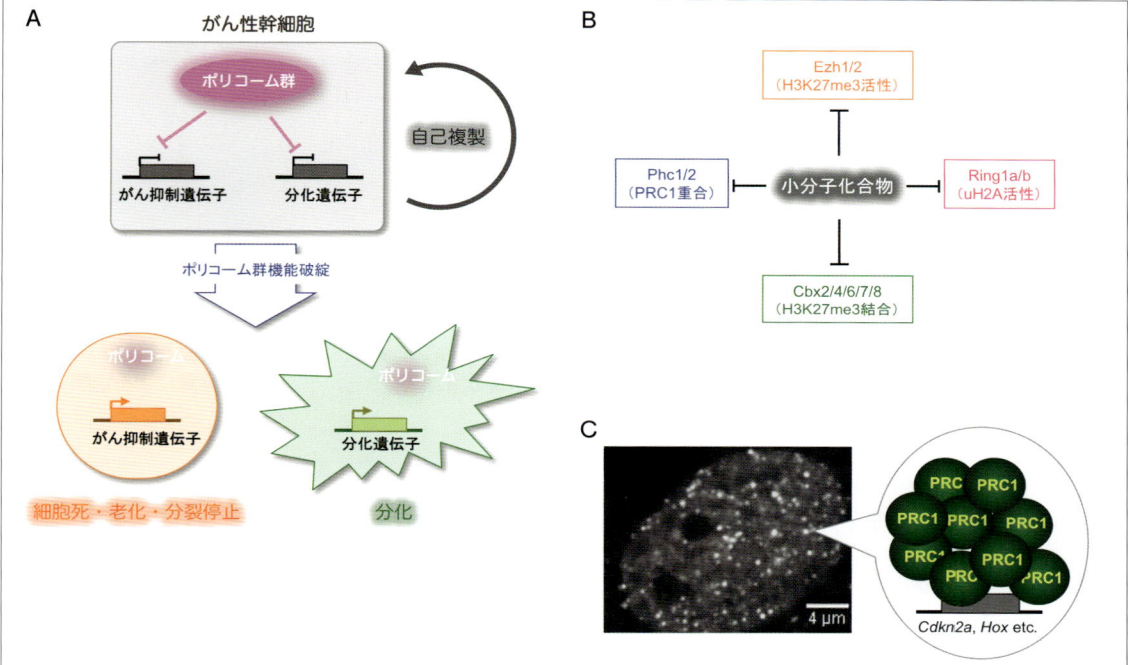

A. がん細胞根絶やし戦略。正常体性幹細胞と同様にポリコーム群機能はがん性幹細胞の自己複製に貢献している。その機能破綻はがん抑制遺伝子や分化遺伝子の脱抑制を介してがん性幹細胞の自己複製能を奪う。
B. 抗がん剤の標的となりえるポリコーム群機能。表示されたポリコーム群機能を指標に薬剤スクリーニングが可能である。
C. 抑制機能をもつPRC1核内構造体。モノクロ画像はRing1b-YFPノックインマウス由来の胚性線維芽細胞のライブイメージングである。多数の核内斑点構造体（直径～0.5μm）はポリコーム群標的遺伝子領域（少なくとも *Cdkn2a*, *Hox* 遺伝子座）でのPRC1重合の結果であり，その形成はポリコーム群抑制機能に必要である。したがって，PRC1構造体はポリコーム群抑制機能に対する薬剤スクリーニングに有用である。

巻頭 Color Gravure

● 3C-seq　　　　　　　　　　　　　　　　　　　　　　　　　　　　（本文 53 頁参照）

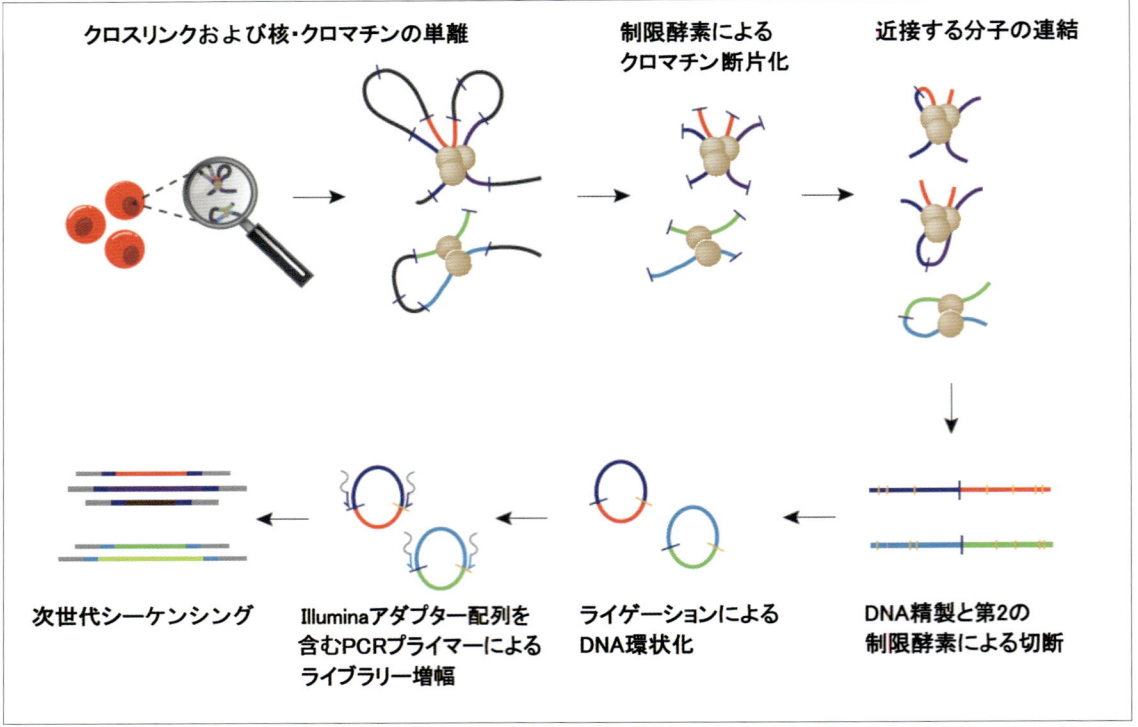

● エピジェネティクス・エピゲノム関連の論文数　　　　　　　　　　（本文 60 頁参照）

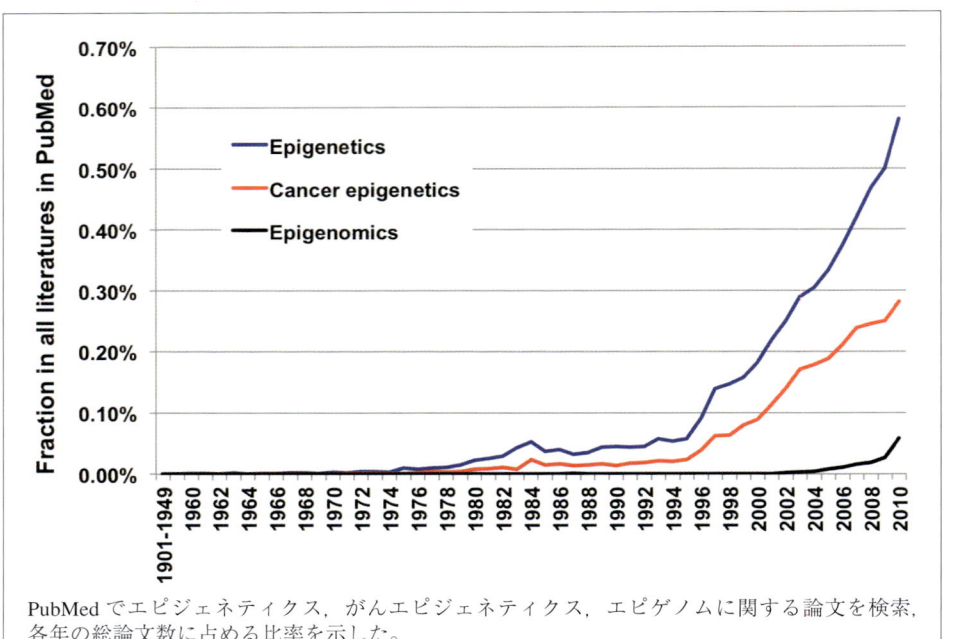

PubMed でエピジェネティクス，がんエピジェネティクス，エピゲノムに関する論文を検索，各年の総論文数に占める比率を示した。

巻頭 Color Gravure

● エピジェネティクス関連論文の国別比率　（本文61頁参照）

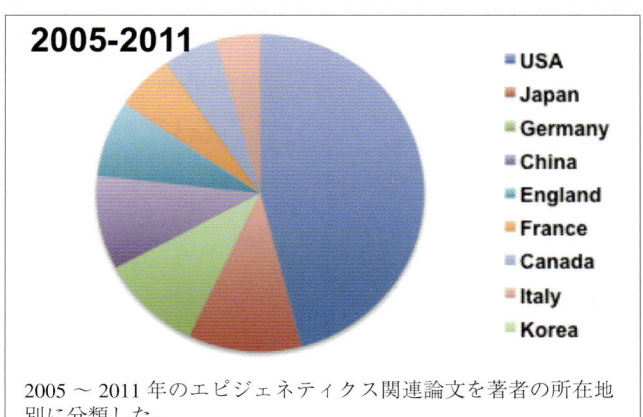

2005～2011年のエピジェネティクス関連論文を著者の所在地別に分類した。

● C型肝炎ウイルス感染から肝細胞がんを発生する経過　（本文73頁参照）

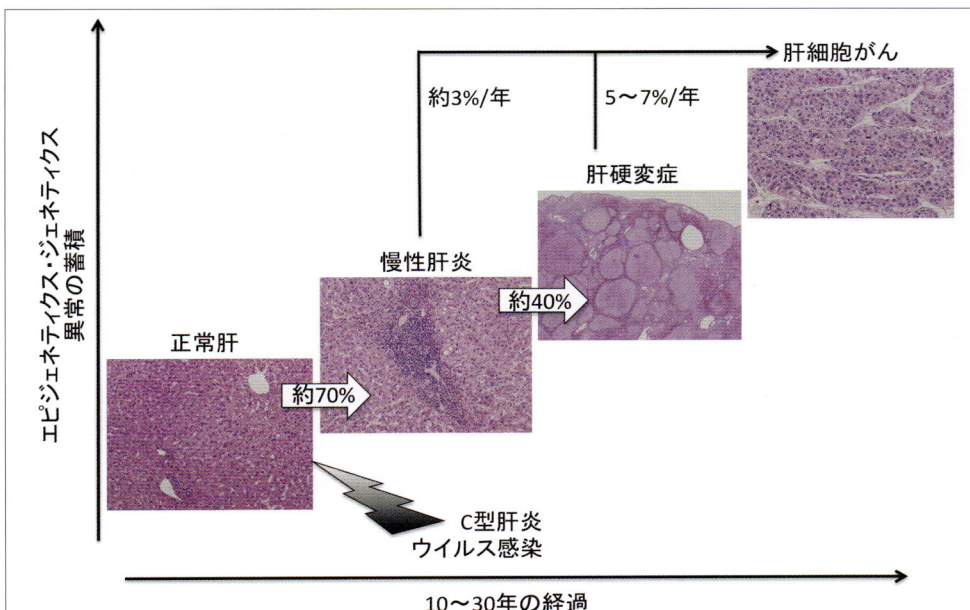

わが国においては，肝細胞がんの70％がHCV感染に起因する。慢性肝炎患者は年率3％程度で，肝硬変症患者は年率5～7％で，肝細胞がんと診断される。ウイルスの持続感染と慢性炎症を背景とする肝細胞がんの発生は，エピジェネティクス異常の寄与の大きい多段階発がん過程の典型例といえる。経過観察期間は10～30年にわたるため，患者に対する継続受診への強い動機づけが必要で，DNAメチル化異常を指標とする発がんリスク診断の実用化が望まれる。

巻頭 Color Gravure

● HDAC 阻害薬による炎症・線維化反応の抑制（文献 13 より改変） （本文 120 頁参照）

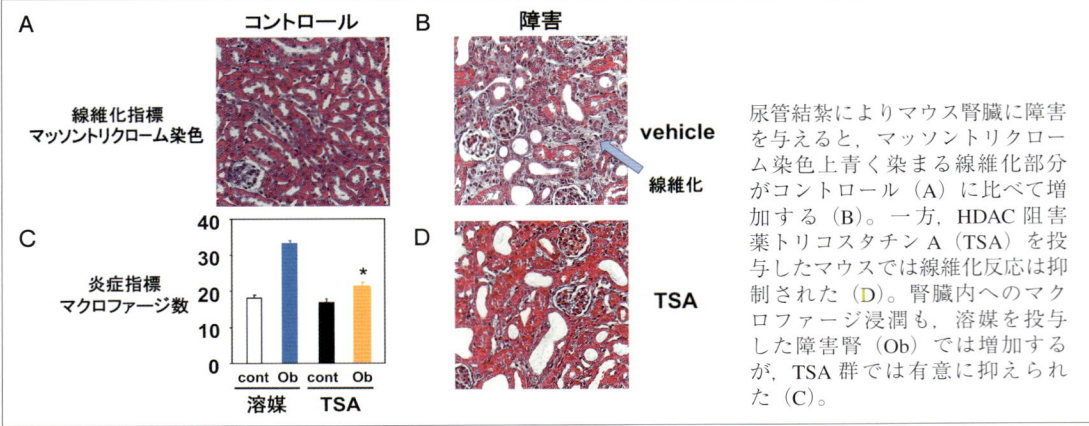

尿管結紮によりマウス腎臓に障害を与えると，マッソントリクローム染色上青く染まる線維化部分がコントロール（A）に比べて増加する（B）。一方，HDAC 阻害薬トリコスタチン A（TSA）を投与したマウスでは線維化反応は抑制された（D）。腎臓内へのマクロファージ浸潤も，溶媒を投与した障害腎（Ob）では増加するが，TSA 群では有意に抑えられた（C）。

● 破骨細胞におけるエピジェネティック制御（文献 10 より改変） （本文 133 頁参照）

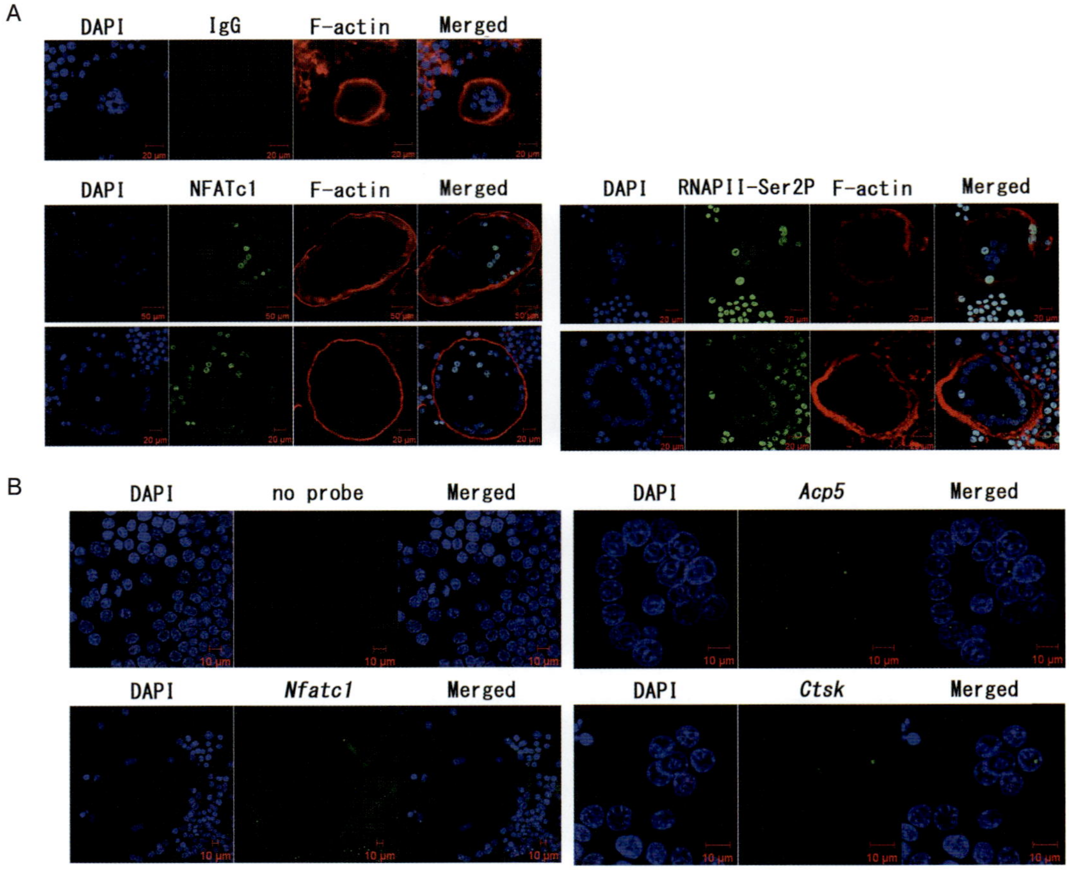

多核破骨細胞において，限られた核にのみ転写活性が認められる。
A．破骨細胞の多核における Nfatc1 および RNAPII-Ser2P タンパク質の局在
B．破骨細胞の多核における Nfatc1, Acp5, Ctsk の転写産物の存在
RNAPII-Ser2P：phosphorylated RNA polymerase II on serine 2

巻頭 Color Gravure

● *MECP2* 遺伝子の構造および RTT 患者でみられる主な *MECP2* 遺伝子の変異　（本文 159 頁参照）

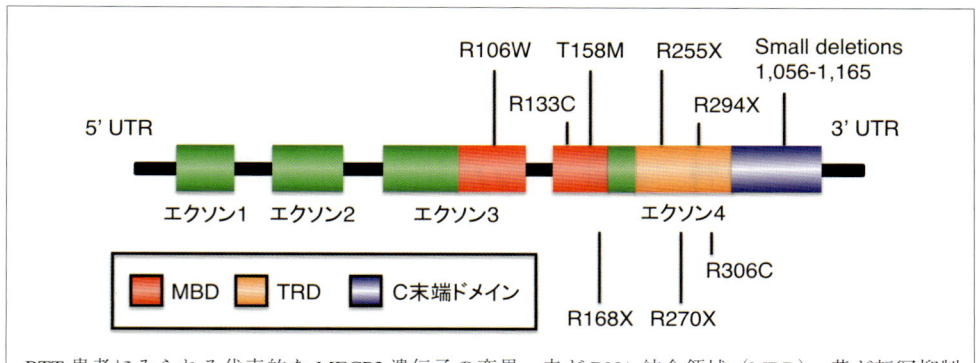

RTT 患者にみられる代表的な *MECP2* 遺伝子の変異。赤が DNA 結合領域（MBD），黄が転写抑制領域（TRD），青が C 末端ドメインを示している。

● 短期の環境ストレスに起因する脳内の DNA メチル化亢進　（本文 168 頁参照）

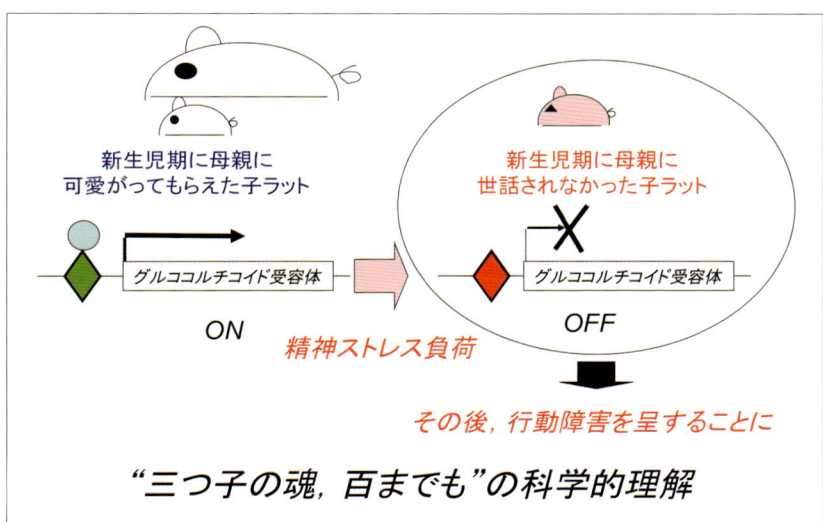

"三つ子の魂，百までも" の科学的理解

生直後の短期間の精神ストレスが，脳海馬領域のストレス耐性遺伝子のプロモーター領域のメチル化を誘導し（緑のひし形：非メチル化プロモーター，赤のひし形：メチル化プロモーター），その結果，長期にわたる発現抑制が確立され，長期にわたる行動障害のもとが形成される。

巻頭 Color Gravure

● 11p15.5領域の刷り込みドメイン（文献1より改変）　　　　　　　　　　（本文197頁参照）

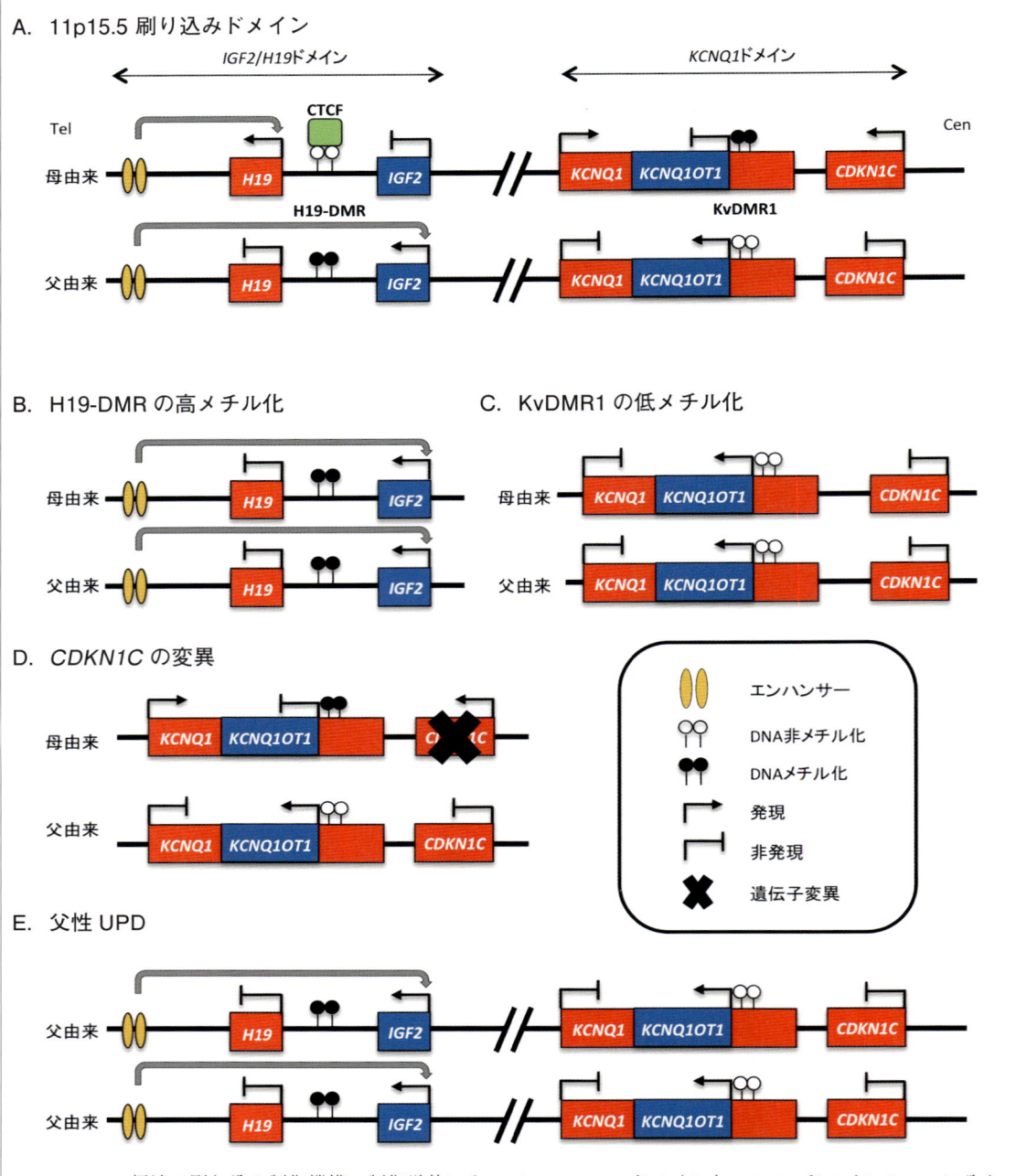

A. 11p15.5領域の刷り込み制御機構。制御単位によって，*IGF2/H19*ドメインと*KCNQ1*ドメインの2つに分かれる。それぞれのドメインのICRは，H19-DMRとKvDMR1である。赤は母性発現，青は父性発現する刷り込み遺伝子である。詳細は本文参照。
B. H19-DMRの高メチル化。母由来H19-DMRの高メチル化によって，母由来アレルが父型の制御を受ける。
C. KvDMR1の低メチル化。母由来KvDMR1の低メチル化によって，母由来アレルが父型の制御を受ける。
D. *CDKN1C*の変異。母由来アレルの*CDKN1C*に変異があるとき，BWSを発症する。
E. 父性UPD。*IGF2/H19*ドメインと*KCNQ1*ドメインともに父由来である。

巻頭 Color Gravure

● ヒストン修飾抗体を用いた免疫細胞染色　（本文251頁参照）

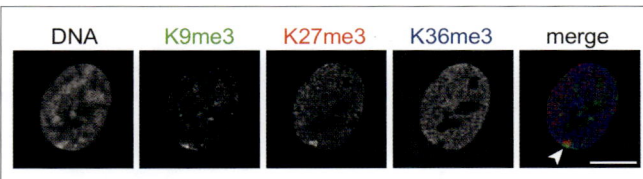

ヒト培養細胞に対して，ヒストンH3修飾特異的抗体を用いて免疫染色を行った。H3K9トリメチル化（K9me3；緑），H3K27トリメチル化（K27me3；赤）は不活性X染色体に濃縮される（矢頭）。H3K36トリメチル化（K36me3；青）はユークロマチン領域に局在する。Scale bar=10 μm

● アセチル化蛍光プローブHistacの概念図とTSAによってアセチル化を誘導したCos7細胞の核の応答　（文献9より）（本文267頁参照）

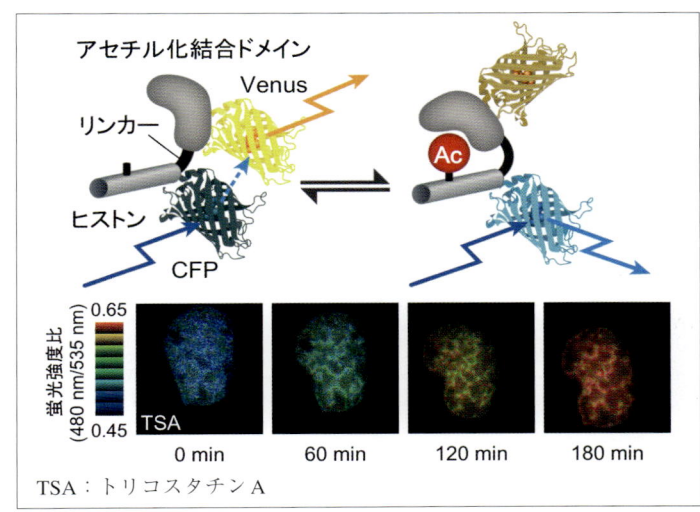

TSA：トリコスタチンA

遺伝子医学別冊／遺伝子医学の入門書

好評発売中

これだけは知っておきたい
遺伝子医学の基礎知識

監修：本庶　佑（京都大学大学院医学研究科教授）
編集：有井滋樹・武田俊一・平井久丸・三木哲郎
定価：3,990円（本体3,800円+税）、B5判、320頁

発行／直接のご注文は 株式会社 メディカルドゥ
TEL.06-6441-2231　FAX.06-6441-3227
E-mail　home@medicaldo.co.jp
URL　http://www.medicaldo.co.jp

トランスレーショナルリサーチを支援する

好評発売中

遺伝子医学MOOK（ムック）・22号

最新疾患モデルと
病態解明，創薬応用研究，
細胞医薬創製研究の最前線

最新疾患モデル動物,ヒト化マウス,モデル細胞,
ES・iPS細胞を利用した病態解明から創薬まで

編集： 戸口田淳也（京都大学iPS細胞研究所増殖分化機構研究部門教授
　　　　　　　　　　京都大学再生医科学研究所組織再生応用分野教授）
　　　　池谷　真　（京都大学iPS細胞研究所増殖分化機構研究部門准教授）

定価： 5,600円（本体 5,333円＋税）、B5判、276頁

- ●序文
- ●第1章　創薬に向けた新規遺伝子改変動物
  1. ヒト化肝臓をもつキメラマウスを用いた創薬研究
  2. ジンクフィンガーヌクレアーゼ（ZFN）による重症免疫不全（SCID）ラットの作製と創薬応用研究への試み
  3. トランスジェニックマーモセットの開発とiPS細胞治療薬前臨床モデル確立への試み
- ●第2章　各種病態モデルと創薬研究
  1. 神経疾患
     1) ES細胞からの機能的な脳下垂体組織の形成：医学応用への展望
     2) Demyelinationラット：脱髄の最新疾患モデル
     3) 脳虚血モデルマウスを用いた創薬応用研究
     4) 神経変性疾患におけるiPS細胞研究の現状と展望
        - アルツハイマー病iPS細胞の樹立と解析 -
     5) 球脊髄性筋萎縮症（SBMA）モデルマウスを用いた抗アンドロゲン療法の開発
     6) パーキンソン病治療に向けた多能性幹細胞由来ドパミン神経細胞移植による前臨床研究
     7) iPS細胞作製技術を利用した神経疾患病因機構の解明と創薬開発への取り組み
  2. 視聴覚疾患
     1) ゼブラフィッシュを用いた視細胞死の分子メカニズムの解明および創薬応用研究
     2) 高眼圧モデルマウスを用いた緑内障研究と創薬応用
     3) 多能性幹細胞を用いた網膜疾患の細胞移植治療
     4) ヒト難聴のモデルマウスから見出されたアクチン構造様式制御と創薬研究
  3. 循環器疾患
     1) 多能性幹細胞を用いた心臓疾患治療薬の開発
     2) iPS細胞を用いた遺伝性心疾患の分子病態の解明と創薬研究
     3) iPS細胞を用いた腎疾患治療薬の開発研究
     4) NF-κB活性化を中心とした脳動脈瘤形成の分子機序の解明と創薬研究
  4. 代謝性疾患
     1) アルファアレスチンファミリー欠損マウスの解析から判明したエネルギー代謝調節機構と肥満・糖尿病の新たな治療法開発
     2) iPS細胞を用いた糖尿病に対する再生医療開発に向けた取り組み
     3) レドックス異常を回復する化合物 レドックスモジュレーターの探索：Redoxfluorの創薬への利用
  5. 筋原性疾患
     1) グルココルチコイド筋萎縮モデルラットを用いたグルココルチコイド副作用の克服に向けた取り組み
     2) 筋ジストロフィー犬とエクソンスキップ治療の最前線
     3) 縁取り空胞を伴う遠位型ミオパチーに対するシアル酸補充療法
  6. 骨軟骨疾患
     1) 軟骨無形成症モデルマウスを用いたCNP投与療法の開発
     2) 難治性骨軟骨疾患罹患者由来iPS細胞を用いた病態再現と治療開発の試み
     3) 大腿骨頭壊死動物モデルを用いた細胞増殖因子治療の取り組みと臨床応用研究
  7. 皮膚・炎症性疾患
     1) アトピー性皮膚炎に見出されたフィラグリン遺伝子の変異を有するflaky tailマウスを用いた新規アトピー性皮膚炎モデル - 創薬応用研究の可能性 -
     2) 生体内骨髄間葉系幹／前駆細胞動員因子を用いた体内再生誘導医薬開発の展望
     3) AP-1B欠損マウスの解析から判明した炎症性腸疾患の新たなメカニズムと創薬応用研究
  8. 血液疾患
     1) 血友病モデル犬を用いた創薬／臨床応用研究
     2) ヒト疾患化マウスを用いた白血病創薬応用研究
     3) 臨床応用に向けたヒト多能性幹細胞由来血小板造血研究
  9. 腫瘍性疾患
     1) 胃がん発生の分子機序解明と創薬研究を目的としたマウスモデルの開発
     2) ホルモン療法耐性前立腺がんモデルマウスを用いた前立腺がんの増殖亢進の分子メカニズムの解明および創薬応用研究
     3) 前立腺がんおよび乳がんの骨浸潤モデル：骨微小環境における腫瘍間質相互作用の分子メカニズムの解明と骨転移治療薬の開発への応用
     4) がん幹細胞に着目した悪性脳腫瘍形成の分子機構解明 - よりよい創薬標的を求めて -
     5) PICT1による核小体ストレス経路を介したp53と腫瘍進展制御 - 腫瘍予後マーカーや今後の創薬応用に向けて -

発行／直接のご注文は

 株式会社 メディカルドゥ

〒550-0004
大阪市西区靱本町1-6-6　大阪華東ビル5F
TEL.06-6441-2231　FAX.06-6441-3227
E-mail　home@medicaldo.co.jp
URL　http://www.medicaldo.co.jp

トランスレーショナルリサーチを支援する

遺伝子医学 MOOK 25

Gene & Medicine

エピジェネティクスと病気

【監修】佐々木裕之
（九州大学生体防御医学研究所
エピゲノム制御学分野教授）

【編集】中尾光善
（熊本大学発生医学研究所
細胞医学分野教授）

中島欽一
（九州大学大学院医学研究院
応用幹細胞医科学部門教授）

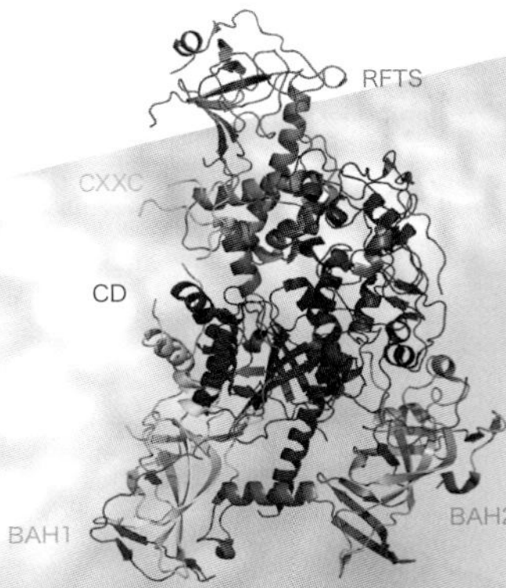

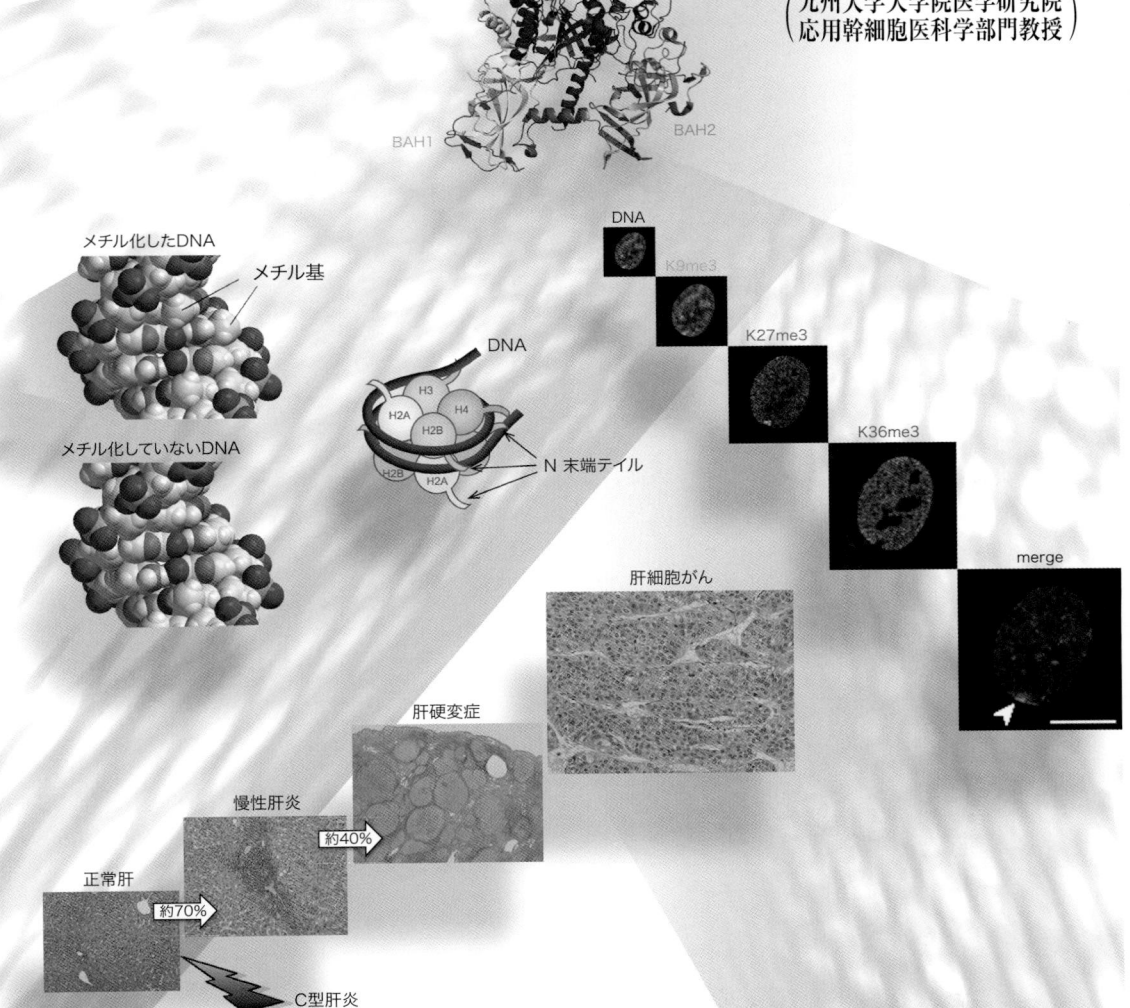

序文

　病気におけるエピジェネティクスの役割が注目されている。よって，今回のメディカルドゥ社「遺伝子医学MOOK」の企画は実にタイムリーである。本特集ではまず，ヒトの病気をエピジェネティクスの観点から研究しておられる方々にそれぞれの病気についての概説をお願いした。また，エピジェネティクスを標的とした診断や創薬についても，その現状や基礎的技術を知る専門家の方々に解説をお願いした。いずれも，わが国トップの方々に執筆していただくことができ，たいへん有り難く思っている。

　この分野は現在非常な勢いで発展しつつあるが，一方でやや薄い根拠に基づく仮説や推測が先行している面がなきにしもあらずである。最先端の分野や発展性の高い分野は得てしてそんなものだろうし，そういう仮説や推測から大きな発展があると思うので，そのことを否定するつもりはない。しかしながら，仮説に対しては不断の検証が必要であり，その研究においてはサンプルの品質，実験技術，データ解釈，再現性などをとことん追求することが必要である。元気の出る仮説が正しいとは限らないし，いつまでも仮説のまま放っておくことも許されない。よって今回はしっかりした執筆陣に，どこまでわかっていてどこからわかっていないのかを明示しつつ，最先端の研究の現状について紹介していただくことにした。読者の方々の頭の中が整理されれば幸いである。

　時あたかも国際ヒトエピゲノム計画が進行中であり，ヒトの正常な組織や細胞型の標準エピゲノムが国際協調で解読されつつある。これが完成すれば病気のサンプルとの比較が容易になり，この分野の研究は一層進むであろう。一方，ゲノムはもちろんのこと，プロテオームやメタボロームの研究も日進月歩であり，将来的にはオミクス情報を横断的・統合的に活用することで大きな展開があるのであろう。まさにビッグデータの時代である。

　ギリシャ神話のプロメテウスは「先見の明を持つ者」または「行動する前に熟慮する者」であり，エピメテウスは失敗した後でああしていれば良かったと後悔する「あと知恵の者」だそうである。エピジェネティクスは環境に応じて徐々に蓄積し，かつ長期間記憶される遺伝子機能の変化である。われわれはエピジェネティクスをうまく用いて病気を予測・診断し，予防・治療するプロメテウスになれるだろうか。知恵に走り過ぎないプロメテウスになりたいものだ。本特集でそれを考えていただければ幸いである。

九州大学　**佐々木裕之**

トランスレーショナルリサーチを支援する
遺伝子医学MOOK 25

エピジェネティクスと病気

目　次

監　　集：佐々木裕之（九州大学生体防御医学研究所エピゲノム制御学分野教授）
編　　集：中尾　光善（熊本大学発生医学研究所細胞医学分野教授）
　　　　　中島　欽一（九州大学大学院医学研究院応用幹細胞医科学部門教授）

　　巻頭 Color Gravure ………………………………………………………… 4
　●序文 …………………………………………………………………………… 15
　　　　　　　　　　　　　　　　　　　　　　　　　　　　　　佐々木裕之

第1章　エピジェネティクスの基礎

1. DNA のメチル化 ……………………………………………………………… 24
　　　　　　　　　　　　　　　　　　　　　　　　　　　　　　　末武　勲
2. ヒストンの脱メチル化とその機能 ………………………………………… 31
　　　　　　　　　　　　　　　　　　　　　　　　　　　　　　　立花　誠
3. ポリコーム群による遺伝子抑制とエピジェネティック治療への貢献 …… 37
　　　　　　　　　　　　　　　　　　　　　　　　　　　　　　　磯野協一
4. ノンコーディング RNA とエピジェネティクス …………………………… 43
　　　　　　　　　　　　　　　　　　　　　　　　　　坂口武久・佐渡　敬
5. エピゲノム解析法 …………………………………………………………… 50
　　　　　　　　　　　　　　　　　　　　　　　　　　　　　　　油谷浩幸
6. 国際ヒトエピゲノムコンソーシアム ……………………………………… 55
　　　　　　　　　　　　　　　　　　　　　牛島俊和・服部奈緒子・波羅　仁

第2章　エピジェネティクスと病気

1. がん
　　1）胃がん ………………………………………………………………… 64
　　　　　　　　　　　　　　　　　　　　　　　　　　　　　　　秋山好光
　　2）肝細胞がん …………………………………………………………… 70
　　　　　　　　　　　　　　　　　　　　　　　　　　　新井恵吏・金井弥栄

3）脳腫瘍の発生に関わるエピジェネティクス異常 ･･･････････････ 76
　　　　　　　　　　　　　　　　　　　　　　　大岡史治・近藤　豊
　4）血液腫瘍 ･･ 82
　　　　　　　　　　　　　　　　　　　　　　　　　　　大木康弘
　5）乳がんのエピゲノム異常と診断・治療への応用 ･･････････････ 88
　　　　　　　　　　　　　　　　　　藤原沙織・冨田さおり・中尾光善
　6）がんと細胞老化 ･･ 95
　　　　　　　　　　　　　　　　　　　　　　　　　　　金田篤志
　7）細胞初期化と発がん ･･････････････････････････････････ 101
　　　　　　　　　　　　　　　　　　　　　　　蝉　克憲・山田泰広

2. **環境相互作用・多因子疾患**
　1）エネルギー代謝のエピジェネティック制御と疾患 ･･････････ 106
　　　　　　　　　　　　　　　　　阿南浩太郎・中尾光善・日野信次朗
　2）糖尿病 ･･ 112
　　　　　　　　　　　　　　　　　　　　　　　亀井康富・小川佳宏
　3）高血圧，腎臓病でのエピジェネティクスの役割 ･･････････ 117
　　　　　　　　　　　　　　　　　　　　　　　丸茂丈史・藤田敏郎
　4）アレルギー性疾患 ････････････････････････････････････ 123
　　　　　　　　　　　　　　　　　　　　　　　　　　　滝沢琢己
　5）骨関節疾患におけるエピジェネティクス ････････････････ 131
　　　　　　　　　　　　　　　　　　　　　　　　　　　今井祐記
　6）*Helicobacter pylori* 感染による DNA メチル化異常の誘発 ････ 137
　　　　　　　　　　　　　　　　　　　　　　　丹羽　透・牛島俊和
　7）環境化学物質とエピゲノム ････････････････････････････ 142
　　　　　　　　　　　　　　　　　　　　　　　　　　五十嵐勝秀

3. **精神神経疾患**
　1）エピジェネティクスと神経疾患 ･･････････････････････････ 148
　　　　　　　　　　　　　　　　　　　　　　　　　　　岩田　淳
　2）エピジェネティクスと精神疾患 ･･････････････････････････ 153
　　　　　　　　　　　菅原裕子・文東美紀・石郷岡　純・加藤忠史・岩本和也
　3）レット症候群と MeCP2 ･･････････････････････････････ 158
　　　　　　　　　　　　　　　　辻村啓太・入江浩一郎・中嶋秀行・中島欽一
　4）エピジェネティクスと脳機能 ･･････････････････････････ 164
　　　　　　　　　　　　　　　　　　　　久保田健夫・三宅邦夫・平澤孝枝

● CONTENTS

  5）脊髄損傷 ………………………………………………………… 171
              上薗直弘・松田泰斗・中島欽一
 4. 不妊・先天異常
  1）ヒト生殖補助医療（ART）とエピジェネティクスの異常 ……… 178
              千葉初音・岡江寛明・有馬隆博
  2）産科異常のエピジェネティクス ………………………………… 184
                  右田王介・秦　健一郎
  3）Prader-Willi 症候群と Angelman 症候群 ………………………… 189
                       齋藤伸治
  4）Beckwith-Wiedemann 症候群と小児腫瘍 ………………………… 195
                   東元　健・副島英伸
  5）インプリント異常症 ……………………………………………… 202
                       鏡　雅代
  6）DNA メチル化酵素異常症 ………………………………………… 210
              鵜木元香・新田洋久・佐々木裕之
  7）ヒストン修飾酵素異常症 ………………………………………… 217
                      黒澤健司
  8）コルネリアデランゲ症候群（CdLS） …………………………… 223
                   泉　幸佑・白髭克彦

第3章　エピジェネティクスの技術開発と創薬

 1. DNA 修飾の化学的解析の最新基本原理の紹介 ………………… 231
                       岡本晃充
 2. メチローム解析 …………………………………………………… 237
                   三浦史仁・伊藤隆司
 3. ヒストン修飾検出法 ……………………………………………… 247
                   木村　宏・佐藤優子
 4. iChIP 法による特定ゲノム領域の単離と結合分子の同定 ……… 254
                       藤井穂高
 5. 次世代エピジェネティックドラッグ開発の最前線 …………… 260
                       鈴木孝禎
 6. エピジェネティクス可視化技術と創薬 ………………………… 266
                   佐々木和樹・吉田　稔

7. 再生医療とエピジェネティクス ‥‥‥‥‥‥‥‥‥‥‥‥‥‥‥‥‥‥‥ 271
　　　　　　　　　　　　　　　　　　　　梅澤明弘・西野光一郎

　索引 ‥‥‥‥‥‥‥‥‥‥‥‥‥‥‥‥‥‥‥‥‥‥‥‥‥‥‥‥‥‥‥ 278
　特集関連資料広告 ‥‥‥‥‥‥‥‥‥‥‥‥‥‥‥‥‥‥‥‥‥‥‥‥ 281

執筆者一覧（五十音順）

秋山好光
東京医科歯科大学大学院医歯学総合研究科分子腫瘍医学分野　講師

阿南浩太郎
熊本大学発生医学研究所細胞医学分野

油谷浩幸
東京大学先端科学技術研究センターゲノムサイエンス分野　教授

新井恵吏
国立がん研究センター研究所分子病理分野　研究員

有馬隆博
東北大学大学院医学系研究科情報遺伝学分野　教授

五十嵐勝秀
国立医薬品食品衛生研究所安全性生物試験研究センター毒性部第3室　室長

石郷岡　純
東京女子医科大学医学部精神医学講座　主任教授

泉　幸佑
東京大学分子細胞生物学研究所エピゲノム疾患研究センターゲノム情報解析研究分野　助教

磯野協一
理化学研究所統合生命科学研究センター　上級研究員

伊藤隆司
東京大学大学院理学系研究科生物化学専攻　教授

今井祐記
愛媛大学プロテオサイエンスセンター　教授

入江浩一郎
九州大学大学院医学研究院応用幹細胞医科学部門応用幹細胞医科学講座基盤幹細胞学分野

岩田　淳
東京大学大学院医学系研究科分子脳病態科学　特任准教授

岩本和也
東京大学大学院医学系研究科分子精神医学講座　特任准教授

上薗直弘
九州大学大学院医学研究院応用幹細胞医科学部門応用幹細胞医科学講座基盤幹細胞学分野
鹿児島大学大学院医歯学総合研究科先進治療科学専攻運動機能修復学講座整形外科

牛島俊和
国立がん研究センター研究所エピゲノム解析分野　分野長

鵜木元香
九州大学生体防御医学研究所ゲノム機能制御学部門エピゲノム制御学分野　助教

梅澤明弘
国立成育医療研究センター研究所生殖・細胞医療研究部　部長

大岡史治
愛知県がんセンター研究所ゲノム制御研究部　リサーチレジデント

大木康弘
Department of Lymphoma and Myeloma University of Texas, M.D. Anderson Cancer　Assistant Professor

岡江寛明
東北大学大学院医学系研究科情報遺伝学分野　助教

岡本晃充
東京大学先端科学技術研究センター生命反応化学分野　教授
東京大学大学院工学系研究科化学生命工学専攻　教授
東京大学大学院工学系研究科先端学際工学専攻　教授

小川佳宏
東京医科歯科大学医学部附属病院糖尿病・内分泌・代謝内科　教授

鏡　雅代
国立成育医療研究センター研究所分子内分泌研究部臨床研究室　室長

加藤忠史
理化学研究所脳科学総合研究センター精神疾患動態研究チーム　チームリーダー

金井弥栄
国立がん研究センター研究所分子病理分野　分野長

金田篤志
千葉大学大学院医学研究院分子腫瘍学　教授
科学技術振興機構 CREST

亀井康富
京都府立大学生命環境科学研究科分子栄養学研究室　教授

木村　宏
大阪大学大学院生命機能研究科細胞核ダイナミクス研究室　准教授

久保田健夫
山梨大学医学部環境遺伝医学講座　教授

黒澤健司
神奈川県立こども医療センター遺伝科　部長

近藤　豊
愛知県がんセンター研究所ゲノム制御研究部　部長

齋藤伸治
名古屋市立大学大学院医学研究科新生児・小児医学分野　教授

坂口武久
九州大学生体防御医学研究所ゲノム機能制御学部門エピゲノム制御学分野　特任研究員

佐々木和樹
理化学研究所吉田化学遺伝学研究室　客員研究員
科学技術振興機構さきがけ

佐々木裕之
九州大学生体防御医学研究所ゲノム機能制御学部門エピゲノム制御学分野　所長,教授

佐渡　敬
九州大学生体防御医学研究所ゲノム機能制御学部門エピゲノム制御学分野　准教授

佐藤優子
大阪大学大学院生命機能研究科細胞核ダイナミクス研究室　特任研究員

白髭克彦
東京大学分子細胞生物学研究所エピゲノム疾患研究センターゲノム情報解析研究分野　教授

末武　勲
大阪大学蛋白質研究所蛋白質化学研究部門エピジェネティクス研究室　准教授

菅原裕子
東京女子医科大学医学部精神医学講座　助教

鈴木孝禎
京都府立医科大学大学院医学研究科統合医化学専攻医薬品化学　教授

蝉　克憲
京都大学iPS細胞研究所初期化機構研究部門
京都大学物質-細胞統合システム拠点

副島英伸
佐賀大学医学部分子生命科学講座分子遺伝学・エピジェネティクス分野　教授

滝沢琢己
群馬大学大学院医学系研究科小児科学分野　准教授

立花　誠
京都大学ウイルス研究所ゲノム改変マウス研究領域　准教授

千葉初音
東北大学大学院医学系研究科情報遺伝学分野　助教

辻村啓太
九州大学大学院医学研究院応用幹細胞医科学部門応用幹細胞医科学講座基盤幹細胞学分野　特任助教

冨田さおり
熊本大学医学部附属病院乳腺・内分泌外科　特任助教
熊本大学発生医学研究所細胞医学分野

中尾光善
熊本大学発生医学研究所細胞医学分野　所長,教授

中島欽一
九州大学大学院医学研究院応用幹細胞医科学部門応用幹細胞医科学講座基盤幹細胞学分野　教授

中嶋秀行
九州大学大学院医学研究院応用幹細胞医科学部門応用幹細胞医科学講座基盤幹細胞学分野

西野光一郎
宮崎大学農学部獣医機能生化学研究室　准教授

新田洋久
九州大学生体防御医学研究所ゲノム機能制御学部門エピゲノム制御学分野　研究員

丹羽　透
国立がん研究センター研究所エピゲノム解析分野　研究員

秦　健一郎
国立成育医療センター研究所周産期病態研究部　部長

服部奈緒子
国立がん研究センター研究所エピゲノム解析分野

波羅　仁
科学技術振興機構

東元　健
佐賀大学医学部分子生命科学講座分子遺伝学・エピジェネティクス分野　助教

日野信次朗
熊本大学発生医学研究所細胞医学分野　助教

平澤孝枝
山梨大学医学部環境遺伝医学講座　講師

藤井穂高
大阪大学微生物病研究所感染症学免疫学融合プログラム推進室　准教授

藤田敏郎
東京大学先端科学技術研究センター臨床エピジェネティクス講座　CREST研究代表者

藤原沙織
熊本大学発生医学研究所細胞医学分野

文東美紀
東京大学大学院医学系研究科分子精神医学講座　特任助教

松田泰斗
九州大学大学院医学研究院応用幹細胞医科学部門応用幹細胞医科学講座基盤幹細胞学分野

丸茂丈史
東京大学先端科学技術研究センター臨床エピジェネティクス講座　特任講師

執筆者一覧

三浦史仁
東京大学大学院理学系研究科生物化学専攻　特任助教

右田王介
国立成育医療センター研究所周産期病態研究部　研究員

三宅邦夫
山梨大学医学部環境遺伝医学講座　助教

山田泰広
京都大学iPS細胞研究所初期化機構研究部門　教授
京都大学物質-細胞統合システム拠点

吉田　稔
理化学研究所吉田化学遺伝学研究室　主任研究員

編集顧問・編集委員一覧 (五十音順)

編集顧問

河合　忠　国際臨床病理センター所長
自治医科大学名誉教授

笹月健彦　九州大学高等研究院特別主幹教授
九州大学名誉教授
国立国際医療センター名誉総長

高久史麿　日本医学会会長
自治医科大学名誉学長
東京大学名誉教授

本庶　佑　京都大学大学院医学研究科免疫ゲノム医学講座客員教授
京都大学名誉教授

村松正實　埼玉医科大学ゲノム医学研究センター名誉所長
東京大学名誉教授

森　徹　京都大学名誉教授

矢崎義雄　国際医療福祉大学総長
東京大学名誉教授

編集委員

浅野茂隆　早稲田大学理工学術院特任教授
東京大学名誉教授

上田國寬　学校法人玉田学園神戸常盤大学学長
京都大学名誉教授
スタンフォード日本センターリサーチフェロー

垣塚　彰　京都大学大学院生命科学研究科高次生体統御学分野教授

金田安史　大阪大学大学院医学系研究科遺伝子治療学教授

北　徹　神戸市立医療センター中央市民病院院長

小杉眞司　京都大学大学院医学研究科医療倫理学分野教授

清水　章　京都大学医学部附属病院探索医療センター教授

清水信義　長浜バイオ大学特別招聘教授
慶應義塾大学名誉教授

武田俊一　京都大学大学院医学研究科放射線遺伝学教室教授

田畑泰彦　京都大学再生医科学研究所生体材料学分野教授

中尾一和　京都大学大学院医学研究科内科学講座内分泌代謝内科教授

中村義一　株式会社リボミック代表取締役社長
東京大学名誉教授

成澤邦明　東北大学名誉教授

名和田新　九州大学名誉教授

福嶋義光　信州大学医学部遺伝医学・予防医学講座教授

淀井淳司　京都大学ウイルス研究所名誉教授

第 1 章

エピジェネティクスの基礎

第1章 エピジェネティクスの基礎

1．DNAのメチル化

末武　勲

　シトシンの5位がメチル化されるDNAのメチル化は，発生過程やがんなどの疾患に深く関与する。DNAをメチル化する酵素であるDNAメチルトランスフェラーゼ（Dnmt）には，新しくメチル化修飾を導入する型と，いったん形成されたメチル化模様を細胞分裂や修復の過程で維持する型の2種類の酵素がある。どちらの酵素も生体にとって重要であることがわかっている。DNAメチル化のゲノムでの分布，Dnmtの酵素学的性質，構造について解説する。

はじめに

　進化の過程で高等植物や脊椎動物は，トランスポゾンや繰り返し配列などを取り込むことにより，飛躍的に増大させたゲノムサイズは，生物にとって体制を複雑化させることに有利に働いた。しかしながら，ゲノムサイズの増加に比例して転写因子の数は増加しなかった。そのため個体レベルでは，必要でない遺伝子の異常発現というリスクを背負うことになった。ゲノム内に取り込まれたトランスポゾンの転写抑制，繰り返し配列の安定化，さらには多様化した体制を整然と保つためには，不要な遺伝子群を完全に抑制する道具が必要となり，塩基配列に依存しない様々な制御機構を獲得したと考えられる。その制御機構の1つがDNAメチル化によるサイレンシング機構である。

I．DNAメチル化のゲノム中での分布

　脊椎動物では，シトシン（C）とグアニン（G）が並ぶCpG配列があると，DNAメチルトランスフェラーゼはシトシン塩基の5位の炭素にS-アデノシル-L-メチオニンからメチル基を転移・付加し，メチル化シトシン（5mC）となる（図❶）。DNAのメチル化は，約半世紀前に発見されており，近年の研究により，様々ながん，ゲノムインプリンティングに関連する疾患（Beckwith-Wiedemann症候群など），繰り返し配列の不安定化によるHuntington舞踏病など，さらにはICF（immunodeficiency, centromeric region instability, and facial anomalies）症候群に関与することが知られ，生体にとって重要な修飾である。

　5mCは潜在的に脱アミノ化されてチミンとなる可能性があるため，哺乳類のゲノムではCpG配列は単純に確率で計算される割合より少なく，1％ほどしか存在しない。そのCpG配列の約80％がメチル化される[1]。CpG配列はゲノム全体に散らばって存在し，CpGアイランド[用解1]以外は高度にメチル化されている。ヒト遺伝子のプロモーターの約70％がCpGアイランドであり，多くの場合はメチル化修飾を受けていない[2]。CpGアイランドのDNAメチル化は転写活性と相関しており，ハウスキーピング遺伝子のような転写活性の高い遺伝子では低メチル化状態になっている[3]。CpGアイランド部分は，他のDNA領域と比べて，ヒ

---

key words

DNAメチル化，Dnmt1，Dnmt3a，Dnmt3a2，Dnmt3b，Dnmt3L，ヌクレオソーム，CpGアイランド

図❶ シトシンのメチル化

DNA 中の CpG 配列のシトシンは，DNA メチルトランスフェラーゼにより，5 位がメチル化される（丸で示す）．メチル基供与体 S-アデノシル-L-メチオニン（SAM）より供与されるメチル基は★で示す．メチル基を供与した後は，S-アデノシルホモシステイン（SAH）となる．

ストン分子と会合したヌクレオソーム[用解2]構造を形成しない傾向がある[4)-6)]．CpG アイランドにおいて，ヌクレオソーム構造を形成している場合には，そのヌクレオソーム内のヒストンは遺伝子発現を促進するタイプの修飾を受けている[4)7)]．

　最近，CpG アイランドに比べ，CpG の頻度が低い領域「CpG アイランドショア（CpG island shore）」における DNA メチル化も重要であることが明らかになっている．CpG アイランドショアは CpG アイランドの近傍約 2kb に存在し，そのメチル化は転写抑制と関連性がある．組織特異的な遺伝子のメチル化は CpG アイランドでなく，CpG アイランドショアに起き，この領域のメチル化はヒトとマウスで保存されているという報告がある[8)-10)]．また，リプログラミングに関与する DNA メチル化の約 70% もこれらの領域に存在する[9)]．

　DNA メチル化は，遺伝子領域内（gene body）にも認められ，特に 1 番目のエクソンのメチル化は遺伝子サイレンシングに関与する[11)]．このメチル化は，転写伸長の効率や遺伝子領域内からの異常な転写開始を防止する機能があると考えられている[12)]．しかし，分裂期の細胞では高い転写活性と相関がある一方，分裂が遅い細胞や脳など分裂しない細胞では，gene body のメチル化は転写活性と相関がないことも報告されている[13)14)]．この機能の詳細については，今後の研究が待たれる．

II．DNA メチルトランスフェラーゼ

　DNA メチルトランスフェラーゼ（Dnmt）は，S-アデノシル-L-メチオニン（SAM）のメチル基を DNA に転移させる酵素である．Dnmt には，大きく分けて 2 種類ある．新たに DNA のメチル化模様を書き込む *de novo* 型と，いったん形成されたメチル化模様を維持する型，の 2 種類に大きく分けられる．

1. *De novo* 型 DNA メチルトランスフェラーゼ

　de novo 型の DNA メチルトランスフェラーゼには Dnmt3a と Dnmt3b がある（図❷）．両酵素はともに約 100 kDa のタンパク質で，別々の遺伝子にコードされている．両酵素をノックアウトしたマウスは胎生致死または生後間もなく致死となることから，生体にとって重要な酵素である[15)]．いずれの酵素も C 末端領域に触媒領域がある．N 末端側には，両酵素に共通して Cys 残基に富む PHD（plant homeodomain）と PWWP 領域が存在する．PHD は多くのクロマチン結合タンパク質にみられる配列で，他のタンパク質との相互作用に寄与している．Dnmt3a の PWWP モチーフでは，ポ

第1章　エピジェネティクスの基礎

図❷　Dnmtの模式図

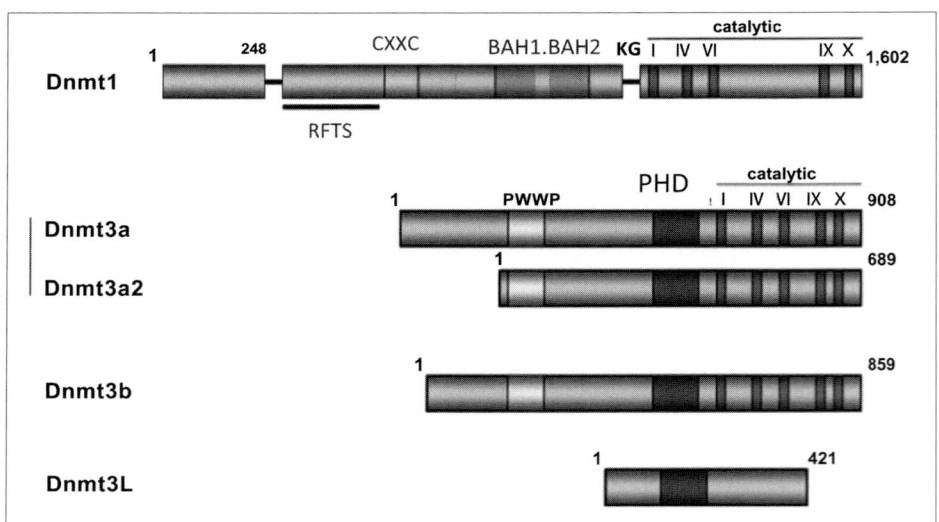

Dnmt群の一次構造の模式図を示す。Dnmt1はN末端248アミノ酸領域に様々な因子を結合する独立の領域構造をもち，それ以降，複製点移行シグナル（RFTS），CXXCモチーフ（CXXC），2つのBAHドメイン，バクテリアのメチルトランスフェラーゼから保存されたモチーフIXを含む触媒領域（catalytic）という複数の領域からなる。Dnmt3a，Dnmt3a2，Dnmt3bともにN末端側にPWWP，PHD領域をもち，C末端に触媒領域をもつ。Dnmt3LはPHD領域をもつ。

リコームタンパク質のCbx4と結合し，Dnmt3aのSUMO化に関与する[16]。Dnmt3bのPWWP領域はDNA結合活性をもち，その構造が明らかになっている[17]。

着床期の胚体ではDnmt3bが特異的に高発現しているのに対して，Dnmt3aの発現はDnmt3bの発現が低下した10.5日胚以降に発現する[18]。Dnmt3bは選択的にセントロメア領域のマイナーサテライトをメチル化し，ICF症候群の原因遺伝子である。Dnmt3aには，N末端219アミノ酸を欠いたDnmt3a2が存在する。精原細胞では全長のDnmt3aはほとんど全く発現せず，Dnmt3a2と呼ばれるアイソフォームが高発現している[19,20]。Dnmt3a2に存在せず，Dnmt3に存在する219アミノ酸領域にはDNA結合活性があるものの，メチル反応の活性化エネルギーに影響を与えない[21]。

試験管内で，裸の2本鎖DNAを基質とした場合，Dnmt3aとDnmt3bはお互いによく似たDNAメチル化活性を示す[22,23]。生体内でDNAが組み込まれているヌクレオソームを基質とすると，両酵素ともヌクレオソームの形成によって活性が著しく阻害され，Dnmt3bがヌクレオソームのコア領域をある程度メチル化できるのに対して，Dnmt3aはほとんどメチル化できない[24]。一方，ヌクレオソーム内でDNAが裸で露出している領域をDnmt3aは効率よくメチル化するが，この活性はヒストンH1により阻害される[25]。これらの結果は，Dnmt3aとDnmt3bに何らかの機能の違いがあるとともに，クロマチン構造により，その活性が制御されうることを示唆している。

生殖細胞でのDNAメチル化模様の形成にはDnmt3L（Dnmt3-like）と呼ばれる，DNAメチル化活性をもたない因子（図❷）を要求する[26,27]。Dnmt3Lは，約40kのタンパク質で，in vitroでDnmt3a，Dnmt3a2，Dnmt3bのDNAメチル化活性を促進する[20,28,29]。Dnmt3LのC末端はDnmt3aのC末端とヘテロ4量体（Dnmt3L-(Dnmt3a)2-Dnmt3L）を形成し，16×6×5 nmの大きさのバタフライ構造をとる。ヌクレオソーム構造が11 nmの直径で5.5 nmの高さであることから，4量体の大きさは，ヌクレオソームより大きくなり，興味深い。また4量体中の活性中心が40Å離れており，DNAヘリ

26

ックスに結合すると1 turn離れたCpGを同時にメチル化し，周期的なメチル化の形成に関与しうる[30]．

Dnmt3aのPWWPモチーフはヒストンH3のK36トリメチル化修飾を認識すること[31]，メチル化されたDnmt3aと結合するMPP8は自己メチル化されたG9aとも結合すること[32]，Dnmt3Lは転写促進と正の相関があるヒストンH3のK4のメチル化は認識できず非修飾のK4を特異的に認識することから[33]，DNAメチル化の形成機構にヒストン修飾が関与する可能性が示唆されている．

2. 維持型メチルトランスフェラーゼ

維持型DnmtであるDnmt1は，DNA複製やDNA修復直後に生じる2本鎖DNAに存在する，2本鎖の片方がメチル化された（ヘミメチル化）CpGを選択的にメチル化する．Dnmt1は一般的に盛んに分裂する細胞で高発現しており，がん細胞でノックアウトするとG2期で細胞分裂が停止する[34]．例外的に，分裂しない組織のうち，脳ではDnmt1が高発現している[35]．近年，Dnmt1の変異は，聴覚障害[36]，小脳性運動失調症[37]，睡眠発作[37]などの原因になりうることが報告されている．

(1) Dnmt1分子の機能構造領域

マウスDnmt1は1621アミノ酸残基からなる大きな分子で，C末端約500アミノ酸残基からなる触媒領域と，残りのN末端の調節領域の2つの部分に，Lys-Gly（KG）が繰り返す配列で分けられる．N末端領域は，プロテアーゼ消化耐性から，さらにN末端約248アミノ酸残基からなる領域とそれ以降の領域に分けられる[38]．N末端約248アミノ酸領域には，複製に必須なPCNA（proliferating cell nuclear antigen）と結合する配列[39]，この配列と重なるようにして，アデニン（A），チミン（T）に富むDNAのminor grooveに結合するDNA結合配列が存在する[38]．このDNA結合活性は，PCNAへの結合と競合する[38]．ATに富む配列内のCpGは多くの場合メチル化修飾を受けていることから，N末端付近に存在するDNA結合配列は，PCNAを要求しない短い塩基除去修復箇所にDnmt1をリクルートするために働いていると推察される[38]．

このN末端領域はヘミメチル化CpGを認識するが，メチル化活性には影響を与えない[40]．こ

のDNA結合能は，カゼインキナーゼ1δ/εにより内部のSer146がリン酸化されることにより低下する[41]．またDnmt1のN末端領域は，転写抑制因子であるsnail1と結合することにより，DNAメチル化を介さずにE-cadherinの遺伝子発現制御に関与しうることも報告されている[42,43]．N末端248アミノ酸部分に続いて，核移行シグナル，S期の複製点に移行させるためのRFTS（replication foci targeting sequence）領域が存在する．そのあと，Znフィンガー様の配列（CXXC），2つのbromo/Brama-adjacent homology（BAH）ドメイン，KGリピートと続き，触媒領域とつながる（図❷）．

Dnmt1は，生体内で様々な修飾を受け，その安定性や活性が制御されている．Dnmt1の量はS期初期で多く，S期後期，G2期に至る過程で減少する．減少には，細胞周期によって，その量が制御されているアセチル化酵素（Tip60）が関与する．Tip60によってDnmt1がアセチル化されると，ついでユビキチン化されて分解される[44]．逆に，USP7による脱ユビキチン化ならびにHDACによる脱アセチル化によりDnmt1の安定性が保たれうる[44,45]．Dnmt1のK142は，SETDB7，SET7/9によりメチル化され，Dnmt1の分解を促進し[46,47]，脱メチル化酵素KDM1Aによる脱メチル化は安定性を向上させる[48]．ES細胞でkdm1a遺伝子を潰すと，DNAメチル化の消失や分化誘導がみられる[48,49]．一方，AKT1によるSer143のリン酸化は，S期後期，G2期におけるDnmt1の分解の目印であるK142のメチル化を阻害する[47]．ゲノムのDNAのDnmt1の活性を促進する修飾として，UBC9によるSUMO化修飾が知られている[50]．

Dnmt1と結合するNp95は，DNAメチル化の維持に必須である[51]．NP95は，ヘミメチル化DNAと結合し，メチル化シトシンをフリップアウトさせるSRAドメインや，遺伝子発現抑制系のヒストンH3K9のメチル化を認識する領域（tandem tudor + PHD）を分子内に所有する[52,53]．そのため，Np95はエピジェネティックな制御の懸け橋となりうる．今後，Np95により認識されたヘミメチル化が，ヘミメチル化DNAを基質とするDnmt1の触媒中心に手渡される分子機構の解明が待たれ

る。

　最近，Dnmt1の立体構造が明らかになり，Dnmt1（291-1621）は，マルチドメイン構造をとることがわかった（図❸）[54]。驚いたことに，RFTS領域は触媒ポケットに挿入されており，そのままでは基質DNAは触媒中心に近づけない構造となっている。その構造から予想されるように，N末端601アミノ酸までを削り込むと，活性自身は大きく変化しないものの，活性化エネルギーが低下する。つまりメチル化反応は，RFTSが取り除かれ，触媒反応が進むという多段階反応である[54]。Songらは，Dnmt1（650-1602）の構造解析から，CXXCドメインは非メチル化DNAと結合することで触媒活性を阻害し，de novo活性を抑制しているというモデルを提案し[55]，引き続きDnmt1（731-1602）とヘミメチル化DNAとの複合体の構造解析から，メチル化されるシトシンは2本鎖DNAより引き出されることが示された[36]。

Ⅲ．DNAメチル化酵素阻害剤

　Dnmtの活性阻害剤は，大きく分けて2つに分類できる。1つ目はヌクレオシドアナログで，主にシトシンの誘導体である。有名なものとして，decitabine，azacytidineがあり，これらはDNAに取り込まれる必要がある。取り込まれた後，基質として利用されるときにDnmtと共有結合しDnmtを阻害する。もう1つは非ヌクレオシド化合物で，様々な構造をとる。その阻害機構は，Dnmtの分解を促進するなど多様である[57]。

Ⅳ．DNA脱メチル化活性

　20年以上も前から多くの研究者により研究されてきた大きな課題に，DNAの脱メチル化反応がある。DNAのメチル化が生理的に重要な意味をもつためには，書き込まれたメチル化模様が消去される過程が存在して，それが積極的に制御されている必要がある。最近，メチル化シトシンが，1群のTetタンパク質により，さらに酸化されることによりヒドロキシメチル化シトシンになり，これが脱メチル化に関与する機構が考えられている[58)59]。その機構としてDNA修復系が関与することが示唆されているが，詳細な分子機構ならびに制御については今後の研究が待たれる。

Ⅴ．CpG配列以外のメチル化

　マウスES細胞，ヒトES細胞では，CpG配列以外のシトシンがメチル化される[60)61]。また最近になって，マウス脳（前頭皮質）を用いてメチル化シトシンをゲノムワイドに塩基レベルで解析したところ，メチル化シトシンのうち8％がCHG，また30％がCHH配列（Hはアデニン，シトシン，チミンのどれでもよい）となり，非CpG配列がメチル化されていることがわかった[62]。Ramsahoyeらは，この非CpGのメチル化はDnmt3aが担っているという報告をしている[61]。今後，その生物学的意味づけ，ならびに導入の分子機構の詳しい解析が必要であり，研究の進展が待たれる。

図❸　Dnmt1の立体構造

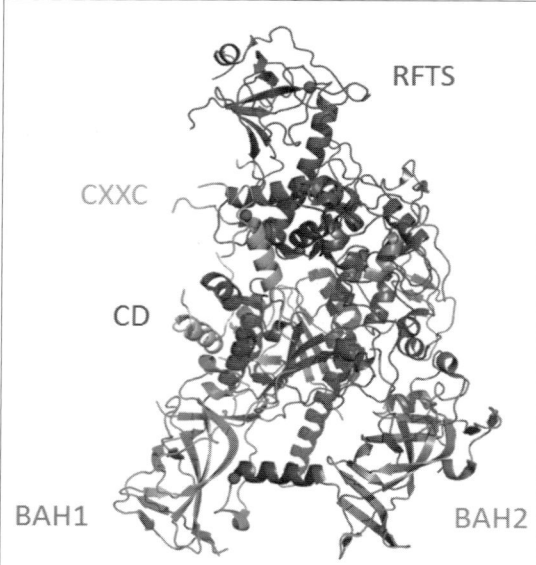

Dnmt1はN末端に様々な因子を結合する独立の領域構造をもつ。それ以降の構造はX線結晶構造が解かれている[54]。RFTS（magenta），2つのZnフィンガーからなるCXXCモチーフ（light blue），2つのBAHドメイン（greenとbrown），触媒領域（CD）（dark blue）を示す。注目すべきは，触媒領域にRFTSは嵌まり込み，このままの状態では基質であるDNAが触媒中心に近づけないことである。

（グラビア頁参照）

おわりに

　Dnmtの性質について多くの知見が集まり，その酵素反応の分子機構ならびにその調節は確実に解明されつつある．しかし，課題も残されている．いったん形成されたメチル化模様はDNAが複製される過程で正確に次世代の細胞に伝えられているのに対し[63]，試験管内ではDnmt1は20回に1回はメチル化を入れ損なう[40,64]というギャップがある．また，DNA複製時には1秒で30塩基合成されるのに対し[65]，Dnmt1は試験管内で1分子あたり1秒間に約0.5分子のメチル基を導入できない[40]というギャップもある．このようなギャップを埋める研究はまだなされていない．一方，ゲノムのメチル化模様が新規に形成されるとき，メチル化を受ける標的領域がどのように認識されるかについても，部分的にしか明らかになっていない．今後，新たな視点での解析が行われることで，DNAメチル化の導入・維持機構について分子レベルで明らかになる日が近いと期待している．

用語解説

1. **CpGアイランド**：シトシンとグアニンを合わせた塩基が少なくとも50％以上存在する，少なくとも200塩基以上の長さの領域で，存在するCpGの割合がGC含量から期待される量の60％以上の領域である．
2. **ヌクレオソーム**：真核生物のゲノムDNAは，ヌクレオソームを基本単位とするクロマチンとして収納されている．ヌクレオソームのコアは，4種のヒストン（H2A，H2B，H3，H4）が各2分子からなるヒストンオクタマーに約145 bpのDNAが巻きついた構造をとる．

参考文献

1) Ehrlich M, Gama-Sosa MA, et al：Nucl Acids Res 10, 2709-2721, 1982.
2) Saxonov S, Berg P, et al：Proc Natl Acad Sci USA 103, 1412-1417, 2006.
3) Moore D, Le T, et al：Neuropsychopharmacology 38, 23-38, 2013.
4) Tazi J, Bird A：Cell 60, 909-920, 1990.
5) Ramirez-Carrozzi VR, Braas D, et al：Cell 138, 114-128, 2009.
6) Choi JK：Genome Biol 11, R70, 2010.
7) Mikkelsen TS, Ku M, et al：Nature 448, 553-560, 2007.
8) Irizarry RA, Ladd-Acosta C, et al：Nat Genet 41, 178-186, 2009.
9) Doi A, Park I-K, et al：Nat Genet 41, 1350-1354, 2009.
10) Ji H, Ehrlich LIR, et al：Nature 467 338-343, 2010.
11) Brenet F, Moh M, et al：PlosOne 6, e14524, 2011.
12) Zilberman D, Gehring M, et al：Nat Genet 39, 61-69, 2007.
13) Aran D, Toperoff G, et al：Hum Mol Genet 20, 670-680, 2011.
14) Guo JU, Ma DK, et al：Nat Neurosci 14, 1345-1353, 2011.
15) Okano M, Bell DW, et al：Cell 99, 247-257, 1999.
16) Li B, Zhou J, et al：Biochem J 405, 369-378, 2007.
17) Qiu C, Sawada K, et al：Nat Struct Biol 9, 217-224, 2002.
18) Watanabe D, Suetake I, et al：Mech Dev 118, 187-190, 2002.
19) Sakai Y, Suetake I, et al：Gene Expr Patterns 5, 231-237, 2004.
20) Suetake I, Morimoto Y, et al：J Biochem 140, 553-559, 2006.
21) Suetake I, Mishima Y, et al：Biochem J 437, 141-148, 2011.
22) Aoki A, Suetake I, et al：Nucl Acids Res 29, 3506-3512, 2001.
23) Suetake I, Miyazaki J, et al：J Biochem 133, 737-744, 2003.
24) Takeshima H, Suetake I, et al：J Biochem 139, 503-515, 2006.
25) Takeshima H, Suetake I, et al：J Mol Biol 383, 810-821, 2008.
26) Bourc'his M, Bestor TH：Nature 431, 96-99, 2004.
27) Hata K, Okano M, et al：Development 129, 1983-1993, 2002.
28) Suetake I, Shinozaki F, et al：J Biol Chem 279, 27816-27823, 2004.
29) Kareta MS, Botello ZM, et al：J Biol Chem 281, 25893-25902, 2006.
30) Jia D, Jurkowska RZ, et al：Nature 449, 248-253, 2007.
31) Dhayalan A, Rajavelu A, et al：J Biol Chem 285, 26114-26120, 2010.
32) Chang Y, Sun L, et al：Nat Commun 2, article number 533, 2011.
33) Ooi STK, Qiu C, et al：Nature 448, 714-717, 2007.
34) Chen T, Hevi S, et al：Nat Genet 39, 391-396, 2007.
35) Inano K, Suetake I, et al：J Biochem 128, 315-321, 2000.
36) Klein CJ, Botuyan M-V, et al：Nat Genet 43, 595-600, 2011.
37) Winkelmann J, Lin L, et al：Hum Mol Genet 21, 2205-2210, 2012.
38) Suetake I, Hayata D, et al：J Biochem 140, 763-776, 2006.

39) Chuang LS-H, Ian H-I, et al：Science 277, 1996-2000, 1997.
40) Vilkaitis G, Suetake I, et al：J Biol Chem 280, 64-72, 2005.
41) Sugiyama Y, Hatano N, et al：Biochem J 427, 489-497, 2010.
42) Espada J：Epigenetics 7, 115-118, 2012.
43) Espada J, Peinado H, et al：Nucl Acids Res 39, 9194-9205, 2011.
44) Du Z, Song J, et al：Sci Sinal 3, ra80, 2010.
45) Qin J, Leonhardt H, et al：Cell Biochem 112, 439-444, 2011.
46) Esteve P-O, Chin HG, et al：Proc Natl Acad Sci USA 106, 5076-5081, 2009.
47) Estève P-O, Chang Y, et al：Nat Struc Mol Biol 18, 42-49, 2011.
48) Wang J, Hevi S, et al：Nat Genet 41,125-129, 2009.
49) Adamo A, Sese B：Nat Cell Biol 13, 652-661, 2011.
50) Lee B, Muller MT：Biochem J 422, 449-461, 2009.
51) Sharif J, Muto M, et al：Nature 450, 908-913, 2007.
52) Atita K, Ariyoshi M, et al：Nature 455, 818-821, 2008.
53) Arita K, Isogai S, et al：Proc Natl Acad Sci USA 109, 12950-12955, 2012.
54) Takeshita K, Suetake I, et al：Proc Natl Acad Sci USA 108, 9055-9059, 2011.
55) Song J, Rechkoblit O, et al：Science 331, 1036-1040, 2011.
56) Song J, Teplova M, et al：Science 335, 709-712, 2012.
57) Fahy J, Jeltsch A, et al：Expert Opin Ther Patents 22, 1427-1442, 2012.
58) Bhutani N, Burns DM, et al：Cell 146, 868-872, 2011.
59) Tan L, Shi YG：Development 139, 1895-1902, 2012.
60) Lister R, Pelizzola M, et al：Nature 462, 315-322, 2009.
61) Ramsahoye BH, Biniszkiewicz D, et al：Proc Natl Acad Sci USA 97, 5237-5242, 2000.
62) Xie WX, Barr CL, et al：Cell 148, 816-831, 2012.
63) Ushijima T, Watanabe N, et al：Genome Res 13, 868-874, 2003.
64) Laird CD, Pleasant ND, et al：Proc Natl Acad Sci USA 101, 204-209, 2004.
65) Jackson DA, Pombo A：J Cell Biol 140, 1285-1295, 1998.

末武　勲
1990年　大阪大学理学部生物学科卒業
1994年　日本学術振興会特別研究員（DC2）
1996年　大阪大学大学院理学研究科生理学専攻後期課程修了
　　　　日本学術振興会特別研究員（PD）
1998年　大阪大学蛋白質研究所エピジェネティクス研究室助手
2006年　同准教授

第1章 エピジェネティクスの基礎

2．ヒストンの脱メチル化とその機能

立花　誠

　ヒストンの化学修飾は，遺伝子発現の制御などのエピジェネティックな現象に深く関わっている。2000年にヒストンのメチル化酵素が発見されたが，その当時は脱メチル化酵素は存在せず，メチル化ヒストンは複製による希釈で消失しているのではないかと予測された。しかしこれに反し，2004年にLSD1という分子の脱メチル化酵素活性が報告された。以来およそ10年が経つが，その間に続々と新たなヒストン脱メチル化酵素が同定され，その機能が明らかになりつつある。本稿では，これまでに同定されたヒストン脱メチル化酵素のうちで，特に研究が進んだ分子や疾病との関連が明らかになっている分子などに焦点を当てて，その機能を概説する。

はじめに

　ヒストンテールの化学修飾は，クロマチンの構造変換，転写調節などの様々な核機能に重要な役割を果たしている。ヒストンのメチル化修飾は，それを外す酵素が存在しないであろうと当初予想されていた。ところが2004年以降，ヒストン脱メチル化が相次いで同定され，それらは真核生物の発生や分化のみならず，ヒトの疾患などにも関わっていることが明らかになりつつある。本稿では，これまでに見つかってきたヒストン脱メチル化酵素の機能について概説したい。

I．ヒストンメチル化修飾のゲノム構造内における分布について

　ヒストンのメチル化修飾はそれを受けるアミノ酸残基（リジン，アルギニン）の位置によって大きく性質が異なる。例えば，ヒストンH3の4番目のリジン（H3K4）のメチル化は転写の活性化と強く相関するのに対し，H3K9のメチル化は転写の抑制と強く相関する。この項では，各々のヒストンメチル化修飾がゲノム内のどういった領域に分布しているのかについて解説する。

1．転写が活発な遺伝子におけるヒストンメチル化の分布

　図❶Aに転写が活発な遺伝子領域におけるヒストンのメチル化修飾の分布を示した[1]。H3K4のメチル化は転写の活性化とリンクする典型的な修飾であり，プロモーターと転写開始点の直下流に特異的な分布を示す。H3K9のメチル化はその修飾度合い（リジンのメチル化はモノ，ジ，トリの3つの形態を取りうる）によって大きく異なる。H3K9me1は遺伝子領域に分布するのに対し，転写の不活性化と強い相関を示すH3K9me2, me3は遺伝子領域とその制御領域には分布しない。このようにメチル化の度合いによって分布が異なる例は，H3K27, H4K20にもみられる。転写の伸長に寄与するH3K36me3は転写領域の後半に多く集積する。

2．転写が不活発な遺伝子におけるヒストンメチル化の分布

　図❶Bに転写が抑制されている遺伝子領域に

---

key words

ヒストン，メチル化，脱メチル化，転写，LSD1，JmjCドメイン

第1章 エピジェネティクスの基礎

図❶ ヒストンのメチル化修飾の遺伝子構造における分布（文献1より改変）

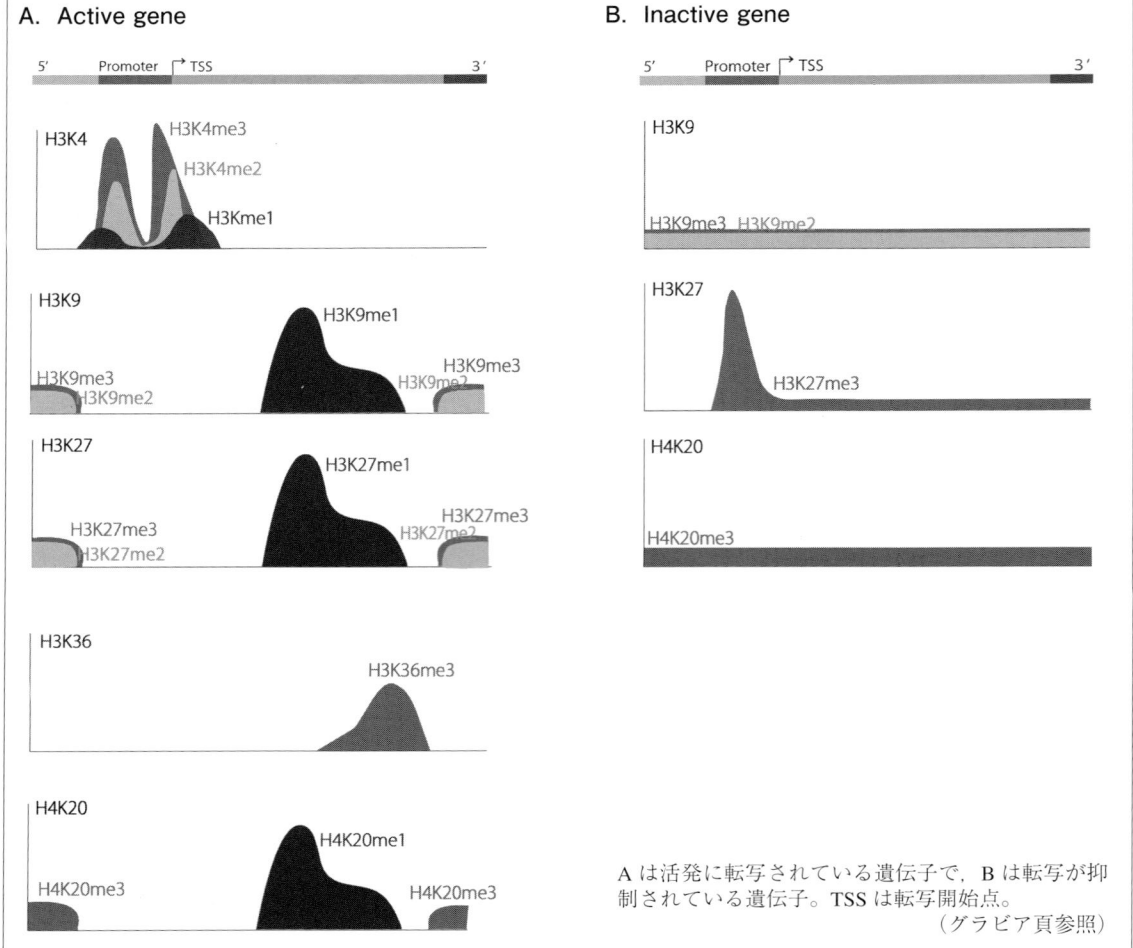

Aは活発に転写されている遺伝子で，Bは転写が抑制されている遺伝子。TSSは転写開始点。
（グラビア頁参照）

おけるヒストンのメチル化修飾の分布について示した。H3K9me2，H3K9me3，H4K20me3は遺伝子のどの構造にも満遍なく分布する。それに対しH3K27me3はプロモーター領域に偏って集積するのが特徴である。

Ⅱ．ヒストンの脱メチル化の反応機序

1．LSD1ファミリーによるヒストンの脱メチル化

　LSD1（lysine-specific demehylase 1，AOF2，BHC110，KDM1Aとも呼ばれる）はヒストンの脱メチル化酵素として最初に同定された分子である[2]。その作用機序を図❷Aに示した[3]。LSD1とその類縁分子であるLSD2はフラビンアデニンジヌクレオチド（FAD）を脱メチル化の補因子としてアミンを酸化する。標的はH3K4の脱メチル化であるため，転写の抑制に関わる。酵素反応には標的となるアミノ基の窒素原子に非共有電子対があることが必要であるため，モノメチルもしくはジメチル化されたリジンの脱メチル化は可能であるが，トリメチル化リジンは基質にできないという特徴をもつ。

2．JmjCドメイン含有タンパク質によるヒストンの脱メチル化（図❷B）

　一方で，LSD1とは異なった機序で脱メチル化を行う分子が2006年に報告された[4]。酵素の触媒部位にJmjCドメインをもつタンパク質である

図❷ ヒストンの脱メチル化の反応機序（文献3より改変）

A. FAD依存性ヒストン脱メチル化酵素 LSD1 によるリジン残基の脱メチル化機序
B. JmjC ドメインに依存的なヒストン脱メチル化の機序。補因子として、Fe（Ⅱ）とα-ケトグルタル酸を必要とし、中間産物としてヒドロキシメチル化リジンを生じる。
A、B双方の反応ともにホルムアルデヒドを生じる。

KDM3A（FBXL11, JHDM2A）は H3K36me1, me2 を脱メチル化する酵素活性を有していた。JmjC ドメイン依存的なリジンの脱メチル化は窒素原子の非共有電子対を必要としないため，原理的にはトリメチル化されたリジンの脱メチル化も触媒可能である。H3K9me3 と H3K36me3 の脱メチル活性を有する分子がほどなくして同定された[5]。JmjC ドメイン含有タンパク質はおよそ30存在するが，そのうち20ほどのタンパク質にヒストン脱メチル化活性があることがこれまでに報告されている。

Ⅲ．各ヒストン脱メチル化酵素の機能（図❸）

1. LSD1 ファミリー分子

LSD1 ファミリーの分子構造を図に示した。LSD1 とその類似分子である LSD2 はともに H3K4 の脱メチル化に寄与する。LSD1 分子単独ではヌクレオソームを基質とせず，DNA の巻きついてい

図❸ これまでに同定されたヒストン脱メチル化酵素とその基質特異性（文献1より改変）

Name	Synonyms	Protein structure*	Histone substrates
LSD demethylases			
LSD1	AOF2, BHC110, KDM1A	SWIRM / Amine oxidase / Spacer region	H3K4me1, H3K4me2, H3K9me1, H3K9me2
LSD2	AOF1, KODM1 B	CW	H3K4me1, H3K4me2
JMJC demethylases			
JMJD5	KDM8	JMJC	H3K36me2
JMJD6	PSR, PTDSR		H3R2, H4R3
FBXL10	JHDM1 B, KDM2B	CXXC / PHD / FBOX / LRR	H3K36me1, H3K36me2, H3K4me3
FBXL11	JHDM1 A, KDM2A		H3K36me1, H3K36me2
KIAA1718	JHDM1 D		H3K9me1, H3K9me2, H3K27me1, H3K27me2
PHF8	JHDM1 F		H3K9me1, H3K9me2, H4K20me1
PHF2	JHDM1 E		H3K9me2
JMJD1A	JHDM2A, TSGA, KDM3A		H3K9me1, H3K9me2
JMJD3	KDM6B		H3K27me2, H3K27me3
UTX	KDM6A	TPR	H3K27me2, H3K27me3
JMJD2A	JHDM3A, KDM4A	JMJN / TUDOR	H3K9me2, H3K9me3, H3K36me2, H3K36me3, H1.4K26me2, H1.4K26me3
JMJD2C	JHDM3C, GASC1, KDM4C		H3K9me2, H3K9me3, H3K36me2, H3K36me3, H1.4K26me2, H1.4K26me3
JMJD2B	JHDM3B, KDM4B		H3K9me2, H3K9me3, H3K36me2, H3K36me3, H1.4K26me2, H1.4K26me3
JMJD2D	JHDM3D, KDM4D		H3K9me2, H3K9me3, H3K36me2, H3K36me3, H1.4K26me2, H1.4K26me3
JARID1B	PLU1, KDM5B	ARID / C5HC2	H3K4me2, H3K4me3
JARID1C	SMCX, KDM5C		H3K4me2, H3K4me3
JARID1D	SMCY, KDM5D		H3K4me2, H3K4me3
JARID1A	RBP2, KDM5A		H3K4me2, H3K4me3
NO66			H3K4me2, H3K4me3, H3K36me2, H3K36me3

SWIRM：Swi3p, Rec8p and Moira domain, CW：CW-type zinc-finger domain, JMJC：Jumonji C domain, CXXC：CXXC zinc-finger domain, PHD：plant homeodomain, FBOX：F-box domain, LRR：Leu-rich repeat domain, TPR：tetratricopeptide domain, JMJN：Jumonji N domain, TUDOR：Tudor domain, ARID：AT-rich interacting domain, C5HC2：C5HC2 zinc-finger domain

ないヒストンもしくはヒストンペプチドのみを基質とする。ただし，生体内では様々な分子と複合体を作って存在すると考えられ，例えばCoREST（RCOR1とも呼ばれる）と複合体を作った際にはヌクレオソームの脱メチル化も触媒可能となる[6]。LSD2は卵母細胞で非常に高い発現を示すが，その欠損マウスでは母性インプリントが消失することから，H3K4の脱メチル化を通じてDNAのメチル化を制御していると考えられている[7]。

2. JmjCファミリー分子の機能

Jmjとは日本語のJumonji（十文字）の略であり，マウス胚においてユニークな発現プロファイルを示すことで，竹内らによって同定された分子である[8]。オリジナルな分子であるJumonji（Jmj, Jarid2）を含め，いくつかのJmjCドメイン含有タンパク質からはヒストンの脱メチル化活性が報告されておらず，いくつかのJmjドメイン含有タンパク質には脱メチル化活性がないと考えられる。しかし，Jarid2は胚発生に極めて重要な機能を担っており，それは主にポリコーム複合体とのタンパク質間相互作用によることが明らかとなっている。その詳細な機能については文献を参照されたい[9][10]。

(1) H3K9脱メチル化酵素Jmjd1aの機能

Jmjd1a（TSGA, JHDM2A, KDM3Aとも呼ばれる）は転写の活性化に寄与し，H3K9me2, me1の脱メチル化を触媒する酵素であることが明らかとなっている[11]。Jmjd1aは主に精子形成段階のパキテン期に特異的に発現する[12]。そのノックアウトマウスは精子細胞の伸長に異常がみられ，成熟精子がほぼ完全に消失する[13]。精子形成に重要な遺伝子である *Tnp1* と *Prm1* の活性化がJmjd1aの欠損によって阻害され，それが精子形成異常の表現型の原因であると考えられている。また，Jmjd1aは脂質代謝経路に抑制的に機能し，そのノックアウトマウスは緩やかに肥満していくことがわかっている[14][15]。近年，Jmjd1aの類似分子であるJmjd1bとJmjd1cにもH3K9の脱メチル化活性が報告された[16][17]。しかし，これら2つの分子の生体機能については，いまだよくわかっていない。

(2) JARID1Cと疾患との関連

JARID1サブグループはH3K4の脱メチル化酵素活性を有する[18]。JARID1A〜Dの4種が哺乳類には存在するが，近年JARID1C（SMCX, KDM5Cとも呼ばれる）の遺伝子変異と知的障害と自閉症との関連が報告されている[19]。2006年から2011年にかけて報告されたJARID1Cの変異12のうちの8つの変異がナンセンス変異やフレームシフトを伴っていた。これらの症例で見出された変異がJARID1Cタンパク質の機能（の低下）にどのように結びついているのかは不明である。JARID1CはX染色体にマップされる。その発現量は最も類縁の分子であるJARID1D（SMCY, KDM5Dとも呼ばれる）に比べると高く，しかもX染色体の不活性化を受けない[20]。一方で，JARID1DはY染色体上にマップされ，JARID1Cよりも発現が低い（マウスではJarid1cの約300分の1）。このためにJMJD1C変異のヘミ接合になると知的障害を発症するが，ヘテロ接合体では発症を免れうるものと考えられる。

(3) JMJD6の新たな酵素機能

JMJD6はヒストンのアルギニン残基の脱メチル化酵素として報告された[21]。その後，U2AF2と呼ばれるRNAのスプライシングに関わる因子であるU2AF65（U2 small ribonucleoprotein auxiliary factor 65-kDa subunit，別名U2AF2）のハイドロキシル化を触媒することが明らかとなった。JMJD6のノックダウンによっていくつかの遺伝子のスプライシングバリアントの存在比が変化することが示されている[22]。さらに最近，JMJD6はヒストンのリジン残基のハイドロキシル化に関わることが報告された[23]。ハイドロキシル化されたヒストンがどういった遺伝子領域に分布するのか，さらにはRNAのスプライシングにどのように関わっているのかについて今後の研究が待たれる。

おわりに

ヒストンの脱メチル化の機能を考えるうえで，当然ながら付加酵素であるメチル化酵素との関係を考えることが重要である。時空間的な遺伝子発現制御について両者がどのように関わっているの

かを明らかにすることが，今後の重要な課題であろう．メチル化に限らず多くのヒストン修飾酵素について言えることであるが，酵素が生体内でどのように標的部位を選択しているのか（脱メチル化の例で言えば，メチル化を外すべきゲノム領域とそうでない領域）については，よくわかっていないのが現状である．この点に関しても今後の大きな進展を期待したい．

参考文献

1) Kooistra SM, Helin K：Nat Rev Mol Cell Biol 13, 297-311, 2012.
2) Shi Y, Lan F, et al：Cell 119, 941-953, 2004.
3) Klose RJ, Kallin EM, et al：Nat Rev Genet 7, 715-727, 2006.
4) Tsukada Y, Fang J, et al：Nature 439, 811-816, 2006.
5) Klose RJ, Yamane K, et al：Nature 442, 312-316, 2006.
6) Lee MG, Wynder C, et al：Nature 437, 432-435, 2005.
7) Ciccone DN, Su H, et al：Nature 461, 415-418, 2009.
8) Takeuchi T, Yamazaki Y, et al：Genes Dev 9, 1211-1222, 1995.
9) Peng JC, Valouev A, et al：Cell 139, 1290-1302, 2009.
10) Shen X, Kim W, et al：Cell 139, 1303-1314, 2009.
11) Yamane K, Toumazou C, et al：Cell 125, 483-495, 2006.
12) Tachibana M, Nozaki M, et al：EMBO J 26, 3346-3359, 2007.
13) Okada Y, Scott G, et al：Nature 450, 119-123, 2007.
14) Tateishi K, Okada Y, et al：Nature 458, 757-761, 2009.
15) Inagaki T, Tachibana M, et al：Genes Cells 14, 991-1001, 2009.
16) Kim JY, Kim KB, et al：Mol Cell Biol 32, 2917-2933, 2012.
17) Kim SM, Kim JY, et al：Nucleic Acids Res 38, 6389-6403, 2010.
18) Klose RJ, Yan Q, et al：Cell 128, 889-900, 2007.
19) Santos-Reboucas CB, Fintelman-Rodrigues N, et al：Neurosci Lett 498, 67-71, 2011.
20) Xu J, Deng X, et al：PLoS One 3, e2553, 2008.
21) Chang B, Chen Y, et al：Science 318, 444-447, 2007.
22) Webby CJ, Wolf A, et al：Science 325, 90-93, 2009.
23) Unoki M, Masuda A, et al：J Biol Chem 288, 6053-6062, 2013.

立花　誠
1992年　東京大学大学院農学系研究科修士課程修了
1995年　同博士課程修了（農学博士）
　　　　株式会社三菱化学生命科学研究所特別研究員
1997年　日本ロシュ株式会社研究所研究員
1998年　京都大学ウイルス研究所助手
2005年　同准教授（～現在）
2009年　科学技術振興機構さきがけ「エピジェネティクスの制御と生命機能」研究者（兼任）（～2011年）

第1章 エピジェネティクスの基礎

3．ポリコーム群による遺伝子抑制と
　　エピジェネティック治療への貢献

磯野協一

　われわれの生涯は発生，成長，安定，そして老化を辿る。その時々のダイナミズムやホメオスタシスは自己複製能と多能性をもつごくわずかな細胞集団「幹細胞」によるところが大きい。近年では，腫瘍も幹細胞様の細胞集団の土台があるとされている。がん性幹細胞と正常幹細胞のエピジェネティクスの類似性は共通メカニズムの介在を強く示唆している。ポリコーム群はこの共通メカニズムの中心として働き，良くも悪くも細胞運命を決定している。この機能はエピジェネティック治療の発展に期待されている。

はじめに

　ポリコーム群は体軸に沿ったホメオティック（*Hox*）遺伝子の抑制状態を固定する因子として発見された[1]。その後，ポリコーム群は胚発生，パターニングのみならず，リンパ球系分化や腫瘍化，胚性幹（ES）細胞[用解1]および造血・神経幹細胞の機能維持，X染色体不活性化，DNA修復など様々な生命機能に重要な役割を果たしていることが示されている[2,3]。一般的に，ポリコーム群は機能的かつ構造的に異なる2つの複合体（PRC1とPRC2）としてクロマチン高次構造に働きかけ，遺伝子を抑制すると考えられている。しかし，最近の研究はこれら複合体の構造的・機能的多様性を示しており，ポリコーム群分子基盤の本質はまだまだ深層に埋もれている。本稿では，主にES細胞研究から提示された哺乳類PRC1/2の分子構成と標的遺伝子局在に触れながらポリコーム群による遺伝子制御を考察するとともに，創薬の標的と

なりうるポリコーム群の機能を簡単にまとめたいと思う。

I．PRC1：Polycomb Repressive Complex-1

　ショウジョウバエにおいて最初のPRC1（1-2MDa）が精製され，4つのポリコーム群Pc，Ph，Sce，PSCが化学量論的に含まれていることが明らかとなった[4]。その後，哺乳類においてもCbx（Pcホモログ），Phc（Phホモログ），Ring1（Sceホモログ），PSC（Pcgfホモログ）を含む類似のPRC1が同定された[5]（図❶A）。これら異なるコア分子はそれぞれの役割をもっており，四位一体である意義を示唆している。Cbxはクロモドメインを介して抑制的ヒストン修飾 trimethyl H3K27（H3K27me3）に優先的に結合する[6]。PhcはSterile alpha motif（SAM）ドメインを介してPRC1間相互作用に必要である[7]。Ring1はPRC1の安定化に重要である[8]。さらにN末側のRingフィンガー

---

key words

ポリコーム群，PRC1，PRC2，ヒストン修飾，がん治療，ES細胞，Ezh2，*Cdkn2a*，細胞イメージング，RNAスプライシング

第1章 エピジェネティクスの基礎

図❶ ポリコーム群複合体の多様性

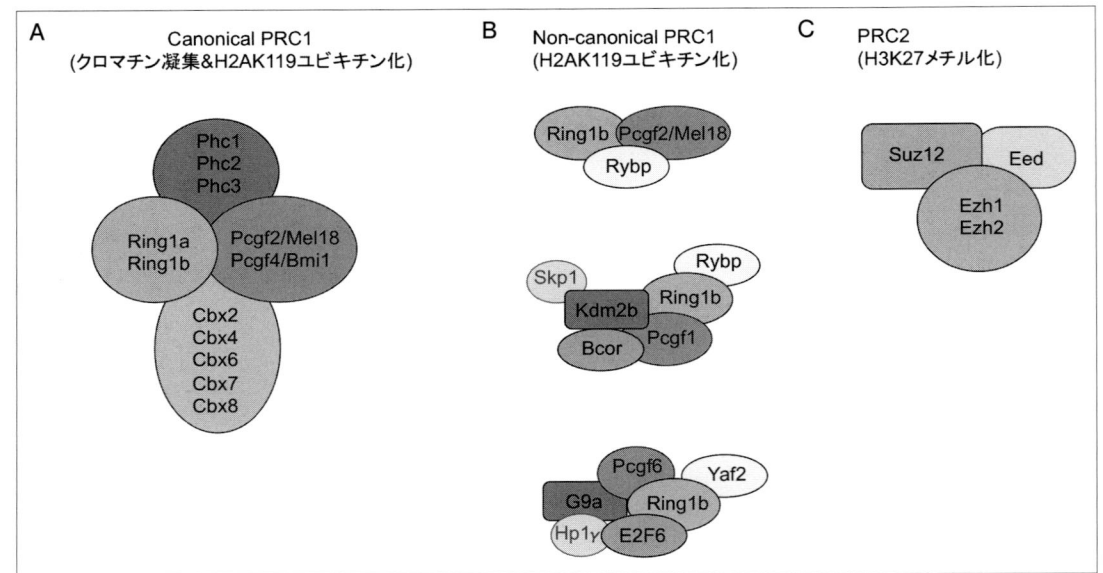

によってH2A 119番目リジンをモノユビキチン化（uH2A）する[9)10]。もう1つのRingフィンガー分子であるPcgfはRing1によるuH2A活性と基質特異性を高めるが[11)12]，それ自体にはuH2A活性はないようである[13]。

PRC1は遺伝子抑制の実働部隊である。ATP依存的クロマチンリモデリング阻害[14]あるいは転写開始・伸長阻害[15)-17]を介してPRC1は転写を抑制する。また，PRC1による核内クロマチン凝集も転写抑制の原因である[7)18)19]。一方，PRC1によるuH2A修飾は遺伝子抑制と相関するものの，その必要性についてはまだ議論の余地がある。マウスRing1b欠失ES細胞において外来性Ring1b Ringフィンガー点変異型（uH2A活性不全）はクロマチン凝集機能と遺伝子抑制機能を補完した。この結果は，遺伝子抑制におけるクロマチン凝集の重要性に対してRing1b uH2A活性の不要性を示唆している[18]。しかしながら，Ring1bと機能的冗長性のあるもう1つのRing1ホモログRing1aとのRing1a/bダブル欠損バックグラウンドではuH2A活性不全型はクロマチン凝集を誘導したものの抑制機能の補完は不十分であった[20]。この事実はuH2Aが抑制に貢献していることを示している。これを支持するようにuH2Aによる転写伸長阻害

やuH2A脱ユビキチン化による転写活性化が報告されている[21)22]。ここで重要なことは，ポリコーム群による遺伝子抑制はRNA polymerase II の存在下においても起こるということである[17)23)24]。さらに，転写関連だけでなくPRC1はmRNAスプライシング因子とも物理学的かつ遺伝学的に相互作用することが報告されている[25]。したがって，ポリコーム群による遺伝子抑制はRNA発現装置に対して排他的でない。むしろ共存することで遺伝子制御のオン・オフ切り換えを可能にしている。この可逆的制御は幹細胞のもつ多能性に必要であると考えられている[24]。

最近，上記PRC1を"canonical PRC1（cPRC1）"と呼ぶようになっている。その理由は"non-canonical PRC1（ncPRC1）"の出現である。ncPRC1はCbxとPhcを含まず，その代わりにRybpあるいはそのホモログYaf2を含むPRC1として定義される[26)27]。現在，PRC1-Rybp, PRC1-Kdm2b（Bcor複合体），PRC1-E2F6（E2F6複合体）がncPRC1に属する（図❶B）。いずれの複合体もcPRC1と同様にRing1b/PcgfによるuH2A活性をもち，抑制的に働く。Ring1bはすべてのPRC1に含まれるが，Pcgfに関してはPcgf1とPcgf6がそれぞれPRC1-Kdm2b, PRC1-E2F6特異的に含まれる。cPRC1お

およびncPRC1の役割分担はまだ明確でないが，cPRC1分子CbxとncPRC1分子Rybpのゲノム局在に重複性と独立性が確認されている[28]。また，Rybp欠失マウスの解析はcPRC1変異とは異なる表現型を示すことから[29]，ncPRC1は独立した機能をもっていると考えられる。

II．PRC2：Polycomb Repressive Complex-2

約0.6MDaのPRC2は3つのコア分子ESC/Eed，E(Z)/Ezh1/2，SU(Z)12/Suz12（それぞれハエ／マウス）を含む（図❶C）。E(Z)/Ezh1/2はSETドメインによってH3K27me2/3を触媒する[30]。この発見以降，H3K27残基はポリコーム群遺伝子抑制に重要であると考えられていたが，つい最近それが遺伝学的手法により明確に証明された。内在性H3をH3K27点変異型で置き換えたトランスジェニックショウジョウバエはポリコーム群変異と同様の遺伝子の脱抑制と表現型（体幹形成異常）を示したのである[31]。H3K27me2とH3K27me3の機能的な違いとして，H3K27me3がPRC1/2局在領域に限局し，一方H3K27me2はもっと広範囲（全体の〜50％）に分布していることから，H3K27me3が抑制的に働くと考えられている[32]。しかしながら，H3K27me2からH3K27me3への変換機構は今後の課題として残っている。EedおよびSuz12はEzh2機能を支援する。両分子ともPRC2の安定化に必要である。どちらが欠けてもPRC2およびH3K27me3レベルは著しく減少する[33,34]。EedはH3K27me3に，Suz12は活性化ヒストンマーク（H3K4me3/H3K36me3）を含まないH3 N末領域にそれぞれ結合し，Ezh2のH3K27me3活性を高めることができる[35,36]。この機能はH3K27me3領域の維持や拡張，あるいは染色体伝達に必要とされているかもしれない。最近，PRC2はEzh1-PRC2とEzh2-PRC2とに分かれ，それら機能の冗長性と独立性が示唆されている[37,38]。さらに驚くべきことにEzh1/2 SETドメインによる遺伝子活性化の可能性が生化学的[39,40]および遺伝学的[41]に示されている。したがって，今後にEzh1/2やPRC2研究の新展開が大いに期待される。

III．ポリコーム群遺伝子局在（リクルート機構）

ポリコーム群が抑制機能を発揮するためには標的遺伝子座上にリクルートされなければならない。この仕組みはエピジェネティック研究の最重要課題の1つであるが，いまだに謎である。しかしながら，近年の次世代シークエンサーを用いたゲノムワイド解析はその謎解きのヒントを与えている。PRC1およびPRC2は非メチルCpG islands/GC-rich配列を明らかに好む[42]。PRC1に関しては，cPRC1とncPRC1とでリクルート方法に違いがあることもわかってきた。cPRC1リクルートはその成分CbxによるH3K27me3認識であると信じられている。なぜならCbxクロモドメインは構造学的にH3K27me3に結合し[43]，Eed欠失によるH3K27me3不在の状況で，Cbx7は完全に標的遺伝子座から消失するが，cPRC1/ncPRC1共通のRing1bは影響を受けずゲノムに残っている[27,44]。一方ncPRC1のリクルートには，その特異的成分Kdm2bが貢献しているようである[45,46]。Kdm2bはCXXCドメインを介して非メチルCpG islands[用解2]に結合することができ，そのノックダウン実験はKdm2bが非メチルCpG領域へのRing1bリクルートおよびuH2Aレベルに必要であることを示した。同様の効果はショウジョウバエの遺伝学的解析によっても示されている[47]。プラットフォームとしての非メチルCpG islandsはTet1（tet methylcytosine dioxygenase 1）によって準備される可能性がある[48]。

PRC1とは異なって，PRC2のリクルート機構はほとんど理解されていない。しかしながら，既述したEedによるH3K27me3認識能力は維持的なPRC2リクルートに役立っているかもしれないし，PRC2も標的遺伝子座上でKdm2bと共局在していることからKdm2b依存PRC2リクルートの可能性もある[49]。PRC2に含まれるJarid2もCG配列に結合し，PRC2のリクルーターとして考察されているが[50,51]，それとは矛盾してJarid2欠失細胞においてH3K27me3のレベルはあまり変化しない[52]。他のリクルーターとしては，PLZFやRESTなどの転写因子やXist RNA，HOTAIR，ANRILに

代表される long non-coding RNA があるが，これら因子の貢献は遺伝子あるいは染色体特異的である[53]。最近，PRC1/2 は double-strand break 部位へ集積することが示された[3]。この現象の意義やリクルート機構は不明であるが，ポリコーム群の新しい側面が提唱されることを期待したい。

さて，リクルート後のポリコーム群はどう振る舞うのか？ 最新のわれわれの研究結果は，cPRC1 の抑制機能に重要なダイナミクスを示している[7]。cPRC1 はその成分 Phc2 の自己重合活性を介してさらに会合する。この会合の結果として，cPRC1 の遺伝子局在は安定し，クロマチン凝集や遺伝子抑制を引き起こすと考えられる（図❷）。また，この会合は PRC1 を可視的にする。

IV. がんとポリコーム群とその利用

ポリコーム群の高発現やゲノム変異はがんリスクを高める[2]。その原因は幹細胞やがん前駆体細胞におけるポリコーム群の働きにある。なぜなら，Pcgf4/Bmi1 による白血病幹細胞の維持が明確に示されている[54]。さらに，様々ながん細胞で共通して高度に DNA メチル化されている遺伝子の～80％は，既に前がん細胞でポリコーム群や H3K27me3 によってプレマーク，言い換えるとポリコーム群の標的となっている[55)-57)]。したがって，がん性幹細胞におけるポリコーム群機能の破綻は，Cdkn2a[用解3] などのがん抑制遺伝子や分化系列決定遺伝子の脱抑制を引き起こし，その結果としての細胞死，細胞老化，分化によるがん性幹細胞根絶を導くと期待される（図❸ A）。事実，Ezh2 H3K27me3 活性を阻害する薬剤の開発とその抗がん性が報告されている[58)59)]。しかしながら，既述した Ezh1/2 の遺伝子制御の二面性や PRC1 が抑制の実働部隊であることを考慮すると，より抑制に特化した PRC1 を標的とした創薬開発が望まれる

図❷ cPRC1-PRC2 による遺伝子抑制モデル

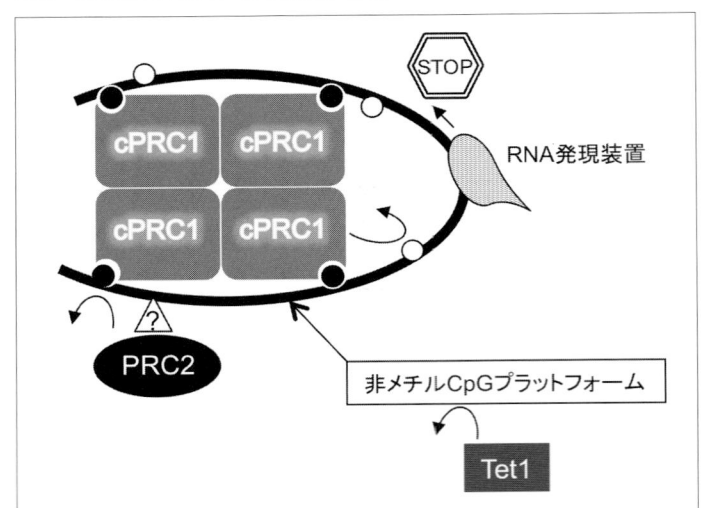

Tet1 がポリコーム群標的遺伝子プロモーター領域を非メチル CpG 状態にする。PRC2 はおそらく非メチル CpG を好む未同定リクルート機構（？マーク）を介してプロモーター領域に H3K27me3 マーク（●）を入れる。cPRC1 成分 Cbx ファミリーが H3K27me3 を認識することで cPRC1 がリクルートされる。ついで同成分 Ring1 による uH2A（○）触媒と Phc 重合活性を介した cPRC1 間相互作用が起こる。同時に，当該領域のクロマチン凝集も誘導される。uH2A，cPRC1 相互作用，クロマチン凝集は高次クロマチン構造の安定化を引き起こし，RNA 発現装置の作用を阻害すると考える。

（図❸ B）。この場合の標的としては，Ring1 Ring フィンガーの uH2A 活性，Cbx クロモドメインの H3K27me3 認識，Phc1/2 SAM ドメインの自己重合活性が挙げられる。PRC1 は Phc1/2 自己重合機能を介して可視的な核内構造体を形成する（図❸ C）。この構造体はポリコーム群抑制機能を反映している[7]。したがって，本構造体の形態変化を指標とすることでポリコーム群抑制機能に対するスクリーニングが可能となる。

おわりに

がんとポリコーム群の関係は蜜月であり，確かに EZH2 の発現は前立腺がんや乳がんのバイオマーカーとなっている[60]。しかしながら，ポリコーム群によるがん化の分子機構はまだ不明である。がん化の原因遺伝子は常にポリコーム群によって制御されているのか？ あるいは，その原因遺伝子産物が PRC1/2 酵素活性の基質となっているかもしれない。事実，EZH2 は GATA4 をメチル化する

図❸ エピジェネティック治療におけるポリコーム群機能

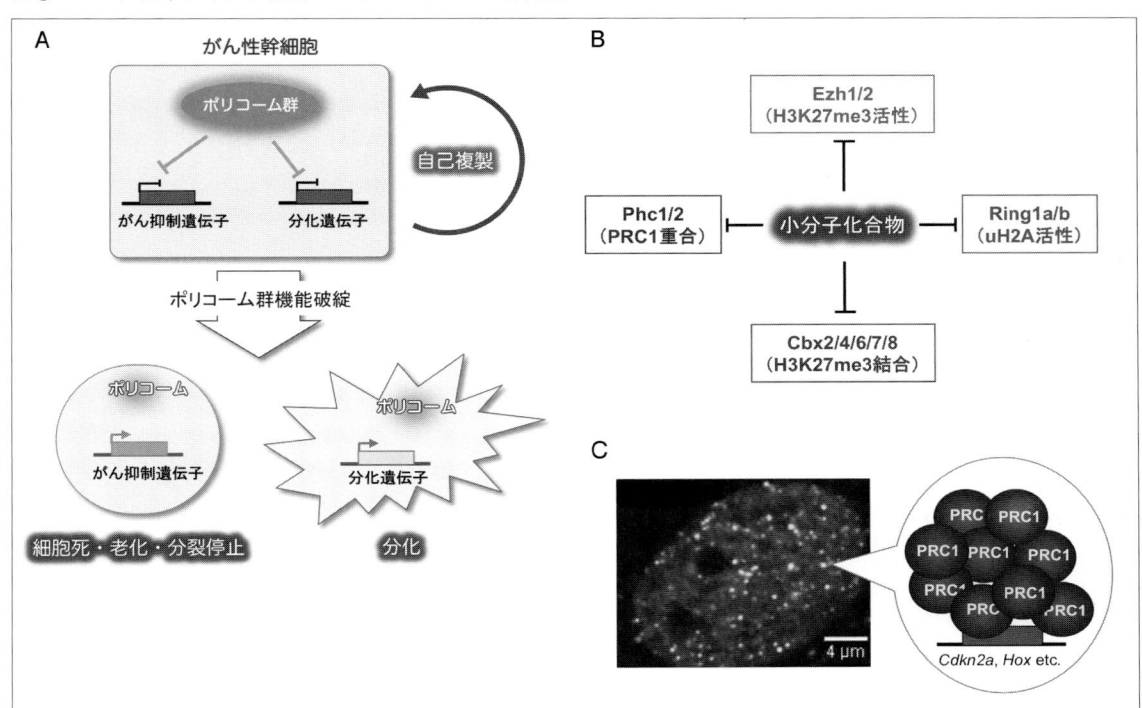

A. がん細胞根絶やし戦略。正常体性幹細胞と同様にポリコーム群機能はがん性幹細胞の自己複製に貢献している。その機能破綻はがん抑制遺伝子や分化遺伝子の脱抑制を介してがん性幹細胞の自己複製能を奪う。
B. 抗がん剤の標的となりえるポリコーム群機能。表示されたポリコーム群機能を指標に薬剤スクリーニングが可能である。
C. 抑制機能をもつPRC1核内構造体。モノクロ画像はRing1b-YFPノックインマウス由来の胚性線維芽細胞のライブイメージングである。多数の核内斑点構造体（直径～0.5μm）はポリコーム群標的遺伝子領域（少なくともCdkn2a, Hox遺伝子座）でのPRC1重合の結果であり、その形成はポリコーム群抑制機能に必要である。したがって、PRC1構造体はポリコーム群抑制機能に対する薬剤スクリーニングに有用である。

（グラビア頁参照）

ことができる[61]。ポリコーム群機能はがん細胞あるいはその過程で何らかの理由で活性化されているはずである。また、がんタイプによってそれに関わるポリコーム群分子も様々である[2]。したがって、ポリコーム群自体ががんタイプ特異的にリン酸化やメチル化などの修飾を受けて活性化するとしても不思議ではない。最近、骨髄異形成症候群にRNAスプライシング経路の遺伝子変異（U2 snRNP成分Sf3b1遺伝子やU2AF35遺伝子で高頻度）がリンクしていることが報告された[62]。驚くべきことに、Sf3b1遺伝子ヘテロ欠失マウスは骨髄異形成症候群にみられる血球形態異常と同時にポリコーム群変異特有の背骨パターン異常を示している[25)63)]。これらの結果はポリコーム群機能とスプライシング機能との相互作用を示唆しているが、さらに踏み込んで、この相互作用の破綻が骨髄異形成症候群リスクを高めているかもしれない。ポリコーム群とDNA修復装置との相互作用もがん化と深く関わっている可能性もある[3]。このように、がんとポリコーム群は様々な階層でリンクしていると考えられ、これら1つ1つの理解の積み重ねは今後のエピジェネティック治療を洗練させていくと考える。

用語解説

1. **胚性幹細胞（ES細胞）**：発生初期段階である胚盤胞期胚の内部細胞塊より樹立された細胞株をいう。理論上，すべての組織に分化可能であり，無限に自己複製する。遺伝子操作も可能で，これを用いてノックアウトマウスを作製することができる。
2. **CpG islands**：高頻度にCpG部位をもつゲノム領域のこと。"p" はシトシンとグアニンの間のホスホジエステル結合を表す。哺乳類においてCpG islandsは300〜3000塩基対で約40%の遺伝子プロモーター領域で確認されている。
3. ***Cdkn2a***：主要がん抑制遺伝子の1つで，その発現はポリコーム群によって制御されている。その遺伝子産物Ink4aとArfはp53およびRBがん抑制経路において細胞周期停止，老化，アポトーシスを誘導する。様々ながんにおいて*Cdkn2a*の欠損や不活性化が高頻度に確認されている。例えば，乳がん患者の約40%で*Cdkn2a*異常が見つかっている。

参考文献

1) Kennison JA：Annu Rev Genet 29, 289-303, 1995.
2) Sauvageau M, Sauvageau G：Cell Stem Cell 7, 299-313, 2010.
3) Vissers JHA, et al：J Cell Sci 125, 3939-3948, 2012.
4) Shao Z, et al：Cell 98, 37-46, 1999.
5) Levine SS, et al：Mol Cell Biol 22, 6070-6078, 2002.
6) Bernstein E, et al：Mol Cell Biol 26, 2560-2569, 2006.
7) Isono K, et al：Dev Cell, in press.
8) Endoh M, et al：Development 135, 1513-1524, 2008.
9) Wang H, et al：Nature 431, 873-878, 2004.
10) de Napoles M, et al：Dev Cell 7, 663-676, 2004.
11) Cao R, et al：Mol Cell 20, 845-854, 2005.
12) Elderkin S, et al：Mol Cell 28, 107-120, 2007.
13) Buchwald G, et al：EMBO J 25, 2465-2474, 2006.
14) Francis NJ, et al：Mol Cell 8, 545-556, 2001.
15) Dellino GI, et al：Mol Cell 13, 887-893, 2004.
16) Lehmann L, et al：J Biol Chem 287, 35784-35794, 2012.
17) Brookes E, et al：Cell Stem Cell 10, 157-170, 2012.
18) Eskeland R, et al：Mol Cell 38, 452-464, 2010.
19) Lanzuolo C, et al：Nat Cell Biol 9, 1167-1174, 2007.
20) Endoh M, et al：PLoS Genet 4, e1002774, 2012.
21) Stock JK, et al：Nat Cell Biol 9, 1428-1435, 2007.
22) Nakagawa T, et al：Genes Dev 22, 37-49, 2008.
23) Bracken AP, et al：Genes Dev 20, 1123-1136, 2006.
24) Lee TI, et al：Cell 125, 301-313, 2006.
25) Isono K, et al：Genes Dev 19, 536-541, 2005.
26) Gao Z, et al：Mol Cell 45, 344-356, 2012.
27) Tavares L, et al：Cell 148, 664-678, 2012.
28) Morey L, et al：Cell Rep 3, 60-69, 2013.
29) Hisada K, et al：Mol Cell Biol 32, 1139-1149, 2012.
30) Cao R, et al：Science 298, 1039-1043, 2002.
31) Pengelly AR, et al：Science 339, 698-699, 2013.
32) Peters AH, et al：Mol Cell 12, 1577-1589, 2003.
33) Montgomery ND, et al：Curr Biol 15, 942-947, 2005.
34) Pasini D, et al：EMBO J 23, 4061-4071, 2004.
35) Schmitges FW, et al：Mol Cell 42, 330-341, 2011.
36) Margueron R, et al：Nature 461, 762-767, 2004.
37) Shen X, et al：Mol Cell 32, 491-502, 2008.
38) Margueron R, et al：Mol Cell 32, 503-518, 2008.
39) Mousavi K, et al：Mol Cell 45, 255-262, 2011.
40) Xu K, et al：Science 338, 1465-1469, 2012.
41) Bajusz I, et al：Genetics 159, 1135-1150, 2001.
42) Ku M, et al：PLoS Genet 4, e1000242, 2008.
43) Min J, et al：Genes Dev 17, 1823-1828, 2003.
44) Morey L, et al：Cell Stem Cell 10, 47-62, 2012.
45) Farcas AM, et al：elife 1, e00205, 2012.
46) Wu X, et al：Mol Cell 49, 1-13, 2013.
47) Lagarou A, et al：Genes Dev 22, 2799-2810, 2008.
48) Wu H, et al：Nature 473, 389-393, 2011.
49) Ballaré C, et al：Nat Struct Mol Biol 19, 1257-1265, 2012.
50) Peng JC, et al：Cell 139, 1290-1302, 2009.
51) Shen X, et al：Cell 139, 1303-1314, 2009.
52) Mejetta S, et al：EMBO J 30, 3635-3646, 2011.
53) Lanzuolo C, Orlando V：Annu Rev Genet 46, 561-589, 2012.
54) Lessard J, Sauvageau G：Nature 423, 255-260, 2003.
55) Ohm JE, et al：Nat Genet 39, 237-242, 2007.
56) Widschwendter M, et al：Nat Genet 39, 157-158, 2007.
57) Schlesinger Y, et al：Nat Genet 39, 232-236, 2007.
58) Tan J, et al：Genes Dev 21, 1050-1063, 2007.
59) Knutson SK, et al：Nat Chem Biol 8, 890-896, 2012.
60) Yu J, et al：Cancer Res 67, 10657-10663, 2007.
61) He A, et al：Genes Dev 26, 37-42, 2012.
62) Yoshida K, et al：Nature 478, 64-69, 2011.
63) Visconte V, et al：Blood 120, 3173-3186, 2012.

磯野協一
1991年 静岡県立大学食品栄養科学部卒業
1993年 同大学院生活健康科学研究科修士課程修了
1996年 （財）地球環境産業技術研究機構研究員
1997年 岡山大学大学院自然科学研究科学位（理）取得
2000年 千葉大学大学院医学研究科助手
2004年 理化学研究所IMS〔旧RCAI〕上級研究員

第1章 エピジェネティクスの基礎

4．ノンコーディング RNA とエピジェネティクス

坂口武久・佐渡　敬

　様々な生物種で，ゲノムの広範な領域からタンパク質をコードしないノンコーディング RNA（ncRNA）が転写されていることが知られるようになって久しい。これらの ncRNA のうち小分子 RNA に分類される siRNA，miRNA，および piRNA については各々の機能や作用機序，生合成経路ついての理解が急速に進んでいるのに対し，長鎖 ncRNA（lncRNA）については共通の特徴もほとんどなく，その機能も多岐にわたると考えられるため機能解析はあまり進んでいない。しかしながら，クロマチンと相互作用する一部の lncRNA については遺伝子発現制御に重要な役割を果たしていることがわかってきている。本稿では，主に哺乳類エピジェネティクスにおける小分子 RNA や lncRNA の役割について紹介する。

はじめに

　マイクロアレイや次世代シーケンサーを用いた大規模解析により，遺伝子間領域も含め哺乳類ゲノムの広範な領域が RNA に転写されていることが明らかとなった。それらの大部分はタンパク質をコードしないノンコーディング RNA（ncRNA）で，小分子 RNA と長鎖ノンコーディング RNA（lncRNA）に大別される。小分子 RNA には，21〜25 塩基長の siRNA（small interfering RNA）と miRNA（microRNA），そして 24〜31 塩基長の piRNA（PIWI interacting RNA）の 3 種類が知られる一方，lncRNA の長さは数百塩基から 100 kb を超えるものまで様々である。内在性 siRNA は相補的な配列をもつ標的 mRNA の分解に関わるが，哺乳類ではその存在は卵子や着床前胚に限られると考えられるのに対し，miRNA は様々な細胞で発現し，主に標的 mRNA の翻訳を阻害することで遺伝子発現を制御している。piRNA は主に生殖細胞で発現し，レトロトランスポゾンの発現抑制に重要な役割を果たしている。一方 lncRNA は，5' キャップ構造や 3' 末端にポリ A 鎖の付加を受けるなど mRNA 様の構造をもつ RNA であるが，生理機能がわかっているものはごく一部にすぎない。本稿ではエピジェネティクスの観点から，これらの ncRNA について紹介する。

I．エピジェネティクスと miRNA

　miRNA は最初，ステムループ構造をとりうる逆向きの反復配列を含む前駆体である pri-miRNA（primary miRNA）として転写される。pri-miRNA は核内で RNase III の 1 つである Drosha と RNA 結合タンパク質である Pasha（ヒトでは DGCR8）を含む複合体によってプロセシングを受け，60〜70 塩基の pre-miRNA（precursor miRNA）となる。pre-miRNA はステムループを形成し，Exportin 5 によって細胞質に輸送され，ステム部分を残すように Dicer によって切断されて 21〜25 塩基の 2 本

---

key words

miRNA, piRNA, lncRNA, Argonaute（AGO），エピジェネティック修飾，DNA メチル化，レトロトランスポゾン，インプリント制御領域，X 染色体不活性化

鎖 miRNA となる。これが Argonaute（AGO）タンパク質に取り込まれたのち miRNA は 1 本鎖となって保持され，その配列の相補性を利用して標的を認識する[1]。一般に miRNA は mRNA 中で 1～2 塩基，配列に違いがある領域を標的として 2 本鎖を形成し，mRNA の翻訳を阻害する。miRNA は様々な生命現象に関わる因子の発現をこのように翻訳レベルで制御しているが，その中には DNA メチル化酵素（DNMTs）やヒストン脱アセチル化酵素（HDACs），ポリコーム群（PcG）タンパク質などエピジェネティック修飾の制御に関わるものも多数同定されている。新規メチル化酵素である DNMT3A および DNMT3B それぞれの mRNA の 3' 非翻訳領域（UTR）に高い相補性をもつ miR-29a, -29b, -29c を各々肺がんの細胞で発現させると，亢進していた DNMT3A と DNMT3B の発現レベルの低下が認められた。これは，それまでメチル化により発現が抑制されていたがん抑制遺伝子の脱メチル化とそれに伴う発現の回復を促し，細胞の腫瘍形成能を減退させたことが報告されている[2]（図❶ A）。

ヒストン H3 の 27 番目のリジン残基のトリメチル化（H3K27me3）は DNA メチル化同様，転写抑制に関わるエピジェネティック修飾である。これを担う PcG タンパク質複合体 PRC2 の触媒サブユニットである EZH2 を標的とする miRNA として miR-101, miR-137, miR-214 なども報告されている。遺伝子の発現抑制に関わることが知られる EZH2 はがん細胞の生存や転移にも深く関与していると考えられる。前立腺がんでは，その進行とともに miR-101 の発現が減少し，これが EZH2 の発現を増大させることが示されている。さらに，miR-101 をコードするゲノム領域が多くのがん細胞で両アリルとも欠失し，EZH2 の過剰発現を招いていることが示唆されている[3]。

Rett 症候群の原因遺伝子として知られるメチル CpG 結合タンパク質 MECP2 によって転写が制御されている miR-137 の発現量は，MeCP2 欠損マウスの神経幹細胞では野生型に比べて大幅に増大している。miR-137 は神経幹細胞の分裂・増殖と

図❶ miRNA を介したエピジェネティック修飾の制御

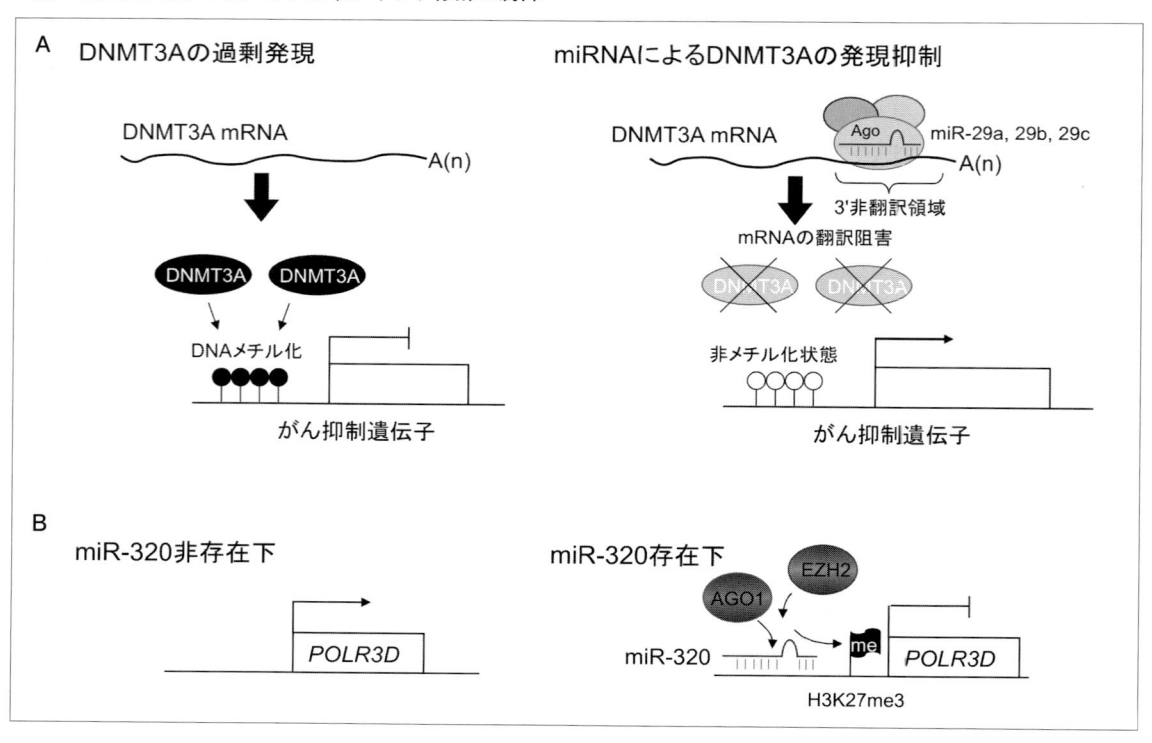

分化を制御していて，miR-137を過剰発現させると分裂・増殖が盛んになり，発現を阻害すると分化が促される。miR-137の発現阻害は標的であるEzh2のmRNAの発現を減少させ，H3K27me3レベルの低下を招く。これが分化に関わる遺伝子の発現を誘導し，結果として分化が亢進すると考えられる[4]。

miRNAによる制御は通常このような転写後の発現抑制が主であるが，遺伝子のプロモーター領域に相補性をもつmiRNAが存在し，これがその遺伝子を転写レベルで制御する例も報告されている。ヒトの*POLR3D*遺伝子のプロモーター領域の配列と相補性をもつmiR-320はAGO1やEZH2をそのプロモーターへリクルートすることに関与し，H3K27me3を介して*POLR3D*の転写を抑制することが示唆されている[5]（図❶B）。また，E-cadherinやCSDC2のプロモーター領域に相補性をもつmiR-373は転写の抑制とは逆にRNAポリメラーゼのプロモーターへの結合を促し，転写の亢進に寄与している可能性が示唆されている[6]。

Ⅱ．piRNAを介したDNAメチル化

小分子RNAのうちpiRNAは主に生殖細胞で発現し，減数分裂の過程でレトロトランスポゾンの活性化を抑えるのに重要な役割を果たしている[7-9]。piRNAはゲノム上のpiRNAクラスターと呼ばれる領域から転写される長い1本鎖のpiRNA前駆体に由来し，これがヌクレアーゼによって切断され一次piRNAとなる。レトロトランスポゾンと相補的な配列を含むものが多くを占めるこの一次piRNAは，その後AGOタンパク質のサブファミリーに属するPIWIタンパク質に取り込まれる。このPIWIタンパク質は取り込んだpiRNAの配列を利用して標的となるレトロトランスポゾン由来のRNAを捉え，特定の位置でこれを切断する。切断されたRNA断片は，さらに切断点から24～31塩基離れたところで何らかのヌクレアーゼで切断され，二次piRNAとなる。二次piRNAはまた別のPIWIタンパク質に取り込まれ，これが二次piRNAの配列を利用して上述のpiRNA前駆体を標的として捉え，これを特定の位置で切断し，さらにpiRNAを産生

する。ピンポンサイクルと呼ばれるこの増幅機構により，piRNAが大量に産生され，レトロトランスポゾンを効果的に抑制することができる[10]。マウスではMili，Miwi，Miwi2の3つがPIWIタンパク質として知られ，胎生期の精巣ではMiliとMiwi2が，生後の精巣ではMiwiが発現している。また，ピンポンサイクルを担うのは主にMiliとMiwi2で，前者が一次piRNAを，後者が二次piRNAを取り込むと考えられている。

piRNAは転写レベルでもレトロトランスポゾンの発現を抑えていると考えられる。MiliおよびMiwi2の機能欠損マウスは雌雄ともに誕生し，成獣へと成長するが，オスは生殖細胞が減数分裂のパキテン期で失われるため不妊となる。このようなオスの生殖細胞ではpiRNAの顕著な減少とレトロトランスポゾンの発現の上昇が観察される。興味深いことに，Mili，Miwi2それぞれの機能欠損マウスでは，胎生期の生殖細胞（ゴノサイト）においてレトロトランスポゾンのDNAメチル化レベルが野生型に比べ有意に低下している[11,12]。このことから，レトロトランスポゾンの発現抑制に重要な役割を果たすDNAメチル化の構築にMiliとMiwi2が関与していることが示唆される。

ショウジョウバエにおいて，piRNAの産生に関わると考えられるZucchini（Zuc）のマウスホモログであるMITOPLDの機能欠損マウスは，メスでは顕著な表現型は観察されないが，オスの精巣では第1減数分裂の進行がザイゴテン期で停止し，精子細胞がアポトーシスによって失われるため不妊となる[13,14]。そのようなオスの精巣では一次piRNAの量が顕著に減少し，レトロトランスポゾンの脱抑制が認められる。さらに，胎生期の生殖細胞ではMili，Miwi2などpiRNAに関わる因子の局在が異常になり，生後の精母細胞ではレトロトランスポゾンのDNAメチル化レベルの著しい低下も観察される。また，MITOPLDの機能阻害は一次piRNAの減少を招くことから，これが一次piRNAの産生に深く関わると考えられるが，最近ショウジョウバエではZucが1本鎖RNAを切断するエンドリボヌクレアーゼで，その活性がpiRNA産生に必須であることが明らかにされてい

る[15]）。

　piRNAはレトロトランスポゾンのDNAメチル化に加え，インプリント遺伝子である*Rasgrf1*のインプリント制御領域（DMR）の精子特異的なメチル化にも重要な役割を果たすことが示されている[16]）。このDMR内にはある種のレトロトランスポゾン配列が存在し，これと隣接するダイレクトリピートをプロモーターとしてこのレトロトランスポゾンの配列を含むncRNAが転写されている（図❷）。このRNAは別の染色体領域にコードされるレトロトランスポゾン由来の一次piRNAのターゲットになっていて，ピンポンサイクルによってこの領域に相補性をもつpiRNAの増幅が起きていると考えられる。piRNA経路に重要な役割を果たすMili，Miwi2，MITOPLDの機能阻害マウスの胎生期のオスのゴノサイトでは，このpiRNAの減少が観察され，生後の精母細胞では*Rasgrf1*領域のDMRの低メチル化が認められる。このことから*Rasgrf1*領域のDMRのメチル化におけるpiRNAの重要性がわかるが，*Rasgrf1*の他に3つ知られる精子特異的にメチル化されるDMRについては，Mili，Miwi2，MITOPLD欠損マウスのいずれにおいても影響は認められなかった。

Ⅲ．lncRNAによるクロマチン制御

　lncRNAの一部は *in situ* ハイブリダイゼーションなどによって細胞内局在が示されてはいるが，それらを含め多くのものが生理学的機能についてはよくわかっていない。しかしながら，いくつかのlncRNAについては，クロマチンと相互作用し遺伝子発現をエピジェネティックに制御することが知られる。そのようなlncRNAのうち比較的解析が進んでいるのが哺乳類のメスにおけるX染色体不活性化（X chromosome inactivation：XCI）に中

図❷　piRNAによるインプリント遺伝子の発現制御機構

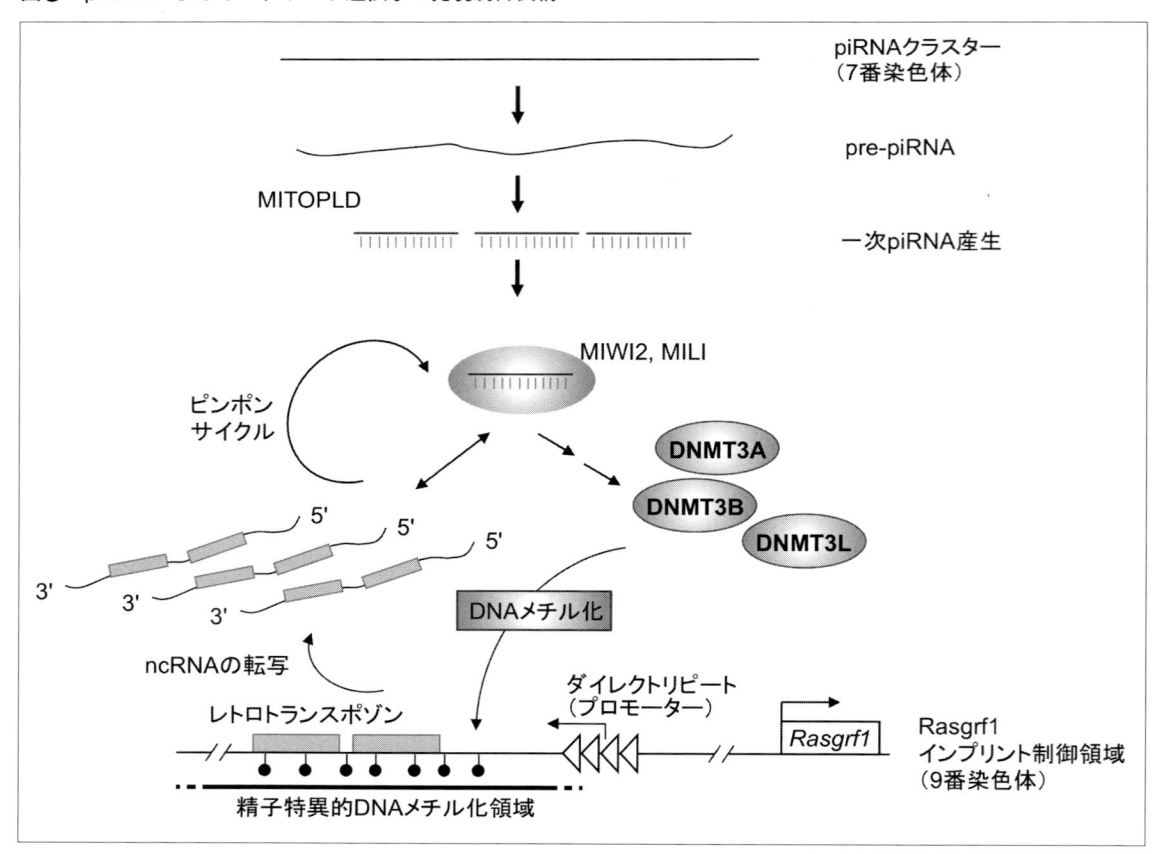

心的な役割を果たす Xist RNA である[17)-19)]。

哺乳類のメスは2本あるX染色体のうちいずれか一方を不活性にすることで，X染色体を1本しかもたないオスとの間にあるX染色体連鎖遺伝子量の差を補償している[20)]。XCI は胚発生のごく初期に起こるが，最もよく研究されているマウスの場合，将来胎盤などになる胚体外組織では父由来のX染色体が選択的に不活性化される（インプリント型 XCI）[21)]のに対し，胎仔のすべての組織になる胚体組織では，由来にかかわらずどちらか一方のX染色体が不活性化される（ランダム型 XCI）[22)]。Xist RNA はこれらいずれの XCI にも不可欠である[23)24)]。ランダム型 XCI では，細胞分化に伴い一方のX染色体で Xist の発現が亢進し，転写産物である RNA がそのX染色体全体を覆うように結合することで不活性化が開始される。Xist RNA がどのように染色体ワイドの不活性化を引き起こすかはよくわかっていないが，ヘテロクロマチン形成や維持に関わるタンパク質をX染色体に呼び込む足場となっていると考えられる。不活性X染色体に局在するタンパク質はいくつか知られるが，それらのうちヘテロクロマチンの維持に重要と考えられるポリコーム群（PcG）タンパク質複合体である PRC1 や PRC2，転写抑制に関わると考えられるヒストンバリアントの macroH2A は Xist RNA 依存的に不活性X染色体へ局在することが示されている。

マウスのメスの ES 細胞がもつ2本のX染色体はともに活性をもつが，分化を誘導すると一方がランダムに不活性化される。また，オスの ES 細胞でも Xist RNA をトランスジーンから発現させるとX染色体にかぎらず挿入された染色体を少なくとも部分的には不活性化することができる。そのため，ES 細胞は Xist RNA の機能を解析するモデルとして頻繁に用いられている。Xist RNA の様々な断片を ES 細胞で発現させた解析から，ヒトとマウスで保存された A リピートと呼ばれる 5′ 近傍の反復配列からなる領域が Xist RNA による染色体サイレンシングに不可欠であることが示されている[25)]。A リピートは 24 塩基のコンセンサス配列が数十（20～48）塩基の AU リッチな配列を挟んで 7.5 回繰り返される 420 塩基ほどの領域で，当初はコンセンサス配列がとりうるステムループ構造が XCI の開始に関わるタンパク質と相互作用する可能性が指摘された。その後の別の報告では，リピートがユニット間で特徴的な立体構造を形成する可能性も示されている[26)27)]。

Lee らはマウス ES 細胞を用いて RNA 免疫沈降（RIP）やゲルシフトアッセイ（EMSA）を行い，PRC2 の触媒活性を担う Ezh2 が A リピート配列と相互作用することを見出した。このことから Xist RNA は A リピートを介してX染色体に PRC2 を呼び込み，ヒストン H3 のリジン 27（H3K27）をトリメチル化することでX染色体のヘテロクロマチン化を促すというモデルを報告している[28)]。しかしながら別の報告では，A リピートを欠く不活性化能がない変異 Xist RNA が PRC2 をX染色体へリクルートできることが示されており[29)]，A リピートの機能とその作用機序についてはより詳細な生化学的解析が必要と思われる。

しかしながら，Xist RNA にかぎらず他の lncRNA でも PRC2 との相互作用が報告されている。ヒト 12 番染色体の *HOXC* 遺伝子座から発現される約 2.2 kb の HOTAIR RNA は，PRC2 をその標的である 2 番染色体の *HOXD* 遺伝子座に局在させるのに重要な役割を果たしていると考えられるが，その 5′ 領域断片が EZH2 と相互作用することが RIP によって示されている[30)]。その報告では，さらに HOTAIR RNA の 3′ 領域断片が転写抑制に関わる LSD1/CoREST/REST 複合体とも相互作用することが併せて示されている。LSD1 は転写活性化に関わるメチル化されたヒストン H3 のリジン 4（H3K4me）からメチル基を除去するヒストン脱メチル化酵素で，複合体の構成因子にもよるが転写の抑制に関わる。このように，HOTAIR は H3K27 のトリメチル化と H3K4 の脱メチル化を担う2つの活性を結びつけ，効果的に転写抑制状態を作り上げる働きに寄与していると思われる（図❸）。また，HOTAIR RNA の発現上昇はゲノム上の PRC2 の分布に変化を引き起こし，腫瘍の悪性化を招くことも示唆されている。これは PRC2 が触媒する H3K27me3 によってがんの浸潤や転移を抑えるような遺伝子の発現が抑制されてしまうためと考え

図❸ HOTAIR RNAによる転写抑制モデル

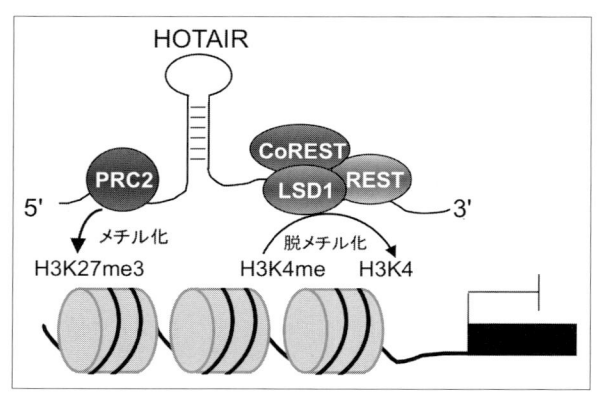

られている[31]。インプリント遺伝子領域や発生段階特異的に制御される遺伝子領域などに存在するlncRNAは多く，今後それらについてもクロマチン制御因子との相互作用の有無が検討されることで，Xist RNAやHOTAIR RNAで提唱されたモデルの妥当性や普遍性が明らかになっていくものと期待される。

おわりに

　小分子RNAについての研究は，この10数年の間に急速に進展し，その生物学的意義や作用機序の詳細が分子レベルで明らかになりつつある。また，miRNAついては医療への応用も具体的に進んでいる。一方，lncRNAの生物学的意義は不明なものが多く，本稿で取り上げたクロマチン制御に関わると考えられるものは比較的解析の進んでいるものといえる。しかしながら，それらの作用機序については分子レベルの理解はなかなか進んでいないのが現状である。そのブレイクスルーはlncRNAの分解を招くことなく，タンパク質との特異的な相互作用を生化学的に解析する手法やRNAの修飾や構造を高精度で解析する手法などの開発によってもたらされると思われる。

参考文献

1) Ghildiyal M, Zamore PD：Nat Rev Genet 10, 94-108, 2009.
2) Fabbri M, Garzon R, et al：Proc Natl Acad Sci USA 104, 15805-15810, 2007.
3) Varambally S, Cao Q, et al：Science 322, 1695-1699, 2008.
4) Szulwach KE, Li X, et al：J Cell Biol 189, 127-141, 2010.
5) Kim DH, Saetrom P, et al：Proc Natl Acad Sci USA 105, 16230-16235, 2008.
6) Place RF, Li LC, et al：Proc Natl Acad Sci USA 105, 1608-1613, 2008.
7) Aravin A, Gaidatzis D, et al：Nature 442, 203-207, 2006.
8) Girard A, Sachidanandam R, et al：Nature 442, 199-202, 2006.
9) Grivna ST, Beyret E, et al：Genes Dev 20, 1709-1714, 2006.
10) Brennecke J, Aravin AA, et al：Cell 128, 1089-1103, 2007.
11) Carmell MA, Girard A, et al：Dev Cell 12, 503-514, 2007.
12) Kuramochi-Miyagawa S, Kimura T, et al：Development 131, 839-849, 2004.
13) Huang H, Gao Q, et al：Dev Cell 20, 376-387, 2011.
14) Watanabe T, Chuma S, et al：Dev Cell 20, 364-375, 2011.
15) Nishimasu H, Ishizu H, et al：Nature 491, 284-287, 2012.
16) Watanabe T, Tomizawa S, et al：Science 332, 848-852, 2011.
17) Borsani G, Tonlorenzi R, et al：Nature 351, 325-329, 1991.
18) Brockdorff N, Ashworth A, et al：Nature 351, 329-331, 1991.
19) Brown CJ, Ballabio A, et al：Nature 349, 38-44, 1991.
20) Lyon M：Nature 190, 372-373, 1961.
21) Takagi N, Sasaki M：Nature 256, 640-642, 1975.
22) Monk M, Harper MI：Nature 281, 311-313, 1979.
23) Marahrens Y, Panning B, et al：Genes Dev 11, 156-166, 1997.
24) Penny GD, Kay GF, et al：Nature 379, 131-137, 1996.
25) Wutz A, Rasmussen TP, et al：Nat Genet 30, 167-174, 2002.
26) Duszczyk MM, Wutz A, et al：RNA 17, 1973-1982, 2011.
27) Maenner S, Blaud M, et al：PLoS Biol 8, e1000276, 2010.
28) Zhao J, Sun BK, et al：Science 322, 750-756, 2008.
29) Plath K, Fang J, et al：Science 300, 131-135, 2003.
30) Tsai MC, Manor O, et al：Science 329, 689-693, 2010.
31) Gupta RA, Shah N, et al：Nature 464, 1071-1076, 2010.

坂口武久
2000年	千葉工業大学工学部卒業
2002年	同大学院工学研究科修士課程修了
2006年	埼玉医科大学大学院医学研究科博士課程修了
	同ゲノム医学研究センター発生・分化・再生部門ポスドク
	米国クリーブランドクリニックポスドク
2008年	国立遺伝学研究所育種遺伝研究部門特任研究員
2010年	九州大学生体防御医学研究所エピゲノム制御学分野学術研究員

第1章　エピジェネティクスの基礎

5．エピゲノム解析法

油谷浩幸

　エピゲノム情報は「細胞レベルの記憶」であり，細胞分化やリプログラミング現象の理解において不可欠である．ヒドロキシメチルシトシンなどの新たな標識の存在が報告される一方，次世代シーケンサーの利用によってエピゲノム標識の分布を網羅的かつ定量的に解析可能となったことから，ゲノム機能の理解が進むことが期待されている．本稿ではエピゲノム解析の現状を紹介する．

はじめに

　全ゲノム塩基配列情報が明らかになって10年を経た現在でも，われわれはゲノム機能を解明できたとは言いがたく，long non-coding RNAや制御領域の同定はようやく端緒が開けたばかりと言っても過言ではない．エピゲノム情報は「細胞レベルの記憶」であり，細胞分化やリプログラミング現象の理解において不可欠である．代表的なエピゲノム標識としては，ヒストン修飾，クロマチン構造，DNA修飾が挙げられるが，制御因子としての役割が注目されているnon-coding RNAの解析のため，RNA-seqによるトランスクリプトーム解析も重要である．

　高密度マイクロアレイや次世代シーケンサー技術の登場によって，エピゲノム情報を包括的に解析することが可能となり，次稿の国際ヒトエピゲノムコンソーシアムや米国NIHのRoadmapプロジェクトにおいて種々の組織や細胞のエピゲノム情報が取得され公開されつつある．エピゲノム変異と疾患との関連づけを行うことも現実化しつつあることから，本稿ではエピゲノム解析手法の現状について紹介する．

I．エピゲノム標識の解析

1．クロマチン免疫沈降

　クロマチン免疫沈降法（chromatin immuno-precipitation：ChIP）とは，特定のタンパクが結合するDNA領域を同定する手法であり，転写因子や転写制御因子の標的遺伝子あるいはヒストン修飾などのエピジェネティック修飾が存在するゲノム領域情報を得ることができる．2004年に登場したChIP-chip法は，ChIP法とマイクロアレイを組み合わせることでエピゲノム情報のゲノムワイドな取得を可能にし，数多くの生物における転写制御メカニズムの理解を大きく前進させた．しかしながら，全ゲノム配列をデザインしたアレイを用いるため解析コストが高く，データの再現性・定量性に問題があったところへ，次世代シーケンサー（NGS）と組み合わせたChIP-seq法が2008年に登場して以降はデータの互換性も高まり，様々な生命現象における時空間的な転写制御機構の解明に用いられている．

　ChIP-seq法は実験手法としてはすでに成熟段階

---

key words

クロマチン免疫沈降, ChIP-seq, DNAメチル化, ヒドロキシメチルシトシン, 次世代シーケンサー, ヌクレオソーム, クロマチン相互作用, chromatin accessibility, 3C, ChIA-PET

2. DNA メチル化解析

バイサルファイト処理によりメチル化されていないシトシンはウラシルに変換される一方，メチル化シトシンは変換を免れることを利用して，メチル化の有無の判定に利用されてきた。従来，バイサルファイト処理したDNAの特定の領域を増幅して質量分析あるいはパイロシーケンシングで定量的に解析されてきたが，SNPアレイの原理でタイピングすれば，同時に数十万のCpGサイトのメチル化を解析することができる[4]。イルミナ社よりInfiniumシステムとして提供されており，半定量的に多数検体を処理する方法として有用である。

バイサルファイト処理したDNA断片の塩基配列をNGSで決定すれば，1塩基レベルの解像度でメチル化の有無を定量的に調べることができる。ListerらはMethylC-Seq法を開発し，ヒトES細胞では非CpG配列中のシトシンメチル化が多いことを報告した[5]。バイサルファイト処理によりDNAが分解されやすくなるが，PCR増幅のサイクル数を増やすと増幅部位が不均一になる傾向がある問題点があり，伊藤らによりPBAT法が開発されている[6]（本誌第3章2を参照）。シーケンシングコストが高額になるので，制限酵素処理（RRBS法）あるいはシーケンスキャプチャー法を併用すれば，全ゲノムでなく特定のゲノム領域のみの解析も可能である[7]。

近年メチル化シトシンの除去反応として注目されているのはTETタンパクによるヒドロキシメチルシトシン（hmC）の生成である（図❶）。hmCはメチル化シトシン同様にバイサルファイト処理で変換されず，識別できないことから，従来メチル化ありと判定された可能性もある。バイサルファイト変換を用いない網羅的な解析法として，メチルシトシンに対する特異的な抗体あるいは結合タンパクを用いて濃縮したDNAをマイクロアレイあるいはNGSで局在決定できる。比較的簡便ではあるが，領域あたりのCpGサイトの数での補正を考慮する必要があり，定量的な取り扱いが困難である。

1塩基の解像度でのhmCの局在解析は，hmCを特異的に処理する反応が報告されているが，全ゲノム解析を行える方法としてTet-assisted bisulfite sequencing（TAB-seq）法が最近報告された[8]。hmCのみをグリコシル化した後，TETタンパクで反応すると通常のmethylCはcarboxyCへと変換される。carboxyCはバイサルファイト変換されるので，hmCと識別できることになる（図❷）。

図❶ ヒドロキシメチルシトシンを介したDNAメチル化の消去

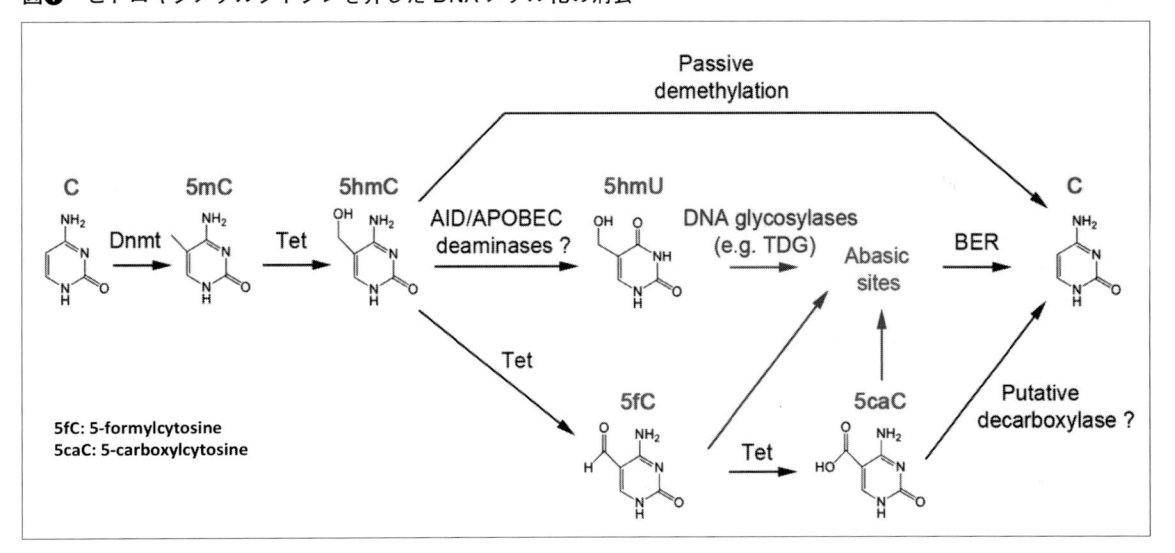

図❷ TAB-seq 法の概要

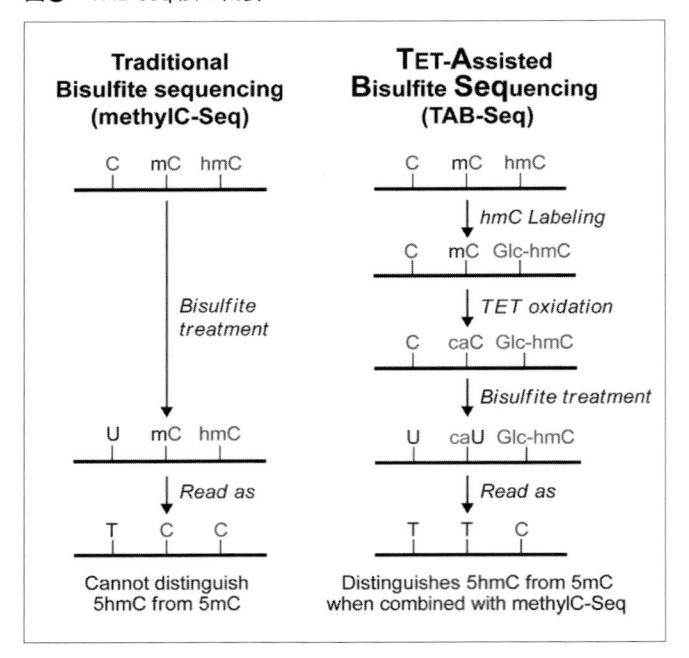

II. クロマチン構造解析

遺伝子発現の現場である DNA は 2 重らせんを形成しながら，H2A，H2B，H3，H4 というヒストンタンパクそれぞれ 2 分子の複合体としての 8 量体のコアヒストンに，147 塩基のコア DNA が約 1.65 回転巻きつき，そのコア DNA をリンカー DNA が橋渡しをするようにつないでヌクレオソームを形成している。ヌクレオソーム形成はパッケージングという物理的な意味に加えて，転写制御上も重要である。上述のヒストン修飾に加えて，転写制御タンパクのクロマチンへのアクセス (chromatin accessibility) を規定している。

ヌクレオソームが除去されている領域は，基本的にヒストンに巻きつかない裸の DNA として存在し，RNA ポリメラーゼⅡや転写調節因子などの DNA 結合タンパクもしくはクロマチンリモデリング因子が結合しやすく，エンハンサーやプロモーター，インスレーターとして働く制御領域の特徴と考えられており[9]，その位置を決定する手法として FAIRE-seq と DNase-seq がある (**図❸**)。両者を比較した報告では[10]，プロモーター領域の同定は DNase-seq が優れる一方，エンハンサー領域の同定は FAIRE-seq が優れる傾向がある。

1. DNase-seq

MNase と異なり，deoxyribonuclease Ⅰ (DNase Ⅰ) は DNA に接触すると，その接触部位で DNA 2 本鎖のいずれか一方を切断する。ヌクレオソームがない領域は本酵素により切断されやすいため DNase Ⅰ hypersensitivity sites (DHS) と呼ばれ，タンパク結合部位を同定するための分子生物学的手法として長年使われてきた。2008 年に初めて次世代シーケンサーを用いた DNase-seq のデータが報告され[11]，DHS は遺伝子のプロモーターのみならずエンハンサー，インスレーターと考えられる領域に存在することが判明した。現在，米国の ENCODE プロジェクトに多くの種・組織におけるデータが登録され，閲覧可能である[12]。さらには DNA 結合タンパクが結合している領域は逆に DNase Ⅰによる切断が困難となることを利用して，ディープシーケンスを行うことにより，転写制御因子の結合モチーフを「足跡」として同定する DNase Ⅰゲノムフットプリンティングが可能である[13]。なお，DNase-seq は機能的なシス制御領域の抽出に非常に有用な手法であるが，DNase 活性の最適化など手技が煩雑で，熟練を要する。

2. FAIRE-seq

近年 formaldehyde-assisted isolation of regulatory elements (FAIRE) と呼ばれる，タンパクに結合しないオープンクロマチン領域を直接抽出する手技が報告され，注目されている[14]。ホルムアルデヒド固定およびソニケーションの後に，ヒストンを含めたタンパク結合領域をフェノール・クロロホルム抽出により除去することによって得られるオープンクロマチン領域を回収する手法である。ヌクレオソームの除去領域を抽出する手法であることから，DNA への接近性を評価する指標としても活用されている[15]。われわれも 3T3-L1 細胞における脂肪細胞分化制御に転写因子 NF1 が関

図❸ Chromatin accessibility の解析

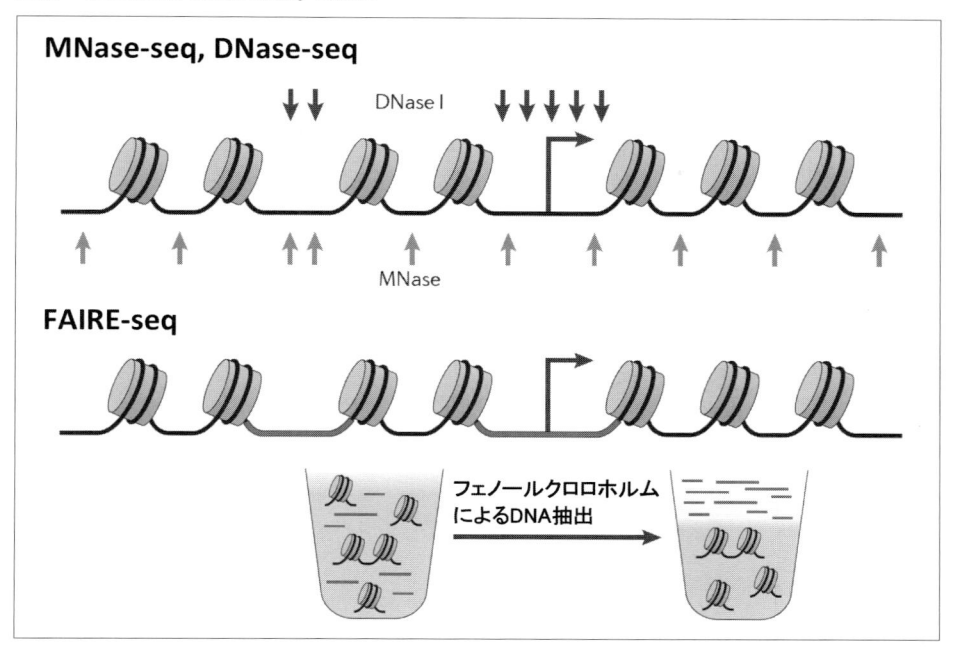

図❹ 3C-seq

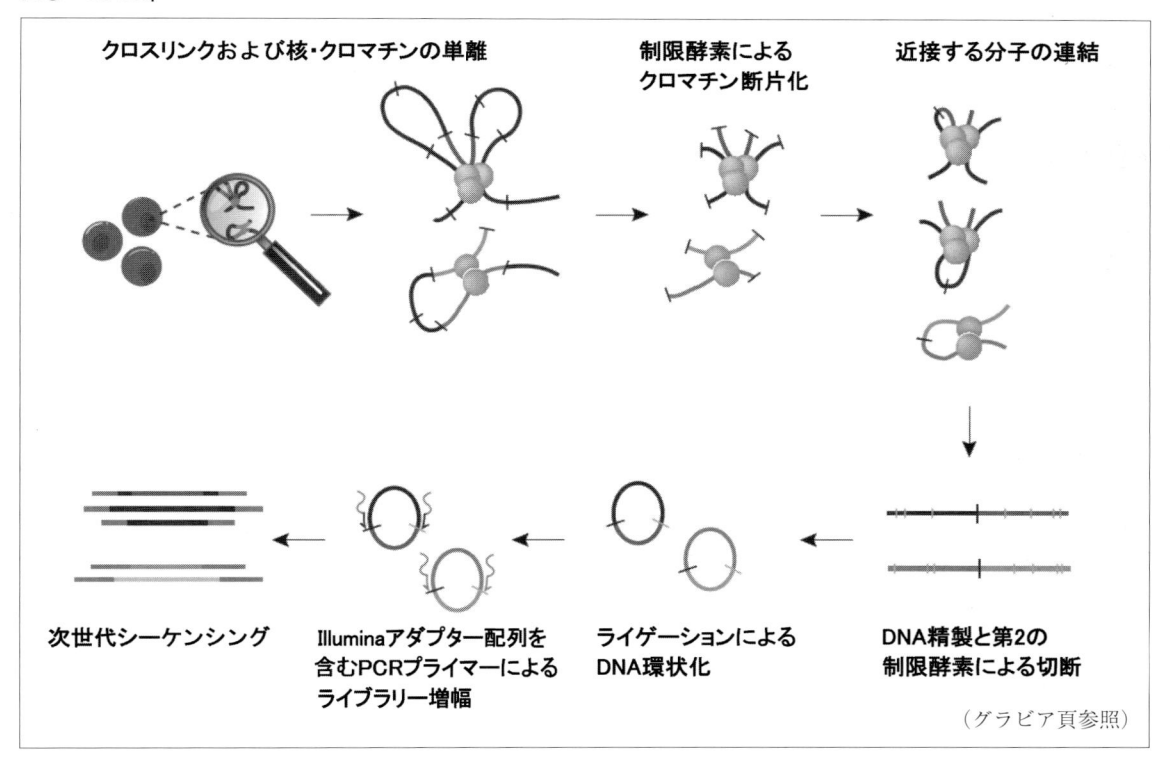

（グラビア頁参照）

与することを見出した[16)17)]。

3. クロマチン相互作用解析

転写制御を行う調節領域は必ずしも転写開始点近傍に存在するとは限らず，多細胞生物では組織特異的なエンハンサーとして数百kb離れた領域が相互作用している例もある．従来使われていたchromatin conformation capture（3C）と呼ばれる手法はクロマチンとDNAを架橋し，三次元構造を固定した後にPCRなどで相互作用を検出するが，さらにNGSを組み合わせた網羅的手法としてHi-Cを含めた3C-seqがある（図❹）[18)]．

ChIA-PET（chromatin interaction analysis by paired-end tag sequencing）は転写因子やRNAポリメラーゼに対するChIPを組み合わせることによって特異性を向上させている．

Ⅲ．トランスクリプトーム

前項にもあるようにノンコーディングRNAがエピゲノムの制御に関与していることが明らかになってきており，その検出にはいよいよトランスクリプトーム解析が重要であるが，ncRNAは一般に低発現であることが多いため，RNA-seqのリード量を増やす必要があり，方向性の情報を保持した形であることが望ましい．

転写されたばかりのRNAを解析する手法としてBr-UTPで新生RNAを標識することにより従来の核ランオンアッセイを網羅的に行えるGRO-Seq（global run-on sequencing）[19)]が開発され，特定の刺激に対する転写のカイネティクスの解析に有用である[20)]．

おわりに

細胞分化のプロセスでは非対称分裂を通して，異なるエピゲノム情報を保有する細胞が形成されることから，単一細胞でのエピゲノム解析は研究者の「夢」である．一方で生命現象には確率論的な変化もあるので，複数のサンプリングを行うことも必要であり，解析コストのさらなる低下により定量的な測定が可能になることが期待される．また，個々のヌクレオソームごとの機能を制御するヒストン修飾の組み合わせを理解するためには，個別にChIP解析しているのでは現実的に不可能である．エピジェネティクス標識は化学修飾であり，質量分析による解析法の開発も期待される[21)]．

参考文献

1) Park PJ：Nat Rev Genet 10, 669-680, 2009.
2) Pepke S, et al：Nat Methods 6, S22-32, 2009.
3) 永江玄太，油谷浩幸：細胞工学別冊 次世代シーケンサー，150-157, 2012.
4) Bibikova M, et al：Epigenomics 1, 177-200, 2009.
5) Lister R, et al：Nature 462, 315-322, 2009.
6) Miura F, et al：Nucleic Acids Res 40, e136, 2012.
7) Harris RA, et al：Nat Biotechnol 28, 1097-1105, 2010.
8) Yu M, et al：Cell 149, 1368-1380, 2012.
9) Valouev A, et al：Nature 474, 516-520, 2011.
10) Song L, et al：Genome Res 21, 1757-1767, 2011.
11) Boyle AP, et al：Cell 132, 311-322, 2008.
12) Thurman RE, et al：Nature 489, 75-82, 2012.
13) Neph S, et al：Nature 489, 83-90, 2012.
14) Giresi PG, et al：Genome Res 17, 877-885, 2007.
15) Hurtado A, et al：Nat Genet 43, 27-33, 2011.
16) Waki H, et al：PLoS Gene: 7, e1002311, 2011.
17) 野村征太郎，油谷浩幸：実験医学 30, 2939-2944, 2012.
18) Stadhouders R, et al：Nat Protoc 8, 509-524, 2013.
19) Core LJ, Waterfall JJ, et al：Science 322, 1845-1848, 2008.
20) Hah N, et al：Cell 145, 622-634, 2011.
21) Wang CI, et al：Nat Struct Mol Biol 20, 202-209, 2013.

油谷浩幸

1980年	東京大学医学部医学科卒業
1983年	東京大学医学部第三内科医員
1988年	同助手
	米国マサチューセッツ工科大学癌研究センター研究員
1995年	東京大学医学部第三内科助手
1999年	東京大学先端科学技術研究センターゲノムサイエンス分野助教授
2001年	同教授

第1章　エピジェネティクスの基礎

6．国際ヒトエピゲノムコンソーシアム

牛島俊和・服部奈緒子・波羅　仁

膨大なエピゲノム情報の解析を加速し，速やかに各種の疾患・幹細胞・生命科学研究につなげていくためには，国際協調により分担・効率化を図ることが必要である．そのためにエピゲノム解析の専門家が議論を重ねてきた結果，国際ヒトエピゲノムコンソーシアム（International Human Epigenome Consortium：IHEC）が発足した．現在，米国，EU，イタリア，韓国，ドイツ，カナダ，日本（科学技術振興機構 CREST の3チーム）が参加している．IHEC では，解析する細胞・組織を分担し，解析技術を標準化し，データを統合的に公開し，さらにはアウトリーチ活動や若手研究者の育成も行うことをめざしている．

はじめに

エピゲノムの情報は膨大である．ヒトの体細胞の種類は200種類あり，さらに幹細胞と分化細胞，年齢や環境要因への曝露，男女差などによりエピゲノムは異なると考えられる．したがって，ヒトエピゲノムの情報を得ようとすると，膨大な解析が必要になる．同時に，エピゲノム研究はヒト疾患研究や幹細胞研究に新たな展開を提供している．がんでは治療への応用が現実のものとなり，さらに新しいエピゲノム薬剤が精力的に開発されている．診断でも，ゲノムや遺伝子発現では無理であったこと・難しかったことがエピゲノムを用いることで診断できるようになっている．がん以外の疾患でも，代謝疾患，腎疾患・高血圧症，アレルギー疾患，精神・神経疾患，産婦人科疾患など様々な疾患への関与が示されつつある．細胞分化・リプログラミングはエピゲノムの書き換え・リセットそのものと考えられ，再生医療にとってもエピゲノム研究は必須となっている．

「膨大なエピゲノム情報を効率的に収集して，疾患・幹細胞研究を効果的に推進するにはどうしたらよいか？」という問いに対する答えの1つが国際協調である．多くの研究の基盤となる様々な細胞・組織の標準エピゲノムを国際協調で決定し，それを多くの研究者に活用してもらい，個別の疾患・幹細胞・生命科学研究を推進するという考え方である．

I．国際コンソーシアムのめざすところ

標準エピゲノムを国際協調で決定するためのコンソーシアムとして，国際ヒトエピゲノムコンソーシアム（International Human Epigenome Consortium：IHEC）が活動している．2013年4月現在，米国，EU，イタリア，韓国，ドイツ，カナダ，日本が参加，今後7〜10年の間に1000個のエピゲノムを決定することを目標にしている．一般的に国際協調で研究を行う場合，そのことで効率化が図られることが条件になるが，IHEC も様々なことの効率化をめざしている．

key words

IHEC，国際ヒトエピゲノムコンソーシアム，国際コンソーシアム，
ヒトエピゲノムプロジェクト，科学技術振興機構，NIH，EU

1. 細胞・組織分担

国際協調の最も大きな意義は，各国で分担して多くの種類の細胞の標準エピゲノムを効率的に決定できることである（http://ihec-epigenomes.org/research/cell-types/）．体の中の200種類もの細胞の様々な状態を分担し，無駄な重複を避けて標準エピゲノムを決定できることである．そのためにIHECの中にCell and tissue coordination workgroupというものがあり，各国が担当する細胞の種類を整理・調整することになっている．わが国からは著者が参画し，workgroupのco-chairを務めている．現在，血液細胞などは担当の希望が多い一方，分離が難しい細胞では担当国がないものも多い（**表❶**）．

目標としている1000個のエピゲノムの中に，「疾患細胞のエピゲノムは含まれるのか？」，「モデル生物のエピゲノムは含まれるのか？」という議論があった．トップダウンの公的資金でエピゲノムを決定する以上，他の研究への波及効果が大きいエピゲノムが望ましく，そうなると正常細胞中心が望ましい．モデル生物の重要性には異論はないが，こちらも公的資金でエピゲノムを決定する以上，入手が難しく，他の研究への波及効果が大きいヒトエピゲノムを中心にするのが望ましい．結局，モデル生物のエピゲノムについては，全体の10％までというポリシーが既に定められた．

細胞の種類ごとに異なるというエピゲノムの特徴を考えると，目的とする材料の純度も大きな問題となる．この点に関しても参加各国の研究者の間で議論が重ねられており，少なくとも当面の間は一律の基準を設けることは不可能であるとの結論に達している．しかし，多くの研究に利用してもらえるエピゲノム情報とするために，「可能な範囲で細胞を純化し，どの程度標的とする細胞が含まれているかを明記する」ことになっている．

2. 技術標準化

国際協調で標準エピゲノムを決めることのもう1つの重要な意義は，解析技術が標準化できることである（http://ihec-epigenomes.org/outcomes/protocols/）．このことにより，今後，個別の疾患研究・幹細胞研究・生命科学研究にデータを利用する際に，大きな利便性が得られる．この課題に対応するために，IHECではAssay standard workgroup（chair：Martin Hirst）が設置されている．わが国からは，白髭克彦（東京大学），木村宏（大阪大学）が参画している．

まず，解析対象とするエピジェネティック修飾を何にするのか？ この点に関しても，研究者が思い描いている最終的な研究対象によって，興味があるエピジェネティック修飾は千差万別である．統一することは難しいので，最低限の機能・重要性がよく知られている修飾についてのエピゲノムを"minimal IHEC reference epigenome"と定義し，他はoptionalということになっている．2012年までの議論では，bisulfite sequencingによる全ゲノムDNAメチル化解析，RNAシークエンス解析，6種類のヒストン修飾（H3K27me3，H3K36me3，H3K4me1，H3K4me3，H3K27ac，H3K9me3）に関するクロマチン免疫沈降-シークエンス解析が必須となっていて，小分子RNAやヌクレオソームポジションに関してはoptionalとなっている（**表❷**）．

実験プロトコール，抗体などに関しても随時標準化が進められており，IHECのホームページ（HP）から入手可能になっている．わが国からは，木村宏が開発した各種モノクローナル抗体，伊藤

表❶ 参加各国・地域の担当する細胞と興味

国・地域	Funder（チーム）	細胞	興味
米国	NIH（Roadmap）	ES，ES由来，iPS，胎児各組織，血球	幹細胞・様々な疾患
EU	European Commission（BLUEPRINT）	血球，臍帯	血球分化
イタリア	IEO	乳腺，肝臓，血球	幹細胞，がん，老化
韓国	KNIH（KNIH）	血管，脂肪，膵臓，関節，腎臓	免疫疾患，循環器疾患
ドイツ	BMBF（DEEP）	肝臓，脂肪	代謝疾患・炎症
カナダ	CIHR	血球，甲状腺，大腸上皮，乳腺	がん
日本	科学技術振興機構（CREST-epigenome）	胃，大腸，肝臓，血管内皮，子宮内膜，胎盤	消化器，血管，生殖

表❷ 解析対象となるエピジェネティック修飾

	Minimal IHEC Reference Epigenome	NIH Roadmap Minimal Reference Epigenome
Bisulfite-seq	REQUIRED	
MeDIP-seq (methylated DNA immunoprecipitation seq)		
MRE-seq (methylation-sensitive restriction enzyme seq)		ANY OF 4 REQUIRED
RRBS (reduced representation bisulfite seq)		
MethylCap-seq (methylation capturing seq)		
RNA-seq	REQUIRED	ANY OF 2 REQUIRED
Array based		
smRNA-seq (small RNA)	OPTIONAL	OPTIONAL
ChIP-seq input	REQUIRED	REQUIRED
H3K27me3	REQUIRED	REQUIRED
H3K36me3	REQUIRED	REQUIRED
H3K4me1	REQUIRED	REQUIRED
H3K4me3	REQUIRED	REQUIRED
H3K27ac	REQUIRED	OPTIONAL
H3K9me3	REQUIRED	REQUIRED
DNaseI hypersensitivity		
DGF (Digital Genomic Footprinting)	ANY OF 3 OPTIONAL	ANY OF 3 OPTIONAL
FAIRE-seq		

隆司(東京大学)が開発した post-bisulfite adaptor-tagging(PBAT)法などが標準の試薬・技法として採用を検討されている．

3. データ保存・公開の共通化

膨大な情報であればあるほど，その保存と公開の方法が重要になる．可能なかぎり制限なく生データの取得が可能であること，加工データを簡易に閲覧可能であることが重要である．同時に，材料提供者の個人情報は十分に保護されなくてはいけない．また，IHEC の活動期間中のみならず，活動終了後も作成したデータは有効に活用可能な状態にするべきである．さらに，既存のデータベースを有効活用し，無駄な重複は避け，また参加各国・地域の利益は守る必要がある．日本では，バイオサイエンスデータセンター(NBDC)および DDBJ と協調する必要がある．

これらの条件を満たすようなデータの保存・公開方法は簡単ではない．IHEC では Metadata standard workgroup(chair：Aleks Milosavljevic)，Data ecosystem workgroup(chair：Paul Flicek)が設置され，この問題に取り組んでいる．わが国からは，鈴木穣(東京大学)，光山統泰(産業技術総合研究所)が参画している．両博士は，後述の CREST「疾患エピゲノム」アドバイザーでもある

高木利久(東京大学，NBDC)と相談しながら，わが国でのデータ保存・公開の準備を進めている．一方，個人情報保護には Bioethics workgroup が取り組んでおり，わが国からは金井弥栄(国立がん研究センター)が参画している．

加工後のエピゲノムデータは使い勝手のよいブラウザなどで表示することが重要である．米国 Roadmap epigenomics project(http://www.roadmapepigenomics.org/data)では，UCSC ブラウザが使用されており，当面は，IHEC 全体でも UCSC ブラウザで表示可能なように各国のデータを deposit していく可能性が高い．しかし，今までは見えなかったことが見えるような加工・表示方法を開発することは重要な研究であり，米国 Baylor College of Medicine と英国 European Bioinformatics Institute のそれぞれでツールの開発が進んでいる．加工前のデータは NCBI/EMBL/DDBJ に保存し，コントロールドアクセスとなる可能性が高い．

4. アウトリーチや若手支援

大きな国際コンソーシアムとして活動することで，スケールメリットが生まれる．その結果，各国の研究者が多少の貢献をすることで，アウトリーチを実施したり，若手研究者にワークショップや他の研究室の訪問などの機会を提供したりする

ことが可能になる。特に，IHECが形成される以前にヨーロッパでエピジェネティクス研究のネットワークとして活動していたEpigenome Network of Excellenceはこれらの活動に熱心で，ノウハウを蓄積してきた。

アウトリーチに関してはEUを中心にまずはHPの充実から開始している。現在，一般人を対象にしたエピゲノムの解説，実際に関与している研究者へのインタビュー動画（図❶）などが，IHECのHPに掲載されている。今後は，科学技術振興機構（JST）でも日本からのIHECへの参加チームを中心としたHPを立ち上げ，IHEC自体のHPと連動させてアウトリーチを図っていく予定である。若手研究者のワークショップは，現在，参加各国・地域のチームの中で実施されているものが中心であるが，今後はこれらのチームをまたぐ交流が活発化する予定である。

II．国際コンソーシアムのあゆみ

現在では確固たるものになったIHECであるが，その開始までには数々のミーティングが行われ，各国の省庁・研究資金提供団体・企業との交渉が行われてきた。

1．IHEC発足まで

IHEC発足のきっかけは，2005年にPeter A Jones博士（University of Southern California）が主導，米国癌学会（American Association for Cancer Research：AACR）が支援した「ヒトエピゲノムプロジェクト」を討議するワシントンでのワークショップであった。世界各国からエピジェネティクス・エピゲノムの研究者が招待され，エピゲノムの重要性を共有，「解読をいつ行うことが適切なのか」，「どのように行うのか」，「投資に見合った成果が得られるのか」など，激論を戦わせた[1]。同年，米国癌研究所（National Cancer Institute）はタイムリーに反応し，follow-upのワークショップを開催した。時を同じくして，わが国でもその必要性を認識したワークショップが開かれている[2]。2006年には，AACR主催の第2回のワークショップが開かれ，具体的な解析対象や国際協調の方

図❶　IHECのアウトリーチ活動の例

IHECのHPではエピゲノムの解説や研究者へのインタビューの動画が掲載されている
（http://ihec-epigenomes.org/why-epigenomics/voices-of-ihec/）。

法が議論され[3]，その後，米国立子ども健康・人間発達研究所のワークショップも開かれた。それらを受け，2007年，NIH common fund として 190 million USD にのぼるプログラム "Epigenomics of Human Health and Disease" がアナウンスされ，その一部としてエピゲノムを決定する "Roadmap epigenomics project" が開始された（http://www.roadmapepigenomics.org）[4]。

EUでは，Epigenome Network of Excellence が個別のエピジェネティクス研究拠点をネットワーク化し，若手の交流，プロトコールの共有，アウトリーチなどを2004年から推進してきた。その後，ネットワーク型の大型研究を支援するFP7のプログラムの1つとして，エピゲノム研究をファンディングすることが決定した。この決定と Roadmap epigenomics project の開始を受けて，2010年1月にパリで国際コンソーシアムの準備会議（第1回 IHEC会合）が行われた（図❷）[5)-7)]。

2．IHEC発足後

パリの準備会議で討議されたポリシー文書について各国で検討した後，2010年12月にワシントンで発足会議（第2回IHEC会合）が行われた。この時点で，米国，EU，イタリア，韓国が参加を表明している。その後，ドイツ，カナダ，日本が参加を表明し，2011年10月にアムステルダムでBLUEPRINT（EUからの参加チーム）と合同会議（第3回）[8)9)]，2012年9月にKNIH（韓国からの参加チーム）とソウルで合同会議（第4回）が行われた。毎回の会議では各workgroupの会合も開かれ，先述の細胞・組織分担，解析技術の標準化，アウトリーチなどが討議されている。2013年は，11月にDEEP（ドイツからの参加チーム）とベルリンで合同会議の予定である。

III．わが国が果たす役割

日本からは，2011年に発足した科学技術振興機

図❷　IHECのあゆみ

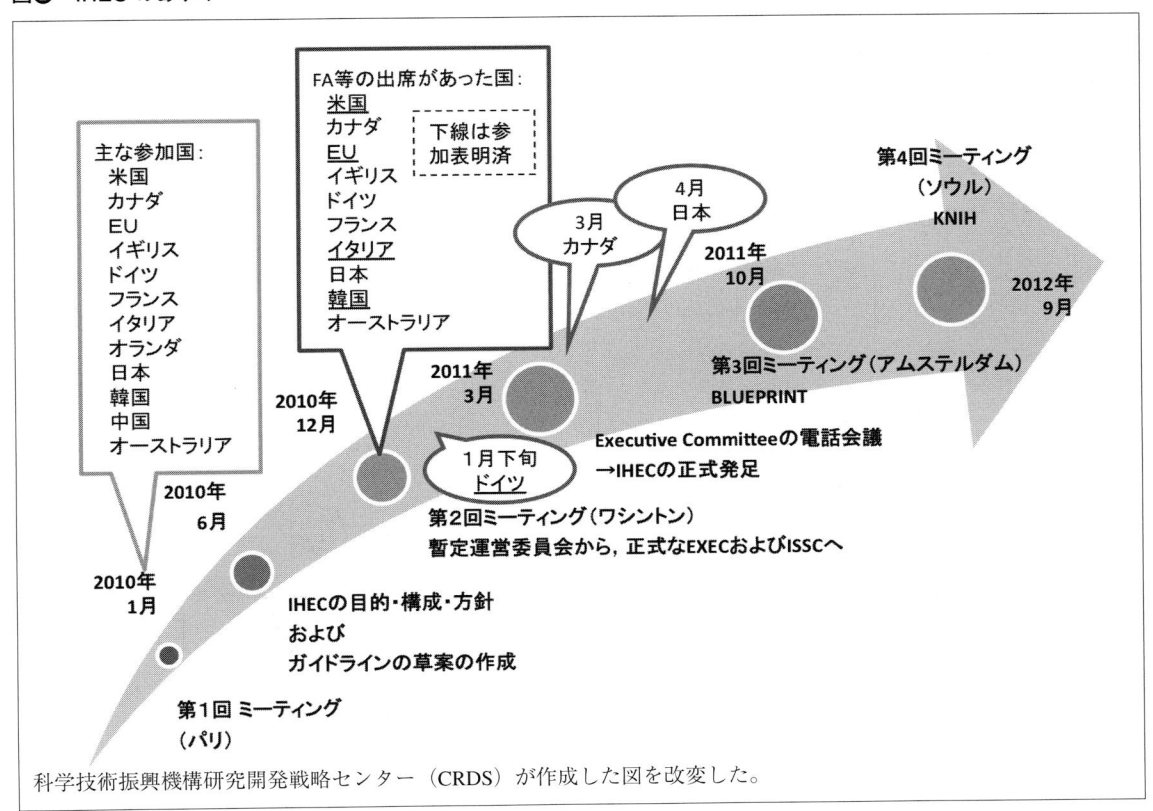

科学技術振興機構研究開発戦略センター（CRDS）が作成した図を改変した。

構のCREST「エピゲノム研究に基づく診断・治療へ向けた新技術の創出」(「疾患エピゲノム」)研究領域から3課題がIHECに参加している。

1. CREST「疾患エピゲノム」研究領域

本研究領域は，平成23年（2011年）度に文科学省で決定された戦略目標「疾患の予防・診断・治療や再生医療の実現等に向けたエピゲノム比較による疾患解析や幹細胞の分化機構の解明等の基盤技術の創出」(http://www.mext.go.jp/b_menu/houdou/23/05/attach/1306071.htm) に基づくものである。戦略目標は，様々な研究領域について重要性，わが国の競争力，適時性，実現可能性などを文部科学省 科学技術・学術審議会 ライフサイエンス委員会などにおいて検討，文部科学省において決定されたものである。すなわち，エピゲノム研究は，その重要性や適時性（図❸），わが国の競争力（図❹），実現可能性などを満たすと判断された。

CRESTでは，研究領域の責任者である研究総括が「バーチャル・ネットワーク型研究所」を運営する。本研究領域では，山本雅之（東北大学）が研究総括を，著者が副研究総括を務め，研究領域の運営方針の策定，課題の選考，研究計画の調整などを行っている。

2. わが国が果たすべき役割

わが国からは，消化器（胃，大腸，肝臓）の細胞種ごとのエピゲノムを決定する金井チーム，体内各部位の血管内皮のエピゲノムを決定する白髭チーム，そして胎盤および子宮内膜の細胞種ごとのエピゲノムを決定する佐々木チームの3課題がIHECに参加している。これらのチームは，日本らしい丁寧な細胞の分離が国際的に評価されている。それのみならず，先述のヒストン修飾のモノクローナル抗体，PBAT法など解析技術の面でも評価されている。今後は，これらを形のあるものとし，国際的に評価と信頼を得ることが重要である。

3. 協調と競争

各国は，標準エピゲノムの決定では国際協調するのと同時に，独自の研究も加速している。米国のプログラム"Epigenomics of Human Health and Disease"では，標準エピゲノムの決定に加え

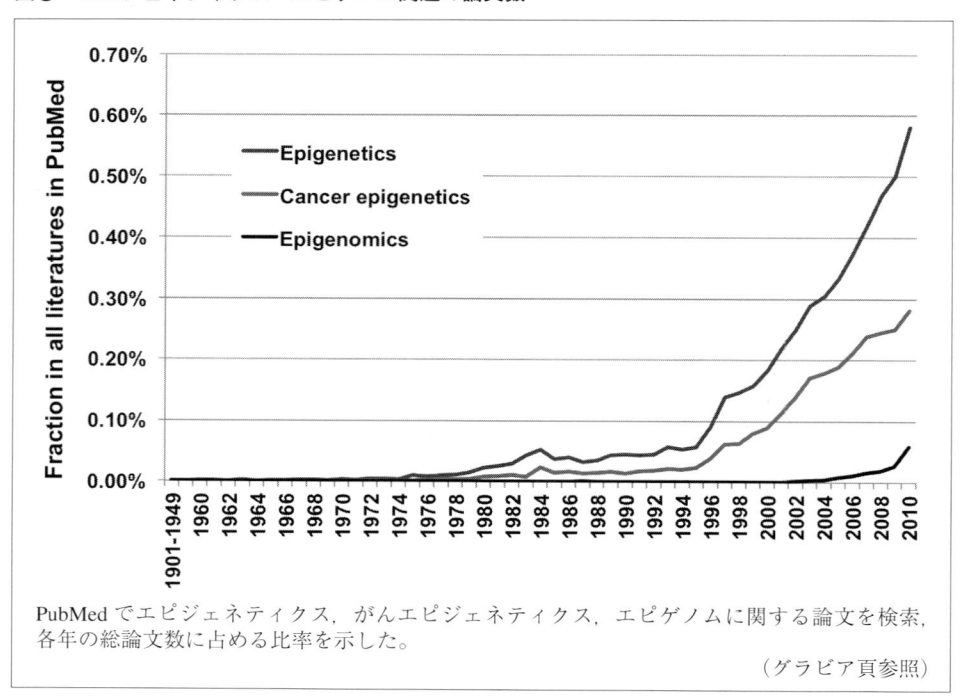

図❸ エピジェネティクス・エピゲノム関連の論文数

PubMedでエピジェネティクス，がんエピジェネティクス，エピゲノムに関する論文を検索，各年の総論文数に占める比率を示した。

（グラビア頁参照）

図❹ エピジェネティクス関連論文の国別比率

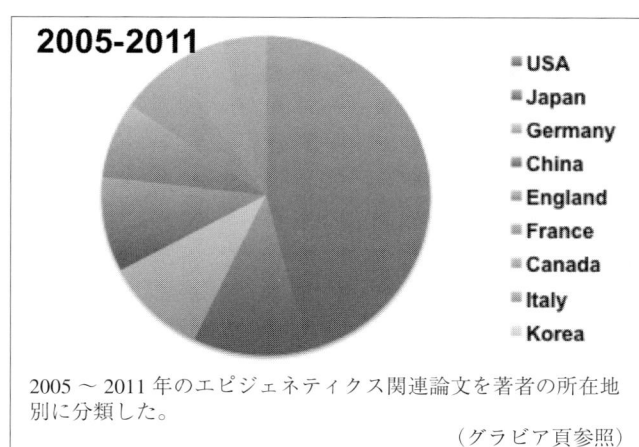

2005〜2011年のエピジェネティクス関連論文を著者の所在地別に分類した。
（グラビア頁参照）

て，各種の技術開発や疾患研究が支援されている。IHECに参加しているBLUEPRINTやDEEPでは，標準エピゲノムと連動した疾患研究が各チームに包含されている。わが国のCREST「疾患エピゲノム」でも，IHECに参加する3チーム以外は，個別の疾患解析，幹細胞機能解析，エピジェネティック制御の原理の解析などを推進している。品格ある国家に相応しい国際協調を行いつつ，個別の研究でも日本からの成果を挙げていく戦略的な研究資金の提供がますます重要になっている。

おわりに

国民の期待であり，各国の競争力の源泉ともなりうる疾患研究を推進するため，各国の研究資金提供団体はこれから重要になる研究分野を必死に探している。そのような研究分野の中で，巨大なもの，協調による効率化が期待できるものは国際協調が必要で，今回のIHECのスタートにつながった。IHECがスタートした現在，国際協調と個別研究の大きな成果を挙げていく責任は研究者側に移ったと考えられる。責任を果たすことが科学への信頼につながり，研究コミュニティの発展につながっていく。

参考文献

1) Jones PA, Martienssen R：Cancer Res 65, 11241-11246, 2005.
2) Lieb JD, Beck S, et al：Cytogenet Genome Res 114, 1-15, 2006.
3) Qiu J：Nature 441, 143-145, 2006.
4) Jones PA, Baylin SB, et al：Nature 454, 711-715, 2008.
5) Nature 463, 587, 2010.
6) Abbott A：Nature 463, 596-597, 2010.
7) Katsnelson A：Nature 467, 646, 2010.
8) Abbott A：Nature 477, 518, 2011.
9) Adams D, Altucci L, et al：Nat Biotechnol 30, 224-226, 2012.

参考ホームページ

・国際ヒトエピゲノムコンソーシアム
　http://ihec-epigenomes.org

牛島俊和

1986年	東京大学医学部医学科卒業
	東京大学病院内科研修医
1987年	東芝林間病院内科
1988年	東京大学病院第三内科
	関東逓信病院血液内科
1989年	国立がんセンター研究所発がん研究部リサーチレジデント
1991年	同研究員
1994年	同室長
1999年	同部長
2010年	国立がん研究センター研究所副所長（評価担当）
	同エピゲノム解析分野分野長（組織改組のため）
2011年	国立がん研究センター研究所上席副所長

遺伝子医学 MOOK 別冊

進みつづける細胞移植治療の実際 -再生医療の実現に向けた科学・技術と周辺要素の理解-
《上巻》 細胞移植治療に用いる細胞とその周辺科学・技術
《下巻》 細胞移植治療の現状とその周辺環境

編 集：田畑泰彦
（京都大学再生医科学研究所教授）
定 価：各5,400円（本体5,143円＋税）
型・頁：B5判
　　　　上巻 268頁、下巻 288頁

ますます重要になる
細胞周辺環境（細胞ニッチ）の最新科学技術
細胞の生存, 増殖, 機能のコントロールから
創薬研究, 再生医療まで

編 集：田畑泰彦
（京都大学再生医科学研究所教授）
定 価：5,850円（本体5,571円＋税）
型・頁：A4変型判、376頁

絵で見てわかるナノDDS
マテリアルから見た治療・診断・予後・予防,
ヘルスケア技術の最先端

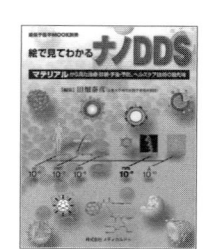

編 集：田畑泰彦
（京都大学再生医科学研究所教授）
定 価：5,600円（本体5,333円＋税）
型・頁：A4変型判、252頁

バイオ・創薬・化粧品・食品開発をサポートする
バイオ・創薬 アウトソーシング
企業ガイド 2006-07年版

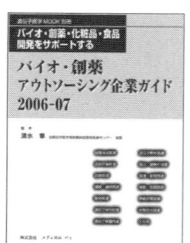

監 修：清水 章
（京都大学医学部附属病院
探索医療センター教授）
定 価：3,700円（本体3,524円＋税）
型・頁：A5判、344頁

図・写真で観る
タンパク構造・機能解析実験実践ガイド

編 集：月原冨武
（大阪大学蛋白質研究所教授）
　　　　新延道夫
（大阪大学蛋白質研究所助教授）
定 価：4,500円（本体4,286円＋税）
型・頁：A4変型判、224頁

お求めは医学書販売店、大学生協もしくは弊社購読係まで

発行／直接のご注文は

株式会社 メディカルドゥ

〒550-0004
大阪市西区靭本町1-6-6　大阪華東ビル5F
TEL.06-6441-2231　FAX.06-6441-3227
E-mail　home@medicaldo.co.jp
URL　http://www.medicaldo.co.jp

第2章

エピジェネティクスと病気

第2章　エピジェネティクスと病気

1．がん
1）胃がん

秋山好光

　胃がんの発症・進展において遺伝子のエピジェネティックな変化が重要な役割を果たしていることが明らかになってきた。これまでの研究で，DNAメチル化，ヒストン修飾，クロマチン制御因子の異常や機能性RNAの発現異常が多くの胃がんで見つかっている。次世代シーケンサーの登場により，近年のエピジェネティクス研究は目覚ましく発展し，ゲノムレベルでの解析が進んでいる。臨床面では，DNAメチル化異常は胃がん診断のみならず，予後予測因子や抗がん剤感受性予測因子としての新規バイオマーカーになる可能性が期待されている。

はじめに

　食生活の変化や胃がん検診の普及，さらには胃がん治療の進歩により，胃がんの頻度は減少しているものの，がん死亡の中ではいまだに多く，日本および世界でも2位である。これまでの疫学調査や遺伝子解析により，ピロリ菌（Helicobacter pylori）感染が胃がんの発症には重要であることが知られている。胃がんは組織学的に，腺管構造が明瞭な分化型胃がんと，腺管構造が認められずにがん細胞が散在する未分化型胃がんの2つに大別され，従来からこの2種類のタイプにおける遺伝子変異（ジェネティック）やエピジェネティックな変化の解析が行われている（図❶）[1]。エピジェネティクスは，DNAメチル化，ヒストン修飾およびクロマチン再構築の相互作用によって成り立っているが，第4のメカニズムとして非翻訳RNA〔ノンコーディングRNA，マイクロ（mi）RNAなど〕の役割も注目されている[2]。これらの修飾を受けたゲノムはエピゲノムと呼ばれ，最近では次世代シーケンサーを用いたエピゲノム解析が進んでいる。また，胃がんにおける全ゲノム解析の結果，クロマチン制御因子の変異も明らかになった。われわれは，胃がんにおけるDNAメチル化とmiRNAの異常について研究を進めている。本稿では，最近の知見を含む胃がんのエピジェネティックな変化について概説する。

I．DNAメチル化異常

　DNAメチル化異常は，正常組織との比較から過剰メチル化（hypermethylation）と低メチル化（hypomethylation）の2つに分けられる。一般に，正常細胞ではCpG配列の多くはメチル化を受けているが，遺伝子プロモーター領域内のCpGアイランドはメチル化を受けていない[3]。

　胃がんの発症・進展において，DNAメチル化異常が重要な役割を果たしていることはこれまでに報告された多くの知見により明らかである。しかし，胃がんでメチル化異常が認められた遺伝子を文献検索すると，その数は数百にものぼる。

key words

胃がん，がん診断，生活習慣，バイオマーカー，メチル化

CDKN2A（p16），*CDH1*（E-cadherin），*RUNX3* や *MLH1* などのいくつかの遺伝子のメチル化異常については複数の施設からも報告があり，胃がんのみならず様々な種類のがんにおいてもメチル化異常が検出されている[4)-7)]。これらはがん抑制遺伝子としての機能ももっており，胃がん発症の原因となりうる可能性が高い（**表❶**）。

胃がんで検出されたメチル化陽性遺伝子についての統合的な解析が行われている。Sapari らは胃がんの DNA メチル化解析の文献 589 報の中から，ケースコントロール解析された 106 報の文献を抽出した。その中から 122 個の遺伝子についてメタ分析を行ったところ，77 個の遺伝子は非がん部とがん部でメチル化に有意差があることを報告した[4)]。また，Fan らは 17 報の *RUNX3* の文献から得られた合計 928 例の胃がん組織と 812 例の非がん部胃粘膜上皮についてメタ分析を行った。その結果，*RUNX3* は胃がんで特異的にメチル化異常が強く，かつ年齢や組織型にも関連していることが明らかになった[7)]。胃がんも他のがん同様に多くの遺伝子のメチル化異常が起こっていることは事実であるが，今後，膨大なメチル化のデータから統計学的解析を行い，どの遺伝子が重要であるかを明らかにすることが重要である。

Ⅱ．ヒストン修飾およびクロマチン再構築

CpG アイランドのシトシンメチル化とヒストン修飾状態は密接に関連している。ヒストン修飾状態としてメチル化とアセチル化がよく知られており，遺伝子プロモーター領域のヒストン修飾状態

図❶　胃がん発症過程のモデルと関連する遺伝子（文献 1 より改変）

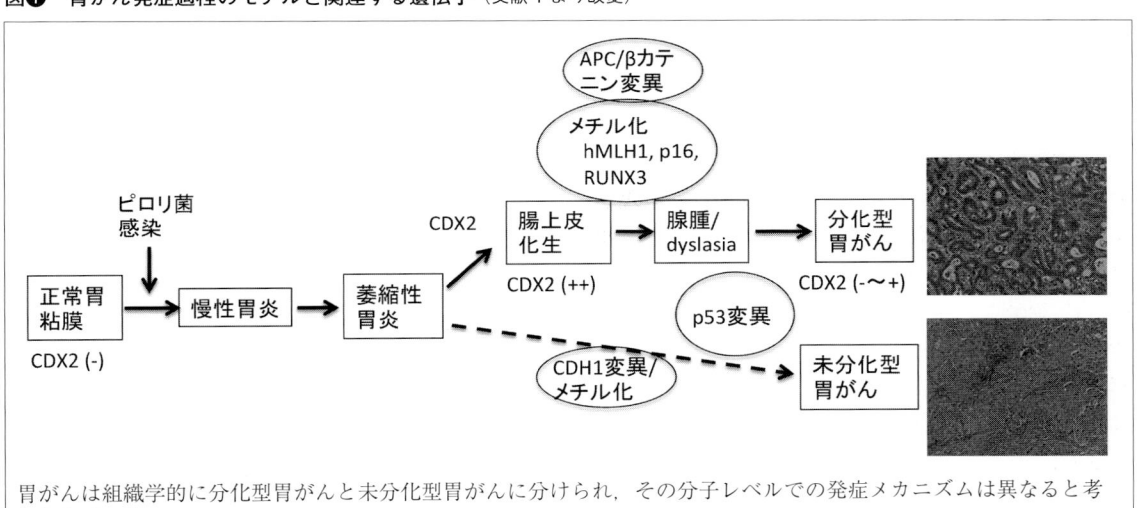

胃がんは組織学的に分化型胃がんと未分化型胃がんに分けられ，その分子レベルでの発症メカニズムは異なると考えられている。

表❶　複数の施設から胃がんでメチル化異常が報告されている遺伝子の代表例

遺伝子	メチル化頻度	機能
hMLH1	11〜35%	DNA 修復
p16/CDKN2A	10〜50%	細胞周期
CHFR	30〜44%	細胞周期チェックポイント
RUNX3	50〜75%	Runt ファミリー転写因子
HLTF	17〜53%	ヘリカーゼ様転写因子
MGMT	7〜27%	DNA 修復
PRDM2/RIZ1	37〜69%	メチルトランスフェラーゼスーパーファミリー
SFRP1	44〜91%	Wnt シグナル
SFRP5	43〜65%	Wnt シグナル

文献 4 をもとに，複数の論文のデータを加えた。

はがん部と非がん部で異なっている[3]。エピゲノム解析により，シトシンがメチル化されたCpGアイランドではヒストンH3のリジンの4番目（H3K4）のジメチル化とトリメチル化が減少しており，H3K9のジメチル化とトリメチル化およびH3K27のトリメチル化が増加していることがわかった。

ポリコーム遺伝子群（PcG）とトリソラックス遺伝子群（TrxG）は遺伝子発現制御において重要な役割を果たしており，ヒトがんにおいてそれらの発現異常が検出されている[2]。胃がんにおいては，PcGが構成するタンパク質複合体の1つであるEZH2やBMI-1の高発現が報告されている[8]。EZH2はH3K27メチル化酵素としての機能をもつため，がんでEZH2タンパク質が高発現するとH3K27メチル化が亢進し，下流遺伝子の発現が抑制される。

次世代シーケンサーの登場により，全ゲノム解析が可能となった。胃がんにおける次世代シーケンサーを用いたエクソーム解析により，クロマチン制御因子 ARID1A や TrxG 関連の MLL 遺伝子の突然変異が見つかった[9]。またARID1A発現が低下している胃がん患者では予後が悪いことも報告されている[10]。

このように，胃がんにおいてDNAメチル化異常ばかりでなく，ヒストン修飾およびクロマチン再構築に関わる遺伝子の突然変異や発現異常が次第に明らかになってきた。がんの発症・進展にはエピジェネティックな変化とジェネティックな変化は協調して働いていると考えられている。

Ⅲ．非翻訳RNA

非翻訳RNAの1つとして知られているmiRNAはタンパク質をコードしない約22塩基長の短いRNAであり，標的遺伝子に結合することで，その遺伝子のメッセンジャーRNAの分解や翻訳阻害に働いている[11]。胃がんでは多くのmiRNA発現異常が見つかっている[12]。miRNA発現異常がどのようなメカニズムで起こっているのかは，まだ完全に解明されているわけではないが，がんで発現低下しているmiRNAの一部には，CpGアイランドのDNAメチル化異常が関連している場合がある[13]。われわれは以前，胃がん細胞を用いて脱メチル化剤で発現回復するmiRNAの網羅的解析を行い，miR-181cのメチル化が胃がんで起こっていることを報告した[14]。一方，miRNAはDNAメチル化酵素やヒストン修飾因子を標的遺伝子として，その発現調節にも関与している。例えば，胃がんにおけるmiR-101の発現低下はEZH2の発現増加に働き，その結果，E-cadherin発現が抑制されることが報告された[15]。

Ⅳ．胃がんの臨床応用とエピジェネティクス

遺伝子のエピジェネティックな変化は胃がん組織で検出されるだけでなく，胃がんの臨床病理学的諸性状や予後，抗がん剤感受性にも密接に関わっている。ここでは，DNAメチル化異常に焦点を絞って解説する。

1．胃がんの組織型

胃がんは組織学的に分化型胃がんと未分化型胃がんの2種類に分類され，両者は生物学的にも違いがある。分化型胃がんは血行性に肝転移が多いのに対し，未分化型胃がんは浸潤性が強くリンパ行性転移を起こし，分化型胃がんに比べて予後が悪い。

分化型胃がんでは hMLH1，p16，RUNX3 のメチル化異常の頻度が高い。ホメオボックス転写因子であるCDX2の発現は分化型胃がんの全がん状態である腸上皮化生粘膜の発生に重要であるが，分化型胃がんでは CDX2 がメチル化によって発現低下している（図❶）[1]。最近，miR-10bのメチル化が分化型胃がんで多いことが報告された[16]。一方，未分化型胃がんでは CDH1 のメチル化異常の頻度が高い。CDH1 は家族性未分化型胃がんの原因遺伝子としても知られており，散発性未分化型胃がんでも突然変異や欠失が報告されていることから，CDH1 は未分化型胃がん発症に重要な役割を果たしていると考えられる[1]。

2．ピロリ菌感染

ピロリ菌感染により胃粘膜は慢性炎症が起こることから，ピロリ菌感染は胃がんのリスクとして

最も重要なファクターである。ヒトおよびスナネズミの解析により，ピロリ菌感染，炎症およびDNAメチル化異常の関連性がわかってきた[17]。Ushijimaらは，ピロリ菌感染者と非感染者の胃粘膜上皮のDNAメチル化レベルを詳細に検討してきた[18]。大変興味深いことは，ピロリ菌感染者の胃粘膜上皮では非感染者よりもメチル化異常がより高度である。今後，メチル化異常を抑えるためのDNA脱メチル化剤の開発は必須であるものの，胃がん発症予防においてピロリ菌除菌の普及は重要である。

3. 胃がん診断マーカーへの応用

胃がんの深達度，リンパ節転移の有無，ステージなどの胃がんの臨床病理学的諸性状に関わる遺伝子メチル化異常の文献はかなり多い[4)-7)]。さらに，がん患者の生存率と非常によく相関する遺伝子のメチル化異常も数多く報告されており，*CDH1*や*DAPK*のメチル化異常と予後との関係は複数の施設から報告されている[4]。これらの成果より，現在DNAメチル化異常をがんの診断マーカーやリスクマーカーとして応用する試みがなされている。われわれの研究室でも，胃がんで染色体欠失が多い3p21領域に注目し，その領域に位置する遺伝子のメチル化解析を行った[19]。その結果，カルシウムチャネル構成因子の1つである*CACNA2D3*のメチル化異常は未分化型胃がんで有意に高く，かつ患者の予後因子になることを明らかにした。また，*TMS1*，*DAPK*，*LOX*，*MGMT*や*CHFR*などのメチル化異常が抗がん剤感受性マーカーとして有効である可能性が報告され，今後の成果が期待されている[4]。

4. 非侵襲性バイオマーカーとしての有効性

がん組織を用いたエピジェネティクス研究に加え，血清，血漿および便や喀痰などの非侵襲的に採取可能なサンプルを用いたメチル化解析も進んでいる。この場合は，がん細胞に由来した遊離DNAのメチル化が対象となる。胃がんでも同様に，複数のメチル化異常が血清・血漿で見つかり，がん診断への期待がもたれている[4)20)]。さらに，Watanabeらは胃洗浄廃液を用いてメチル化を調べる方法を報告している[21]（表❷）。DNAメチル化は非侵襲性バイオマーカーとしての有効性が高く，将来的な実用化が期待されている。

最近，乳がん患者や大腸がん患者の末梢血DNAを用いたメチル化解析の成果が相次いで報告され，血球DNAのメチル化は，がんリスクの生体指標としても利用できる可能性が高いことがわかってきた[4)22)]。われわれの検討では，胃がん患者の血球DNAでの*IGF2*遺伝子のメチル化は対照群に比べて有意に低いだけでなく，患者の予後との相関も認められた[23]。血球DNAのメチル化変化が各臓器のメチル化の程度をどこまで反映できるのか，どの遺伝子メチル化が生体指標マーカーとしてよいのかについて，さらに検討していくことが重要である。

V．生活習慣要因とメチル化変化

従来から，DNAの変化と生活習慣などを疫学的に解析する分子疫学研究が行われ，遺伝子多型（SNP）と疾患リスクとの関連性が知られている。一方，エピジェネティックな変化も生活習慣と関連性が高く，例えば喫煙者におけるDNAメチル化は非喫煙者よりも強いことが知られている。わ

表❷ 胃がんの非侵襲性バイオマーカーとしての可能性がある遺伝子メチル化
（文献4，21〜23より）

	遺伝子	メチル化
血清，血漿[*1]	*RASSF1, APC, MLH1, TIMP3, MGMT, p15, RNF180, RPRM*	過剰メチル化
血球DNA[*2]	*ALU, LINE1, IGF2*	低メチル化
胃洗浄廃液	*MINT25, SOX17*	過剰メチル化

*1 Circulating cell free DNAのメチル化を示す。
*2 血球DNAメチル化が各臓器のメチル化の程度を反映したものとして測定している。

図❷ 胃がん患者の生活習慣とメチル化との関連性（文献25より改変）

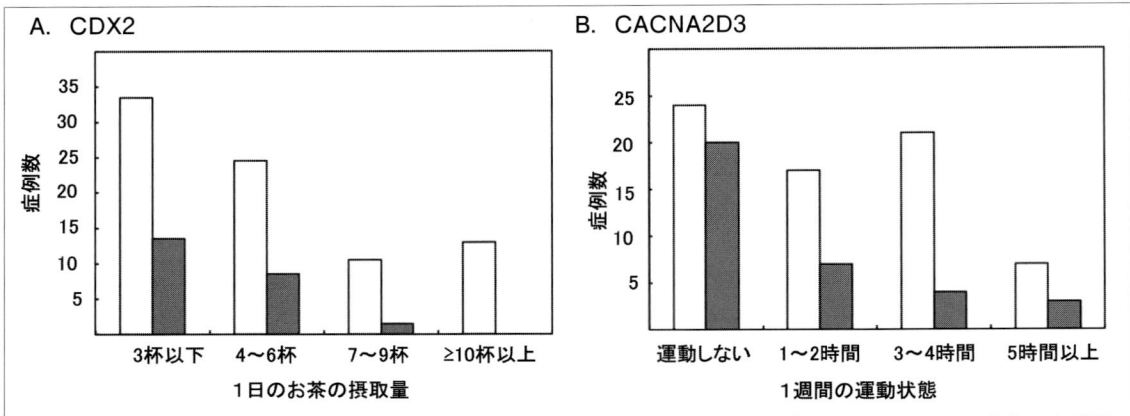

A. CDX2／B. CACNA2D3

胃がん組織を用いてCDX2（A）とCACNA2D3（B）のメチル化異常をメチル化特異的PCRで調べ，患者の生活習慣要因との関連性を調べた．CDX2のメチル化頻度は緑茶摂取量が多いと低下し，CACNA2D3のメチル化は運動量が少ないと高いことが明らかになった．□メチル化陰性　■メチル化陽性

れわれは，胃がん患者の生活習慣要因と遺伝子メチル化との関連を解析し，*CDX2*と*BMP-2*のメチル化頻度は緑茶摂取量と負の相関を示すこと，および*CACNA2D3*のメチル化頻度は運動量の多かった患者で低いことを報告した（図❷）[24]．緑茶にはカテキンと呼ばれる一群のポリフェノールが含まれており，その1つであるEGCG（エピガロカテキンガレート）の効果はがん細胞においてDNAメチルトランスフェラーゼの活性を抑えることが報告されている[25]．さらに，ジョギングや水泳などの適度な運動はがんの軽減にもつながるという疫学調査報告があり，緑茶や運動などの生活習慣が遺伝子メチル化の程度にも影響する可能性があることが示唆された．メチル化は可逆的な変化なので，脱メチル化剤などの投与で正常な転写に戻すことができるが，一方で生活習慣の改善によりメチル化の程度を変化させることは，がん予防にもつながる可能性があると考えられる．

おわりに

エピジェネティクス（エピゲノム）研究は，胃がん発症の分子機構の解明のみならず，胃がんの診断や予後予測マーカーへの応用など，基礎・臨床を問わず大きな成果を上げている．特にDNAメチル化は，血清などを用いたがん診断，予後予測，抗がん剤感受性の新規バイオマーカーとしての実用化の可能性が高いと考えられる．現在，DNAメチル化，ヒストン修飾関連遺伝子，クロマチン構成因子の異常に加えて，miRNA発現（メチル化）異常も多数報告され，エピジェネティックな変化が認められた遺伝子の数は非常に多い．今後，どの変化が本当に胃がん発症に重要なのか，どのマーカーががん診断に最も役立つのかを検討していく必要がある．

参考文献

1) Yuasa Y：Nat Rev Cancer 3, 592-600, 2003.
2) You JS, Jones PA：Cancer Cell 22, 9-20, 2012.
3) Ting AH, McGarvey KM, et al：Genes Dev 20, 3215-3231, 2006.
4) Sapari NS, Loh M, et al：PLoS One 7, e36275, 2012.
5) Yamashita K, Sakuramoto S, et al：Surg Today 41, 24-38, 2011.
6) Sato F, Meltzer SJ：Cancer 106, 483-492, 2006.
7) Fan XY, Hu XL：BMC Gastroenterol 11, 92, 2011.
8) Lee H, Yoon SO, et al：Hum Pathol 43, 704-710, 2012.
9) Zang ZJ, Cutcutache I：Nat Genet 44, 570-574, 2012.
10) Wang DD, Chen YB：PLoS One 7, e40364, 2012.
11) Esquela-Kerscher A, Slack FJ：Nat Rev Cancer 6, 259-269, 2006.
12) Yin Y, Li J, et al：Int J Mol Sci 13, 12544-12555, 2012.
13) Esteller M：Hum Mol Genet 16, 50-59, 2007.

14) Hashimoto Y, Akiyama Y, et al：Carcinogenesis 31, 777-784, 2010.
15) Carvalho J, van Grieken NC, et al：J Pathol 228, 31-44, 2012.
16) Kim K, Lee H-C, et al：Epigenetics 6, 740-751, 2011.
17) Chiba T, Marusawa H：Gastroenterology 143, 550-563, 2012.
18) Ushijima T, Nakajima T, et al：J Gastroenterol 41, 401-407, 2006.
19) Wanajo A, Sasaki A, et al：Gastroenterology 135, 580-590, 2008.
20) Li L, Choi JY, et al：J Epidemiol 22, 384-394, 2012.
21) Watanabe Y, Kim HS：Gastroenterology 136, 2149-2158, 2009.
22) Hou L, Wang H, et al：Int J Cancer 127, 1866-1874, 2010.
23) Yuasa Y, Nagasaki H, et al：Int J Cancer 131, 2596-2603, 2012.
24) Yuasa Y, Nagasaki H, et al：Int J Cancer 124, 2677-2682, 2009.
25) Sjodahl K, Jia C, et al：Cancer Epidemiol Biomarkers Prev 17, 135-140, 2008.

秋山好光

1989 年	東邦大学理学部生物学科卒業
1993 年	筑波大学大学院修士課程修了（基礎医学系病理）
1994 年	東京医科歯科大学医学部衛生学助手
2000 年	米国 Johns Hopkins 大学留学（Dr. Stephen B. Baylin）日本学術振興会海外特別研究員
2002 年	東京医科歯科大学大学院医歯学総合研究科助手（分子腫瘍医学分野）
2003 年	同講師

第2章　エピジェネティクスと病気

1．がん
2）肝細胞がん

新井恵吏・金井弥栄

　肝炎ウイルスの持続感染と慢性炎症を背景とする肝細胞がんの発生は，エピジェネティクス異常が前がん段階から寄与する多段階発がん過程の典型例である．肝細胞がんにおいて，がん関連遺伝子のサイレンシング，DNAメチル化酵素の発現・スプライス異常，ヒストン修飾酵素の発現異常などが報告されている．ゲノム網羅的解析結果に基づく慢性肝炎・肝硬変症患者における発がんリスク診断の実用化が望まれる．国際ヒトエピゲノムコンソーシアムの成果が，肝細胞がんの予防・診断・治療の革新をめざした研究に資することが期待される．

はじめに

　肝臓がんは世界における罹患率第6位のがんであり，年間748,000人が新たに肝臓がんと診断され，年間695,000人が死亡する[1]．主たる肝臓がんは肝細胞がんで，アフリカならびに東アジアで罹患率が高い．米国などでは非アルコール性脂肪性肝炎（NASH）を背景とする肝細胞がんが注目されるようになっているが，世界的にはB型肝炎ウイルス（HBV）あるいはC型肝炎ウイルス（HCV）の持続感染に基づく慢性肝炎ないし肝硬変症を経て発症する症例が，肝細胞がん全体の80ないし90％を占める[2]．わが国においては，肝細胞がんの70％がHCV感染に起因する．発がん要因への反復する曝露で蓄積し，発がんの素地を形成するエピジェネティクス異常は，ウイルスなどの持続感染と慢性炎症を背景とする発がん過程に特に寄与することが知られている．肝細胞がんは，エピジェネティクス異常の寄与を受けて発生するがんの典型例といえる．

I．前がん段階におけるエピジェネティクス異常：肝炎ウイルス感染・慢性炎症との関連

　われわれは，病理診断を実践しつつ分子病理学的に発がん機構を解明しようとしている．手術検体から高分子量DNAを抽出し染色体構造異常解析などを行うようになった20年前を想起すると，当時肝細胞がんにおいて検出しえたジェネティックな異常の多くは分化度・門脈侵襲の有無・腫瘍の大きさと有意に相関しており，肝多段階発がんの後期すなわち悪性進展に寄与すると考えられた．ジェネティックな異常の解析に終始するかぎり，発がん早期の事象の理解は難しいと予測されたので，われわれは主要なエピジェネティック機構であるDNAメチル化異常にいち早く注目した．
　肝細胞がん症例より得られた慢性肝炎ないし肝硬変症を呈する非がん肝組織を，DNAメチル化感受性制限酵素を用いたサザン法で解析し，第16染色体上のヘテロ接合性喪失（LOH）の好発部位

key words

肝細胞がん，慢性肝炎，肝硬変症，B型肝炎ウイルス，C型肝炎ウイルス，
慢性炎症，DNMT1，DNMT3B，発がんリスク診断，国際ヒトエピゲノムコンソーシアム

において，LOHに先行して既に高頻度にDNAメチル化が変化していることを見出した[3]。1996年に発表した本知見は，前がん状態におけるDNAメチル化異常に関して，その後内外から提出された多数の報告に先駆けるものであった。前がん段階である肝硬変症において観察される再生結節を多数マイクロダイセクションし，がん関連遺伝子のDNAメチル化異常がLOHに先行して蓄積するとの証明を追加した[4]。やがて，他の臓器から得られた知見とも合わせ，ウイルスなどの持続感染や慢性炎症を背景とする多段階発がん過程に前がん段階からエピジェネティクス異常が関与するとの理解が確立した。

肝炎ウイルス感染とエピジェネティクス異常の関係について，HBVウイルスが宿主ゲノムに組み込まれ，宿主側の反応によりメチル化される際，近傍の宿主ゲノム断片も共にDNAメチル化を受けることが，肝発がん早期におけるエピジェネティクス異常の端緒と言われた[5]。HCVウイルスの直接の作用でDNAメチル化異常が惹起されうるか議論のあるところで，むしろHBV・HCV陽性例とも，エピジェネティクス異常は主として炎症を介して惹起されるとの考えが現在では一般的である[6]。例えば，炎症の過程で細胞内の活性酸素種ROSレベルが亢進するが，これがSNAILの発現を亢進させ，DNAメチル化酵素（DNMTs）やヒストン脱アセチル化酵素（HDACs）のリクルートにつながると考えられている[7]。IL6などのサイトカインやTGFβも，DNMTsのレベルに影響を与える[8)9]。JAK/STAT系の阻害作用をもつSOCS1のエピジェネティックなサイレンシングが，この系の恒常的な活性化につながると考えられ[10]，炎症とエピジェネティクスのクロストークには諸相がある。他方では，慢性炎症とエピジェネティクス異常をつなぐ機構がROSやサイトカインのみであれば，慢性炎症を背景とするがんのエピゲノムプロファイルは諸臓器で共通のものとなるはずである。実際にはエピゲノムプロファイルには発がん要因特異性や臓器特異性が観察されるので，塩基配列特異的なエピジェネティック異常を惹起する分子機構について，さらに検討が必要である。

II. 肝発がん過程におけるエピジェネティクス異常

1. 標的遺伝子

DNAメチル化異常で不活化されるがん抑制遺伝子がRbとVHLしか知られていなかった1996年当時，われわれは，第16染色体に位置し細胞間接着因子をコードするE-カドヘリン（CDH1）がん抑制遺伝子が，DNAメチル化とLOHの2ヒットで不活化される可能性を提唱した[11]。肝硬変症で小葉構築の改変が起こる過程では，細胞極性がリセットされ強固な細胞間接着が失われる必要があるので，エピジェネティクスを使って一時的に細胞間接着が解除されることは理にかなっている[12]。最近では，CDH1遺伝子のエピジェネティックサイレンシングが，チロシンキナーゼFYNの高発現などを介して化学療法剤に対する多剤耐性獲得に寄与するとの報告もなされている[13]。

今日までに，肝細胞がんにおいて，DNAメチル化とLOHの2ヒットあるいはDNAメチル化単独で不活化されるがん関連遺伝子として，HIC1，CDKN2A，CDKN2B，TMS1，TIMP3，MGMT，RASSF1，SFN，SOCS1，CCNA1，TNFRSF10C，BMP6遺伝子などが知られるようになった[14]。Kondoらの分子経路解析では，細胞周期の重要な制御因子のDNAメチル化は肝細胞がん特異的に亢進するという[15]。SFRP1やSOX17などのWnt経路アンタゴニストのエピジェネティックサイレンシングも報告されている[16)17]。他臓器のがん同様，肝細胞がんにおいても，LINE-1やSAT-2など反復配列のDNAメチル化減弱は高頻度に認められる。microRNAについては，miR-18, -21, -221, -222, -224の発現亢進や，miR-122, -125, -130a, 150, -199, -200, let-7の発現低下が肝細胞がんにおいて高頻度である[6]。

2. 制御タンパクの異常

われわれは，慢性肝炎ないし肝硬変症の段階で，正常肝組織に比しDNMT1のmRNA発現が既に亢進することを報告した[18]。DNMT1のタンパク発現亢進は，肝細胞がんの分化度や門脈侵襲

の有無と相関する，肝細胞がん患者の予後不良因子である[19]。さらに，慢性肝炎ないし肝硬変症を呈する肝組織ならびに肝細胞がん組織において，DNMT3Bの不活性型スプライスバリアントであるDNMT3B4の発現が亢進し，SAT-2・SAT-3など傍セントロメアサテライト配列のDNAメチル化減弱と有意に相関することを見出した[20]。DNMT3B4が，正常肝組織に発現するDNMT3B3と競合して傍セントロメアサテライト配列に結合することが，同配列のDNAメチル化減弱に帰結すると考えられた。傍セントロメア領域のDNAメチル化減弱は，クロマチン脱凝縮や染色体再配置を促進し，染色体不安定性を惹起する可能性がある。

ヒストン修飾に関しては，肝細胞がん細胞株や組織検体でトリメチル化ヒストンH3リジン4（H3K4）が高発現しており，ヒストンメチル化酵素であるSMYD3の発現とH3K4トリメチル化レベルが相関したとの報告がある[21]。他方でKondoらは，CDKN2A・RASSF1遺伝子のサイレンシングのためにDNAメチル化とH3K9メチル化が協調し，PGR・ERα遺伝子のサイレンシングにはH3K27メチル化が特に関わるとの肝細胞がん細胞株における知見を反映して，H3K9ジメチル化酵素G9aやH3K27トリメチル化酵素EZH2の発現が肝細胞がんで亢進していると報告している[22]。Huh7.5細胞へのHCV感染により，H4メチル化・アセチル化やH2AXリン酸化の異常が惹起されるとの報告もみられる[23]。

III. DNAメチル化異常のゲノム網羅的解析と臨床応用

ゲノム網羅的エピジェネティクス解析（エピゲノム解析），特にゲノム網羅的DNAメチル化解析（メチローム解析）が組織検体で実施可能になったとき，われわれは染色体の広い範囲で同期して起こるDNAメチル化異常を検出するのに適したBACアレイを基盤とするメチル化CpGアイランド増幅法（bacterial artificial chromosome array-based methylated CpG island amplification：BAMCA）を導入した。肝細胞がん症例より得られた非がん肝組織では既に，多数のBACクローンにおいてDNAメチル化の減弱あるいは亢進が認められ，前がん段階におけるDNAメチル化異常がゲノム規模で起こることが確認された[24]。DNAメチル化異常がんの悪性度とよく相関するとの知見を蓄積していたので，メチローム解析に基づいて肝細胞がん症例の予後診断指標を獲得することをめざした。肝切除術後4年以上生存している特に予後良好な群と，肝切除術後半年以内に再発し1年以内に死亡した特に予後不良な群を区別するのに有用な41BACクローンを抽出した。41BACクローンに対して診断閾値を設定し，予後診断基準を策定し，その予後予測能力を検証コホートで検証した[24]。多変量解析により，われわれの診断基準は肝細胞がんの分化度・門脈侵襲の有無・肝内転移の有無などとは独立した再発予測因子であることがわかった[24]。

他の研究者からも，DNAメチル化を指標とする肝細胞がんの予後診断の可能性が提唱されている[25)26)]。DNAメチル化状態と予後が相関する個々のマーカー候補遺伝子の中には，適切な診断閾値がいまだ設定されていないものや，診断能力の十分な検証が行われていないものもあるので，文献を読む際に注意を要する。血液検体においてメチル化されたDNA断片を検出し，がんの早期診断を行おうとする試みもあるが，血中の微量メチル化DNAの定量は困難で，感度・特異度が不十分なものも多い。

IV. エピゲノム異常に基づく慢性肝障害患者における肝発がんリスク診断

DNAメチル化異常は前がん段階から起こり，いったん起こったDNAメチル化異常は，DNMT1による維持メチル化機構で娘鎖DNAに継承され，共有結合で安定に保持される。この点は，がん細胞や前駆細胞の微小環境に応じて比較的容易に変化しうるmRNAやタンパクの発現異常と異なっている。がんに比しては比較的軽微な前がん段階でのDNAメチル化異常でも，高感度な検出法で再現性をもって検出できるので，DNAメチル化マーカーは発がんリスク評価の場面で他

のバイオマーカーにない強みを発揮できる。

　例えばHCV感染後であれば，10〜30年で肝細胞がんが発生する。HCV陽性慢性肝炎患者は年率3％程度で，肝硬変症患者は年率5〜7％で，肝細胞がんと診断される[27]（図❶）。がんと診断された時点で既に慢性肝障害により肝予備能が低下しているため，拡大手術などは行えない。肝細胞がんの治療成績の向上には，早期診断が他の臓器にもまして肝要である。経過観察が数十年にわたるため，患者に対する継続受診への強い動機づけが必要である。また，生涯肝発がんをみなかった患者にとって，頻繁の画像診断は大きな負担であったことになる。そこで，慢性肝炎・肝硬変症の個々の患者の肝発がんリスクを診断し，高危険群の患者において特に密な経過観察を行うことが理想である。

　例えばNishidaらは，肝組織検体において多数のがん抑制遺伝子のDNAメチル化を示したHCV陽性慢性肝炎患者は，早期に肝細胞がんを発症したことを報告しているが[28]，ゲノム網羅的にスクリーニングを行えば，既知遺伝子以外にも適切なリスク診断指標が得られる可能性がある。

　われわれは，BAMCA法で発がんリスク診断指標を得るために，正常肝組織に比して，肝細胞がん症例より得られた非がん肝組織でDNAメチル化状態が変化し，その変化が肝細胞がんに継承される上位25BACクローンに着目した。25BACクローンのDNAメチル化状態をもとに階層的クラスタリングを行うと，正常肝組織と肝細胞がん症例より得られた非がん肝組織は，互いに全く異なるクラスターに分類された。そこで25BACクローンそれぞれに診断閾値を設定し，発がんリスク診断指標を策定した。この診断基準に基づき，学習コホートの肝細胞がん症例より得られた非がん肝組織を，感度・特異度とも100％で発がんリスクが高いと診断することができた[24]。検証コホー

図❶　C型肝炎ウイルス感染から肝細胞がんを発生する経過

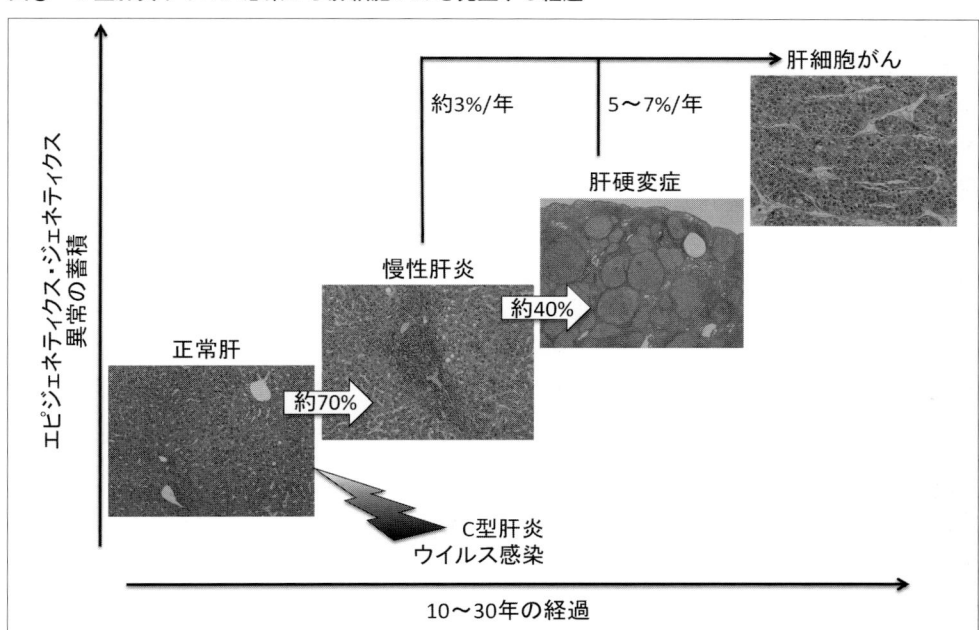

わが国においては，肝細胞がんの70％がHCV感染に起因する。慢性肝炎患者は年率3％程度で，肝硬変症患者は年率5〜7％で，肝細胞がんと診断される。ウイルスの持続感染と慢性炎症を背景とする肝細胞がんの発生は，エピジェネティクス異常の寄与の大きい多段階発がん過程の典型例といえる。経過観察期間は10〜30年にわたるため，患者に対する継続受診への強い動機づけが必要で，DNAメチル化異常を指標とする発がんリスク診断の実用化が望まれる。

（グラビア頁参照）

トにおける感度・特異度は96％であった[24]。

次に，各BACクローン上のリスク診断能力の最も優れたCpG部位を具体的に同定し，感度・特異度を向上させるため，25BACクローン上の203 XmaI/SmaI認識部位のDNAメチル化率を，定量性に優れたパイロシークエンス法で評価した。45CpG部位を含む30領域のDNAメチル化率が，特に優れた発がんリスク診断指標となることがわかった[29]。30領域の診断閾値を組み合わせて改良した発がんリスク診断基準により，学習コホート・検証コホート双方の肝細胞がん症例より得られた非がん肝組織を，正常肝組織から完全に区別して，発がん高リスク状態にあると診断することができた。

発がんリスク診断指標となる30領域の内訳を見ると，遺伝子のプロモーターは1領域のみで，また19領域はCpGアイランドに含まれなかった[29]。発がんリスクの段階では，DNAメチル化異常は，がん関連遺伝子などのプロモーター領域にはいまだ波及していない可能性がある。発がんリスク指標の策定には，従来看過されてきた非プロモーター領域・非CpGアイランドの探索が必要と考えられた。

インターフェロン療法の適応を決定するために施行した肝針生検標本を用いた発がんリスク診断として実用化することをめざし，ホルマリン固定・パラフィン包埋に起因するDNA剪断化により，PCR反応阻害の起こりやすい領域を診断指標から除外した。DNA剪断化の影響を受けにくい領域の診断閾値を組み合わせた指標の診断能力も，もとの30領域を組み合わせた肝発がんリスク診断指標と遜色ないことを確認している。以上の肝発がんリスク診断法について国内・国際特許を申請しており，臨床検査としての最適化・実用化をめざしたい。

V. 国際ヒトエピゲノムコンソーシアム（IHEC）の取り組みと肝細胞がん研究

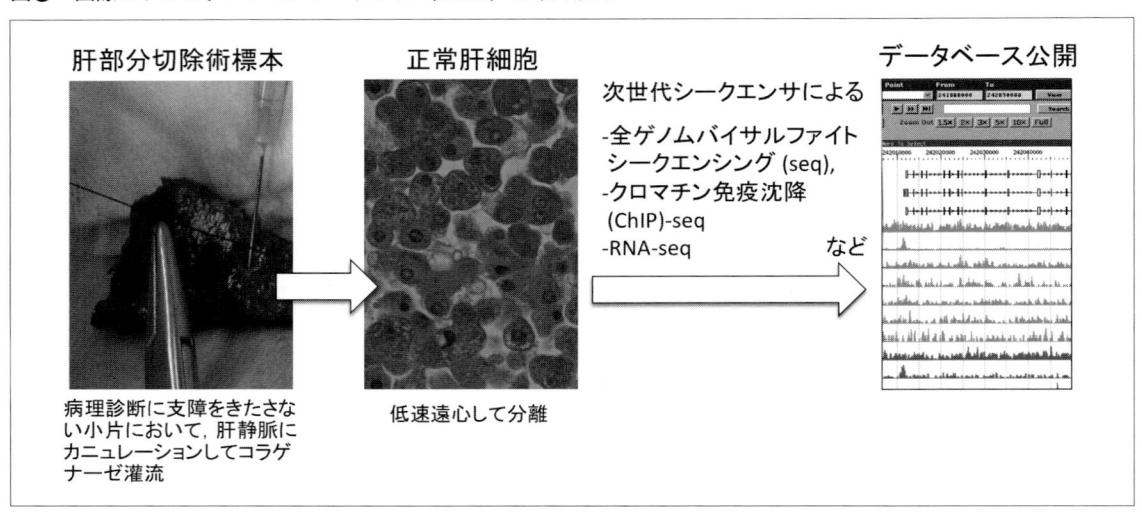

臨床試料を用いたエピゲノム解析は多くの有益な知見をもたらしてきたが，疾患エピゲノム研究のさらなる推進には，疾患特異的エピゲノムプロファイル同定を加速させる必要がある。これには比較対象となる標準エピゲノムプロファイルの同定が必須であるが，正常組織を構成する細胞系列ごとにエピゲノムプロファイルは異なり，エピゲノムの多様性の把握は容易でない。この問題を解決するため本誌第1章6で取り上げたIHECが創設されている。われわれは，わが国の代表研究チームとしてIHECに参画することになり，正常肝細胞・小型肝細胞（オバール細胞）など肝の種々の細胞系列の標準エピゲノムプロファイル同定を研究目標の1つとしている（図❷）。IHECから，

図❷　国際ヒトエピゲノムコンソーシアム（IHEC）の取り組み

肝部分切除術標本 → 正常肝細胞 → 次世代シークエンサによる
-全ゲノムバイサルファイトシークエンシング (seq),
-クロマチン免疫沈降 (ChIP)-seq
-RNA-seq
など
→ データベース公開

病理診断に支障をきたさない小片において，肝静脈にカニュレーションしてコラゲナーゼ灌流

低速遠心して分離

われわれが公開する正常肝細胞などのエピゲノムプロファイルが正確な対照として用いられ，肝細胞がんの予防・診断・治療法の革新をめざした研究が飛躍することを期待する．

おわりに

肝不全状態で発症する肝細胞がんの予後の改善のため早期診断が重要であることは論を待たず，慢性肝障害患者の適切な治療・観察方針策定のためにも肝発がんリスク診断への期待は高い．DNAメチル化異常を指標とする，慢性肝障害患者などにおける，発がんリスク診断の実用化が望まれる．他方で，肝細胞がんに限らず，エピゲノム異常を起こす分子機構の解明は必ずしも進んでいない．HDACなどを標的とする肝細胞がんのエピゲノム治療の治験も進行しているが[30]，エピゲノム異常の分子機構の全容が解明され，コンパニオン診断を伴うエピゲノム治療などの臨床応用が一層進展することが望まれる．

参考文献

1) Ferlay J, Shin HR, et al：Int J Cancer 127, 2893-2917, 2010.
2) El-Serag HB：Gastroenterology 142, 1264-1273, 2012.
3) Kanai Y, Ushijima S, et al：Jpn J Cancer Res 87, 1210-1217, 1996.
4) Kondo Y, Kanai Y, et al：Hepatology 32, 970-979, 2000.
5) Nagai H, Baba M, et al：DNA Res 6, 219-225, 1999.
6) Martin M, Herceg Z：Genome Med 4, 8, 2012.
7) Lim SO, Gu JM, et al：Gastroenterology 135, 2128-2140, 2008.
8) Braconi C, Huang N, et al：Hepatology 51, 881-890, 2010.
9) You H, Ding W, et al：Hepatology 51, 1635-1644, 2010.
10) Calvisi DF, Ladu S, et al：Gastroenterology 130, 1117-1128, 2006.
11) Yoshiura K, Kanai Y, et al：Proc Natl Acad Sci USA 92, 7416-7419, 1995.
12) Kanai Y, Ushijima S, et al：Int J Cancer 71, 355-359, 1997.
13) Jiang L, Chan JY, et al：Biochem Biophys Res Commun 422, 739-744, 2012.
14) Kanai Y, Arai E：Molecular Genetics of Liver Neoplasia (ed Wang XW, Grisham JW, et al), 147-159, Springer, 2010.
15) Gao W, Kondo Y, et al：Carcinogenesis 29, 1901-1910, 2008.
16) Wu Y, Li J, et al：Neoplasma 59, 326-332, 2012.
17) Jia Y, Yang Y, et al：Epigenetics 5, 743-749, 2010.
18) Saito Y, Kanai Y, et al：Hepatology 33, 561-568, 2001.
19) Saito Y, Kanai Y, et al：Int J Cancer 105, 527-532, 2003.
20) Saito Y, Kanai Y, et al：Proc Natl Acad Sci USA 99, 10060-10065, 2002.
21) He C, Xu J, et al：Hum Pathol 43, 1425-1435, 2012.
22) Kondo Y, Shen L, et al：Hepatol Res 37, 974-983, 2007.
23) Duong FH, Christen V, et al：Hepatology 51, 741-751, 2010.
24) Arai E, Ushijima S, et al：Int J Cancer 125, 2854-2862, 2009.
25) Villanueva A, Hoshida Y, et al：Clin Cancer Res 16, 4688-4694, 2010.
26) Sceusi EL, Loose DS, et al：HPB (Oxford) 13, 369-376, 2011.
27) Yano M, Yatsuhashi H, et al：Gut 34 (2 Suppl), S13-16, 1993.
28) Nishida N, Kudo M, et al：Hepatology 56, 994-1003, 2012.
29) Nagashio R, Arai E, et al：Int J Cancer 129, 1170-1179, 2011.
30) Yeo W, Chung HC, et al：J Clin Oncol 30, 3361-3367, 2012.

参考ホームページ

・国立がん研究センター研究所分子病理分野
http://www.ncc.go.jp/jp/nccri/divisions/01path/index.html

新井恵吏
2002年　東京医科大学医学部卒業
2006年　同大学院医学研究科病理診断学専攻博士課程修了
　　　　国立がんセンター研究所病理部（現国立がん研究センター研究所分子病理分野）研究員

第2章 エピジェネティクスと病気

1．がん
3）脳腫瘍の発生に関わるエピジェネティクス異常

大岡史治・近藤　豊

　近年，グリオーマにおいて DNA メチル化異常，ヒストン修飾異常などのエピジェネティクス異常が多数解析され注目を浴びている。グリオーマは多彩な遺伝子異常やエピジェネティクス異常を示し，浸潤能や組織多様性といった治療抵抗性に関わる特性にエピジェネティクス機構が重要な役割を果たしていることがわかってきた。有効なグリオーマの治療薬の開発には，腫瘍の特性に寄与するエピジェネティクスを把握し，その異常を標的とする新規治療戦略の開発が必要である。最近の知見を紹介し，今後の治療への展望について考察する。

はじめに

　神経膠腫（グリオーマ，glioma）[用解1]は原発性脳腫瘍の中で最も高頻度にみられる。グリオーマのうち膠芽腫（グリオブラストーマ，glioblastoma：GBM）は悪性度が高く，いまだに根治に至ることが極めて困難である。

　一般に，脳腫瘍を外科的に治療する場合，最大限に摘出をめざすものの，すべてを取り除くことは困難である。確実な摘出をめざすためには，周囲の正常組織を含めて腫瘍部を取り除く必要があるが，脳組織では正常部位を傷つけてしまうと，その部位の機能を自己回復する能力が乏しいため，結果として機能予後の観点から全摘出は難しい。特にグリオーマは浸潤性の強い腫瘍であるため全摘出後に再発することも多くみられる。そのため手術後に化学療法や放射線治療が併用されるが，必ずしも治療効果は高くない。したがって，グリオーマの治療成績を向上させるためには，腫瘍の発生と進展に関わるメカニズムを解明し，新たな治療標的を同定することが必要である。

　最近，大規模な遺伝子解析が数多くのがんで行われている。脳腫瘍でも例えばグリオブラストーマのうち，原発性グリオブラストーマでは epidermal growth factor receptor（*EGFR*）では遺伝子の増幅や cyclin-dependent kinase inhibitor 2A（*CDKN2A*）遺伝子の欠失を多く認めることがわかっている[1]。また低悪性度グリオーマから多段階的に形成される二次性グリオブラストーマでは isocitrate dehydrogenase 1（*IDH1*）遺伝子変異[用解2]や α-thalassaemia/mental retardation syndrome X-linked（*ATRX*）遺伝子変異を多く認める[2)-4)]。すなわち，グリオブラストーマの中にも発がんの分子機構が大きく異なった腫瘍群が混在していることを示唆している。興味深いことに，低悪性度グリオーマや二次性グリオブラストーマでは，エピゲノム関連遺伝子に変異が数多くみられる。

　がんはゲノム・エピゲノム異常を原因とする疾

---

key words

神経膠腫，低悪性度グリオーマ，膠芽腫（グリオブラストーマ），エピジェネティクス，DNA メチル化，G-CIMP，*IDH* 遺伝子変異，ヒストン修飾，脳腫瘍幹細胞

患で，脳腫瘍の発生にもエピジェネティクス異常の蓄積が発がんを誘導している可能性が高い．有用な治療戦略の開発のためには，難治性のグリオーマの発がん過程に存在する分子機構を理解することは極めて重要である．本稿では，脳腫瘍で最近明らかとなってきたエピジェネティクス異常に焦点を絞り解説する．

Ⅰ．グリオーマにおける DNA メチル化異常

がん細胞の DNA メチル化プロファイルは正常細胞と異なっており，全ゲノムレベルでは低メチル化状態にある．一方でがん細胞では，遺伝子プロモーター領域の CpG アイランドの高メチル化によって，しばしば多数の遺伝子の発現が抑制されている．DNA メチル化の頻度は遺伝子ごとに異なり，加齢とともに DNA メチル化レベルが上昇する遺伝子や，がん特異的に DNA メチル化する遺伝子が存在する．さらに最近の網羅的解析により，がんの発生臓器やがんの病態ごとに DNA メチル化標的遺伝子が異なることが見出されている．

また大腸がんの DNA メチル化プロファイルの解析から，CpG island methylator phenotype（CIMP）と呼ばれる，DNA メチル化が多数の遺伝子座の CpG アイランドで高度に集積する症例群が存在することが確認された[5]．大腸がんの CIMP は，臨床病理学的に非常に特徴のある症例群であり，さらに CIMP 症例は BRAF，KRAS の遺伝子変異が高頻度である一方で TP53 遺伝子変異は少ないことが明らかとなった．

DNA メチル化異常は遺伝子発現に影響することから，このように CIMP に特徴的な臨床像を示すことは予測どおりであったが，さらに大腸がんの発がん経路にはゲノム異常・エピゲノム異常に何らかの相互作用があることが示唆された．しかし，大腸がんの CIMP がどのようにして誘導されるのか，特定の遺伝子異常が起因しているかなど，原因機序についてはいまだ一定の見解がない．

グリオーマにも The Cancer Genome Atlas（TCGA）による大規模な DNA メチル化解析より，CIMP が存在し特徴的な臨床像を示すことがわかった（glioma-CIMP：G-CIMP[用解3]）[6]．すなわち G-CIMP は若年者の腫瘍に多く，予後は比較的良好で，また二次性グリオブラストーマとの関与が強く proneural の組織型を呈することが多かった．さらに IDH1 遺伝子変異を伴っており，グリオーマの CIMP でもゲノム・エピゲノムの相互作用が示唆された．

興味深いことに，機能的解析から IDH1 の変異は，DNA メチル化の異常蓄積に直接関与している可能性が示されている（図❶）．IDH1 は TCA サイクルにおいてイソクエン酸から α ケトグルタル酸（α-KG）への変換を触媒する酵素である．遺伝子変異により基質特異性が変化し，α-KG を 2-ヒドロキシグルタル酸（2-HG）へと変換する機能が亢進する[7)8)]．2-HG は DNA 脱メチル化活性をもつ ten eleven translocation（TET）タンパクを阻害する作用があるため，慢性的な 2-HG の蓄積は TET タンパクの働きを不活化する[9]．実際に in vitro の実験から，正常マウスアストロサイトに IDH1 遺伝子変異を導入すると DNA メチル化が集積することが見出されており[10]，TET の不活化により複製時に発生する DNA メチル化異常を修復することができず DNA メチル化異常が蓄積すると考えられる．

Ⅱ．グリオーマにおけるヒストン修飾異常とクロマチン構造異常

ヒストン修飾が転写に影響を与える可能性については，1960 年代頃から示唆されていた．現在では，ヒストン修飾様式は少なくとも 16 種類が報告されており，転写，修復，複製などの制御に関与していることがわかっている．

グリオーマでは，ヒストン H3 リジン 27 番トリメチル化（H3K27me3）修飾酵素であるポリコームタンパク EZH2 や別のポリコームタンパクである B lymphoma Mo-MLV insertion region 1 homolog（BMI1）の発現増加を認めることから，ヒストン修飾異常がグリオーマの発生や悪性化に関与していると考えられていた．最近の大規模多施設共同研究から，小児のグリオブラストーマにおいてヒストン H3 のバリアントである H3.3 をコードす

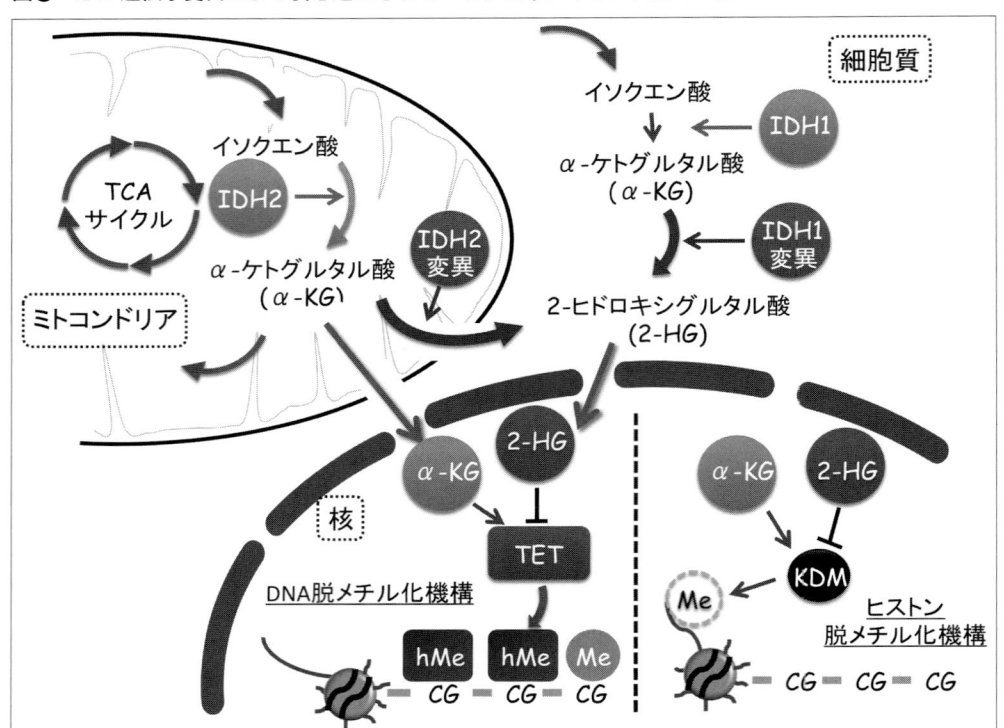

図❶ IDH遺伝子変異により引き起こされるエピジェネティクス異常のメカニズム

IDH遺伝子変異にはIDH1変異とIDH2変異があり，グリオーマではIDH1変異が大多数を占め，IDH2変異は少数である．IDH1は細胞質内に，IDH2はミトコンドリア内に局在し，いずれもTCAサイクルにて働き，α-ケトグルタル酸（α-KG）の産生を触媒する．α-KGは，TET2がメチル化シトシンをヒドロキシメチル化するDNAの脱メチル化機構と，リジン残基のメチル化酵素（KDM）によるヒストン脱メチル化機構の両者に必要である．IDHは遺伝子変異により機能の変容が起こり，α-KGを2-ヒドロキシグルタル酸（2-HG）に変換する機能を獲得する．2-HGはTET2とKDMの両者作用を阻害する．そのため，IDH変異により2-HGが増加することでTET2の脱メチル化機構が阻害されDNA高メチル化が引き起こされる．ヒストン脱メチル化機構も同様にKDMが2-HGに阻害され，ヒストンテールのメチル化異常を引き起こす．IDH変異は代謝異常のみではなく，エピジェネティクス異常に関与して腫瘍形成において重要な役割を果たしていると考えられている．

るH3F3A遺伝子に2ヵ所の遺伝子変異の存在が報告された[11]．興味深いことに，2ヵ所の遺伝子変異はいずれも遺伝子の転写調節に重要な役割を果たすヒストンテールをコードする部位の変異（K27M，G34R/V）であった．実際，K27M変異症例群とG34R変異症例群ではそれぞれ異なる遺伝子発現様式を示しており，異なる発がん経路が腫瘍形成に関与していることが示唆された．

前述のIDH1変異により産生される2-HGはα-KGと拮抗的に作用することでヒストン脱メチル化酵素（lysine(K)-specific demethylase：KDM）の作用も阻害することが報告されている[12]．したがって，IDH1変異により脱メチル化反応が正常に行われず，発現制御に関わるH3K9me3，H3K27me2などの増加を認めることになる．このようにIDH1の変異は，DNAメチル化修飾，ヒストンメチル化修飾の両者のエピゲノムを変化させ広汎に遺伝子機能調節に影響すると考えられる．

興味深いことに，グリオーマにおいてIDH1変異とH3F3A変異は排他的な関係にあり，それぞれの症例群でDNAメチル化異常のパターンが異なることがわかった[13]．実際にH3F3A変異とIDH1変異を有する症例では腫瘍の発生部位・発生時期が異なることから，グリオーマの発生母地，すなわち起源となる細胞も様々であると考えられる．それぞれ特定の遺伝子異常から引き起こされ

るエピゲノム異常は様々であり，グリオーマの発生・進展の過程にはいくつかのメカニズムが存在すると考える。

ATRX 遺伝子はαサラセミアと精神遅滞を合併する ATRX 症候群の原因遺伝子である。ATRX はクロマチンリモデリングドメインと ADD ドメイン（ATRX, DNMT3, DNMT3L ドメイン）をもつタンパク質で，エピゲノムの構築に関与する[14)15)]。ATRX 症候群では，遺伝子変異はこの2つのドメインに集中しており，クロマチンリモデリング異常やヒストンメチル化修飾異常，DNAメチル化異常を介して遺伝子発現に異常をきたす（図❷）。近年，小児グリオブラストーマや低悪性度グリオーマ，二次性グリオブラストーマにおいて *ATRX* 変異が検出された[13)]。グリオーマでは，ADD ドメインの変異を認めず，大部分がクロマチンリモデリングドメインもしくはその近傍の変異であるが，染色体のテロメア末端のクロマチン構造が変化し，ALT（alternative lengthening of telomeres）活性が亢進することで，細胞の不死化につながり腫瘍形成に寄与すると考えられている。

Ⅲ．グリオーマにおける腫瘍幹細胞の存在とエピゲノム制御

グリオブラストーマは組織多様性の強い腫瘍であり，病理学的に様々な異型性をもつ細胞群より構成されている。分化型アストロサイトのマーカーである GFAP（glial fibrillary acidic protein）が強く発現していることが多く，分化型神経細胞のマーカーである synaptophysin や oligo-precursor cell（OPC）マーカーの platelet-derived growth factor receptor alpha（PDGFRA）の発現を認める症例群も存在する。また未分化マーカーである nestin も発現している症例群が存在し，予後不良因子である。このようにグリオブラストーマは様々な分化過程の細胞を含み，時にその存在が悪性度に関わっていると考えられる。

近年，がんの組織多様性を説明するメカニズムのモデルとしてがん幹細胞の存在が注目されている。がん幹細胞の特徴は自己複製能をもつこと，

図❷　グリオブラストーマにおける遺伝子異常とエピジェネティクス異常の関係

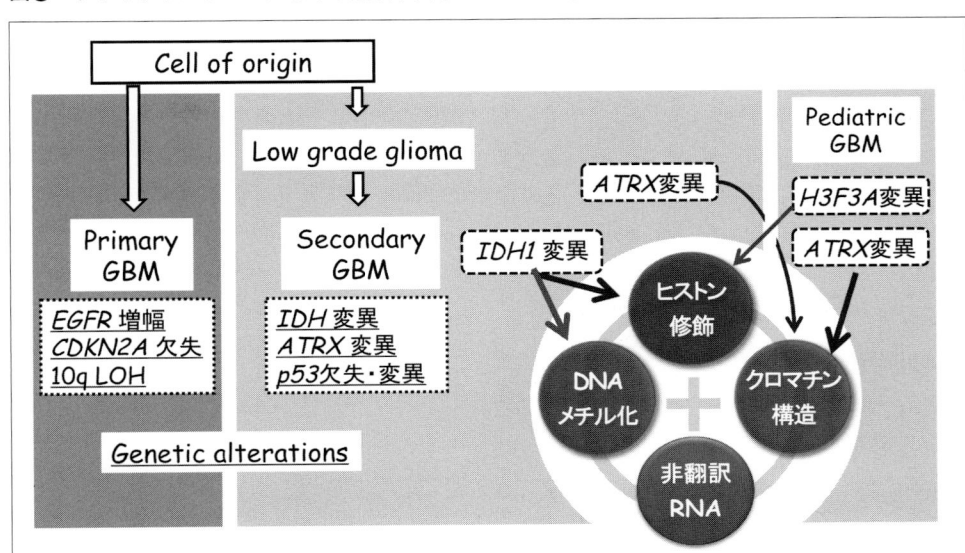

低悪性度グリオーマや二次性グリオブラストーマでは *IDH1* 変異，*ATRX* 変異，*p53* 欠失もしくは変異が高頻度にみられる。このうち *IDH1* 変異は DNA メチル化異常とヒストン修飾異常を，*ATRX* 変異はクロマチン構造変化を介して腫瘍形成に重要な役割を果たすと考えられている。小児膠芽腫では *H3F3A* 変異，*ATRX* 変異を高頻度に認め，それぞれヒストン修飾異常，クロマチン構造異常を介して重要な役割を果たしていると考えられている。

多分化能をもつこと，腫瘍形成能をもつことが挙げられるが，血液腫瘍や乳がんと同様にグリオブラストーマでもその存在が示されている〔脳腫瘍幹細胞：glioma stem cell（GSC）〕[16)17)]。GSC は抗がん剤や放射線治療に対して抵抗性を示すことが報告されており，グリオブラストーマの治療抵抗性に寄与していると考えられる[18)]。そのため GSC を標的とした治療または GSC が腫瘍を形成するメカニズムを標的とした治療はグリオブラストーマの有用な治療につながる可能性がある。

GSC は可塑性をもち，周囲環境の変化によって未分化な状態もしくは分化状態に変化することができると考えられている[19)]。GSC の分化・脱分化には正常な中枢神経系細胞の分化と同様にポリコームタンパク（PcG）の 1 つである EZH2（H3K27 メチル化酵素）をはじめとするエピジェネティック制御機構が重要な役割を果たしている[20)]。発がん過程においてがん細胞は周囲環境の影響を受けながらその環境に適応していくが，PcG-H3K27me3 修飾は，がん幹細胞の維持に必要な標的遺伝子を制御するだけではなく，がん細胞の分化に関わる遺伝子の制御にも関わる。この可塑性を伴ったがん幹細胞の存在と動的なエピジェネティック制御が，浸潤能や治療抵抗性といった組織多様性の形成に寄与していると考える[21)]。

がん細胞が周囲環境に適応していくために必要な可塑性の制御を目的としたエピジェネティクス治療（フリージング治療：がん細胞を固化させる）は，グリオブラストーマの治療抵抗性の克服につながり，有用な治療戦略となる可能性がある。

IV．今後の展望

最近の大規模な解析からグリオーマでは様々なエピジェネティクス異常が存在し，グリオーマの発生と進展に重要な役割を果たしていることが示された。in vitro 研究では，エピジェネティック機構がグリオーマの病態に関与しており，また GSC の可塑性を制御することで，腫瘍組織多様性や治療抵抗性といった生物学的な特性に関わっていることが明らかになってきた。

極めて予後不良疾患であるグリオブラストーマにおいて，このエピジェネティクス異常を標的とした治療の開発が期待される。薬剤感受性に関しては，DNA 修復酵素である MGMT（O6-methylguanine DNA methyltransferase）の DNA メチル化が存在するとアルカリ化剤（BCNU：1,3-bis(2-chloroethyl)-1-nitrosourea やテモゾロミド）に感受性が高いことがグリオブラストーマで報告されている[22)23)]。しかし現時点では，グリオブラストーマの全生存期間中央値は約 14 ヵ月と，いまだ非常に予後不良な疾患であり，今後の治療薬の開発は喫緊の課題である。

エピゲノム治療薬は，骨髄異型性症候群で脱メチル化剤が使用され，20〜30％の奏効率を示している。また，血液腫瘍においてヒストン脱アセチル化酵素（HDAC）阻害剤のうちバルプロン酸や suberoylanilide hydroxamic acid（SAHA）を用いた治療が行われている。グリオーマにおいても HDAC 阻害剤である vorinostat が欧米で臨床試験が開始されており，その効果が期待されている[24)]。エピゲノム治療が予後不良・治療困難な脳腫瘍の生命予後・機能予後の改善につながることを期待し，今後更なる多くのメカニズムの解明とエピジェネティクス異常を標的とした治療法の開発をめざしたい。

用語解説

1. **神経膠腫（グリオーマ）**：原発性脳腫瘍の中で最も高頻度にみられる腫瘍であり，悪性度を反映する WHO 分類にて grade Ⅰ から grade Ⅳ に分類される。低悪性度グリオーマ（low grade glioma）は grade Ⅱ であり，膠芽腫（グリオブラストーマ，glioblastoma：GBM）は最も予後不良である grade Ⅳ である。グリオブラストーマは臨床経過により，最初からグリオブラストーマとして発症する原発性グリオブラストーマ（primary GBM）と，低悪性度グリオーマから徐々に悪性化して発症する二次性グリオブラストーマ（secondary GBM）に分類される。

2. ***IDH1*（Isocitrate dehydrogenase 1）遺伝子変異**：2008 年，米国 Vogelstein らの大規模なグリオブラストーマ検体の解析により同定された遺伝子変異である。低悪性度グリオーマ，二次性グリオブラ

ストーマにて多く（約80％，75％）みられ，原発性グリオブラストーマでは少数（約5％）である。二次性グリオブラストーマでは腫瘍形成の早期の段階にて *IDH1* 変異が重要な役割を果たしていると考えられている。原発性グリオブラストーマにおいて *IDH1* 変異は予後良好因子であるが，低悪性度グリオーマでは予後との相関については一定の見解を得ていない。

3. G-CIMP（glioma-CpG island methylator phenotype）：2010年，米国 TCGA（The Cancer Genome Atlas）グループにより 272 例のグリオブラストーマ検体を用いた DNA メチル化解析により同定された腫瘍群である。高メチル化遺伝子を多く含む症例群が 272 例中 24 例（8.8％）にみられ，G-CIMP 群として同定された。G-CIMP 群には *IDH1* 変異症例，若年者症例，secondary GBM 症例が有意に多く含まれ，予後良好群であることが示された。

参考文献

1) Ohgaki H, Kleihues P：Am J Pathol 170, 1445-1453, 2007.
2) Yan H, Bigner DD, et al：N Engl J Med 360, 765-773, 2009.
3) Kim YH, Ohgaki H, et al：Am J Pathol 177, 2708-2714, 2010.
4) Liu XY, Jabado N, et al：Acta Neuropathol 124, 615-625, 2012.
5) Toyota M, Baylin SB, et al：Proc Natl Acad Sci USA 96, 8681-8686, 1999.
6) Noushmehr H, Pujara K, et al：Cancer Cell 17, 510-522, 2010.
7) Dang L, Su SM, et al：Nature 462, 739-744, 2009.
8) Ward PS, Thompson CB, et al：Cancer Cell 17, 225-234, 2010.
9) Figueroa ME, Melnick A, et al：Cancer Cell 18, 553-567, 2010.
10) Turcan S, Chan TA：Nature 483, 479-483, 2012.
11) Schwartzentruber J, Jabado N, et al：Nature 482, 226-231, 2012.
12) Lu C, Thompson CB, et al：Nature 483, 474-478, 2012.
13) Sturm D, Pfister SM, et al：Cancer Cell 22, 425-437, 2012.
14) Higgs DR, Gibbons R, et al：Ann N Y Acad Sci 1054, 92-102, 2005.
15) Iwase S, Shi Y, et al：Nat Struct Mol Biol 18, 769-776, 2011.
16) Singh SK, Dirks PB, et al：Nature 432, 396-401, 2004.
17) Lee J, Fine HA, et al：Cancer Cell 9, 391-403, 2006.
18) Chen J, Parada LF, et al：Nature 488, 522-526, 2012.
19) Cheng L, Bao S, et al：Cell 153, 139-152, 2013.
20) Katsushima K, Kondo Y, et al：J Biol Chem 287, 27396-27406, 2012.
21) Natsume A, Kondo Y, et al：Cancer Res 73, 4559-4570, 2013.
22) Esteller M, Herman JG, et al：N Engl J Med 343, 1350-1354, 2000.
23) Hegi ME, Stupp RN, et al：N Engl J Med 352, 997-1003, 2005.
24) Galanis E, Buckner JC, et al：J Clin Oncol 27, 2052-2058, 2009.

参考ホームページ

・愛知県がんセンター研究所
http://www.pref.aichi.jp/cancer-center/ri/index.html

大岡史治

2004 年	名古屋大学医学部医学科卒業
2009 年	同大学院医学系研究科入学（脳神経外科学）
2012 年	愛知県がんセンター研究所リサーチレジデント
2013 年	名古屋大学大学院医学系研究科博士課程修了，学位取得

大学卒業後，脳神経外科医として脳腫瘍の治療に携わって参りました。臨床医としての多くの経験が強い動機となり，現在脳腫瘍の研究に励んでいます。

第2章 エピジェネティクスと病気

1．がん
4）血液腫瘍

大木康弘

造血器悪性腫瘍のエピジェネティック異常の背景に，それを制御する遺伝子のジェネティックな異常が高頻度に認められることがわかってきた。骨髄異形成症候群（MDS）や急性骨髄性白血病（AML）における *ASXL1*，*DNMT3A*，*EZH2*，*IDH1*，*IDH2*，*TET2* の遺伝子変異，そしてリンパ腫における *EZH2*，*CREBBP*，*EP300*，*TET2*，*IDH2* の遺伝子変異などが代表的なものである。また，エピジェネティック治療薬として，azacitidine，decitabine，vorinostat，romidepsin が臨床使用されており，これらの単剤および併用療法の研究が必要である。

はじめに

造血器悪性腫瘍でもエピジェネティック異常が多く報告されている。そして，造血器腫瘍は，悪性疾患の中でも最もエピジェネティック治療の臨床応用が進んでいる分野の1つである。特に急性骨髄性白血病（acute myeloid leukemia：AML）[用解1]および骨髄異形成症候群（myelodysplastic syndrome：MDS）[用解2]において DNA のメチル化による遺伝子のサイレンシングの研究が古くから報告されている。これらの疾患においては，メチル化の存在自体を予後不良因子とする報告もあるが，これらのみが独立してどの程度予後に影響するかに関してはっきりした結論は出ていない。一方，複数の遺伝子にメチル化の認められる状態は，CpG island methylator phenotype（CIMP）と呼ばれ，MDS においては予後不良を示唆すると考えられている。Shen らによると，代表となる10の選ばれた遺伝子のメチル化の状態が強い予後因子であった[1]。メチル化の多くみられる症例ではむしろ脱メチル化剤による治療反応が悪いことは一見逆説的であるが，脱メチル化剤の作用機序が多様であること，さらに背景にはジェネティックな異常があることが理由として挙げられる。本稿では，造血器悪性腫瘍のエピジェネティック異常の背景となる遺伝子異常，およびエピジェネティック治療についての総説を記載する。

I．エピジェネティックを制御する遺伝子の異常（表❶）

近年の網羅的遺伝子変異の解析により，多くの遺伝子の変異や欠失が発見されているが，mutation の認められた遺伝子のうち複数がエピジェネティック制御に関与していることは注目すべきである。MDS や AML における *ASXL1*，*DNMT3A*，*EZH2*，*IDH1*，*IDH2*，*TET2*，そしてリンパ腫[用解3]における *EZH2*，*CREBBP*，*EP300*，*TET2*，*IDH2* が代表的なものである。

---

key words

骨髄異形成症候群（MDS），急性骨髄性白血病（AML），骨髄増殖性疾患（MPD），リンパ腫（lymphoma），DNMT 阻害剤，HDAC 阻害剤，decitabine，azacitidine，vorinostat，romidepsin

4）血液腫瘍

表❶ 造血器悪性腫瘍で変異の発見されているエピジェネティック関連遺伝子

遺伝子	疾患	頻度	文献
TET2	AML	7〜23%	10
	MDS	20〜25%	10
	MPD	4〜13%	10
	AITL	47%	13
	PTCL-NOS	38%	13
IDH1/IDH2	AML	15〜33%	10
	MDS	4%	10
	MPD	3〜5%	10
	AITL	45%	12
DNMT3A	AML	12〜22%	3-5
	MDS	8%	7
	MPD	7〜10%	8, 9
ASXL1	AML	5%	10
	MDS	14%	10
EZH2	MDS	6%	10
	MPD	13%	10
	GCB〜DLBCL	22%	11
	FL	7%	17
MLL1	AML	30〜40%	15, 16
MLL2	DLBCL	32%	17
	FL	89%	17
CREBBP/EP300	DLBCL	39%	14
	FL	41%	14
MEF2B	DLBCL	11%	17
	FL	13%	17

AML：acute myeloid leukemia, MDS：myelodysplastic syndrome, MPD：myeloproliferative disorder, AITL：angioimmunoblastic T-cell lymphoma, PTCL-NOS：peripheral T-cell lymphoma, GCB：germinal center B-cell type, DLBCL：diffuse large B-cell lymphoma, FL：follicular lymphoma

(1) DNMT3A

DNMT3A タンパクは DNA メチルトランスフェラーゼであり，de novo のシトシンメチル化を担っている。DNMT3A は造血幹細胞の分化に必須であることがわかっている[2]。DNMT3A の変異は，AML の 12〜22%[3)-5)]，MDS の 3〜8%[6)7)]，骨髄増殖性疾患（MPD）[用解4]の 7〜10%[8)9)]にみられる。主にミセンス異常および truncating mutation が報告されている。変異は主に heterozygous であることから，dominant negative もしくは gain of function に結びつくと考えられている。臨床的には，少なくとも単因子解析では予後不良因子と考えられている。

(2) ASXL1

ASXL1 タンパクは RARa や PPARg などの核内受容体と関わり，さらに HP1 や LSD1 と結合して複合体を形成して gene silencing に導く一方，SRC1 と結合してヒストンのメチル化を引き起こし，遺伝子発現に導く。この遺伝子の異常は AML の 5%，MDS の 16%，MPD の 2〜23% 程度にみられる[10)]。変異と報告されているものの一部は機能異常に関わらない可能性もあるが，約 90% 以上は truncating mutation であり，PHD domain や RAR-alpha binding domain を欠くため，機能異常につながると考えられる。臨床的にはこの遺伝子の変異は予後不良因子と考えられている。

(3) EZH2

EZH2 タンパクはヒストンメチルトランスフェラーゼであり，H3K27 のメチル化に重要である。EZH2 の高発現は様々な悪性疾患で指摘されており，oncogene である可能性がある。AML での変異は稀であるが，MDS の 6%，MPD の 3〜13% に変異がみられる[10)]。また，germinal center B-cell type diffuse large B-cell lymphoma の 22%，follicular lymphoma の 7% に変異を認める[11)]。リンパ腫でみられる SET domain の点突然変異 A677，Y641 変異は優位変異であり，H3K27me3 レベルの増加につながる一方，MDS でみられる変異は loss of function に結びつく truncation mutation や missense mutation である。リンパ腫では一般に予後不良因子と考えられている[11)]。治療のターゲットとしても重要と考えられ，EPZ005687 などの阻害剤が開発されており，今後治療薬としての期待がかかる。

(4) IDH genes

IDH1 および IDH2 タンパクは両者ともクエン酸回路に必須であり，isocitrate から α-ketoglutarte（α-KG）を産生するプロセスを促進する酵素である。IDH1 および IDH2 の変異が骨髄球系悪性腫瘍で報告されている。変異遺伝子から産生されるタンパクには，α-KG を 2-hydroxyglutamate に変換する能力をもつものがあり，α-KG 依存性の酵素を阻害するため oncoprotein となる。α-KG 依存の酵素は複数あるが，1つに TET タンパクがある。このため，TET2 遺伝子の変異と IDH2 の

変異は同様の異常を導くと考えられている。これは，TET2 と IDH の変異は同時にはみられないこととも合致する。IDH 変異は，様々な染色体異常（正常・5q 欠損・20q 欠損・8 番欠損）と同時にみられ，現在のところ IDH 変異が独立して予後に及ぼす影響ははっきりしていない。これらのいずれかの変異が，AML の 15 〜 33％，MDS の 4％，MPD の 3 〜 5％程度にみられる。また，IDH2 の変異は，peripheral T-cell lymphoma のうちの angioimmunoblastic T-cell lymphoma（AITL）の 45％に認められる[12]。

(5) TET genes

TET タンパクは 5-methylcytosine から，5-hydroxymethylcytosine, 5-formylcytosine, 5-carboxylcytosine を産生するプロセスを担うため，脱メチル化の一端を担い，メチル化のバランスを維持する作用をもつと考えられている。このプロセスには Fe（Ⅱ）および α-KG が必要であるため，前述のとおり α-KG の産生を担う IDH タンパクの異常は，TET タンパク異常と同様の結果を導くと考えられている。TET2 遺伝子の異常が AML では 7 〜 23％，MDS では 20 〜 25％，MPD では 4 〜 13％と高頻度にみられる[10]。さらに，この遺伝子の異常は PTCL でも高頻度に見つかっており，AITL の 47％，peripheral T-cell lymphoma, not otherwise specified（PTCL-NOS）の 38％にみられる[13]。

(6) CREBBP および EP300

CREBBP および EP300 はヒストンアセチルトランスフェラーゼであり，多くの細胞内情報伝達に重要なタンパクの転写に関わる。diffuse large B-cell lymphoma（DLBCL）および follicular lymphoma（FL）では，ヒストンアセチルトランスフェラーゼの不活性化につながる変異が約 40％に認められる[14]。

(7) MLL genes

MLL1，MLL2 もヒストンメチルトランスフェラーゼをコードしており，DNA binding site をもち，エピジェネティック制御において重要な役割をもつ。AML における 11q23 を含む転座は古くから知られており[15,16]，MLL1 が様々な遺伝子と rearrangement を起こしてがん化に貢献すると考えられている。MLL2 の inactivating mutation は medulloblastoma でも報告されているが，近年 B-cell lymphoma でも異常が発見され，DLBCL の 32％，FL の 89％に変異がみられる[17]。これらの変異の多くは，先天性異常の歌舞伎症候群でみられる変異と同様のものである。

(8) MEF2B

MEF2B タンパクは DNA 結合タンパクである。CREBBP や EP300 と関わり，これもヒストンのアセチル化に重要であると考えられている。この遺伝子の変異は DLBCL の 11％，FL の 13％にみられる[17]。

(9) ARID1A

ARID1A は近年研究の進むがん抑制遺伝子であり，SWI/SNF クロマチンリモデリング複合体の 1 つである。様々ながんで異常が発見されているが，リンパ腫での異常も報告されている[18-20]。詳細の機能については今後の研究が待たれる。

(10) JAK2

JAK2 の変異 V617F は真性多血症や骨髄線維症などの骨髄増殖性疾患で極めて高頻度に認められる。この JAK2 の変異は PRMT5 をリン酸化できないため，PRMT5 を不活化する。PRMT5 によるヒストン H4 のアルギニンのメチル化は DNMT3A を巻き込むことがわかっており，遺伝子のサイレンシングに貢献すると考えられている[21]。さらに，JAK2 は核内でヒストン H3 チロシン 41 のリン酸化を引き起こし，ヘテロクロマチンタンパクがクロマチンにアクセスできないようにするため，遺伝子の不安定化につながる[22]。

(11) Micro RNA

micro RNA（mir）はタンパクに翻訳されないが，他の RNA に作用してその安定性を変化させる。この点において，エピジェネティックなメカニズムである。これまでの研究で，mir の変異[23]や欠損，さらには mir のプロモーターのメチル化[24]，ヒストンのアセチル化[25]など複雑な機構により，その mir がターゲットとする遺伝子からのタンパクの発現異常が引き起こされ，がん化に結びつくことがわかってきた。

II. エピジェネティック治療（表❷）

エピジェネティック治療は，異常なエピジェネティック状態を巻き戻すことを目的とした治療である。DNMT阻害剤[用解5]およびHDAC阻害剤[用解6]が研究されており，それぞれ，DNAメチル化およびヒストンの脱アセチル化によりサイレンスされた遺伝子を再度読み込み可能にすることを目的として使用される。しかし，HDAC阻害剤はヒストンなどの核内タンパクのみならずp53など細胞内の多くの重要なタンパクのアセチル化阻害を介して，細胞の増殖停止・分化，アポトーシスに関与することもわかっている。

1. DNMT阻害剤

(1) Azacitidine

主にMDSに対する低用量の臨床試験において評価されている。国際第3相試験では[26]，ハイリスクMDS患者がazacitidine群（n=179）と従来の治療法（CCR）に割りつけられた。総生存期間中央値はazacitidine群24.4ヵ月，CCR群15.0ヵ月であった（p=0.0001）。2年後の生存率はazacitidine群50.8％，CCR群26.2％であった。日本でも第2相試験が行われており，azacitidineは日本や米国を含む多くの国でMDSに対する治療薬として承認されている。AMLに対するazacitidineの国際第3相試験も行われており，結果が待たれる。

(2) Decitabine

MDSに対する最初の第3相試験では，IPSSリスクInt-1以上の患者に対し，decitabine 15mg/m^2を8時間ごとに3日間を6週間ごとに投与（n=89）するか，最良支持療法のみ（n=81）かが比較された[27]。decitabine群ではcomplete response（CR）率9％，partial response（PR）率8％に対し，最良支持療法のみでは反応率は0％であった。European Organisation for Reseach and Treatment of Cancer（EORTC）からも同様の試験の報告がされており[28]，無進行生存期間（PFS）は6.6ヵ月対3.0ヵ月であり有意差が証明されたが（p=0.004），総生存期間および無白血病生存期間に有意差は証明されなかった。米国や韓国ではdecitabineはMDSの治療薬として承認されている。

65歳以上のAML患者を対象とした国際第3相試験では，decitabineもしくは最良支持療法・低用量シタラビンに割りつけられた。当初より予定された解析ポイントである396人の死亡時点での結果は，総生存中央値7.7ヵ月対5.0ヵ月（p=0.10）であった。446人の死亡時点での再解析では，p=0.03と有意差が認められた[29]。欧州では高齢者白血病の治療薬として承認された。

他の造血器腫瘍に対する脱メチル化剤の報告は，初期の第1相試験などに限られており，目立った効果は得られていない。

表❷ エピジェネティック治療の臨床試験（第2相〜3相）

	対象疾患	臨床試験	効果	文献
Azacitidine	MDS	III	CR+PR 17％ 生存期間延長 24.4ヵ月 vs 15.0ヵ月（p<0.01）	26, 30
Decitabine	MDS	III	CR+PR 17〜19％ EORTCでは生存期間有意差なし10.1ヵ月 vs 8.5ヵ月，p=0.16	27, 31
	高齢AML	III	総生存中央値7.7ヵ月対5.0ヵ月	29, 32
Romidepsin	PTCL	II	CR 14％，PR 11％，PFS 4ヵ月	33
	CTCL	II	Overall response 34％	34
Vorinostat	CTCL	II	Overall response 30％	35
	DLBCL	II	CR 6％	36
Panobinostat	Hodgkin	II	CR 4％，PR 23％	37
	CTCL	II	Overall response 17％	38
Mocetinostat	Hodgkin	II	CR 4％，PR 23％	39

MDS：myelodysplastic syndrome, AML：acute myeloid leukemia, CTCL：cutaneous T-cell lymphoma, PTCL：peripheral T-cell lymphoma, CR：complete response, PR：partial response

2. HDAC 阻害剤

HDAC 阻害剤の MDS や AML に対する臨床試験では，単剤投与での奏効率は低く，効果もおおむね短期間である。DNMT 阻害剤との併用も研究されたが，毒性もあり大規模試験には至っておらず，現時点では MDS に対する治療法としてすすめられるものには至っていない。一方，初期の試験で，特にリンパ腫での治療効果がみられたため，T-cell lymphoma に対して第 2 相試験が行われている。また in vitro の研究では，HDAC 阻害剤と化学療法との併用で抗がん作用に相乗効果がみられることもあるため，他剤との併用療法の研究も期待されている。

(1) Vorinostat

cutaneous T-cell lymphoma（CTCL）で過去に 2 レジメン以上の治療を受けた患者を対象にした第 2 相試験では，74 人が登録され，総反応率は 29.7％であった。反応期間中央値は 185 日以上，反応までの期間は 4.9 ヵ月であった。約半数に下痢がみられ，他に疲労，吐き気，食欲減退がみられたが，おおむね Grade 2 以下であった。

diffuse large B-cell lymphoma に対する第 2 相試験も行われているが，単剤での効果は限られていた。18 人中 CR が 1 人にみられたほかは，反応は認められなかった。

(2) Romidepsin

CTCL に対しては，様々な治療歴の患者 71 人を登録した臨床研究で，奏効率 34％（CR6％，PR28％）が認められ，反応期間中央値は 13.7 ヵ月であった。PTCL を対象とした大規模第 2 相試験では，131 人が登録され，奏効率は 25％（CR 15％）であった。反応期間の中間値は 17 ヵ月であった。頻度の高かった Grade 3 以上の毒性は血小板減少（24％），好中球減少（20％），感染症（19％）であった。romidepsin は，CTCL に対し 2009 年に，PTCL に対し 2011 年に米国 FDA の承認を得た。

panobinostat, mocetinostat, entinostat, belinostat はそれぞれ新世代の HDAC 阻害剤であり，HDAC クラス選択制やその阻害能力においてそれぞれの特徴がある。主に Hodgkin lymphoma での試験が行われているほか，他の疾患に対する効果も期待されている。

おわりに

血液悪性腫瘍では多くのエピジェネティック異常が報告され，これをターゲットにしたエピジェネティック治療が研究されている。いくつかの薬剤が実際に臨床で承認されている。しかし単剤での効果は限られており，根治につながる薬剤とはなっていない。化学療法や他の標的療法との併用により奏効率の改善や長期効果を期待したい。

エピジェネティック治療の有効性が限られている 1 つの理由として，エピジェネティック異常の背景にそれを引き起こすジェネティックな異常が存在していることが挙げられる。MDS，AML やリンパ腫では網羅的遺伝子解析の結果，エピジェネティック制御に重要な遺伝子の異常がいくつも見つかっており，これらがエピジェネティック異常につながっている。また，mir は他のエピジェネティック機構と複雑に絡み合ってがん化に関わっているとみられる。mir そのものは現時点では治療ターゲットとなりにくいが，そのメカニズムの解明ががん化およびその進展の機序の解明につながると考えられる。

用語解説

1. **急性骨髄性白血病（AML）**：骨髄中の芽球の増加，時に末梢血中の芽球の増加を認める造血器悪性腫瘍である。若年発症では化学療法，時に同種骨髄移植により根治をめざせるが，高齢者の白血病は一般に治療困難である。
2. **骨髄異形成症候群（MDS）**：骨髄の異形成，芽球の増加，血球減少を特徴とする造血器幹細胞疾患である。同種幹細胞移植以外には根治法はないが，DNMT 阻害剤により予後の改善がみられることもある。
3. **リンパ腫（lymphoma）**：成熟傾向のリンパ球系の造血器腫瘍で，リンパ節を原発巣とすることが多いが，他の臓器にも発症する。ホジキンリンパ腫と非ホジキンリンパ腫に分かれ，非ホジキンリンパ腫には様々な悪性度の疾患がある。抗体療法，化学療法と放射線療法を中心とした治療により根治を望めるリンパ腫も多い。
4. **骨髄増殖性疾患（MPD）**：真性多血症，本態性血小

板増多症，骨髄線維症を中心とする，骨髄球系の悪性腫瘍である．必ずしも治療を必要としないものもあるが，脾腫の進行，血栓症などの合併症をきたすこともあり，また白血病への進行もある．

5. **DNAメチルトランスフェラーゼ阻害剤（DNMT阻害剤）**：DNMTを阻害することによりメチル化を阻害する薬剤であり，エピジェネティック治療薬として研究されてきている．azacitidineおよびdecitabineが代表的である．

6. **ヒストン脱アセチル化酵素阻害剤（HDAC阻害剤）**：ヒストンの脱アセチル化を抑えることにより遺伝子発現に貢献すると考えられているエピジェネティック治療薬である．ヒストンのみならず，他の細胞内の重要なタンパクのアセチル化の状態に関与すると考えられている．

参考文献

1) Shen L, Kantarjian H, et al：J Clin Oncol 28, 605-613, 2010.
2) Challen GA, Sun D, et al：Nat Genet 44, 23-31, 2012.
3) Ley TJ, Ding L, et al：N Engl J Med 363, 2424-2433, 2010.
4) Shen Y, Zhu YM, et al：Blood 118, 5593-5603, 2011.
5) Thol F, Damm F, et al：J Clin Oncol 29, 2889-2896, 2011.
6) Thol F, Kade S, et al：Blood 119, 3578-3584, 2012.
7) Walter MJ, Ding L, et al：Leukemia 25, 1153-1158, 2011.
8) Abdel-Wahab O, Pardanani A, et al：Leukemia 25, 1219-1220, 2011.
9) Stegelmann F, Bullinger L, et al：Leukemia 25, 1217-1219, 2011.
10) Shih AH, Abdel-Wahab O, et al：Nat Rev Cancer 12, 599-612, 2012.
11) Morin RD, Johnson NA, et al：Nat Genet 42, 181-185, 2010.
12) Cairns RA, Iqbal J, et al：Blood 119, 1901-1903, 2012.
13) Lemonnier F, Couronne L, et al：Blood 120, 1466-1469, 2012.
14) Pasqualucci L, Dominguez-Sola D, et al：Nature 471, 189-195, 2011.
15) Caligiuri MA, Strout MP, et al：Cancer Res 58, 55-59, 1998.
16) Dohner K, Tobis K, et al：J Clin Oncol 20, 3254-3261, 2002.
17) Morin RD, Mendez-Lago M, et al：Nature 476, 298-303, 2011.
18) Giulino-Roth L, Wang K, et al：Blood 120, 5181-5184, 2012.
19) Love C, Sun Z, et al：Nat Genet 44, 1321-1325, 2012.
20) Zhang J, Grubor V, et al：Proc Natl Acad Sci USA 110, 1398-1403, 2013.
21) Liu F, Zhao X, et al：Cancer Cell 19, 283-294, 2011.
22) Dawson MA, Bannister AJ, et al：Nature 461, 819-822, 2009.
23) Kwanhian W, Lenze D, et al：Cancer Med 1, 141-155, 2012.
24) Pallasch CP, Patz M, et al：Blood 114, 3255-3264, 2009.
25) Sampath D, Liu C, et al：Blood 119, 1162-1172, 2012.
26) Fenaux P, Mufti GJ, et al：Lancet Oncol 10, 223-232, 2009.
27) Kantarjian H, Issa JP, et al：Cancer 106, 1794-1803, 2006.
28) Wijermans PW, Ruter B, et al：Leuk Res 32, 587-591, 2008.
29) Kantarjian HM, Thomas XG, et al：J Clin Oncol 30, 2670-2677, 2012.
30) Silverman LR, Demakos EP, et al：J Clin Oncol 20, 2429-2440, 2002.
31) Lubbert M, Suciu S, et al：J Clin Oncol 29, 1987-1996, 2011.
32) Lubbert M, Ruter B, et al：Haematologica 97, 393-401, 2011.
33) Coiffier B, Pro B, et al：J Clin Oncol 30, 631-636, 2012.
34) Piekarz RL, Frye R, et al：J Clin Oncol 27, 5410-5417, 2009.
35) Olsen EA, Kim YH, et al：J Clin Oncol 25, 3109-3115, 2007.
36) Crump M, Coiffier B, et al：Ann Oncol 19, 964-969, 2008.
37) Younes A, Sureda A, et al：J Clin Oncol 30, 2197-2203, 2012.
38) Duvic M, Dummer R, et al：Eur J Cancer 49, 386-394, 2013.
39) Younes A, Oki Y, et al：Lancet Oncol 12, 1222-1228, 2011.

大木康弘

1998年	東京大学医学部医学科卒業 虎の門病院内科研修
2000年	St.Luke's-Roosevelt Hospital Center, New York, Medical Resident
2003年	Division of Cancer Medicine, University of Texas, M.D. Anderson Cancer Center, Medical Oncology Fellow
2006年	愛知県がんセンター血液細胞療法部
2011年	Department of Lymphoma and Myeloma University of Texas, M.D. Anderson Cancer Center, Assistant Professor

第2章 エピジェネティクスと病気

1. がん
5）乳がんのエピゲノム異常と診断・治療への応用

藤原沙織・冨田さおり・中尾光善

　乳がんは，女性の部位別罹患率の第1位を占めるがんである。乳がんには組織内の異質性（heterogeneity）が知られており，これが完治をめざすうえで大きな障壁の1つと考えられている。近年，乳がんの発生機序には，ゲノム配列の変化だけでなく，DNAメチル化やヒストン修飾の異常というエピゲノムの変化が重要であることがわかってきた。このため，抗腫瘍効果を示すエピジェネティックな薬剤が開発されてきた。乳がんのエピジェネティック制御異常の解明は，新しい診断や治療法の開発につながると期待できる。

はじめに

　乳がんは，女性の部位別罹患率で第1位を占めるがんである。近年，分子標的治療薬やホルモン治療薬を含め新しい治療法が実用化されてきたが，現在のところ乳がん死亡数は年々増加の一途を辿っている。乳がんには組織内の異質性（heterogeneity）の存在が知られており，これが完治をめざすうえで大きな障壁の1つと考えられている。

　がんの発生には，ゲノム配列の変化である遺伝子変異や欠失・増幅・転座などに加えて，DNAメチル化やヒストン修飾の異常というエピゲノムの変化が重要な機序であることがわかってきた。エピジェネティックな変化は遺伝子機能を障害するが，その修飾自体が可逆的であることから，がん細胞のエピゲノムの異常を標的とする治療法が注目されている。

　乳がんのエピジェネティックな変化を解明することは，乳がんの異質性の理解や有効な治療開発につながることが期待できる。本稿では，乳がんのエピジェネティクス研究の最前線と今後の展望について述べる。

I. DNAのメチル化

1. 乳がんにおけるDNAメチル化の変化

　ゲノムDNA上のCpG配列の約60～90%はメチル化されている。ところが，多くのがん細胞ではグローバルな低メチル化が起こっており，がんに共通の細胞病態であると考えられる。通常，LINE-1反復配列の低メチル化で検出するが，乳がんでもこれが高率に認められている[1]。一方，特定の遺伝子のプロモーター領域にあるCpGアイランドは，転写される場合にはメチル化を受けていない。しかし，がん細胞では，がん抑制遺伝子のプロモーター領域が高メチル状態に変化し，その遺伝子の発現は抑制されている。乳がんにおいても，DNAメチル化異常を伴う遺伝子が数多く報告されてきた（表❶）[2]。その中には，乳がん細胞の増殖に関わるエストロゲン受容体（ER），

---

key words

乳がん，DNAメチル化，ヒストン修飾，ノンコーディングRNA，HDAC阻害剤，DNMT阻害剤，エピジェネティクス

表❶ 乳がんにおけるDNAメチル化の変化（文献2より改変）

変化	機能	遺伝子（略号）	遺伝子名
高メチル化	DNA修復	BRCA1	breast cancer susceptibility gene 1
		RAD9	radiation sensitive gene
	細胞接着・移動	CDH13	cadherin 13
	細胞周期調節	CCND2	cyclin D2
		CDKN1C/2A	cyclin-dependent kinase inhibitors 1C/2A
	核内受容体	ESR1	estrogen receptor 1
		PR	progesteron receptor
		RAR	retinoic acid receptor
	増殖制御	RASSF1	ras association domain family member 1
		WIF1	WNT inhibitory factor 1
	アポトーシス	APC	adenomatous polyposis coli
		BCL2	B-cell CLL/lymphoma 2
		DAPK	death-associated protein kinase
	転写因子	HOXA5	homeobox A5
		TWIST	twist basic helix-loop-helix transcription factor
低メチル化	細胞膜	CAV1	caveolin 1
	細胞接着・移動	CDH1/3	cadherin 1/3
	代謝酵素	NAT1	N-acetyltransferase 1
	線溶	uPA	urokinase-type plasminogen activator

転写因子のHOXA5（homeobox A5）やTWIST（twist basic helix-loop-helix transcription factor），接着因子のE-Cadherinなどをコードする遺伝子が含まれている[3]。また，家族性乳がん家系から見出されて腫瘍抑制に働く*BRCA1*，*BRCA2*（breast cancer susceptibility）遺伝子では，高頻度に点変異が生じていることに加えて，そのプロモーター領域の高メチル化による不活性化が報告されている[4]。

DNAのメチル化パターンとがんの臨床病理学的な特徴の関連性も検討された。Holmらは，189の原発性乳がん組織を用いた解析を行い，乳管上皮型（luminal type）[用解1]は，基底細胞型（basal type）[用解2]と比べて，CpGアイランドの高メチル化の頻度が高いことを明らかにしている[5]。Sproulらは，19の乳がん細胞株と47の原発性乳がん組織を用いたDNAメチル化解析を行い，それぞれに特異的なメチル化の存在を報告している[6]。

2. DNAメチル化異常に対する薬剤治療

DNAメチル化によって転写抑制されたがん抑制遺伝子を再活性化することを目的として，DNAメチル化阻害剤の臨床応用が始まっている。DNAメチル化酵素阻害剤の多くは，ヌクレオチドアナログである。ヌクレオチドアナログは三リン酸化されて，DNA複製の際にゲノムに組み込まれ，DNAメチル化酵素と強く結合することで，その活性を阻害すると言われている。アザシチジン（AZA）やデシタビン（DAC）がアメリカ食品医薬品局で認可されると，日本でもアザシチジンは骨髄異形成症候群の治療に用いられるようになった。ヒト乳がん細胞が異種移植されたマウスでは，低用量のAZAやDACで細胞増殖が阻害され，その際にアポトーシスに関わるFas，caspase-8の発現が増加することが示された[7]。また，DNAメチル化酵素（DNA methyl transferase：DNMT）阻害剤を化学療法剤ドキソルビシンと併用することで，治療効果を高めることがわかったが，アポトーシスに関わるTRAIL（TNF related apoptosis-inducing ligand）の関与が示唆されている[8]。海外では，ヒストン脱アセチル化酵素（histone deacetylase：HDAC）阻害剤やホルモン療法剤タモキシフェン[用解3]などとの併用を用いた臨床試験が進められている（表❷）[9)10]。

II．ヒストン修飾

1. ヒストンのアセチル化

（1）乳がんにおけるヒストンアセチル化の変化

乳がんのうち，約70％はER陽性である。しかも，転写因子ERとその標的遺伝子の制御にはエ

表❷ 乳がんのエピゲノム異常に対する薬剤の臨床試験（文献9より改変）

薬剤	臨床試験ID/名称	実施国	フェーズ	対象	症例数	結果
<HDAC阻害剤> ボリノスタット						
単剤	California Cancer Consortium study	米国	II	進行乳がん	14	4例SD，10例増悪
単剤	NCT00262834	米国	II	原発乳がん	25	安全性・忍容性を確認
単剤	NCT00416130	シンガポール	I/II	転移・再発乳がん	49	進行中
+タモキシフェン	NCT00365599	米国	II	進行乳がん：ER+，ホルモン療法耐性	43	奏効率：19%，臨床的有用率40%
+AI	NCT01153672	米国	II	進行・再発乳がん：ER+	20	進行中
+パクリタキセル +ベバチスマブ	*	米国	I/II	転移性乳がん	54	奏効率：55%
+ナブパクリタキセル +カルボプラチン	NCT00616967	米国	II	原発乳がん：TN/高悪性度のER+，HER2-	74	進行中
+トラスツズマブ	NCT00258349	米国	I/II	転移・再発乳がん：HER2+	16	奏効率が低く中止
+ラパチニブ	NCT01118975	米国	I/II	転移・再発乳がん+進行固形がん：HER2+	47	進行中
エンチノスタット						
+エキサメスタン	ENCORE301	米国	II	進行乳がん：ER+，非ステロイドAIで増悪	130	PFSがプラセボより改善（4.2ヵ月 vs 2.3ヵ月）
+アナストロゾール	NCT01234532	米国	II	原発乳がん：TN，閉経後	41	進行中
+ラパチニブ	NCT01434303	米国	I/II	進行乳がん：HER2+	70	進行中
<DNMT阻害剤> アザシチジン						
単剤	NCT01292083	米国	II	原発乳がん：TN	30	進行中
+エンチノスタット	NCT01349959	米国	II	原発乳がん：TN/ホルモン療法耐性	60	進行中
+ナブパクリタキセル	NCT00748553	米国	I/II	乳がん+進行固形がん：HER2-（第II相）	45	進行中
デシチジン +パノビノスタット +/-タモキシフェン	NCT01194908	米国	I/II	進行乳がん：TN	60	進行中

SD：stable disease, AI：aromatase inhibitor, TN：triple negative, PFS：progression free survival
* 文献10を参照

ピジェネティックな機構が強く関わっている。

　Macalusoらは，ER遺伝子のプロモーター領域における発現制御モデルを提示した．ER陽性の乳がん細胞（MCF-7など）では，ER遺伝子のプロモーター領域に位置するHDAC1やヒストンメチル化酵素SUV39H1（suppressor of variegation 3-9 homolog 1）のコリプレッサー活性，ヒストンアセチル化酵素（histone acetyl transferase：HAT）のコアクチベーター活性のバランスによって，ERの発現が調節されているという[11]．他方，ER陰性の乳がん細胞では，そのプロモーター領域に，HATに代わって，DNMTがリクルートされている．DNMTでメチル化されたプロモーターに，メチル化DNA結合タンパク質MeCP2（methyl CpG binding protein 2）が作用して，ERの発現は強く抑制されるのである．

　エストロゲン/ER経路の下流にある標的遺伝子のプロモーター領域には，転写活性化のために，p300やCBPといったHATがリクルートされる．p160ファミリー（steroid receptor coactivator：

SRC）は，このHATと協働する複合体を形成している。この複合体がクロマチンの転写活性を高めることで，RNAポリメラーゼIIが働いて，ターゲット遺伝子の発現が促進される[12]。このメカニズムは，乳がん細胞の増殖能に密接に関わっている。細胞増殖時にはSRC3の発現が増加し，逆にSRC1/SRC2の発現を阻害すると細胞増殖が抑制されるという。一方，エストロゲン非結合型のERは，HDAC1とともに標的遺伝子の転写を抑制している[13]。このようにHATとHDACの作用のバランス，そしてヒストンのアセチル化の動態が重要な制御機構であると考えられる。

(2) ヒストンアセチル化に対する薬剤治療

近年，様々なHDAC阻害剤が開発され，多くは現在解析中である。HDAC阻害剤は，タンパク質のアセチル化を上げることで遺伝子やクロマチンの転写活性を高め，がん細胞の増殖阻害やアポトーシスを誘導する。

ER陽性の乳がん細胞株において，HDAC阻害剤とタモキシフェンの併用で，アポトーシス活性とタモキシフェンの治療効果を高めることが報告されている[14]。またER陰性乳がん細胞株では，HDAC阻害剤がERやFOXA1（forkhead box A1：転写因子で別名HNF3a）の発現を増加させて，タモキシフェンの感受性を高めるという[15]。さらに，アロマターゼの発現を誘導し，アロマターゼ阻害剤であるレトロゾール[用解4]の治療感受性を高めたという報告もある[16]。海外では，HDAC阻害剤（ボリノスタット，エンチノスタット）を用いた臨床試験が行われている（表❷）。パクリタキセルなどの細胞障害性化学療法，タモキシフェンなどのホルモン療法，トラスツズマブなどの分子標的療法など，従来からの乳がん治療薬との併用の形で第I/II相試験が進められている。

2. ヒストンのメチル化

(1) 乳がんにおけるヒストンメチル化の変化

ヒストンのリジンのメチル化が，エストロゲン経路に重要な役割を果たしている。ER陽性の乳がん細胞株では，ERの標的である*TFF1*（trefoil factor family 1）遺伝子のプロモーター領域で転写活性化のマーク（ヒストンH3の4番目リジンのトリメチル化：H3K4me3）が増加している。これは，ERとMenin（multiple endocrine neoplasia type 1）が，プロモーター領域に作用して，コアクチベーターであるH3K4メチル化酵素MLL1/2（mixed lineage leukemia）をリクルートすることによるという[17]。MLL2によるH3K4のメチル化には，ヒストン脱メチル化酵素JMJD2B（jumonji domain-containing protein 2B）による転写不活性なマークH3K9me2/3（H3の9番目リジンのメチル化）の脱メチル化が必要であり，また興味深いことに，JMJD2Bをコードする遺伝子はERの標的遺伝子になっている[18]。ERとヒストンメチル化による遺伝子制御があることを示唆している。

H3K4me1/2の脱メチル化酵素であるLSD1（lysine-specific demethylase 1）は，乳がん細胞で高く発現しており，LSD1が転写抑制する遺伝子群と細胞増殖や細胞周期を制御する遺伝子との関連が示されている[19]。ER陽性のMCF-7細胞株では，LSD1はRNAポリメラーゼII結合プロモーター領域の42％，ER結合プロモーター領域の58％に結合していた。エストロゲンでERが活性化された場合，ER/LSD1標的遺伝子のプロモーター上のLSD1は，コアクチベーターのリクルートに関わっているという[20]。また乳がん細胞で，LSD1はHDACと相互作用することから，LSD1阻害剤とHDAC阻害剤を併用することで増殖抑制に相乗効果をもつこともわかった[21]。

jumonji Cドメインをもつヒストン脱メチル化酵素であるJARID1B（jumonji, at rich interactive domain 1B）は，H3K4の脱メチル化酵素である。MCF-7細胞でJARID1Bのノックダウンを行うと，*BRCA1*，*HOXA5*などの遺伝子が活性化されて，細胞増殖が阻害された[22]。

その他にも，H3K27をトリメチル化するヒストンメチル化酵素EZH2（enhancer of zeste homolog 2）と乳がんの関連性が報告された。EZH2は乳がんで過剰発現しており[23]，細胞増殖能，p53やHER2の発現変化，基底細胞様のサブタイプなど，悪性度の高い乳がんの特徴と相関していた[24,25]。またEZH2は，乳がん前駆細胞のDNA修復を抑制し，幹細胞様の未分化細胞を増加させることから，乳

がんの進行に関与することが示唆された[26]。

(2) ヒストンのメチル化に対する薬剤治療

LSD1 や EZH2 の機能が高くなると，がん抑制遺伝子がエピジェネティックに不活性化されて，がん化につながると予期することができる。EZH2 の阻害剤である DZNep（3-deazaneplanocin A）は，乳がん細胞のアポトーシスを誘導する[27]。酵素活性が類似したモノアミンオキシダーゼの阻害剤は，LSD1 阻害効果をもつことがわかった。実際に，トラニルシプロミンは，LSD1 活性を阻害する濃度で乳がんや前立腺がんの細胞増殖を抑制することが報告された[19,28,29]。その他の jumonji ドメイン型の脱メチル化酵素に対する阻害剤も開発中である[30]。このように，ヒストンの修飾・脱修飾酵素の作用薬剤は，新しい乳がん治療戦略の大きな候補になるであろう。

III. 乳がんにおけるノンコーディング RNA

1. マイクロ RNA（microRNA：miRNA）

18〜25 塩基長の小分子 RNA である miRNA は，主に標的遺伝子の翻訳制御などに働いている。数多くの悪性腫瘍で発現が変化して，細胞周期，増殖・分化，細胞死など，広範囲な影響を与えている。各々のがんで異なった miRNA の発現プロフィールがあることもわかっており[31]，これまで，乳がんを特徴づける多数の miRNA が報告されている。乳がんのサブタイプと相関する miRNA も報告されたことから，乳がんの性質を決定する一因となっている可能性が示唆されている[32]。また，乳がんの発生，転移，薬剤耐性に関わる miRNA も多数報告されている（**表❸**）[33]。その中にはエピジェネティックに発現が制御されている miRNA もあり，例えば miR-125b の遺伝子上流の CpG アイランドのメチル化がその発現に直接に関係している[34]。また逆に，ある種の miRNA が DNA のメチル化やヒストン修飾に影響を及ぼしていることも示されている[35]。miRNA は，バイオマーカーや治療標的の候補として，作用機序の解明と臨床応用が進められるであろう。

2. 長鎖ノンコーディング RNA（long non-coding RNA：lncRNA）

200 塩基長以上の lncRNA もまた様々な遺伝子発現の制御に働いており，乳がんとの関係も報告されている。ヒト 12 番染色体の *HOXC* 遺伝子クラスター内から発現するアンチセンス転写物の *HOTAIR* は，2 番染色体上の *HOXD* 遺伝子クラスター座にトランスに働く lncRNA である。ヒストン H3K27 のメチル化活性をもつポリコームタンパク質複合体 PRC2（polycomb repressive complex 2）をリクルートして，H3K27 のトリメ

表❸ 乳がんに関わる miRNA（文献 33 より改変）

機序	miRNA 発現	miRNAs	標的遺伝子*
発がん	上昇	miR-200 family	*ZEB1/2, BMI1, FOG2*
		let-7 family	*RAS, HMGA2*
	低下	miR-181 family	*ATM*
		miR-155	*SOCS1*
転移	上昇	miR-335	*SOX4, TNC*
		miR-200 family	*ZEB1/2, BMI1, FOG2*
		let-7 family	*RAS, HMGA2*
	低下	miR-10b	*HOXD10*
		miR-373/520	*CD44*
		miR-103/107	*Dicer*
		miR-21	*TPM1, PDCD4, Maspin*
		miR-31	*Fzd3, ITGA5, RDX, RhoA*
		miR-193b	*uPA*
薬剤耐性	上昇	miR-221/222	*p27^{kip1}*
		miR-125b	*BAK1*
	低下	miR-451	*MDR1*
		miR-345	*MRP1*

*ZEB1/2：zinc finger E-box binding homeobox 1/2, BMI1：B lymphoma Mo-MLV insertion region1 homolog, FOG2：friend of GATA (globin transcription factor) 2, RAS：rat sarcoma, HMGA2：high mobility group AT-hook 1, ATM：ataxia telangiectasia mutated, SOCS1：suppressor of cytokine signaling 1, SOX4：sex determining region Y-box 4, TNC：tanascin C, HOXD10：homeobox D10, TPM1：tropomyosin 1, PDCD4：programmed cell death 4, Maspin：mammary serine protease inhibitor, ITGA5：integrin alpha 5, RDX：radixin, RhoA：ras homolog family member A, Fzd3：frizzled homolog 3, p27^{kip1}：cyclin-dependent kinase inhibitor 1B, BAK1：BCL2-antagonist/killer 1, MDR1：multidrug-resistance transporter, MRP1：mitochondrial 37S ribosomal protein

チル化を促進することが示された。乳がんでは，このHOTAIRが高発現して，がん細胞の転移能の高さとの間に明瞭な相関が認められている。HOTAIRの発現抑制によって，その転移能が著しく低下することから，乳がん細胞の転移能に関わる遺伝子がHOTAIRの標的となっていると考えられている[36]。ノンコーディングRNAの発現異常とエピゲノムに関する研究から，乳がんの異質性や悪性度が解明される可能性があるであろう。

おわりに

乳がんに特異的なエピゲノム異常の解析が進む中で，エピジェネティック創薬を含め，臨床応用も検討段階に入ってきた。現在，HDAC阻害剤やDNMT阻害剤などの第Ⅰ/Ⅱ相試験が進行中であり，その結果が待たれるところである。学術的には，乳がんにおいて破綻したエピジェネティック制御の実態解明が重要である。国際的なエピゲノムプロジェクトや乳がんを対象とする基礎・臨床研究の成果から，将来の診断・治療の進歩につながる契機が訪れることを期待したい。

用語解説

1. **乳管上皮型（luminal type）**：乳がんには腫瘍内の異質性があるため，臨床上，治療反応性や遺伝子発現のパターンなどから，乳がんをサブタイプに分けている。luminal typeはその1つで，エストロゲン受容体（ER）もしくはプロゲステロン受容体（PgR）が陽性である。細胞増殖能が低いA typeと細胞増殖能が高いB typeに分かれる。

2. **基底細胞型（basal type）**：乳がんのサブタイプの1つ。ER・PR・HER2（human epidermal growth factor receptor 2）がともに陰性の乳がんが同等の性質をもち，細胞増殖能が高い。乳がんのサブタイプにはluminal type, basal typeの他に，ERが陰性でHERが陽性のHER2 typeもある。

3. **タモキシフェン（tamoxifen）**：ホルモン療法剤の1つ。エストロゲンと競合してERに結合することで，ERの活性を阻害し，抗腫瘍効果をもたらす。主に閉経前ER陽性乳がんの治療に用いられる。

4. **レトロゾール（letrozole）**：ホルモン療法としてのアロマターゼ阻害剤の1つ。エストロゲン合成酵素のアロマターゼを阻害することで，ERの活性を阻害し，ER陽性乳がんの細胞増殖を抑制する。主に閉経後ER陽性乳がんの治療に用いられる。

参考文献

1) Soares J, Pinto AE, et al：Cancer 85, 112-118, 1999.
2) Nowsheen S, et al：Cancer Letters, 2012.
3) Widschwendter M, Jones PA：Oncogene 21, 5462-5482, 2002.
4) Ziech D, Franco R, et al：Chem Biol Interact 188, 334-339, 2010.
5) Holm K, Hegardt C, et al：Breast Cancer Res 12, R36, 2010.
6) Sproul D, Nestor C, et al：Proc Natl Acad Sci USA 108, 4364-4369, 2011.
7) Tsai HC, Li H, et al：Cancer Cell 21, 430-446, 2012.
8) Xu J, Zhou JY, et al：Cancer Res 67, 1203-1211, 2007.
9) Connolly R, et al：J Mammary Gland Biol Neoplasia 17, 191-204, 2012.
10) Ramaswamy B, et al：Breast Cancer Res Treat 132, 1063-1072, 2012.
11) Macaluso M, Cinti C, et al：Oncogene 22, 3511-3517, 2003.
12) Zwart W, Theodorou V, et al：EMBO J 30, 4764-4776, 2011.
13) Kawai H, Li H, et al：Int J Cancer 107, 353-358, 2003.
14) Hodges-Gallagher L, Valentine CD, et al：Breast Cancer Res Treat 105, 297-309, 2007.
15) Fortunati N, Bertino S, et al：Mol Cell Endocrinol 314, 17-22, 2010.
16) Sabnis GJ, Goloubeva O, et al：Cancer Res 71, 1893-1903, 2011.
17) Dreijerink KM, Mulder KW, et al：Cancer Res 66, 4929-4935, 2006.
18) Shi L, Sun L, et al：Proc Natl Acad Sci USA 108, 7541-7546, 2011.
19) Lim, S, Janzer A, et al：Carcinogenesis 31, 512-520, 2010.
20) Garcia-Bassets I, Kwon YS, et al：Cell 128, 505-518, 2007.
21) Huang Y, Vasilatos SN, et al：Breast Cancer Res Treat 131, 777-789, 2012.
22) Yamane K, Tateishi K, et al：Mol Cell 25, 801-812, 2007.
23) Kleer CG, Cao Q, et al：Proc Natl Acad Sci USA 100, 11606-11611, 2003.
24) Collett K, Eide GE, et al：Clin Cancer Res 12, 1168-1174, 2006.
25) Bachmann IM, Halvorsen OJ, et al：J Clin Oncol 24, 268-273, 2006.
26) Chang CJ, Yang JY, et al：Cancer Cel 119, 86-100, 2011.
27) Tan J, Yang X, et al：Genes Dev 21, 1050-1063, 2007.
28) Metzger E, Wissmann M, et al：Nature 437, 436-439, 2005.

29) Lee MG, Wynder C, et al : Chem Biol 13, 563-567, 2006.
30) Chen Z, Zang J, et al : Proc Natl Acad Sci USA 104, 10818-10823, 2007.
31) Lu J, Getz G, et al : Nature 435, 834-838, 2005.
32) Iorio MV, Ferracin M, et al : Cancer Res 65, 7065-7070, 2005.
33) Liu H : Cell Mol Life Sci 69, 3587-3599, 2012.
34) Zhang Y, Yan LX, et al : Cancer Res 71, 3552-3562, 2011.
35) Kutanzi KR, Yurchenko OV, et al : Clin Epigenetics 2, 171-185, 2011.
36) Gupta RA, Shah N, et al : Nature 464, 1071-1076, 2010.

藤原沙織
2006年　熊本大学医学部医学科卒業
　　　　済生会熊本病院臨床研修
2008年　熊本大学医学部乳腺内分泌外科入局
2009年　国立病院機構熊本医療センター外科
2012年　熊本大学発生医学研究所細胞医学分野

冨田さおり
2004年　熊本大学医学部医学科卒業
2006年　同医学部乳腺内分泌外科入局
2012年　同大学院医学教育部博士課程修了
　　　　同医学部附属病院乳腺内分泌外科特任助教

第2章 エピジェネティクスと病気

1．がん
6）がんと細胞老化

金田篤志

　細胞老化とは細胞が有限回数分裂した後に至る不可逆な増殖停止状態のことである．がん遺伝子が活性化すると同様の増殖停止に至るが，これを早期細胞老化と呼び，がんを防御する機構の1つである．ポリコーム複合体による *INK4A-ARF* 領域の発現抑制の解除や，ヒト線維芽細胞においてみられるヘテロクロマチン領域の凝集 SAHF など，細胞老化にはエピジェネティック機構が関与し，ヒストン修飾酵素の異常は細胞老化の回避とがん化に関わりうる．ここでは，がんと細胞老化をエピジェネティクスに関連して概説し，細胞老化のがん防御だけでなく，がん促進の側面についても触れたい．

I．細胞老化とは

　Hayflick は正常ヒト線維芽細胞を継代培養すると，有限回数の分裂の後に，もうこれ以上分裂しない不可逆な細胞増殖停止状態に至ることを報告した[1]．これを細胞老化という．

　継代培養による細胞老化は，テロメア長が短縮し DNA 損傷への応答が起きることが一因とされる．テロメアを合成付加するテロメラーゼを強制発現させてテロメア長を維持すると細胞老化を回避する．しかし細胞は，テロメアの短縮を伴わなくても酸化ストレスなど様々な外的要因で継代培養による細胞老化と同様の不可逆な増殖停止状態に至ることが知られる．例えばマウス胎児線維芽細胞（MEF）は，テロメラーゼ活性をもつうえにヒト細胞に比べて著しく長いテロメアをもつにもかかわらず 15〜30 回の分裂だけで細胞老化してしまうが，10%血清を含む通常の培養液での培養そのものがストレスとなっている[2]．

　Ras などのがん遺伝子が活性化した際にも，わずかな増殖期間を経て非常に早期に増殖が停止することが知られ，これを早期細胞老化という．それゆえ細胞老化は，アポトーシスやチェックポイントと並んで正常細胞がもつがんに対する防御機構と考えられている[3]．チェックポイントと異なり一時的・可逆的な増殖停止ではなく永久的・不可逆の増殖停止であり，またアポトーシスと異なり細胞は増殖を停止しているだけで死んではおらず，増殖因子で刺激をすれば一部の増殖関連因子は発現上昇するなど活発な代謝を行い続けている[4]．

II．細胞周期調節と不死化

　細胞周期で G1 期の進行と DNA 合成する S 期の開始を促進するには，サイクリン D-Cdk4 とサイクリン E-Cdk2 が協調的に働き RB タンパクがリン酸化されることが必要である．細胞老化では，Cdk4 阻害因子である p16[Ink4a]，Cdk2 阻害因子である p21[Cip1] の働きで，RB リン酸化を抑制し細胞周

---

key words

がん，細胞老化，がん遺伝子，*Ras*，*INK4A-ARF*，p53，RB，PRC，DNA メチル化，SASP

期がS期へ移行することを止めている[5]。一般に細胞老化状態はG0/G1期で停止あるいは細胞周期を脱出しているが，G2期で停止していることもある。細胞老化すると，INK4A-ARF領域の遺伝子 p16^{Ink4a} と ARF（ヒトでは p14, マウスでは p19）の発現上昇がみられる。p16^{Ink4a} は Cdk4 阻害により RB リン酸化を抑制し，ARF は p53 ユビキチンリガーゼ MDM2 と結合することで p53 分解を抑制し，安定化した p53 により p21^{Cip1} が発現上昇し Cdk2 を阻害する。

細胞老化に重要な経路が不活化すると，細胞は老化せずに不死化する[6]。例えば SV40 などの DNA 腫瘍ウイルスは正常細胞を不死化するが，SV40 ラージ T 抗原などは RB タンパクにも p53 にも結合するため，p16^{Ink4a}-RB 経路と ARF-p53 経路の両者を不活化することで細胞を不死化できる。ウイルス遺伝子産物以外にも，ジェネティック・エピジェネティックな機構による不活化で細胞は不死化し，実際，悪性腫瘍では p16 遺伝子のプロモーター DNA メチル化による発現抑制や，p53 遺伝子の突然変異など，両経路の不活化は高頻度にみられる。

p16^{Ink4a}-RB 経路，ARF-p53 経路が重要な細胞老化機構であることは疑いがないが，その他にも重要な機構が提唱されており，その1つが"senescence-messaging secretome (SMS)"とか"senescence-associated secretory phenotype (SASP)"と呼ばれるような，分泌タンパク環境である[7,8]。Wnt メンバーやインスリン，TGF-β，プラスミン，インターロイキン・シグナル経路など様々な分泌タンパクの発現上昇が報告されている。MEF で Ras を活性化させ早期細胞老化した際のわれわれの発現アレイ解析でも，発現上昇する遺伝子群，発現低下する遺伝子群，そのどちらも分泌タンパク遺伝子は有意に濃縮されていて，細胞老化の前と後で必要な微小環境が大きく変わる必要があることを示唆した[9]。

Ⅲ．細胞老化とエピジェネティクス

細胞老化にはエピジェネティックな機構も深く関与する。ポリコーム複合体（PRC）の構成因子として発現抑制に働く Bmi1 は，そのノックアウトマウス由来の MEF が p16^{Ink4a} と ARF の発現上昇を伴って急激な細胞老化を起こす。Bmi1 を大量発現させると p16^{Ink4a} と ARF の発現低下を伴って細胞を不死化させ，Hras レトロウイルスをさらに感染させるとトランスフォームする。PRC による発現抑制が Hox 遺伝子の制御だけでなく細胞周期制御に重要な役割をもっていること，それゆえ細胞の老化や増殖の制御に深くかかわりうることが初めて示された[10]。

またヒト線維芽細胞が早期細胞老化すると，DNA を染めた DAPI 染色により，核に一様に広がっていた染色部分が凝集し，senescence-associated heterochromatic foci (SAHF) と呼ばれる不均一に濃縮したパターンがみられ[11]，ヒストン H3K9me3 修飾を受けたヘテロクロマチン領域が凝集している。H3K9 のメチル基転移酵素である Suv39h1 をノックアウトすると Ras 活性化による細胞老化を回避する。Suv39h1 ノックアウトマウスを活性化 NRas が血球系細胞で発現する Eu-N-Ras トランスジェニックマウスと交配させるとリンパ腫が促進することから，H3K9 をメチル化することによる細胞老化制御ががん化の防御に重要であることが示唆された[12]。面白いことに，BRAF 変異陽性のメラノーマ発症を早める増幅遺伝子として，別の H3K9 メチル化酵素 SETDB1 が報告されている[13]。H3K9 メチル化，ヘテロクロマチン領域の正常なコントロールが細胞の生理的な増殖や老化に重要であることを示唆し，いずれにしろエピゲノム修飾制御の異常が細胞老化を回避させ，がん化に関わりうることを示唆している。

p16^{Ink4a}-RB 経路の重要タンパク RB は，E2F 標的遺伝子を抑制することで知られるが，細胞老化において E2F 標的遺伝子の抑制にはヒストン脱メチル化酵素 Jarid1a と Jarid1b による H3K4 の脱メチル化が重要であるとされる。RB タンパク自身にはヒストン脱メチル化活性はないが，Jarid1 は細胞老化において RB と結合することによって，H3K4me3 修飾されていた RB 標的遺伝子を脱メチル化し不活化する[14]。

H3K36me2 の脱メチル化酵素である Jhdm1b は

$p15^{Ink4b}$ 遺伝子を標的の1つとして発現抑制しており，Jhdm1bをノックダウンすると$p15^{Ink4b}$発現活性化を介して細胞を老化させる。Jhdm1b強制発現は造血前駆細胞をトランスフォームし，Jhdm1b高発現が急性骨髄性白血病の発症に重要であることが報告されている[15)16)]。

IV．細胞老化におけるエピゲノム変化

細胞老化においてエピゲノム状態は実にダイナミックに変化することが報告されている。最もよく研究されている領域が，上述したINK4A-ARF領域である。たいへん面白いことに，$p16^{Ink4a}$-RB経路の$p16^{Ink4a}$と，ARF-p53経路のARFは同じ領域に存在し，エクソン1は異なっているため異なるプロモーター制御を受けているが，下流の2つのエクソンを共有しており，翻訳フレームがずれているためアミノ酸配列は全く異なっている。

この領域はPRCにより広くH3K27me3修飾を受けているため，増殖している若い細胞では$p16^{Ink4a}$やARFの発現が抑制されている[17)]。細胞老化すると，Ezh2発現低下，Jmjd3発現上昇も伴って，この領域のPRC結合とH3K27me3修飾が消失する。代わりに活性化マークであるH3K4me3が入り，$p16^{Ink4a}$やARFの発現が上昇する。Ezh2をノックダウンすると細胞老化を誘導し，Jmjd3をノックダウンすると細胞老化を回避する[18)]。

PRC以外の制御として，この領域にはANRIL (antisense non-coding RNA in the INK4 locus) というnon-coding RNA (ncRNA) が逆向きに存在する。ANRILはPRC2の構成因子SUZ12や，PRC1の構成因子CBX7と結合してINK4B-ARF-INK4A領域の遺伝子発現抑制に貢献するncRNAである。Rasが活性化するとANRILは発現抑制され，$p15^{Ink4b}$，ARF，$p16^{Ink4a}$遺伝子は発現上昇し細胞老化の誘導に働く[19)20)]。

三次元的なゲノム構造変化も報告されている。インスレータータンパクであるCTCF結合も細胞老化の前後で変化する。INK4b-ARF-INK4a領域には3ヵ所のCTCF結合部位があり，細胞老化前の増殖中の線維芽細胞では強くCTCFが結合し，$p15^{CIP1}$，ARF，$p16^{INK4a}$遺伝子が非常に近接した状態に凝集しており，抑制状態となっている。細胞老化を起こすと，CTCF結合が減り，3遺伝子の領域は遠くに離れた弛緩状態になり，活性化状態となっている[21)]。

SAHFと呼ばれるヘテロクロマチン領域については，DAPIで強く染まるその中心領域がH3K9me3で濃染し，辺縁がH3K9me2，その周囲がH3K27me3修飾領域であるなど層構造を成していることが報告されている[22)]。総量としてH3K9me3修飾は比較的増えるが，H3K27me3やH4K20me3などの抑制マークのほうが顕著に増加し，また活性化マークは減る傾向にある[14)]。活性化マーク，不活化マークの分布は遺伝子領域ではダイナミックに変化するが，ゲノム全体では不活化マークの分布はあまり変化せず，SAHFそのものは元から存在していたヘテロクロマチン領域が核内で立体的にコンパクションを起こすことで形成されるようだ[22)]。

V．調和的エピゲノム変化によるシグナル活性化制御

われわれはMEFにレトロウイルスを用いて活性化がん遺伝子を導入して早期細胞老化を誘導し，エピゲノム変化をMeDIP-seq法・ChIP-seq法により，発現変化を発現アレイを用いて系統的に解析している[9)]。MeDIP-seqの結果，DNAメチル化変化は認められず，少なくともMEFの早期細胞老化においてDNAメチル化状態の変化はないと思われた。

一方，遺伝子プロモーター領域のヒストン修飾は，活性化マーク，不活化マークともに，INK4A-ARF領域を含めてゲノムワイドにダイナミックに変化した（図❶）。H3K27me3マークが消失しH3K4me3マークが上昇する遺伝子は有意に発現上昇し，最も発現上昇する遺伝子群に分泌タンパクBmp2が含まれていた。H3K27me3とH3K4me3の両修飾が入るbivalentな遺伝子は，H3K27me3マークが消失するだけでは発現上昇はみられず，発現状態を変化させるにはエピゲノム状態の完全なスイッチングが必要であった。

逆に，H3K27me3マークを新たに獲得しH3K4me3

図❶ $p15^{Cip1}$-Arf-$p16^{Ink4a}$ 領域のエピゲノム変化

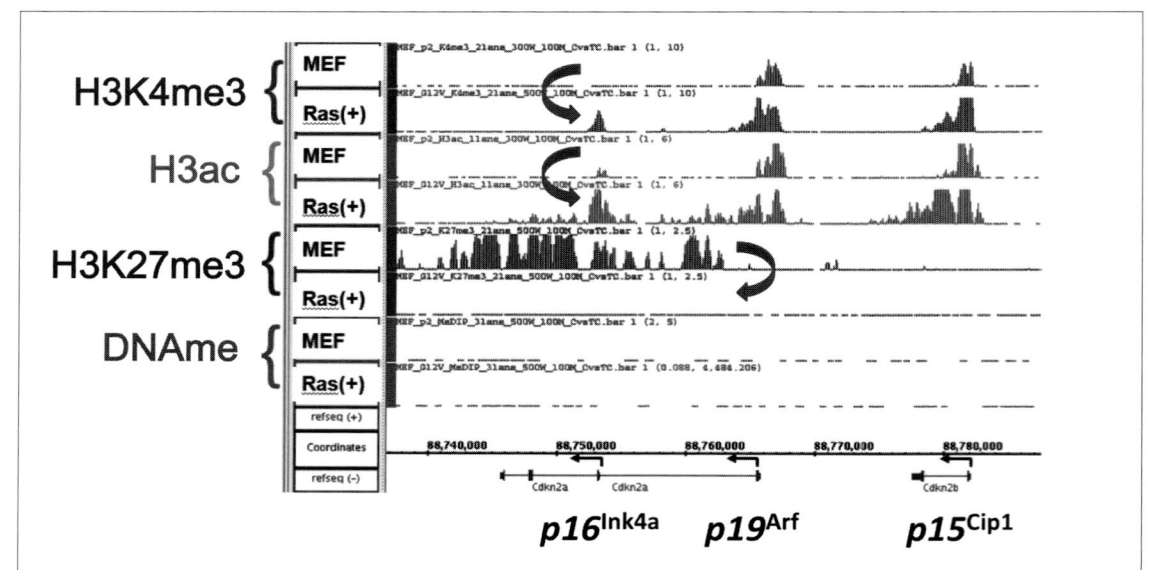

MEFのRas誘導性細胞老化において活性化マークH3K4me3, H3アセチル化の消失と, 不活化マークH3K27me3の上昇がみられる。DNAメチル化状態に変化はない。

マークが消失する遺伝子は有意に発現低下し，最も発現低下した遺伝子 Smad6 や，Nog など Bmp2-Smad1 シグナルを阻害する因子が含まれていた。Smad6 は Bmp2-Smad1 標的遺伝子の 1 つである。すなわちネガティブフィードバック機構を含めた阻害因子を H3K27me3 修飾で off となるように，分泌タンパク Bmp2 や Smad1 標的遺伝子のうち増殖抑制に働く遺伝子は on となるように，ダイナミックに調和的にエピゲノム変化して Bmp2-Smad1 シグナルを活性化し増殖抑制に働くようにしていた。

がんとの関連から考えると，BMP/SMAD シグナルの異常は様々に報告されている。BMP 受容体 1a や SMAD4 の変異は大腸がんリスクが高い遺伝疾患である若年性ポリポーシスを起こす[23]。この疾患のマウスモデルは Noggin のトランスジェニックマウスであり，BMP シグナルの阻害は腸管腫瘍の原因となっている[24)25)]。SMAD4 不活化は，前立腺がん，大腸がん，甲状腺がんなど様々ながんで認められ，大腸がんではさらに BMP 受容体や Smad1/5/8 の不活化も報告されている[26]。細胞老化に重要なシグナルの破綻ががんの原因に

なりうると考えられた。

Ⅵ. DNA メチル化

上述したように早期細胞老化では DNA メチル化はほとんど変化しない。しかし，分裂による細胞老化や加齢では DNA メチル化の蓄積が報告されている。全ゲノムバイサルファイトシーケンスの結果によれば，加齢に従いエクソン領域・イントロン領域・非遺伝子領域・プロモーター領域を問わずゲノムの全領域共通の特徴として低メチル化がみられた[27]。ただし，プロモーター低メチル化は低 CpG プロモーターに顕著で，高 CpG プロモーター（CpG アイランド）はむしろ高メチル傾向にあった。加齢でメチル化されていたプロモーターは ES 細胞の PRC 標的，あるいは造血幹細胞で H3K4me3 と H3K27me3 修飾のある bivalent プロモーターが有意に濃縮されており，これはがんの異常メチル化プロモーターと同様である[27)-29)]。

これらメチル化異常の共通性から，細胞老化ががんの防御機構である反面，老化はがん化に対し促進的に働くような，言わば諸刃の剣なのではないかという議論がある。メチル化模様が似ている

といっても，老化もがんもどちらも加齢に伴ってみられる現象であるから，蓄積している異常が共通して観察されたとしてもそれは当然のことであり，類似性だけから諸刃の剣と表現するのは適切ではないだろう。

しかし，加齢によるメチル化の蓄積ががんのリスクとなりうることは古くから報告されている。例えば，加齢とともに正常大腸粘膜上皮にも*EgR*や*MLH1*遺伝子など様々な遺伝子がメチル化される[30]。*INK4b-ARF-INK4a*領域など細胞老化に重要な遺伝子も老化によりメチル化されるが[31]，このようなメチル化が蓄積した細胞でがん遺伝子変異が起きると細胞老化できずがん化してしまうと考えられる。大腸がんでは，BRAF変異（+）症例は高メチル化を，KRAS変異（+）症例は中メチル化を呈し，がん遺伝子変異とDNAメチル化蓄積パターンは強く相関していることも，その結果かもしれない[32]。

Ⅶ. 細胞老化とがん：防御なのか促進なのか

そもそも老化という機構を，生物はどうして獲得したのか。例えば，がん抑制遺伝子*p53*は，傷害・ストレスを受けた細胞をアポトーシスや増殖停止により除去することでがんを防御するため，自然選択されたと思われる。しかし，p53を安定させたp53+/mマウスやp44/p53マウスなどは確かに発がんを抑制する反面，老化を進行させ早老症の症状を呈し，むしろ個体の寿命を短くしてしまう[33,34]。がん死を防ぐため生殖年齢において自然選択された遺伝子が，淘汰を受けない生殖期を過ぎた年齢で老化促進という副作用をもったまま残存してしまい，老化という機構が成立してしまったと考えられ，遺伝子の拮抗的多面作用と呼ぶ。

同様に，生体がストレスを受けた際に，ストレスを受けた細胞が増殖停止することはその細胞自身ががん化することを防いではいる。一方，細胞老化のSASPで分泌されるタンパクは，周囲の細胞のがん化を促進しうることが報告されている[8]。例えば，継代による老化細胞やストレス誘導性老化細胞とがん細胞を共培養したりヌードマウスに同時に注入すると，がん細胞の増殖が促進される[35,36]。SASPを呈した老化細胞の培養上清を低悪性度のがん細胞株に加えるだけでも上皮間葉移行を呈し，浸潤能や増殖能が上昇する[8]。タンパク分泌はオートクラインとしては増殖停止に機能しがん化を防いでいるが，パラクラインとしてがん化を促進しうる負の側面をもってしまっているようだ。

細胞老化とがんのエピジェネティクスを考える時，このような拮抗的多面作用を意識し，細胞老化に重要な機構の破綻ががん化に関わりうる可能性と，細胞老化機構そのものががん化に関わりうる可能性も考慮に入れる必要がありそうだ。

参考文献

1) Hayflick L：Exp Cell Res 37, 614-636, 1965.
2) Loo DT, et al：Science 236, 200-202, 1987.
3) Prieur A, Peeper DS：Curr Opin Cell Biol 20, 150-155, 2008.
4) Rittling SR, et al：Proc Natl Acad Sci USA 83, 3316-3320, 1986.
5) Deng C, et al：Cell 82, 675-684, 1995.
6) Gil J, Peters G：Nat Rev Mol Cell Biol 7, 667-677, 2006.
7) Kuilman T, Peeper DS：Nat Rev Cancer 9, 81-94, 2009.
8) Coppe JP, et al：PLoS Biol 6, 2853-2868, 2008.
9) Kaneda A, et al：PLoS Genet 7, e1002359, 2011.
10) Jacobs JJ, et al：Nature 397, 164-168, 1999.
11) Narita M, et al：Cell 113, 703-716, 2003.
12) Braig M, et al：Nature 436, 660-665, 2005.
13) Ceol CJ, et al：Nature 471, 513-517, 2011.
14) Chicas A, et al：Proc Natl Acad Sci USA 109, 8971-8976, 2012.
15) He J, et al：Nat Struct Mol Biol 15, 1169-1175, 2008.
16) He J, et al：Blood 2011. Feb 2010 Epub 2011.
17) Bracken AP, et al：Genes Dev 21, 525-530, 2007.
18) Agger K, et al：Genes Dev 23, 1171-1176, 2009.
19) Yap KL, et al：Mol Cell 38, 662-674, 2010.
20) Kotake Y, et al：Oncogene 30, 1956-1962, 2011.
21) Hirosue A, et al：Aging Cell 11, 553-556, 2012.
22) Chandra T, et al：Mol Cell 47, 203-214, 2012.
23) Howe JR, et al：Nat Genet 28, 184-187, 2001.
24) Haramis AP, et al：Science 303, 1684-1686, 2004.
25) He XC, et al：Nat Genet 36, 1117-1121, 2004.
26) Kodach LL, et al：Gastroenterology 134, 1332-1341, 2008.

27) Heyn H, et al：Proc Natl Acad Sci USA 109, 10522-10527, 2012.
28) Rakyan VK, et al：Genome Res 20, 434-439, 2010.
29) Bocker MT, et al：Blood 117, e182-189, 2011.
30) Issa JP, et al：Nat Genet 7, 536-540, 1994.
31) Koch CM, et al：PLoS One 6, e16679, 2011.
32) Yagi K, et al：Clin Cancer Res 16, 21-33, 2010.
33) Tyner SD, et al：Nature 415, 45-53, 2002.
34) Maier B, et al：Genes Dev 18, 306-319, 2004.
35) Krtolica A, et al：Proc Natl Acad Sci USA 98, 12072-12077, 2001.
36) Liu D, Hornsby PJ：Cancer Res 67, 3117-3126, 2007.

金田篤志
1994年	東京大学医学部医学科卒業
1999年	同医学部附属病院分院外科（現消化管外科）助手
2004年	同大学院医学系研究科卒業 ジョンズ・ホプキンス大学ポスドク
2006年	東京大学先端科学技術研究センター特任准教授
2013年	千葉大学大学院医学研究院教授

第2章 エピジェネティクスと病気

1．がん
7）細胞初期化と発がん

蟬　克憲・山田泰広

分化した体細胞から induced pluripotent stem cells（iPS 細胞）の樹立が可能となった。iPS 細胞は胚性幹細胞（ES 細胞）と同様に無限に増殖可能で，かつ多分化能を有する細胞種であり，細胞移植を介した再生医療への応用が期待されている。本稿では，iPS 細胞の再生医療応用における障壁と考えられている腫瘍化を防ぐための取り組みについて紹介する。さらに，細胞のエピゲノム制御状態を改変し，分化状態を変化させうるリプログラミング技術をがん研究に応用する取り組みについての現状と，今後の展望を紹介する。

はじめに

多能性幹細胞を細胞移植治療に利用するにあたって，山中伸弥教授の iPS 細胞の樹立成功により，ES 細胞がもつ受精卵の破壊に伴う倫理的問題を回避することが可能となった。さらに，患者自身の体細胞を iPS 細胞のドナー細胞に用いることで拒絶反応を回避できる治療用の細胞を作製することが理論上可能となった。現在，実際に臨床応用を視野に入れた iPS 細胞バンクの立ち上げが開始しているが，iPS 細胞を用いた細胞移植医療の実現化には，iPS 細胞由来の移植細胞からの腫瘍化を回避する必要がある。現在まで，安全で効果的な iPS 細胞を用いた細胞移植治療の実現をめざして，様々な取り組みがなされてきた。本稿では，まず iPS 細胞を用いた細胞移植医療における腫瘍発生リスクとその制御に向けた取り組みについて紹介する。一方で iPS 細胞作製技術は遺伝子配列に変化を加えることなくエピゲノム制御を改変し，細胞運命を変換させうる技術である。iPS 細胞作製技術をがん細胞へ応用することにより，遺伝子の配列を変化させることなくがん細胞の性質を変化させようとする試みがなされている。本稿では，iPS 細胞作製技術を用いたがん研究について，その可能性について議論したい。

I．細胞移植医療における iPS 細胞由来細胞の腫瘍化リスク（図❶）

iPS 細胞は，体細胞に対して山中4因子である *OCT3/4*，*SOX2*，*KLF4*，*MYC* を導入することによって樹立される人工多能性幹細胞である[1]。iPS 細胞は，レトロウイルスを用いた4因子の強制発現により樹立されたが，レトロウイルスやレンチウイルスのように，宿主細胞のゲノムに対してインテグレーションを伴う遺伝子導入方法では，インテグレーションされた領域の周辺に存在する遺伝子の発現状態に影響を与え，発がんの原因となりうることが予想される。事実，レトロウイルスベクターによる遺伝子治療により，白血病を発症した事例が報告されている[2]。この問題点を解決

> **key words**
>
> がん，エピジェネティクス，iPS 細胞，リプログラミング，細胞移植医療，核移植，がん細胞の不均一性，がん幹細胞

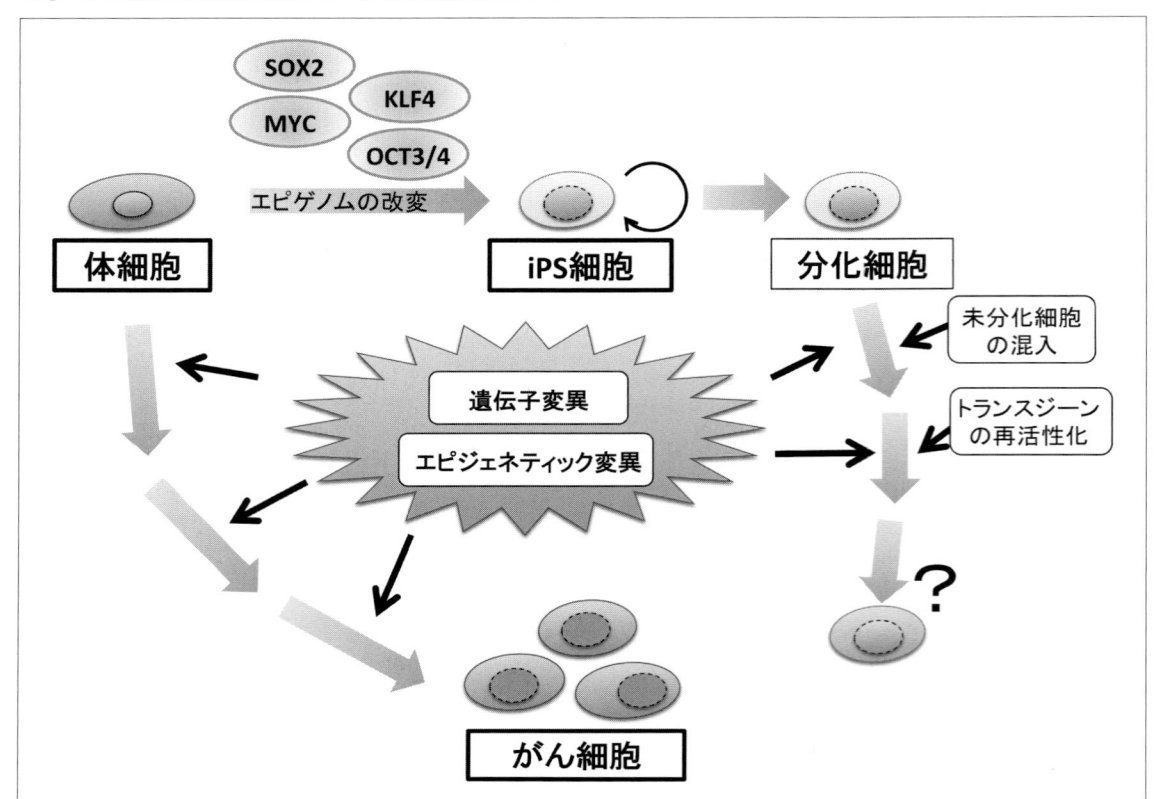

図❶ iPS細胞と正常体細胞のもつ潜在的な腫瘍化リスク

するために様々な取り組みがなされ，現在ではレトロウイルスに代わり宿主ゲノムに対して外来遺伝子の挿入が起こらないエピゾーマルベクターやセンダイウイルスなどを用いた遺伝子導入法による細胞初期化方法が開発されている[3]。

山中4因子に含まれる *MYC* は，原がん遺伝子として広く認識されている。*Myc* を用いて樹立された iPS 細胞から作製されたキメラマウスにおいては，iPS 細胞由来の体細胞において *Myc* の再活性化が生じ，iPS 細胞由来の腫瘍形成に関与していることが明らかとなっている[4]。*Myc* トランスジーンの再活性化による腫瘍化リスクを排除するために，*Myc* を除いた3因子によっても細胞初期化が試みられ，実際に3因子によっても iPS 細胞の樹立が可能であることが報告されている[5]。しかし，3因子による細胞初期化ではその効率，樹立に必要な期間，樹立された iPS 細胞のクオリティは，4因子により樹立された iPS 細胞とは異な

りうることが明らかとなっている。一方で，*Myc* の代替となる遺伝子の探索も行われきた。*L-Myc* は *MYC* ファミリーに属する遺伝子の1つであるが，*L-Myc* を用いた細胞初期化は，*Myc* よりも樹立効率が高い一方で，低腫瘍原性を示すことが示されている[6]。同様にして，*Glis1* は線維芽細胞からの細胞初期化効率を劇的に上昇させることが示された。興味深いことに，樹立された iPS 細胞の腫瘍化リスクは低いことが示され，造腫瘍性の低い iPS 細胞の樹立技術確立に応用されている[7]。

iPS 細胞の元となるドナー細胞に起因する腫瘍化リスクも存在しうることが明らかになってきた。近年の解析結果から，体細胞にはある一定の割合で潜在的な遺伝子変異が存在することが示唆されている。iPS 細胞は1個の細胞をクローニングする技術とも言い換えることが可能であり，がん化に関わる遺伝子変異をもつ細胞から iPS 細胞を樹立することになれば，再分化後の移植細胞か

らの発がんリスクの上昇が懸念される。そのため，細胞移植治療に用いる iPS 細胞を樹立するためには，可能なかぎり変異の少ない体細胞をドナー細胞とすることが望まれる。現在では，マイクロアレイ技術を応用したアレイ CGH や，high throughput sequencer を用いた全ゲノムシークエンシングにより，網羅的に遺伝子変異解析を行うことが可能となっている。これらの技術を応用することによって，発がんリスクを上昇させるような遺伝子変異のない iPS 細胞を選択する方法の確立が必要である。

多能性幹細胞の細胞移植における腫瘍発生の原因の1つとして，未分化細胞の残存に起因するテラトーマ（奇形腫）の発生が挙げられる。iPS 細胞を用いた細胞移植治療では，未分化細胞を移植するのではなく，多能性幹細胞である iPS 細胞を目的の細胞へと分化させた後に分化細胞を移植する手法が考えられている。しかし，腫瘍細胞の selective advantage を考慮すれば，ごく少数の自己複製能をもった未分化細胞のコンタミネーションによっても腫瘍形成に至る可能性がある。したがって，分化誘導後の未分化細胞除去は極めて慎重に行う必要がある。この問題点を克服するためのアプローチとして，未分化細胞，分化細胞がそれぞれもつマーカー遺伝子を指標にした分化細胞の純化が必要であると考えられる。未分化細胞マーカーもしくは分化細胞マーカーを用いれば，分化誘導後にフローサイトメーターなどを使用することにより，未分化細胞集団を除くことが可能である。実際に免疫不全マウスを用いた移植実験により，分化誘導後に未分化マーカー陽性細胞を除去，もしくは分化細胞マーカー陽性細胞を純化した細胞集団では，テラトーマの形成を回避しうることが報告されている[8)9)]。

以上のように，様々な手法を用いて iPS 細胞の細胞移植治療における腫瘍発生を抑えるための試みがなされており，iPS 細胞を用いた再生医療が現実のものとなりつつある。一方で，上述した iPS 細胞からの腫瘍化リスクについてはいまだ不明な点も多く，実際の細胞移植医療における腫瘍化リスクの有無，およびその程度に関しては，今後も検討を行う必要があるだろう。そのためにも適切な腫瘍化リスクの評価方法の開発が望まれる。一方で，iPS 細胞由来細胞からの腫瘍化メカニズムの解明も重要である。より安全で効果的な再生医療の実現化に向けて，多面的なアプローチによる持続的な取り組みが必要であると考えられる。

II．細胞初期化技術のがん研究への応用

ほぼすべてのがん細胞において遺伝子異常とともに DNA メチル化異常，ヒストン修飾異常に代表されるエピジェネティクス修飾異常が観察される。リバースジェネティクスの手法を用いた多くの研究により，遺伝子変異が発がんに重要な役割を果たしていることが示されてきたが，一方で協調して制御されるエピゲノム状態を改変する技術は限られることから，発がんにおけるエピゲノム制御の意義についてはいまだ十分に理解されていない。iPS 細胞の樹立過程にはダイナミックなエピジェネティック修飾変化を伴うことから，細胞初期化技術はエピゲノム制御状態および細胞分化状態を積極的に改変する技術と捉えることが可能である。iPS 細胞作製技術を用いたエピゲノム制御機構の能動的改変によるがん研究の試みと展望について紹介する。

1．がん細胞のリプログラミング

細胞運命の改変技術である細胞初期化技術により，がん細胞のエピゲノム制御状態を改変できることが予想されている。iPS 細胞の登場以前にも，核移植技術を用いたがん細胞初期化の試みがなされてきた。正常体細胞の核は脱核した受精卵に移植することで初期化され，核移植後の胚から体細胞の核を有する ES 細胞（nuclear transfer ES 細胞：ntES 細胞）を樹立することが可能である。しかし，大部分のがん細胞では，核移植後の核が十分に初期化されず，胚盤胞まで発生は進むものの，ntES 細胞の樹立ができないことが報告されている[10)]。一方で，iPS 細胞の樹立が報告された後，iPS 細胞作製技術によりがん細胞初期化の試みもなされてきた。これまでに，初期化4因子の強制発現によるリプログラミングが種々のがん細胞において試みられているものの，その成功例は少ない[11)-14)]。

さらに，樹立効率が正常細胞に比べ著しく低いことが示唆されている。

細胞の初期化過程にはダイナミックなエピゲノム制御状態の改変を必要とすることが明らかにされつつある。したがって，がん細胞の初期化抵抗性の背景には，がん細胞のエピゲノム制御状態の安定性を反映している可能性が示唆される。興味深いことに，原がん遺伝子である*RAS*を薬剤で誘導可能なメラノーマ細胞株を用いて，*RAS*発現を停止させた状態での細胞初期化を誘導することで，がん細胞の初期化が可能であり，ntES細胞が樹立できることが示されている[10]。このメラノーマ細胞株では*RAS*が，いわゆるoncogene addiction（がん遺伝子依存）に関与していることから，oncogene addictionに関わるシグナルが，がん細胞のエピゲノム制御を安定的に維持し，細胞初期化に抵抗している可能性を示唆するものと考えられる。近年，エピジェネティック修飾を標的としたエピドラッグの開発が盛んに行われ，がんの治療薬としての有効性が期待されている。細胞初期化技術を用いたがん細胞のエピゲノム安定性の理解は，エピドラッグの効果的な使用方法を開発するための重要な知見をもたらすと考えられる。

2. がん細胞の初期化によるがん細胞の性質解明の取り組み

がん組織が一様の細胞集団によって構成されているのではなく，性質の異なった多様な細胞からなる集合体であることが注目されている。このようながん組織のheterogeneity（不均一性）を背景として，近年，種々の腫瘍において分化能と自己複製能をもつがん幹細胞が存在することが明らかとなりつつある。がん幹細胞はがんのheterogeneityを生み出す要因の1つであるとともに，がん治療抵抗性の原因となる可能性が提唱されている。通常，組織幹細胞は組織を傷害する外的要因に対して特に高い抵抗性をもつことで組織の維持に関わると考えられており，がん幹細胞も同様の性質を有しているという概念に基づいた検証が数多く行われている。実際に，がん幹細胞は化学療法や放射線治療などに抵抗性を示し，がん治療後に認められる再発や転移の原因となる可能性が示されている。既存の抗がん剤を用いた治療後に，残存する腫瘍組織中におけるがん幹細胞の割合が増加したという報告もある。したがって，がん幹細胞はがん治療の重要な標的と考えられている。前述のように，がん細胞では初期化効率が低いことが示唆されている。このことから，がん細胞の中でも特殊な細胞集団のみがリプログラミングに対して許容性を有している可能性も考えられる。細胞初期化技術は細胞のクローニング技術であることから，この技術ががん細胞のheterogeneityを理解するための有用なツールとなることが期待される。

体細胞に遺伝子変異およびエピジェネティックな変化が蓄積することによって悪性形質を獲得し，がんが発生する。近年，がんの起源細胞の同定を目的とした研究が盛んに行われている[15)16)]。がん細胞が，組織幹細胞から前駆細胞を経て分化するいずれの分化状態の細胞から発生するのかはいまだ議論が続いている。一方で，体内のあらゆる分化状態の細胞から無限の細胞増殖能をもつiPS細胞が作製可能であることが示唆されている。この事実は，様々な組織や分化状態の細胞からもがん細胞が発生しうることを示唆している。がん細胞の初期化抵抗性を解決し，がん細胞から多能性幹細胞を作出することができれば，様々な分化状態を有し，かつ共通のがんの遺伝子異常を有する細胞が作出可能となる。それらの細胞の性質解明は，がん細胞の起源細胞の同定に役立つことが期待される。また，がん化に十分な遺伝子変異を有する異なる細胞種の誘導も可能であり，エピゲノム制御機構を背景とした細胞種特異的な発がん機構の解明も進むことが期待されている。

3. 細胞初期化技術を用いた発がんモデルの作出

iPS細胞作製過程において遺伝子配列の変化は必要としないことが示されている。したがって，遺伝子変異がなくとも，エピゲノム修飾状態の改変により無限の細胞増殖活性が誘導可能であることが予想される。細胞初期化過程のメカニズム解明の取り組みが世界的に盛んに行われているが，iPS細胞樹立過程における無限の自己複製能獲得の機序が解明されることで，発がんにおける無限

の細胞増殖能の獲得機序の理解が進む可能性がある．さらには細胞初期化技術を応用した発がんモデルの作製も可能になるかもしれない．

　幹細胞を取り巻く微小環境（ニッチ）が，多能性の維持や自己複製の維持に重要であることが示されている．組織幹細胞は，ニッチを構成する細胞との細胞間シグナルや分泌因子により未分化増殖状態が維持されていると同時に，様々なストレスから保護されていると考えられており，がん幹細胞の幹細胞性維持に関しても微小環境が重要な役割を果たしていることが予想されている．事実，がん細胞の微小環境に着目し，iPS細胞からがん幹細胞の樹立を行ったとの報告もなされている[17]．さらには，不死化ヒト乳腺上皮細胞から樹立されたiPS細胞を再分化させることでがん幹細胞を樹立できるという報告もなされた[18]．iPS細胞作製技術を用いて樹立されたこれらのがん幹細胞が，実際の生体内でのがん幹細胞をどの程度模倣しているかについては更なる検討を要するものの，細胞初期化技術はがん幹細胞の細胞生物学的な性質の解明やがん幹細胞の形成過程を理解するうえで有用なツールとなりうることが示唆される．

おわりに

　本稿では，iPS細胞を用いた細胞移植治療における安全性の確立に向けた取り組みについて紹介し，体細胞初期化技術を用いたがん研究の現状および展望について解説した．iPS細胞の樹立にエピジェネティクスの改変が深く関与していることが明らかになりつつあるが，正常細胞からのがん化に対しても，同様のプロセスが関与している可能性が考えられる．体細胞初期化のプロセスをこれまで以上に詳細に解析し理解することは，iPS細胞を用いた安全な細胞移植医療の確立に有用であるのみならず，がん細胞の発生メカニズムの理解にも発展する可能性が期待されている．

参考文献

1) Takahashi K, Tanabe K, et al：Cell 131, 861-872, 2007.
2) Hacein-Bey-Abina S, Von Kalle C, et al：Science 302, 415-419, 2003.
3) Okita K, Hong H, et al：Nat Protoc 5, 418-428, 2010.
4) Okita K, Ichisaka T, et al：Nature 448, 313-317, 2007.
5) Nakagawa M, Koyanagi M, et al：Nat Biotechnol 26, 101-106, 2008.
6) Nakagawa M, Takizawa N, et al：Proc Natl Acad Sci USA 107, 14152-14157, 2010.
7) Maekawa M, Yamaguchi K, et al：Nature 474, 225-229, 2011.
8) Fukuda H, Takahashi J, et al：Stem Cells 24, 763-771, 2006.
9) Wernig M, Zhao JP, et al：Proc Natl Acad Sci USA 105, 5856-5861, 2008.
10) Hochedlinger K, Blelloch R, et al：Genes Dev 18, 1875-1885, 2004.
11) Carette JE, Pruszak J, et al：Blood 115, 4039-4042, 2010.
12) Kumano K, Arai S, et al：Blood 119, 6234-6242, 2012.
13) Utikal J, Maherali N, et al：J Cell Sci 122, 3502-3510, 2009.
14) Miyoshi N, Ishii H, et al：Proc Natl Acad Sci USA 107, 40-45, 2010.
15) Yamada K, Ohno T, et al：J Clin Invest 123, 600-610, 2013.
16) Yang ZJ, Ellis T, et al：Cancer Cell 14, 135-145, 2008.
17) Nagata S, Hirano K, et al：PLoS One 7, e48699, 2012.
18) Nishi M, Sakai Y, et al：Oncogene, 2013. [Epub ahead of print]

山田泰広

1997年	岐阜大学医学部卒業
1999年	同医学部第一病理助手
2003年	マサチューセッツ工科大学ホワイトヘッド研究所（Rudolf Jaenisch Lab）研究員
2006年	岐阜大学大学院医学系研究科講師
2008年	JSTさきがけ研究員（兼任）岐阜大学大学院医学系研究科准教授
2009年	京都大学iPS細胞研究センター/物質-細胞統合システム拠点主任研究員
2010年	京都大学iPS細胞研究所/物質-細胞統合システム拠点特定拠点教授
2012年	同教授

第2章　エピジェネティクスと病気

2．環境相互作用・多因子疾患
1）エネルギー代謝のエピジェネティック制御と疾患

阿南浩太郎・中尾光善・日野信次朗

　生体は栄養素を代謝しエネルギーとして消費する機構と，余剰なエネルギーを蓄積する機構を備えている。過剰な蓄積は肥満などの代謝性疾患の原因となるが，最近の研究でエネルギー消費と蓄積のバランス制御に，エピジェネティクス機構が関わっていることが明らかになってきた。その分子機序は不明な点が多いが，エピジェネティクス機構は環境刺激と遺伝子発現を媒介する機構として，さらに代謝特性を長期に記憶する機構として重要であり，代謝変化とエピゲノム制御という観点から活発な研究が行われている。

はじめに

　生体は炭水化物，脂肪，タンパク質などの栄養素を摂取，代謝し，ATPに変換して様々な生体反応のエネルギーとして利用している。細胞のエネルギー需要は，その細胞機能や増殖速度などによって大きな差があり，利用可能な栄養素を用いて必要なエネルギー量を効率よく確保するため，それぞれの細胞に応じた代謝特性を備えている。具体的には，エネルギー産生の中心は解糖系による嫌気呼吸とミトコンドリアにおける好気呼吸であり，この2経路の比重の調節が代謝特性を形成する基本となっていると考えられる。また，生体は余剰となった栄養素を多糖類，中性脂肪など高分子として蓄積している。このエネルギー蓄積は，飢餓状態に備える適応機構として重要である一方，過剰な蓄積によって肥満や脂肪肝，心血管病変など様々な代謝性疾患の原因ともなる。

　このように生体は，全身における栄養摂取量とエネルギー需要量のバランスによって消費または蓄積にエネルギーを配分しており，そのバランスを調節しているのは個々の細胞の代謝特性である。このような代謝特性は代謝遺伝子の発現により調節されるが，細胞の分化・成熟とともに獲得・喪失し，また個体が置かれた環境（栄養・気候など）や細胞の微小環境（酸素，栄養，炎症など）によっても影響を受けることから，エピジェネティクス機構による制御が推察される（図❶）。さらには，胎生期から若年期における栄養状況が，成人期における代謝性疾患のリスクと相関しているという報告がなされ，「代謝メモリー」の担体としてもエピジェネティクスが注目されている。

　近年，網羅的な解析手法が進展したことにより，代謝特性の変化がゲノムワイドな代謝プログラムの変化として捉えられるようになったが，この代謝エピゲノム研究は草創期にあり，その実態や形成の機序については依然不明な点が多い。本稿では，主にエネルギー代謝を中心に，エピジェネティクス機構による遺伝子発現の変化について述べる。

---

key words

エネルギー代謝，肥満，代謝性疾患，代謝メモリー，継代効果，呼吸鎖，DOHaD，子宮内発育遅延，FAD，LSD1

図❶ ライフサイクルにおけるエピゲノム変化

I. 動物モデル

代謝エピジェネティクス研究は，ヒトにおける疫学研究に端を発する．低出生体重児を長期間フォローしたときに，正常な栄養状態の群と比較して生活習慣病の発症リスクが高まるとする調査が発表され[1]，その後も第二次大戦末期の「オランダ飢饉」を経験した母親から出生した児で，成人後に肥満や耐糖能障害，高血圧を発症するリスクが高い[2] などの報告が続いた．これらの知見から，胎児期の栄養変化が成人後の生活習慣病のリスクと結びつく可能性が示唆された．この仮説はDOHaD（developmental origins of adult health and disease）と呼ばれ，多くの動物実験により検証されている[3,4]．ここでは，それらの動物実験から特にエピゲノムの変化を伴うものを取り上げ，解説する．

1. DNAメチル化

妊娠期の低タンパク質食は，子宮内発育遅延（intrauterine growth restriction：IUGR）の代表的な実験モデルである．仔のサイズは出生時には小さいが，出生後または離乳後に通常食にすることによって体長・体重の成長速度は速くなり，コントロール群に追いつくものが現れる（catch up growth）．これを追跡していくと，成体となったのちに糖尿病やインスリン抵抗性，肥満が増加することが知られている．妊娠期の母マウス（F0）に低タンパク質食を負荷したラットのモデルで産仔（F1）の肝臓を解析すると，グルココルチコイド受容体（GR）および PPARα 遺伝子プロモーター領域の DNA メチル化が減少し，遺伝子発現量が増加することが報告されている[5]．さらに，通常食給与下で F1 世代の雄から生まれた仔世代（F2）の雄ラットの肝臓でも，この低メチル化および遺伝子発現増加が維持されている[6]．エピゲノムの継代効果については，低タンパク質食を負荷した雄マウスから得られた産仔の肝臓で脂質代謝関連遺伝子の発現が低下しており，DNA メチル化プロファイルに相違がみられたとの報告もある[7]．

2. ヒストン修飾

妊娠期低タンパク質食モデルでは，ヒストン修飾にも変化をきたすことが報告されている．妊娠期に低タンパク質食を負荷したラットから得られ

た産仔の肝臓では，コレステロールを胆汁に変換する Cyp7a1 遺伝子の発現量が低下していた。同遺伝子のプロモーター領域では，転写活性化ヒストン修飾である H3 のアセチル化が減少し，転写抑制性ヒストン修飾である H3K9me3 が増加していた。このモデルの胎仔肝臓ではヒストン H3K9 の脱メチル化酵素である JMJD2A の発現量が減少していた[8]。

妊娠期の高脂肪食負荷も，仔の肥満や高脂血症と関連することが知られている。妊娠期の母マウス（F0）に高脂肪食を負荷し，その後2世代（F1，F2）にわたり高脂肪食を継続したマウスでは，発症の早期化・増悪が観察される。脂肪肝発症プロファイルについても同様であった。F2 では肝臓における脂肪合成に関わる遺伝子の発現が上昇しているが，このうちコレステロール合成を促進する核内受容体 LXRα のプロモーター領域で，転写抑制性ヒストン修飾である H3K9me2 が減少していた[9]。

3. その他のエピジェネティクス因子

エピジェネティクス制御の新しい機構として近年注目されているものに非コード RNA（ncRNA）があるが，その中でマイクロ RNA（miRNA）は最も幅広く研究されている。雄マウスに高脂肪食を負荷し，肥満となったマウスの内臓脂肪を解析すると，miR-143 が増加しており，この miRNA の発現レベルは体重・脂肪細胞のマスターレギュレーターである PPARγ，脂肪細胞の分化マーカーである aP2 の発現と正の相関を示す[10]。

また，妊娠期に低タンパク質食を負荷された仔ラットの膵β細胞で，インスリン分泌に関わる転写因子である Hnf-4α 遺伝子の発現量が低下しているが，これには DNA メチル化やヒストン修飾に加えて，クロマチンのループ構造に変化が加わっており，膵での遺伝子発現を担うプロモーター P2 領域と，エンハンサー領域の相互作用が減少しているという報告がなされるなど[11]，様々な階層にわたるエピゲノム制御の視点から研究が進みつつある。

II．代謝エピゲノム形成に関わる分子機序

先述したような，環境因子によるエピゲノムの変化が分子レベルでどのように形成されるのかについてはいまだ不明な点が多い。しかし近年，栄養素そのものや，その代謝産物がエピゲノムを修飾する因子の機能制御に関わるという知見が得られている（図❷）。

1．DNA/ヒストンメチル化の制御
（1）メチル基転移酵素

DNA やヒストンのメチル化反応において，メチル基の供与体となるのは S-adenosyl methionine（SAM）であるが，これは必須アミノ酸であるメチオニンの他，葉酸，ビタミン B12，ベタインなどから合成される。agouti マウスに関する研究で，これら SAM の原料を豊富に含む飼料を妊娠期に摂取した母マウスの産仔においては，体毛で黄色色素を発現する agouti 遺伝子プロモーター領域の DNA メチル化が増加し，発現量が低下することで体毛色が黒く変化することが報告された[12]。その後の研究では，食餌中メチル基供与体量を変化させたとき，グローバルな DNA メチル化については異なる報告がなされており，その相関は単純なものではない[3]。ヒストンメチル基転移酵素も SAM を基質としているが，栄養とヒストンメチル化の関係については明確でなかった。最近の研究でマウスの ES 細胞においては，ヒストンメチル化に関わる SAM の合成にスレオニンの代謝が必要であることが報告された[13]。

（2）ヒストン脱メチル化酵素

ヒストン脱メチル化酵素は2つのグループに分かれる。すなわち JumonjiC（JmjC）ドメイン含有ヒストン脱メチル化酵素（JMJD/JHDM）ファミリーと，リジン特異的脱メチル化酵素（LSD）ファミリーである。どちらのグループも酵素活性を発揮するには補酵素が必要であり，JmjC ファミリーは α-ケトグルタル酸（α-KG）を，LSD ファミリーはフラビンアデニンヌクレオチド（FAD）を，それぞれ利用する。

JHDM2A は JmjC ファミリーのヒストン脱メチル化酵素であり，メチル化 H3K9 を脱メチル化す

図❷ 代謝エピゲノム形成に関わる代謝産物

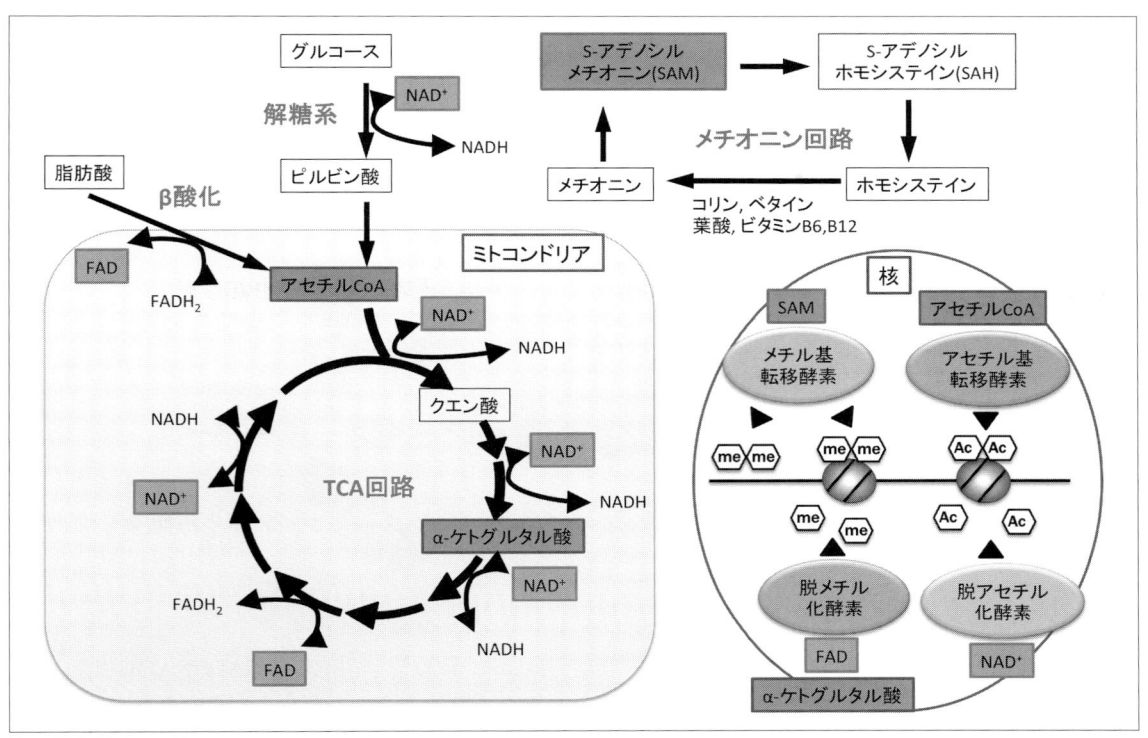

ることでターゲット遺伝子発現を誘導する．主に精巣や褐色脂肪組織，骨格筋において高発現しており，*Jhdm2a* 遺伝子欠損マウスでは，通常食投与下で脂質代謝異常を伴う肥満を呈する[14]．このマウスでは，骨格筋や褐色脂肪細胞で，脂肪酸酸化および呼吸鎖などミトコンドリアでの ATP 産生に関わる遺伝子領域の H3K9me2 が高く，遺伝子発現が低くなっていた．また，寒冷刺激下における体温維持能が低下していたが，これは褐色脂肪細胞で PPARγ/PGC-1α/JHDM2A 複合体が形成されない結果，熱産生のために重要な脱共役タンパク質（UCP-1）の発現が誘導されないためであることが示された．

LSD1 は主に，転写活性化ヒストン修飾である H3K4me および H3K4me2 を脱メチル化することで，ターゲット遺伝子を抑制する．白色脂肪組織，褐色脂肪組織，肝臓，骨格筋などで高発現しており，PGC-1α などエネルギー消費に関わる遺伝子のプロモーター領域で，H3K4 を脱メチル化して抑制することにより，ミトコンドリア増殖や

β 酸化，呼吸鎖によるエネルギー消費を抑制している[15]（図❸）．先述したように LSD1 の酵素活性には FAD が必要だが，FAD 合成経路の制限酵素であるリボフラビンキナーゼのノックダウンや，FAD アナログの投与を行うと，LSD1 のターゲットであるエネルギー消費遺伝子の発現が上昇することから，細胞内の代謝プロファイルが FAD 量を介して LSD1 活性を制御していると考えられる．また LSD1 の酵素活性は，モノアミン酸化酵素（MAO）阻害剤である tranylcypromine（TC）によって阻害されることが知られている．実際に TC を投与したマウスでは，高脂肪食を負荷した場合でも体重増加や白色脂肪組織への脂肪蓄積が抑制される．以上のような知見から LSD1 は，今後の抗肥満薬の創薬ターゲットとしても期待される．

2. ヒストンアセチル化の制御
(1) ヒストンアセチル基転移酵素

ヒストンアセチル基転移酵素（HAT）は，アセチル基をヒストンに転移し，遺伝子発現を活性化するが，アセチル基の供与体となるのは栄養素

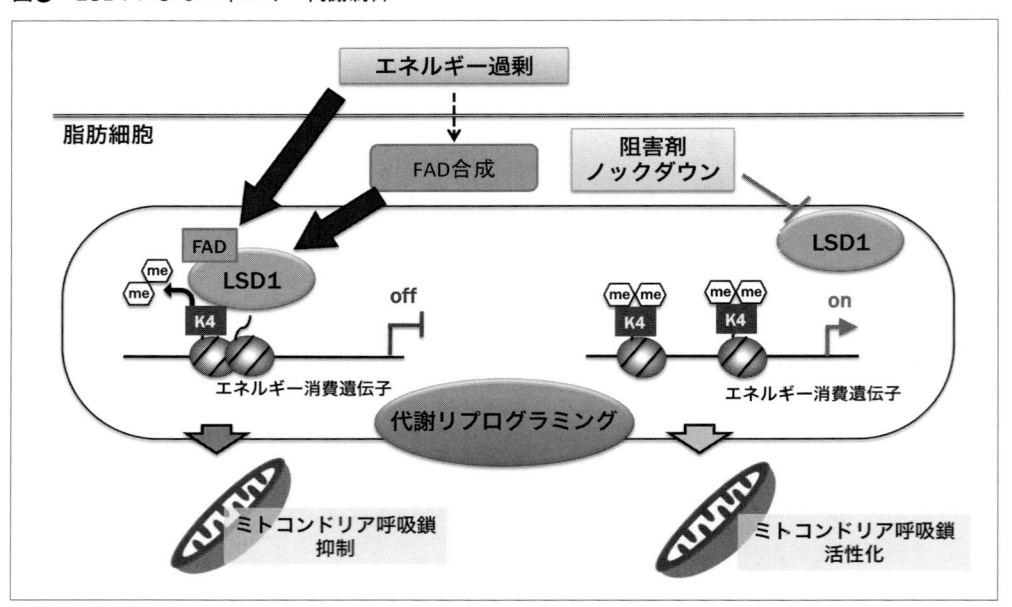

図❸ LSD1によるエネルギー代謝制御

の代謝によって生じるアセチルCoAである。培養脂肪細胞において培地中のグルコースを欠乏させたり，核においてアセチルCoA合成に関わるATP-クエン酸リアーゼをノックダウンすると，ヒストンアセチル化が減少する。しかし，別経路でアセチルCoAを供給する酢酸を加えることによって，ヒストンアセチル化の減少はみられなくなる[16]。このことから，利用できる栄養量がアセチルCoA量を介してHAT活性を制御していると考えられる。

(2) ヒストン脱アセチル化酵素

ヒストン脱アセチル化酵素（HDAC）は3つのクラスに分類されているが，そのうちクラスⅢ HDACはサーチュイン（Sirtuin）と呼ばれている。哺乳類ではファミリー分子としてSIRT1～7が同定されている[17]。SIRT1はヒストンのみならず転写因子などの脱アセチル化を介して代謝を調節しているが，補酵素としてNAD$^+$を利用している点が重要である。NAD$^+$は細胞内で様々な酸化還元反応に関わるが，特に解糖系やTCAサイクルでの栄養素の酸化反応における水素原子の受容体となるため，細胞内のNAD$^+$/NADH比は低栄養時に上昇する。肝臓におけるNAD$^+$の増加は，SIRT1によるPGC-1αの脱アセチル化を介して，*PEPCK*や*G6Pase*などの糖新生遺伝子発現を誘導することが知られている[18]。

おわりに

本稿で述べたように，代謝エピゲノムの研究はDNA，ヒストン修飾による調節から，動物モデル，継代効果まで多岐にわたる。しかしながら，環境情報がいかにしてエピゲノムに変換されるのか，長期的な代謝エピゲノムの変化にどのように影響するのかについては，未解明な部分が大きい。今後の研究においては，栄養環境によるエピゲノム形成から転写制御，エピゲノム維持と代謝メモリーの構築，代謝特性の決定と疾患発症に至るプロセスが一連の分子メカニズムとして説明されることが期待される。そうすることによって，エネルギー代謝異常の病態解明のみならず，環境と健康・疾患の関係を理解するうえで，重要な知見が得られるものと考えられる。

参考文献

1) Barker DJ, et al：J Epidemiol Community Health 3, 237-240, 1989.
2) Roseboom TJ, et al：Mol Cell Endocrinol 185, 93-98, 2001.
3) Jimenez-Chillaron JC, et al：Biochimie 94, 2242-2263, 2012.
4) Seki Y, et al：Endocrinology 153, 1031-1038, 2012.
5) Lillycrop KA, et al：J Nutr 135, 1382-1386, 2005.
6) Burdge GC, et al：Br J Nutr 97, 435-439, 2007.
7) Carone BR, et al：Cell 143, 1084-1096, 2010.
8) Sohi G, et al：Mol Endocrinol 25, 785-798, 2011.
9) Li J, et al：J Hepatol 56, 900-907, 2012.
10) Takanabe R, et al：Biochem Biophys Res Commun 376, 728-732, 2008.
11) Sandovici I, et al：Proc Natl Acad Sci USA 108, 5449-5454, 2011.
12) Waterland RA, et al：Mol Cell Biol 23, 5293-5300, 2003.
13) Shyh-Chang N, et al：Science 339, 222-226, 2013.
14) Tateishi K, et al：Nature 458, 757-761, 2009.
15) Hino S, et al：Nat Commun 3, 758, 2012.
16) Wellen KE, et al：Science 324, 1076-1080, 2009.
17) Li X, et al：Int J Biol Sci 7, 575-587, 2011.
18) Revollo JR, et al：J Biol Chem 279, 50754-50763, 2004.

阿南浩太郎
2007年　熊本大学医学部医学科卒業
2009年　熊本大学医学部小児科入局
2011年　同大学院医学教育部博士課程小児科学専攻
　　　　熊本大学発生医学研究所細胞医学分野

第2章　エピジェネティクスと病気

2．環境相互作用・多因子疾患
2）糖尿病

亀井康富・小川佳宏

　細胞核内のクロマチン構造や染色体の構築の制御には，塩基配列の変化を伴わずに遺伝子発現を調節するエピゲノム修飾（DNAのメチル化やヒストンのメチル化・アセチル化など）が重要である．エピゲノム修飾は様々な疾患の発症に密接に関与し，特にがん発症におけるがん抑制遺伝子のDNAメチル化の役割について多く研究がなされている．糖尿病に関してもエピゲノム修飾の関与を示唆する知見が得られている．

はじめに

　動物の体細胞のゲノムは，一部の例外を除いて同一の塩基配列を有し，個々の細胞の特性は発現する遺伝子の組み合わせによって決定される．細胞核内のクロマチン構造や染色体の構築の制御には，塩基配列の変化を伴わずに遺伝子発現を調節するエピジェネティクス修飾が重要である．具体的にはDNAのメチル化やヒストンのメチル化・アセチル化などであり，例えば遺伝子プロモーター領域のDNAメチル化により遺伝子発現が抑制される．これらの修飾を受けたゲノムをエピゲノムと称する．エピゲノム修飾は様々な疾患の発症に密接に関与し，特にがん発症におけるがん抑制遺伝子のDNAメチル化の役割について多く研究がなされている．糖尿病に関してもエピゲノム修飾の関与を示唆する報告が複数なされており，本稿で概説する．

I．膵臓β細胞に対する影響

　Pdx1はホメオボックス型転写調節因子であり，膵臓の発生とβ細胞の分化に重要である．動物実験でPdx1の発現量を低下させると2型糖尿病が発症する．このPdx1遺伝子はDNAメチル化およびヒストン修飾によるエピゲノム変化による制御を受けることが示された．妊娠中の母獣を低栄養にすると子宮内発育遅延（intra-uterine growth retardation：IUGR）となり，産仔が成長後，糖尿病を含む生活習慣病を発症しやすいことが示されている[1]．このIUGRのモデル動物の膵臓β細胞では，コントロール群に比べて，Pdx1遺伝子プロモーターのDNAメチル化が顕著に増加し，同時にPdx1の発現量は低下していた．さらにそのプロモーターにはDNAメチル化酵素であるDnmt1およびDnmt3aがリクルートされていた（図❶）．また，クロマチン免疫沈降実験によりPdx1遺伝子プロモーターでは活性型ヒストン修飾であるヒストンH3, H4のアセチル化およびヒストンH3K4（4番目のリジン残基）のトリメチル化が低下し，また転写抑制型ヒストン修飾であるヒストンH3K9（9番目のリジン残基）のジメチル化が増加していた．このように，IUGR

---

key words

DNAメチル化，ヒストン修飾，クロマチン構造，β細胞，エピゲノム，PGC1α，PPARγ，膵臓，骨格筋，肝臓

図❶ β細胞におけるPdx1遺伝子のエピゲノム発現制御

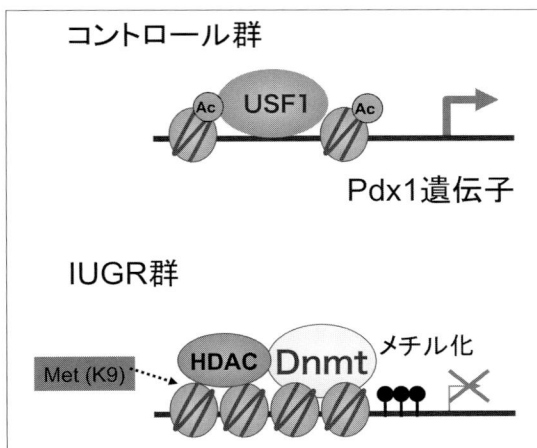

コントロール群の膵臓β細胞では、Pdx1遺伝子プロモーターではヒストンがアセチル化され、活性型のクロマチン構造をとっており、転写因子USF1が結合し、遺伝子の転写を活発にしている。IUGR群の膵臓β細胞では、プロモーター上にDnmt1およびDnmt3aがリクルートされ、DNAがメチル化される。また、HDAC1やSin3Aがリクルートされ、ヒストンは脱アセチル化され、ヒストンH3K9がジメチル化される不活性型のクロマチン構造となる。その結果、IUGR群ではPdx1遺伝子の発現が低下する。

によりPdx1遺伝子プロモーターのクロマチン構造が転写抑制型となるために転写不活性となり、Pdx1の発現低下、さらには2型糖尿病の発症に至ることが報告されている[1]。一方、他の研究グループがIUGRモデルラットの膵臓のDNAメチル化の網羅的な解析を行っている[2]。この報告によると、IUGRによりDNAメチル化変化が観察されたのは主に遺伝子間の領域（intergenic region）であり、いくつかの遺伝子でDNAメチル化変化とその遺伝子発現が逆相関していた。DNAメチル化（特にプロモーター領域）により、遺伝子発現は抑制される（メチル化と遺伝子発現が逆相関する）ため、IUGR群で観察されたDNAメチル化変化により遺伝子発現変化が生じている可能性がある。大きな変化が観察された遺伝子はFgfr1（fibroblast growth factor receptor 1）、Gch1（GTP cyclo hydrolase 1）、Vgf（vascular growth factor nerve growth factor inducible）などであり、これらの遺伝子発現変化とβ細胞の機能低下の因果関係については今後の研究が必要である[2]。

上述のように母親の栄養環境が子供の成長後の糖尿病の罹患性に影響を与える可能性についてはこれまで多く論じられてきた。一方、最近、父親の栄養環境も子供の糖尿病の罹患性に影響を与えうることを示唆するデータが報告された[3]。すなわち、交配前の雄ラットに高脂肪食を負荷すると、その雌性の仔において膵臓のβ細胞のインターロイキン13受容体α2遺伝子のDNAメチル化が低下し、その遺伝子発現の増加が観察され、同時にインスリン分泌が低下し糖代謝能が悪化するというものである[3]。さらに動物実験に加えて、父親由来のエピジェネティックな影響を示唆する疫学調査が報告されている。すなわち、1890～1920年にスウェーデンで誕生した300人についての調査であるが、作物の収穫記録から思春期に摂取した食物量を推定し、父方の祖父の食事量が多いと孫が糖尿病に罹患しやすく、父親が飢饉を経験していると子供が心臓病に罹患しやすいとの結果である[4]。母親の場合は、胎仔あるいは新生仔の遺伝子に対する栄養環境の直接的な影響であると想定されるが、父親の場合は生殖系列に生じたエピゲノム変化が子孫に受け継がれる可能性が示唆される。しかしながら、具体的にどのようなメカニズムにより、このような現象が引き起こされるかについては今後の検討が必要である。

Ⅱ. 膵臓以外の臓器に対する影響

1. 骨格筋PGC1α

2型糖尿病におけるインスリン抵抗性の原因の1つとして、骨格筋におけるミトコンドリアの機能低下が関連する可能性が示唆されている。PGC1（PPARγ coactivator 1：PGC1αおよびPGC1β）は骨格筋におけるミトコンドリアの生合成に重要な役割を担う因子（転写共役因子）であるが、PGC1α遺伝子のエピジェネティックな発現調節に関して、いくつか報告されている。PGC1α遺伝子の発現は、骨格筋において加齢とともに低下し、肥満者や肥満マウスにおいて抑制される[5]。骨格筋のバイオプシーにより、健常者のサンプルと比較して、糖尿病患者ではPGC1α遺伝子プロモーターのDNAメチル化が増加しており、PGC1α

のmRNAは低下し，ミトコンドリア量およびミトコンドリアを特徴づける遺伝子群の発現も低下していた。通常DNAメチル化はシトシン，グアニンと続くCpGの配列のシトシン塩基に生じるが，興味深いことにPGC1α遺伝子プロモーターではCpG以外（non-CpG）の配列のシトシンにメチル化が生じるというデータが示されている[6]。TNFαや遊離脂肪酸は骨格筋細胞にインスリン抵抗性を引き起こすことが知られるが，ヒト骨格筋初代培養細胞にTNFαや遊離脂肪酸（パルミチン酸，オレイン酸）を添加すると，PGC1α遺伝子プロモーターのnon-CpG配列のDNAメチル化が増加し，PGC1αの発現が低下した。さらに，DNAメチル化酵素であるDnmt3bのノックダウンにより，パルミチン酸によって増加するDNAメチル化が抑制された[6]。また最近，ゲノムDNAのみならずミトコンドリアDNAがDNAメチル化を受けるという報告がなされており，DNAメチル化とミトコンドリア機能との関連の解明が今後の課題とされている[7]。

一方，カロリー制限などによるSirt1（脱アセチル化酵素）の活性化はPGC1αタンパク質を脱アセチル化し，PGC1αの活性化に重要な役割を果たすことが報告されている[8]。また，ヒストンH3K9脱メチル化酵素（活性型クロマチンを形成する）のJhdm2a欠損マウスはミトコンドリアでのエネルギー消費に関わる遺伝子発現が低下し，肥満を発症し，血中のインスリンや中性脂肪，コレステロール含量が高く，代謝疾患の特徴を有することが報告されているが[9,10]，この現象はPPAR/PGC1α/Jhdm2a複合体が形成されないため，熱産生に重要なUCP1の発現が誘導されないことによるとされている[9]。また最近，ヒストンH3K4の脱メチル化酵素であるLSD1により，PGC1α遺伝子プロモーターは抑制的に制御されることが報告されている（図❷）[11]。PGC1αは骨格筋以外でも肝臓における糖新生，褐色脂肪組織での熱産生など，いくつかの臓器でエネルギー代謝の遺伝子活性化に役割を担っている。PGC1のような総合的な代謝調節因子のエピジェネティック制御の異常は糖尿病を含む代謝疾患と密接に結びつくことが示唆される。

2. その他の遺伝子（炎症性サイトカイン，PPARγ，Glut4）

糖尿病病態におけるエピジェネティクス制御の分子機構に関して最近複数の報告がある。例えば，2型糖尿病モデルであるdb/dbマウス血管平滑筋細胞では，炎症性サイトカイン遺伝子プロモーター領域のヒストンH3の9番目リジン残基の低メチル化が炎症性サイトカインの持続的な発現増加に関与する[12]。

PPARγは核内受容体型転写因子であり，脂肪細胞の分化を促進する。PPARγは糖尿病治療薬であるチアゾリジン誘導体により特異的に転写活性化されることが知られている。このPPARγ遺伝子のプロモーターはDNAメチル化制御を受け

図❷ エネルギー代謝に重要なPGC1αを介したエピゲノム発現制御

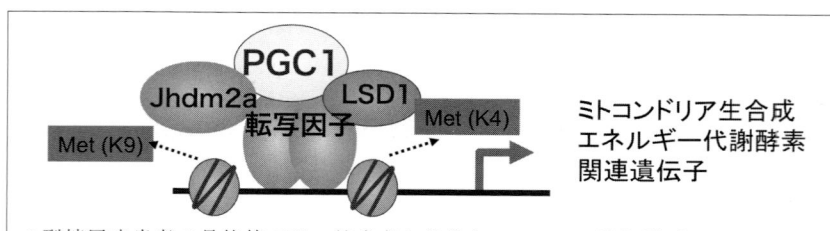

2型糖尿病患者の骨格筋では，健常者と比較してPGC1α遺伝子プロモーターのDNAメチル化が亢進されており，PGC1αおよびミトコンドリア機能に重要ないくつかの遺伝子発現が低下している。ヒストンH3K9脱メチル化酵素（活性型クロマチンを形成する）のJhdm2aとPGC1αおよび転写因子複合体が形成され，エネルギー代謝に重要な遺伝子の発現調節がなされると考えられる。また，脂肪組織においてPGC1α遺伝子プロモーターにヒストンH3K4の脱メチル化酵素LSD1がリクルートされ，エネルギー代謝遺伝子を抑制的に制御することが報告されている。

2) 糖尿病

るようである。遺伝性糖尿病モデル動物である db/db マウス，食餌誘導性肥満マウスの内臓脂肪でPPARγ遺伝子プロモーターのDNAメチル化がコントロール群に比べ増加し，発現が低下していた[13]。一方，PPARγの抗体を用いて全ゲノム上のPPARの結合配列を同定する方法（ChIP on Chip法）により，H3K9をメチル化する酵素の遺伝子（SETDB1）やH4K20をメチル化する酵素の遺伝子（PR-Set7/Setd8）が標的であることが判明した。すなわち，PPARγはヒストン修飾酵素類の発現を制御し，クロマチン構造を改変し脂肪細胞分化をエピゲノム修飾から制御することが示唆された[14]。

また，成獣期の骨格筋では糖輸送担体Glut4の低発現を示す雌性IUGRラットにおいて，Glut4遺伝子のプロモーター領域のヒストンH3は新生仔期に低アセチル化および高メチル化状態にあり，成獣になってもこれが維持されることが報告されている[15]。

3. 肝臓の脂質代謝と栄養環境，エピジェネティクス

肝臓の脂質代謝機能の異常はインスリン抵抗性や脂肪肝などの生活習慣病病態を引き起こす。最近，肝臓の脂質代謝機能が胎仔期〜新生仔期の栄養環境の影響を受けることを示唆する報告がなされている。妊娠期〜授乳期に高脂肪食を与えた母獣が生み育てた仔の肝臓の中性脂肪蓄積量が増加し，脂肪肝や非アルコール性脂肪性肝疾患を生じやすいことが，サル，マウスなどの動物実験により示されている[16][17]。これらのことから，肝臓の脂質代謝機能は胎仔期〜新生仔期に曝された栄養環境に従って，DNAメチル化を含むエピジェネティクス制御を受けて調節されることが想像される。われわれは脂質代謝に関わる遺伝子のうち，グリセロール3リン酸にアシル基を導入する脂肪

図❸　中性脂肪合成とGPAT1のDNAメチル化制御

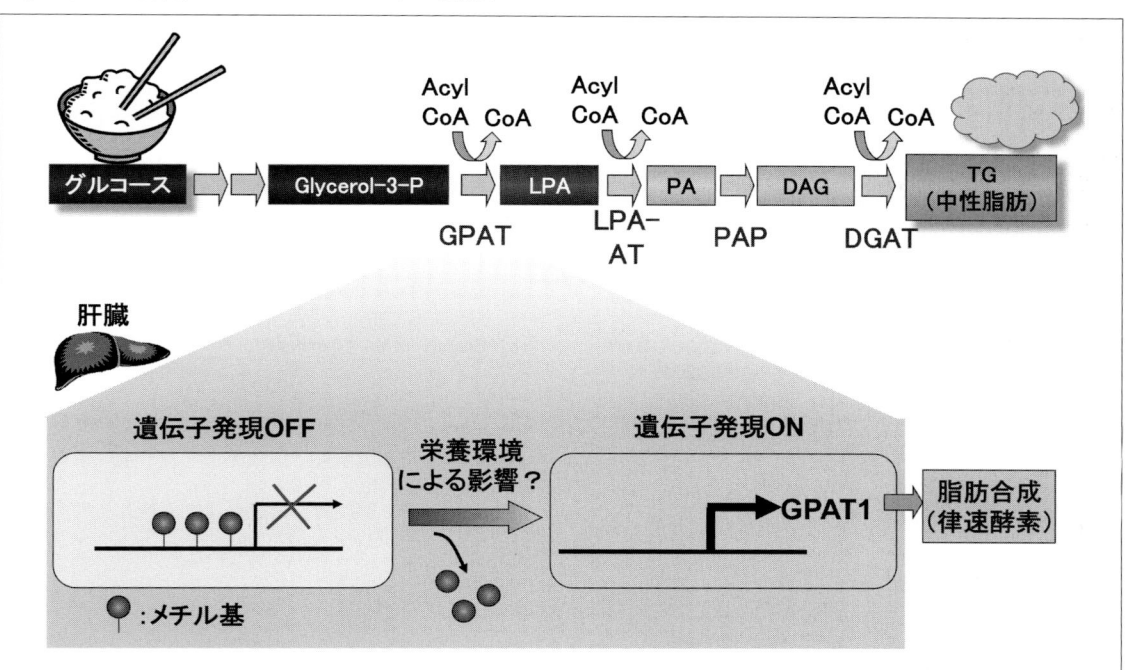

（上）食事中の炭水化物由来のグルコースは数段階の酵素反応を経て中性脂肪に変換される。GPATはグリセロール3リン酸（Glycerol-3-P）にアシル基を転移する律速酵素である。LPA：lysophosphatidic acid，PA：phosphatidic acid，DAG：diacylglycerol，TG：triacylglycerol，GPAT：glycerol-3-phosphate acyltransferase，LPA-AT：lysophosphatidic acid acyltransferase，PAP：phosphatidic acid phosphatase，DGAT：diacylglycerol acyltransferase.
（下）GPAT1はDNAメチル化による転写制御を受け，プロモーター領域のDNAメチル化により発現抑制される。栄養環境によるDNAメチル化変化の可能性が示唆される。

115

合成の律速酵素 GPAT1 が DNA メチル化による制御を受け，栄養環境によって DNA メチル化状態が変動しうることを見出している（図❸）。すなわち，GPAT1 の遺伝子プロモーターにおける DNA メチル化の程度は遺伝子発現と逆相関し，DNA メチル化の変動は GPAT1 特異的で他の脂肪合成遺伝子には認められなかった。肝初代培養において，GPAT1 プロモーターを DNA メチル化することにより，転写因子 SREBP-1c のプロモーターへのリクルートと GPAT1 の遺伝子発現が減少し，中性脂肪合成が低下した。また，GPAT1 は DNA メチル化酵素 Dnmt3b により DNA メチル化された。さらに，胎仔期～新生仔期における母獣の過栄養の環境が新生仔の GPAT1 プロモーターの DNA メチル化を減少させた。以上より，肝臓の中性脂肪合成の律速酵素 GPAT1 は新生仔期に DNA メチル化によるエピジェネティックな制御を受けることが明らかとなった[18]。可塑性の高い胎児期・新生児期の代謝臓器において，栄養環境に応じて変化する代謝機能にエピジェネティクス制御が果たす役割を解明することにより，胎児期から新生児期の栄養環境の変化が成人後の糖尿病を含む生活習慣病の発症を左右する分子機構を知る手掛かりとなることが期待される。

おわりに

以上，膵臓 β 細胞およびそれ以外の組織において，糖尿病の発症に重要な遺伝子が DNA メチル化やヒストンアセチル化・メチル化などのエピゲノム修飾を受けていることが明らかになっている。エピゲノム修飾は塩基配列の変化を伴わない可逆的な状態であり可塑性を有するものである。DNA メチル化やヒストン脱アセチル化酵素の阻害剤は抗腫瘍薬としての開発が進められており，糖尿病分野においても将来的に臨床治療への応用が期待されるものである。

参考文献

1) Park JH, et al：J Clin Invest 118, 2316-2324, 2008.
2) Thompson RF, et al：J Biol Chem 285, 15111-15118, 2010.
3) Ng SF, et al：Nature 467, 963-966, 2010.
4) Kaati G, et al：Eur J Hum Genet 10, 682-688, 2002.
5) Mootha VK, et al：Nat Genet 34, 267-273, 2003.
6) Barrès R, et al：Cell Metab 10, 189-198, 2009.
7) Shock LS, et al：Proc Natl Acad Sci USA 108, 3630-3635, 2011.
8) Rodgers JT, et al：Nature 434, 113-118, 2005.
9) Tateishi K, Okada Y, et al：Nature 458, 757-761, 2009.
10) Inagaki T, et al：Genes Cells 14, 991-1001, 2009.
11) Hino S, et al：Nat Commun 3, 758, 2012.
12) Villeneuve LM, et al：Proc Natl Acad Sci USA 105, 9047-9052, 2008.
13) Fujiki K, et al：BMC Biol 7, 38, 2009.
14) Wakabayashi K, et al：Mol Cell Biol 29, 3544-3555, 2009.
15) Raychaudhuri N, et al：J Biol Chem 283, 13611-13626, 2008.
16) Bruce KD, et al：Hepatology 50, 1796-1808, 2009.
17) McCurdy CE, et al：J Clin Invest 119, 323-335, 2009.
18) Ehara T, et al：Diabetes 61, 2442-2450, 2012.

亀井康富
1989 年　京都大学農学部食品工学科卒業（栄養化学研究室）
1994 年　同大学院農学研究科博士課程食品工学専攻修了

第2章　エピジェネティクスと病気

2．環境相互作用・多因子疾患
3）高血圧，腎臓病でのエピジェネティクスの役割

丸茂丈史・藤田敏郎

　高血圧や腎臓病の成り立ちにエピジェネティック異常が関与することが次第に明らかになってきた。一見不可逆的にみえる高血圧や腎臓病が，エピジェネティック異常をターゲットにすることにより，ある程度リバースできる可能性もあり解明が進められている。安定的なエピジェネティック異常に基づいた変化は，病期診断に応用できることも期待されている。腎臓は多種類の構成細胞からなるため，DNA メチル化解析のためにはセルソーターやレーザーマイクロダイセクションなどによって細胞を分取する必要がある。微量サンプルからの解析技術の進歩も望まれる。

はじめに

　高血圧のわが国の患者数は約 4000 万人にのぼるが，その大部分を占める本態性高血圧の病因はほとんど明らかになっていない[1]。全ゲノム関連解析や候補遺伝子解析によってこれまでに明らかにされた個人間の DNA 塩基配列の違いは，高血圧発症のごくわずかしか説明できないため[2]，環境因子が大きく関与していると考えられている。最近，エピジェネティクスがこの環境因子による高血圧発症に関わる可能性が明らかになってきた。高血圧や糖尿病は透析にいたる腎臓病の原因となる。わが国の慢性透析患者数は年々増加し，2012 年には 30 万人を超えた[3]。血液透析は患者に対する負担は大きく，社会的にも医療経済の観点から大きな問題になっている。高血圧や糖尿病に対する治療が進歩しているにもかかわらず透析患者数は増加しており，腎臓病そのものに対する治療の確立は喫緊の課題である。エピジェネティック異常とその成立過程は新たな高血圧・腎臓病治療のターゲットとして着目されている。

I．高血圧とエピジェネティクス

1．子宮内胎児環境と高血圧

　DNA メチル化をはじめエピジェネティックな状態は受精から各臓器の形成までの発生段階ごとに大きく変化し，各々の臓器特異的なエピジェネティック状態が完成されていく。この母体内でダイナミックに変化する期間は，エピジェネティックな状態は環境因子である栄養状態やホルモン，ストレスなどの影響を受けやすい。以前から生下後の生活習慣病の発症には子宮内で胎児がおかれた環境が大きく関わることが知られていた。最近，母体の低栄養によって胎児のエピジェネティクスが変化し，それが生活習慣病発症の原因になる可能性が示されるようになった。高血圧に関連する因子について，低タンパク食で実験的に低栄養にした母体から生まれた子供の副腎で，高血圧に関

---

key words

HDAC，食塩感受性，虚血，糖尿病性腎症，セルソーター，尿毒素，レガシーエフェクト，BMP7，透析，高血圧，慢性腎臓病

連深いアンジオテンシン受容体 AT1b の発現増加と DNA 脱メチル化が生じることが明らかにされたが[4]，他の因子の関与や高血圧発症との直接的な因果関係については今後の検証が待たれる。

2. 食塩感受性高血圧に関わるヒストン修飾変化

子宮内の環境のみならず，生まれたのちも環境因子によってエピジェネティクスが変化していくことが，DNA 塩基配列が同一の一卵性双子に対する研究で明らかになった[5]。食塩の過剰摂取や肥満，交感神経の活性化などの環境因子が高血圧発症には大きく影響する。筆者らは食塩感受性高血圧とヒストン修飾との関係について検討を加えたところ，腎臓の交感神経の活性化はβ2受容体を介して wnk4 プロモーター領域のクロマチン構造のゆるみをきたすことが明らかになった。クロマチン構造変化は cAMP を介したヒストン脱アセチル化酵素（HDAC）8 の遊離により引き起こされ，続いてゆるんだクロマチンの糖質コルチコイド陰性制御領域が刺激されるため，wnk4 の発現が減少することがわかった。wnk4 の発現低下は Na-Cl 共輸送体を活性化し食塩感受性高血圧を発症させることが明らかになった（図❶）[6]。wnk4 以外にも，高血圧の発症と維持に関わる因子の発現とエピジェネティック変化の関連が断片的ではあるものの報告されはじめており[7)8]，高血圧の成因解明と新たな治療法開発につながるものと期待される。

II．腎臓病とエピジェネティクス

1. 腎臓再生過程に関わるヒストン修飾変化

腎臓は再生しない臓器であると一般には考えられがちであるが，実は再生能力に富んだ臓器である。腎臓への血流が阻害されると，低酸素に感受性の高い近位尿細管は障害を受けやすく，細胞死に陥ってしまう。しかし，血流が再開され無尿の急性腎不全期を乗り越えると，尿細管は再生し腎機能は正常まで復する。その再生過程にエピジェネティクスが関与するかどうか筆者らは検討を行った。虚血性腎障害後には，腎臓発生に関与した BMP7 などの腎保護因子が再誘導されて修復に関与することが知られている。ヒストンのアセチル化は一般に転写の活性化を反映するが，筆者らは腎臓のヒストンアセチル化は虚血によって著

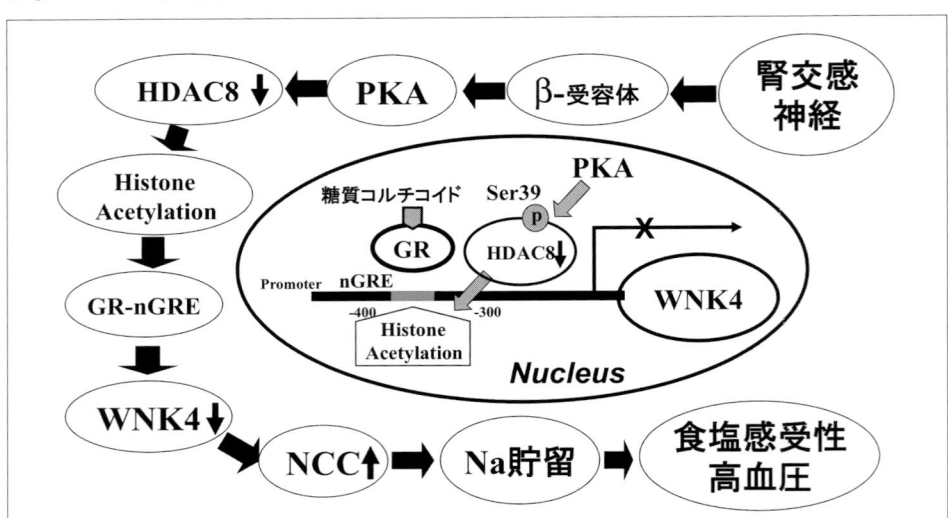

図❶ ヒストン修飾変化による食塩感受性高血圧の発症（文献 6 より改変）

腎交感神経活性化は，プロテインキナーゼ A（PKA）の活性化を介して，ヒストン脱アセチル化酵素（HDAC）8 の低下を引き起こす。Wnk4 のプロモーター部位のヒストンはアセチル化されるためクロマチン構造はゆるんで糖質コルチコイド受容体（GR）が糖質コルチコイド陰性制御領域（nGRE）に付着する。そのため wnk4 の発現は低下し，wnk4 に抑制されていた Na-Cl 共輸送体（NCC）は抑制を失うために発現が上昇する。NCC の活性増加は Na の貯留につながり，食塩感受性高血圧の発症をきたす。

明に減少し，その後の回復期に増加することを見出した[9]。回復期のヒストンアセチル化の増加はHDAC5の減少によりもたらされ，またHDAC5の減少は近位尿細管でのBMP7の再誘導に関与することが明らかになった。虚血後には腎保護因子BMP7のプロモーター領域のクロマチンがゆるんで転写が活性化され発現が刺激されるものと考えられた（図❷）。虚血後の尿細管再生過程では内因性にHDAC5が減少することが腎保護的に作用していたが，HDAC阻害薬が腎臓病に対して有効であるという報告も相次いでなされている。

2. 腎臓病のHDAC阻害薬による治療の可能性

MishraらはHDAC阻害薬がループス腎炎モデルの糸球体病変ならびにアルブミン尿を抑制することを示した。脾臓免疫担当細胞由来のサイトカインの発現を抑制することから，抗炎症作用を介して腎臓糸球体障害を抑制するものと考えられた[10]。

さらに筆者らは，HDAC阻害薬が抗糸球体抗体腎炎モデルで糸球体病変と腎機能障害を改善させることを報告している[11]。糸球体障害には糸球体構成細胞であるメサンギウム細胞の活性化が関わるが，HDAC阻害薬はHDAC2の抑制を介してメサンギウム細胞でのNF-κBの活性化とiNOSの誘導を抑制することも報告されており[12]，糸球体への直接作用もHDAC阻害薬の糸球体保護作用に関与すると思われる。

腎臓障害の進展には，糸球体とともに尿細管・間質での炎症と線維化が大きく関わる。筆者らは，尿細管・間質障害のモデルとして尿管結紮マウスを用いて検討を行った。尿細管・間質障害モデルでは病初期からHDAC1，2が誘導されることが明らかになった。尿細管培養細胞でHDAC1，2をノックダウンしておくとケモカインCSF-1の発現が予防でき，HDAC阻害薬トリコスタチンA（TSA）を投与した尿管結紮マウスではCSF-1誘導とマクロファージの浸潤ならびに線維化が抑制されることがわかった（図❸）[13]。HDAC阻害薬は他の臓器でも抗炎症作用を発揮することが報告されており，抗炎症作用のある制御性T細胞の数と機能を増強させることが示されている[14]。腎臓病モデルで観察されるHDAC阻害薬の抗炎症作用に制御性T細胞刺激作用が関わる可能性も考えられる。

炎症細胞の腎臓への浸潤は，その後の線維化反応の原因となる。尿管結紮マウスではHDAC阻害薬が抗線維化作用を示したが，マクロファージの浸潤抑制が抗線維化作用に関わっていると考えられた。それに加えて尿細管細胞や線維芽細胞の線維化反応を直接抑制する作用も関わっていると思われる。筆者らは，線維化因子TGFβによる尿細管細胞でのコラーゲンI発現の増加と上皮系マーカーE-cadherinの減少，ならびに抗線維化因子BMP7の減少をHDAC阻害薬が抑制することを観察している[15]。HDAC阻害薬はE-cadherinとBMP7のプロモーター領域のヒストンアセチル化は増加しており，HDAC阻害がエピジェネティック制御を介してこれらの抗線維化因子を増加させていると考えられた。

図❷ 腎臓再生過程に関わるヒストン修飾変化（文献9より改変）

腎虚血
↓
エピジェネティック機構

虚血期
　ヒストン脱アセチル化
回復期
　↓HDAC5
　ヒストン再アセチル化
↓
↑BMP7
↓
腎修復，再生

腎臓が虚血に陥るとヒストン脱アセチル化反応が起きるが，回復期にはヒストン脱アセチル化酵素（HDAC）5が減少し，アセチル化レベルは回復する。HDAC5の減少は腎保護因子BMP7の増加を引き起こし，その後の腎修復を促す。

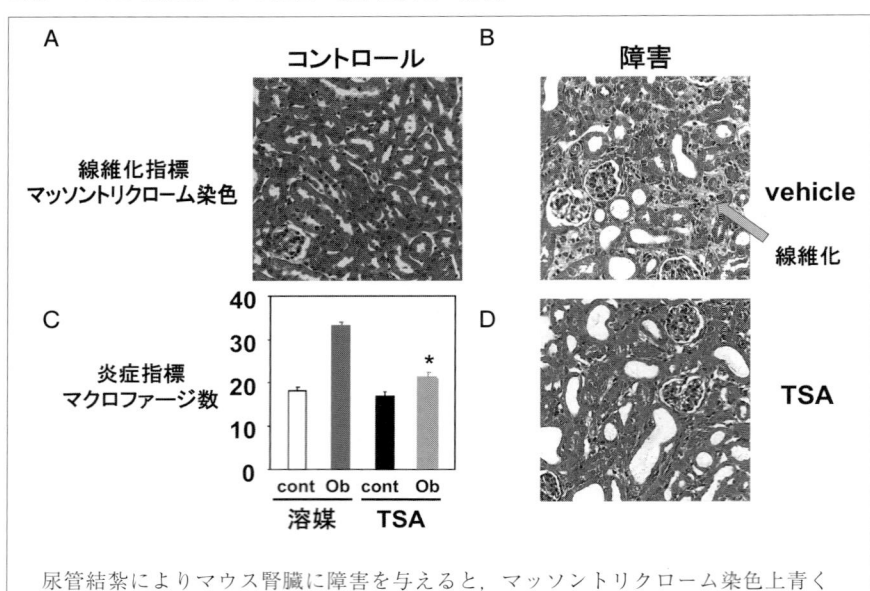

第2章 エピジェネティクスと病気　2. 環境相互作用・多因子疾患

図❸　HDAC 阻害薬による炎症・線維化反応の抑制（文献 13 より改変）

尿管結紮によりマウス腎臓に障害を与えると，マッソントリクローム染色上青く染まる線維化部分がコントロール（A）に比べて増加する（B）。一方，HDAC 阻害薬トリコスタチン A（TSA）を投与したマウスでは線維化反応は抑制された（D）。腎臓内へのマクロファージ浸潤も，溶媒を投与した障害腎（Ob）では増加するが，TSA 群では有意に抑えられた（C）。

（グラビア頁参照）

このように HDAC 阻害薬の腎保護作用には，抗タンパク尿効果，抗炎症効果，抗線維化効果，抗増殖効果などが報告され，その作用点は多岐にわたる。HDAC 阻害薬は当初ヒストンのアセチル化を増加させ，クロマチン構造を変化させるために効果を発揮すると考えられてきた。しかし，HDAC はヒストンの他に，転写因子や tubulin などを基質とすることが明らかにされ，直接エピジェネティクスを介さない作用も HDAC 阻害薬の腎保護効果に関わっていると思われる。

HDAC 阻害薬はエピジェネティック異常をターゲットとした新しい抗がん薬として開発され，血液系の疾患に対して臨床応用が始まっている。長期の治療が必要な腎臓病に対しては副作用が少ないことが治療薬として要求される。その点，抗てんかん薬として安全に使われてきたバルプロ酸も HDAC 阻害作用をもつことが着目されて，新たな適応疾患が検討されている。最近，バルプロ酸が抗タンパク尿効果を有することが報告されており[16]，腎臓病への応用も期待される。また，HDAC アイソザイム特異的な阻害薬も次々に開発されていることから，腎臓病での HDAC の役割の理解が深まれば HDAC アイソザイム特異的な治療も可能になってくると思われる。

3. 糖尿病性腎症とヒストン修飾

大規模臨床試験 UKPDS および EDIC 試験で，糖尿病患者に対する早期血糖コントロールの心血管保護ならびに腎障害予防効果は 10 年以上にわたり継続することが示された[17][18]。悪い血糖コントロールが悪い遺産として残ることから血糖の「レガシーエフェクト」と呼ばれるが，その成立機序にヒストンメチル化異常が関与することが明らかにされた。高血糖環境で血管内皮・平滑筋細胞を培養すると，その後正常環境に戻しても転写因子 NF-κB 活性化と炎症性サイトカイン産生が持続する。炎症の持続はヒストンのメチル化とアセチル化に異常が生じ過去の高血糖が記憶されることによることが示された[19][20]。腎臓の血管でこのヒストン異常に基づく NF-κB 活性化が生じているのかどうかはまだ不明であるが，糖尿病性腎

症でもエピジェネティック異常の存在が指摘されている。1型ならびに2型糖尿病モデル動物の腎臓では，HDAC2の活性が上昇しており，その活性を抑制すると線維化が抑えられることが示されている[21]。

4. 慢性腎臓病とDNAメチル化異常

虚血の際などでみられる可逆性のエピジェネティック変化は，刺激が慢性化すると蓄積され，次第に元に戻りにくい安定なDNAメチル化異常に進行していくことも予想される。実際，慢性腎臓病モデルでRAS抑制遺伝子*RASAL1*のDNAメチル化が間質の線維化に関わっており，脱メチル化薬5'アザシチジンで線維化の予防ができることが報告された[22]。慢性腎臓病でエピジェネティック異常が生じる要因には尿毒素物質が候補物質として考えられる。腎機能が悪化すると，インドキシル硫酸などの尿毒素物質を排出できず，体内に蓄積して尿毒素症状を呈する。慢性腎臓病では腎臓での抗加齢因子Klothoの発現が減少することが知られているが，最近，尿毒素物質がDNAメチル化を介してKlothoの発現を低下させていることが報告された[23]。

5. 細胞特異的な腎臓DNAメチル化解析

mRNAやタンパク発現と比較して，遺伝子特異的なDNAメチル化解析を困難にしている要因に，免疫組織化学的なアプローチができないことが挙げられる。mRNAやタンパク発現の場合，腎臓全体の解析ののち，組織学的に発現の変化する細胞を同定することができる。一方，DNAメチル化の場合は変化の見込まれる細胞集団を取り出して解析しないと，どこでDNAメチル化異常が生じているかわからない。腎臓のように多種類の細胞からなる臓器の場合，各々固有のエピジェネティック情報をもつ構成細胞をセルソーターやレーザーマイクロダイセクションなどを用いて分取するアプローチが必要になる。腎臓病が進むと線維芽細胞の増加や炎症性細胞の浸潤が起きているため，腎臓全体で解析すると，単なる線維芽細胞増殖や炎症細胞浸潤をDNAメチル化変化として捉えてしまう恐れもある。筆者らは，セルソーター（BD社 ARIA III）を用いて近位尿細管細胞を分取してDNAメチル化を解析している。近位尿細管細胞分画には，AQP1などの近位マーカーが濃縮し，その他の分画にはNKCC2などのmRNAが濃縮している。これらの分画でDNAメチル化を解析すると，近位尿細管特異的に発現している輸送体や転写因子が選択的に脱メチル化していることがわかってきた。近位尿細管障害をきたす病態でこうしたDNAメチル化に異常が生じるか現在解析を進めている。

おわりに

高血圧や慢性腎臓病はコントロールすることはできても治療で元に戻すことが困難であり，一見不可逆性の変化が体に生じているようにみえる。エピジェネティック異常がその源になっている可能性があり解明が進められている。エピジェネティクスの果たす役割を明らかにすることができれば，エピジェネティック異常そのものやその成立過程が，治癒をめざした新たな治療ターゲットになることが期待される。エピジェネティック異常は治療とともに診断にも応用が想定される。糖尿病は早期からの厳格な血糖治療が腎臓病予防に有効であることが示されたが，進行した糖尿病では厳しい血糖治療はかえって予後を悪くする成績が報告されている。どの時期から厳格な血糖治療を控えるべきなのか，現在は明確な基準はない。糖尿病の経過中に生じる，DNAメチル化などの安定なエピジェネティック機構に基づいた不可逆的変化が明らかになれば，病期診断法に応用できると期待されている。

参考文献

1) 日本高血圧学会：高血圧治療ガイドライン2009, ライフサイエンス出版, 2009.
2) Cowley AW Jr, Nadeau JH, et al：Hypertension 59, 899-905, 2012.
3) 日本透析医学会統計調査委員会：日本透析医学会雑誌 46, 1-76, 2013.

4) Bogdarina I, Welham S, et al：Circ Res 100, 520-526, 2007.
5) Fraga MF, Ballestar E, et al：Proc Natl Acad Sci USA 102, 10604-10609, 2005.
6) Mu S, Shimosawa T, et al：Nat Med 17, 573-580, 2011.
7) Lee HA, Cho HM, et al：Hypertension 59, 621-626, 2012.
8) Mousa AA, Strauss JF 3rd, et al：Hypertension 59, 1249-1255, 2012.
9) Marumo T, Hishikawa K, et al：J Am Soc Nephrol 19, 1311-1320, 2008.
10) Mishra N, Reilly CM, et al：J Clin Invest 111, 539-552, 2003.
11) Imai N, Hishikawa K, et al：Stem Cells 25, 2469-2475, 2007.
12) Yu Z, Zhang W, et al：J Am Soc Nephrol 13, 2009-2017, 2002.
13) Marumo T, Hishikawa K, et al：Am J Physiol Renal Physiol 298, F133-141, 2010.
14) Tao R, de Zoeten EF, et al：Nat Med 13, 1299-1307, 2007.
15) Yoshikawa M, Hishikawa K, et al：J Am Soc Nephrol 18, 58-65, 2007.
16) Van Beneden K, Geers C, et al：J Am Soc Nephrol 22, 1863-1875, 2011.
17) Holman RR, Paul SK, et al：N Engl J Med 359, 1577-1589, 2008.
18) de Boer IH, Sun W, et al：N Engl J Med 365, 2366-2376, 2011.
19) Villeneuve LM, Reddy MA, et al：Proc Natl Acad Sci USA 105, 9047-9052, 2008.
20) El-Osta A, Brasacchio D, et al：J Exp Med 205, 2409-2417, 2008.
21) Noh H, Oh EY, et al：Am J Physiol Renal Physiol 297, F729-739, 2009.
22) Bechtel W, McGoohan S, et al：Nat Med 16, 544-550, 2010.
23) Sun CY, Chang SC, et al：Kidney Int 81, 640-650, 2012.

丸茂丈史

1990年	慶應義塾大学医学部卒業
	同大学院博士課程医学研究科内科学専攻
1994年	同医学部助手（専修医）（内科学）
1996年	フランクフルト大学生理学研究員（フンボルト財団助成）
1998年	稲城市立病院内科医長
2002年	東京大学医学部腎臓内分泌内科特任助教
2011年	杏林大学医学部薬理学講師
2012年	東京大学先端科学技術研究センター臨床エピジェネティクス講座特任講師

第2章　エピジェネティクスと病気

2．環境相互作用・多因子疾患
4）アレルギー性疾患

滝沢琢己

　アレルギー性疾患の病態には，局所の脆弱性に加えて免疫が大きく関与している。アレルギーにおける免疫応答に関与する主要な細胞は，ナイーブCD4陽性T細胞より分化するが，その分化過程ではエピジェネティクスが重要な役割を果たしている。ヒトのアレルギー性疾患においては，様々な要因でリンパ球におけるエピジェネティクスの変動が報告されはじめている。しかし，まだ診断や新規病態解明に寄与するような検討は少なく，今後のさらなる研究が待たれる。

はじめに

　アレルギー性疾患の発症要因には，遺伝的因子に加えて，年齢・季節・住環境など個体を取り巻く環境が重要な役割を果たしていることが知られる。例えば，罹患するアレルギー性疾患の種類が年齢によって変化する，いわゆるアレルギーマーチと称される現象が認められている。アレルギー性疾患においては，このような加齢や環境要因の影響により遺伝的因子の変化を伴わなくとも，病態，発症・罹患率が変化しうるため，その病態の基礎にエピジェネティクス機構の存在が想定される。さらに，哺乳類のエピジェネティクスに関する研究が，アレルギーの主要病態を担うリンパ球など血球系細胞で活発に行われてきた背景もあり，アレルギー性疾患でのエピジェネティクス研究は近年盛んになってきている。アレルギーにおけるエピジェネティクス変化は各組織特異的にも観察されているが，本稿では免疫系細胞に焦点を当て，まずアレルギーに関わる免疫細胞でみられるエピジェネティクス制御に関する報告を紹介するとともに，それらのアレルギー性疾患への関わりを動物モデルを中心にまとめたい。さらに，現在徐々に報告が増えつつあるヒトのアレルギー性疾患でのエピジェネティクスに関する新しい知見に触れたうえで，今後の課題についても言及したい。

I．アレルギーの基本病態

　アレルギー性疾患の代表的疾患である気管支喘息，アトピー性皮膚炎，アレルギー性鼻炎，食物アレルギーなどでは，各疾患ごとに主要罹患臓器が異なり，その病態には罹患臓器の脆弱性の関与が指摘されている。代表例は，アトピー性皮膚炎におけるフィラグリン遺伝子であり，フィラグリン遺伝子変異による皮膚バリア機能の障害がその発症に関与している。日本人のアトピー性皮膚炎患者の約1/4においてフィラグリン遺伝子の変異が観察されている[1]。一方，アレルギー性疾患の主要病理像は共通しており，好酸球浸潤を主体としたアレルギー炎症である。アレルギー炎症では，抗原感作時にTヘルパー（Th）細胞のうち主に体

---

key words
アレルギー，Th1細胞，Th2細胞，サイトカイン，転写因子，環境因子

液性免疫を担うTh2細胞が誘導され，そこから産生されるインターロイキン（IL）-4やIL-13などのいわゆるアレルギー性サイトカインによりB細胞からの抗原特異的免疫グロブリン（Ig）E産生が誘導される。産生されたIgE[用解1]は，肥満細胞や好塩基球の細胞表面上のIgE受容体に結合する。再度侵入した抗原が，IgEに結合しIgE受容体が架橋されると，これらの細胞が活性化し，ヒスタミンやロイコトリエンなどのケミカルメディエーターが放出され，炎症が惹起される。これらのケミカルメディエーターやTh2細胞由来サイトカインは，好酸球を炎症局所に誘導し，好酸球から放出される種々の因子により組織障害が誘導される。一方，Th1細胞由来のインターフェロン（IFN）-γなどのいわゆるTh1サイトカインは，このアレルギー炎症に対し拮抗的に機能する。アレルギー炎症の病態の基礎には，このTh1とTh2細胞のバランスの破綻が関与していることが指摘されている。一方，近年IL-10やTGF-βなどの抑制性サイトカインを産生することでアレルギー炎症を負に制御する制御性T（Treg）細胞の存在が着目されている。実際にアレルギー患者において特定の抗原に対し寛解が得られる際に，Treg細胞が増加することが指摘されている[2]。また，IL-17を産生するTh17細胞もアレルギー病態の悪化に関与していることが知られている[3]。

II．リンパ球分化やサイトカイン産生調節に関与するエピジェネティクス

血球系細胞は，その調製が比較的容易であることや，表面マーカーの利用により細胞種が詳細に定義づけられていること，これに伴い細胞系譜の変化も詳細に検討されていることから，細胞分化に関わるエピジェネティクス研究の格好の材料となってきた。現在，上述したアレルギー炎症に関与する細胞種の分化決定，およびこれらから産生されるサイトカイン遺伝子の転写に関わるエピジェネティクス機構の一端が明らかにされている。

ナイーブCD4陽性T細胞から分化する各種Th細胞，あるいは誘導性制御性T（iTreg）細胞は，それぞれが発現するサイトカインの種類と細胞特異的に発現する転写因子によって特徴づけられる。Th1細胞はIFN-γと転写因子T-betを，Th2細胞はIL-4，IL-5やIL-13と転写因子Gata3，Th17細胞はIL-17とRorc，iTreg細胞には特徴的なサイトカインはないものの転写因子FoxP3を発現している（図❶）。これらの細胞特異的転写因子は，単なるマーカーではなく細胞分化決定に深く関与するマスター遺伝子ともいえる因子である。

これらのサイトカインおよび転写因子の発現は，ナイーブCD4陽性T細胞からの分化の過程で細胞特異的に制御されるが，この細胞特異的発現と各遺伝子のDNAメチル化には関連がみられる[4]。マウスでは，IFN-γのプロモーターは，ナイーブCD4陽性T細胞やTh1細胞では低メチル化状態であり，T細胞受容体刺激に応答し速やかにIFN-γの発現が誘導されるが，Th1細胞以外へと分化するとDNAメチル化が導入され発現が抑制される。一方，ヒトのIFN-γ遺伝子座は，ナイーブCD4陽性T細胞で高度にメチル化されており，Th1細胞への分化に伴い脱メチル化される[5]。IL-4遺伝子は，ナイーブCD4陽性T細胞では高度にメチル化されており，Th2細胞分化に伴い一部が脱メチル化される[6]。Th17細胞では，IL-17A遺伝子やRorc遺伝子は脱メチル化されているが，一部のTh17細胞では，IFN-γの遺伝子座が脱メチル化されており，IFN-γを産生するTh1/Th17細胞といえる細胞分画が存在することが指摘されている[7]。Treg細胞には種々の分画が存在することが知られているが，代表的なものに局所で分化する上述のiTreg細胞と胸腺で分化するnatural Treg（nTreg）細胞が挙げられる。Treg細胞の機能発現には，転写因子FoxP3の発現が必須であるが，FoxP3を安定して発現するnTreg細胞では，FoxP3遺伝子内にあるTreg-specific demethylation region（TSDR）と称される領域ならびにプロモーター上のCpGに富む領域にほとんどDNAメチル化が認められない。一方，iTreg細胞ではこれらの領域にメチル化が認められており，TGF-β刺激なしではFoxP3の発現が安定せず，iTreg細胞としての性質が変化しうる，つまり

4）アレルギー性疾患

図❶　ナイーブ CD4 陽性 T 細胞からの Th 細胞分化と DNA メチル化（文献 11 より改変）

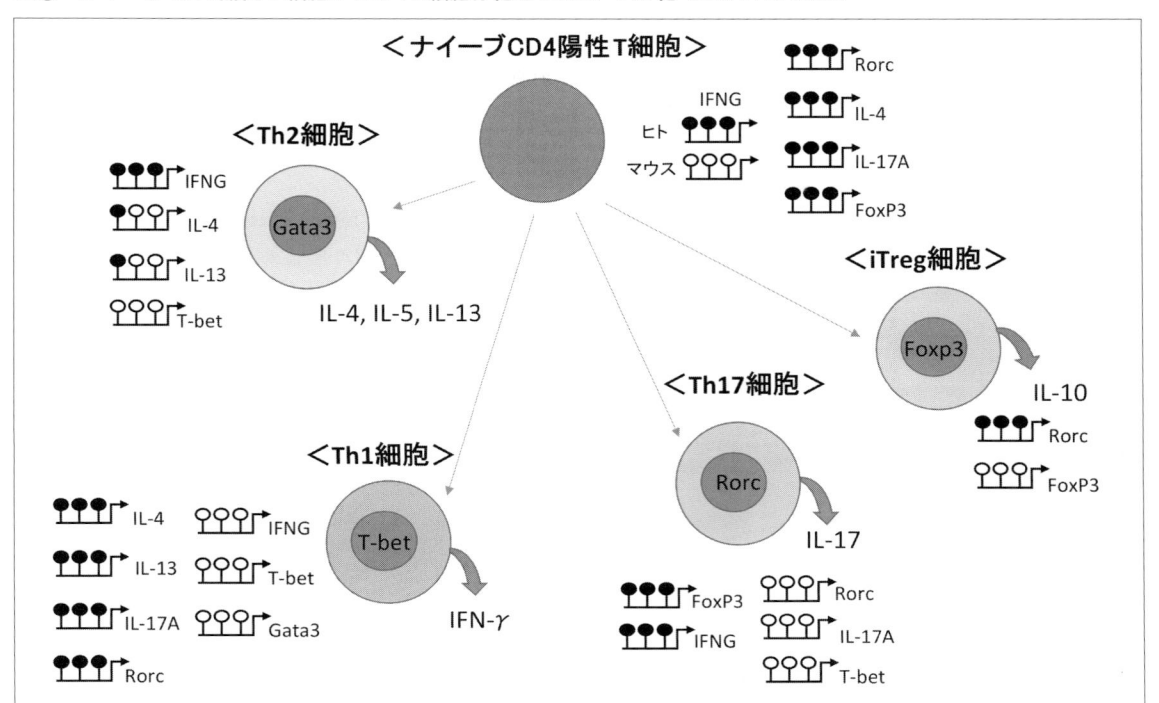

ナイーブ CD4 陽性 T 細胞から分化する Th1，Th2，Th17，iTreg の各細胞は，それぞれ細胞特異的転写因子とサイトカインを発現しており，DNA メチル化はその発現と相関している。

細胞系譜に可塑性があることが指摘されている[8]。

ヒストン修飾に関しては，マウスの Th1，Th2，Th17 細胞および iTreg 細胞のヒストン修飾を網羅的に検討した報告によると，各細胞で発現するサイトカイン遺伝子のプロモーター領域は，転写活性化に関連のあるヒストン H3 の 4 番目リジンのトリメチル化修飾（H3K4me3）が高く，転写抑制に関連するヒストン H3 の 27 番目リジンのトリメチル化修飾（H3K27me3）が低いのに対し，各細胞種特異的転写因子は，本来その転写因子を発現しない細胞でも H3K27me3 修飾に加えて，H3K4me3 修飾も存在することが報告されている（図❷）[9]。例えば，IFN-γ 遺伝子（Ifng）は，Th1 細胞では H3K4me3 のみ認め，Th2，Th17 細胞では H3K27me3 のみ認める。一方，Th1 細胞特異的転写因子 T-bet 遺伝子（Tbx21）は，Th1 細胞では IFN-γ と同様に H3K4me3 修飾のみだが，Th2，Th17 細胞では H3K27me3 に加えて H3K4me3 修飾を同時に有するいわゆる両価的（bivalent）なヒストン修飾を有していることがわかった。この両価的なヒストン修飾は遺伝子が転写されていないもののすぐに転写が行えるいわゆる転写準備状態と関連していることが知られる。このことと一致するように，Th17 細胞や Th2 細胞はある条件下では T-bet を発現し，IFN-γ も産生するようになることが指摘されている。最近では，以前考えられていたよりも Th 細胞の細胞系譜は可塑性に富んでおり，その可塑性を説明する機構の 1 つとして，この特異的転写因子の両価的ヒストン修飾が想定されている[10)11)]。この可塑性とそれを担保する分子機構は，アレルギー性疾患という観点からも非常に興味深く，また意義深いものであると考えられる。例えば，特定の抗原特異的 Th2 細胞へと分化しメモリー細胞となったものが，Th1 サイトカインを産生するようになれば，抗原特異的にアレルギー炎症を制御する治療法の開発に結びつく可能性が期待できる。

図❷ T細胞における遺伝子発現とヒストン修飾の関連

	遺伝子						
	サイトカイン			特異的転写因子			
細胞種	Ifng	IL-4	IL-17A	Tbx21	Gata3	Rorc	Foxp3
ナイーブ							
Th1							
Th2							
Th17							
iTreg							
nTreg							

■ H3K4me3　■ H3K27me3

各T細胞に特異的に発現するサイトカインの遺伝子は，ヒストンH3の4番目リジンのトリメチル化修飾（H3K9me3）を，発現していないサイトカインは27番目リジンのトリメチル化修飾（H3K27me3）を受けている。一方，特異的転写因子は，発現していない細胞でH3K4me3およびH3K27me3のいわゆる両価的修飾を受けている。

III. 動物アレルギー性疾患モデルにおけるエピジェネティクス

細胞レベルのみでなく，個体レベルでもアレルギー性疾患とエピジェネティクスの関連が示されている。例えば，卵白アルブミン（OVA）感作による気管支喘息モデルマウスでは，CD4陽性細胞特異的にIFN-γ遺伝子のDNAメチル化が高くなる。しかしOVA感作前より，脱メチル化剤である5Aza-dC全身投与を開始するとIFN-γ遺伝子のメチル化は低くなり，OVA特異的IgE抗体産生やOVA再投与（チャレンジ）により惹起される気道アレルギー炎症が抑制されるようになる（図❸）[12]。また，OVAを投与したマウスから回収したCD4陽性細胞を移植後，抗原チャレンジするとアレルギー炎症が誘導されるが，5Aza-dCで処理したマウス由来のCD4陽性細胞移植では炎症の減弱を認めることから，5Aza-dCの効果はCD4陽性細胞を介していることが確認されている[12]。このことは，DNAメチル化を薬剤で変化させることでアレルギー炎症を治療しうることを示してお

り大変興味深いが，前述のとおりヒトとマウスではIFN-γのDNAメチル化の制御様式が異なっているため，ヒトでは異なる結果となる可能性もある。

一方，ヒストン脱アセチル化酵素（histone deacetylase：HDAC）1をCD4陽性細胞特異的に欠損したマウスのOVA感作アレルギーモデルでは，気道への好酸球浸潤や粘液産生が増加し，アレルギー炎症の増悪が認められた[13]。このマウスではT細胞分化は正常であることや，Th2細胞への分化後にIL-4などのTh2サイトカイン産生が増強していることから，HDAC1は分化誘導後のTh2細胞からのサイトカイン産生調節に寄与していることが示唆される。一方，HDAC阻害剤であるtrichostatin A（TSA）をOVAチャレンジの際に全身投与した喘息モデルマウスでは，気道に浸潤するリンパ球が減少し，気道炎症が抑制されたと報告されており，上記の結果とは逆の効果が認められている[14]。TSAは，HDAC1のみならず他のクラスIHDACやクラスIIのHDACも阻害すること，ならびに全身投与した場合には細胞非特異的に作用することから，HDACの条件的ノックアウトと異なる結果となったと考えられる。酵素ならびに細胞特異性の観点は，エピジェネティクスに作用する薬剤を今後治療に応用していくうえで重要な視点であるといえる。

また，上述のH3K4me3とH3K27me3に加えてH3K9me3もサイトカイン発現と関連があることが示されている。H3K9me3修飾はマウスTh1細胞では，IL-4およびGata3各遺伝子のプロモーターに高く，Th2細胞ではIFN-γ遺伝子で高い[15]。Th2細胞では，H3K9me3はヘテロクロマチン形成に関与するHP1α依存的にIFN-γの発現をTh2細胞で抑制している。H3K9me3修飾の責任酵素SUV39H1を欠損したマウス由来のCD4陽性ナイーブT細胞は，Th1とTh2細胞へは正常に分

図❸ マウスアレルギーモデルにおける脱DNAメチル化剤の役割

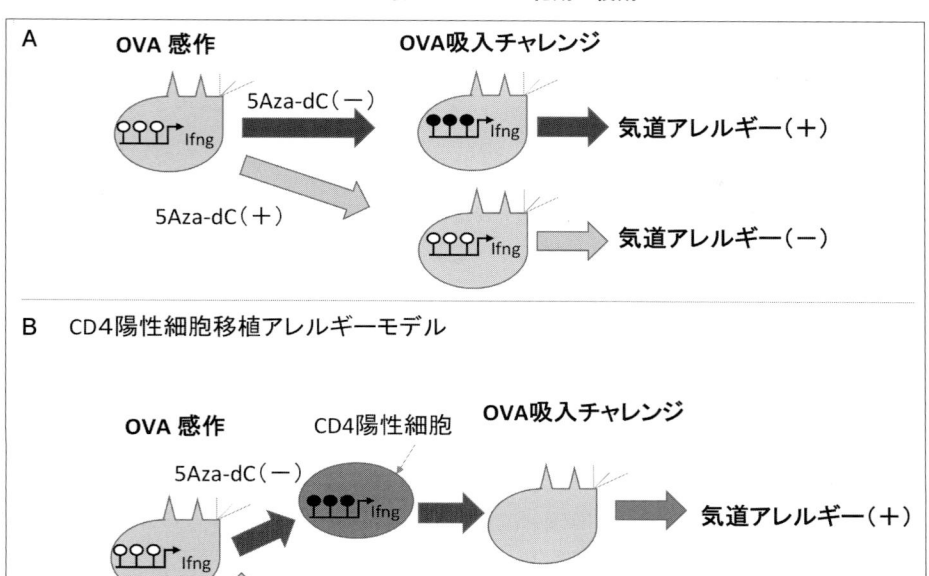

A. 卵白アルブミン（OVA）の感作および吸入チャレンジにより気道アレルギーが惹起されるが，脱DNAメチル化剤である5Aza-dCの前投与により気道アレルギー反応は抑制される。
B. OVA感作マウス由来のCD4陽性細胞移植にても気道アレルギー反応が惹起されるが，5Aza-dC前投与マウス由来のCD4陽性細胞では反応が抑制される。このモデルにおけるアレルギー応答には，IFN-γ遺伝子（Ifng）のメチル化が関連している。

化できるものの，分化したTh2細胞でIFN-γ遺伝子のH3K9me3修飾が低下しており，いったん分化したTh2細胞をTh1細胞誘導条件下で培養するとIFN-γを産生するようになる[15]。さらに，このマウスのOVA気道アレルギーモデルでは，アレルギー反応ならびにアレルギー炎症の組織学的変化も減弱していた。Th1，Th2細胞の性質の可塑性をエピジェネティクスを制御することで可能としうることを示唆しており，大変興味深い結果であるといえる。

Ⅳ．アレルギー性疾患における環境とエピジェネティクス

ヒトのアレルギー性疾患とエピジェネティクス，なかでもDNAメチル化との関連について，いくつかの報告がなされている。直接・間接にかかわらず喫煙が気管支喘息の発症かつ増悪の危険因子であることは幅広く認識されているが，タバコの煙によるエピジェネティクス修飾の変化が観察されている。喫煙者の肺胞マクロファージでは，HDAC2の発現およびHDAC活性が低下しており，このことがTNF-αなどの炎症性サイトカインの発現増加に関連していることが示唆されている[16]。妊娠中の母体の喫煙は気管支喘息発症の明確な危険因子であるが，胎児期に母体の喫煙に曝露された幼児の頬粘膜細胞ではAluやLINEなどの繰り返し配列においてDNAメチル化の低下がみられた[17]。この論文では母体喫煙がエピジェネティクスに影響を与える可能性は示唆しているものの，その変化と気管支喘息などのアレルギー性疾患発症との関連は検討されていない。

大気汚染物質への曝露も気管支喘息に代表され

るアレルギー性疾患発症との関連が指摘されており，エピジェネティクス修飾変化も引き起こすことが報告されている．例えば，妊娠中に曝露された排気ガス汚染物質の一種である多環芳香族炭化水素（polycyclic aromatic hydrocarbons：PAH）の量と，臍帯血の acyl-CoA synthetase long-chain family member 3（*ASCL3*）遺伝子の DNA メチル化の程度に相関があり，さらにこれらと 5 歳までの気管支喘息発症に関連があったとする報告がある[18]．ここでは，臍帯血中の ASCL3 のメチル化が高濃度 PAH 曝露ならびに気管支喘息発症因子のバイオマーカーとして用いられる可能性が指摘されている．また，別の報告では大気汚染がひどい地域に住む気管支喘息児では *FoxP3* 遺伝子プロモーターがより強く DNA メチル化されており，Treg 細胞の機能が阻害されている可能性が指摘されている[19]．さらには，いくつかの家庭から検出された PAH 濃度の回帰分析から，年間の平均 PAH 濃度と *FoxP3* 遺伝子の CpG アイランドにおける DNA メチル化された CpG に正の相関が認められている[19]．

　胎児期の栄養が生後のアレルギー性疾患発症に関連していることは，多くの研究により指摘されている．マウスでは胎生期に母体がメチル基供与体である葉酸を過剰に摂取することでアレルギー性疾患の増悪を認め，T 細胞を抑制する runt related transcription factor 3（RUNX3）などのアレルギーに関連する遺伝子の DNA メチル化が変化していたとの報告がみられる[20]．ヒトでは，妊娠中の葉酸摂取は幼児期のアレルギー性疾患の罹患率を増加させるという報告[21] がみられる一方で，葉酸摂取は喘鳴，喘息，アトピー性皮膚炎の罹患率に影響しないとの報告もある[22]．さらには後者では，妊娠後期の細胞内の葉酸濃度が高いほど小児期の気管支喘息発症の危険率が下がることが言われており，メチル供与体である葉酸の摂取とヒトにおけるアレルギー性疾患発症との関連については一定の見解が得られていない．

　アレルギー性疾患発症と環境要因の関連についての代表的な考え方に hygiene hypothesis（衛生仮説）が挙げられる．すなわち，清潔な生活環境ではバクテリア由来物質などによる免疫学的刺激が少なく，アレルギー性疾患の発症率が高くなるという考え方である．この仮説を裏づけるように，実際に現代においても都市と農場におけるアレルギー性疾患発症率を比較すると，農場では有意に低いことが指摘されている．この衛生仮説に基づいて農場という生活環境が DNA メチル化に与える影響も検討されている．例えば，Slaats ら[23] は農場に住む母親由来の胎盤を用いて，自然免疫に関連する分子でアレルギー疾患の発症との関連も指摘されている *CD14* 遺伝子のプロモーター領域の DNA メチル化レベルが農場以外に住む母親のものに比べ低いことを報告している．また最近，ヨーロッパのコホート調査 protection against allergy：study in rural environment（PASTURE）スタディでは，郊外に住む妊婦を対象に，臍帯血，ならびに児が 4 歳半になった時の全血を用いて *ORMDL1，2，3，IL-13，IL-4，STAT6，FOXP3* など，気管支喘息発症と関連のある遺伝子の DNA メチル化を，母親が農場に住んでいる場合とそうでない場合とで比較している[24]．その結果，農場に住む母親由来の臍帯血では，*ORMDL1，STAT6* 遺伝子の DNA メチル化頻度が有意に低く，RAD50 と IL-13 は高かった．4 歳半時の全血では，農場と非農場，喘息群と非喘息群と比較しても，差を認めなくなっていた[24]．

　環境のみでなく治療による DNA メチル化の変化も報告されている．近年，アレルギーに対する根本治療となりうる免疫療法が着目されている．アレルゲンを投与することでアレルゲンに対する脱感作を誘導する治療法であり，特に舌下にて投与する舌下免疫療法（sublingual immunotherapy：SLIT）は，日本ではスギ花粉症においてその有効性が確認されており，近く臨床の場に導入されることとなっている．Swamy ら[25] は，オオアワガエリとダニに対する SLIT を行い，効果のみられた患者の Treg 細胞では Foxp3 発現量が多く，メモリー Treg 細胞において *Foxp3* 遺伝子のプロモーターの DNA メチル化が低下していることを見出している．

V．臨床検体におけるエピジェネティクス研究の問題点

　上で見てきたような臨床検体を用いたエピジェネティクス研究の問題点の1つとして，異なる細胞種からなる雑多な集団をまとめて解析していることが挙げられる．このような場合，検出した変化がその細胞集団の構成変化を反映したものなのか，同一の細胞種の性質変化を反映しているのか不明である．環境変化や治療などの摂動に対する免疫応答の結果として免疫構成細胞の割合に変化が生じていれば，単核球分画でDNAメチル化の変化を見るよりも，フローサイトメトリーで構成細胞の変化を直接検討したほうがより詳細な解析が可能であろう．一方，単核球から特定の細胞集団を分取したうえでメチル化変化を解析すれば，フローサイトメトリーでは把握できなかった新たな観点からの病態解析が可能となる．この点に関して，小林ら[26]はアレルギー性疾患ではないが，小児ネフローゼ症候群の患者を対象に，有症状時と無症状時の末梢血より，磁気ビーズ法により単球とナイーブCD4陽性T細胞を分取してDNAメチル化の変化を検討し，単球とナイーブCD4陽性T細胞間では大きくDNAメチル化パターンが異なることを指摘している．さらに，ネフローゼ症候群では，その病勢に関連してナイーブCD4陽性T細胞において，より大きなDNAメチル化変化が起こっていることを明らかにしている．

　一方で，単核球分画のメチル化パターンを詳細に検討することで，フローサイトメトリーで構成細胞の変化を解析する代替手段となる可能性も考えられる．フローサイトメトリーでは，細胞の形態を保った状態でなければ検査できないのに対し，DNAメチル化はゲノムDNAを保存しておけば長期保存が可能であり，有用な新規検査手段となりうるであろう．

おわりに

　リンパ球の分化にエピジェネティクスは深く関与しており，分子のレベルでその詳細が明らかになりつつある．一方で，ヒトの疾患としてのアレルギーでの免疫応答におけるエピジェネティクスは，いまだ明らかになっていないことや，相反する結果を認めることもある．アレルギー疾患の基本病態もいまだ不明の点が多い．今後の技術的進歩に伴い時間的（年齢，症状の有無），空間的（細胞種）にもより高い解像度をもってエピジェネティクスを解析することができるようになれば，診断や治療へと応用できる時が来ると期待される．

用語解説

1. **IgE**：免疫グロブリンE．即時型アレルギー反応を担う抗体．B細胞で産生された後，肥満細胞や好塩基球の高親和性IgE受容体に結合する．特異的抗原が侵入し，受容体の凝集が引き起こされると，ヒスタミンなどの化学伝達物質が分泌される．

参考文献

1) Osawa R, Konno S, et al：J Invest Dermatol 130, 2834-2836, 2010.
2) Shreffler WG, Wanich N, et al：J Allergy Clin Immunol 123, 43-52 e47, 2009.
3) Maddur MS, Miossec P, et al：Am J Patho 181, 8-18, 2012.
4) Suarez-Alvarez B, Rodriguez RM, et al：Trends Genet 28, 506-514, 2012.
5) Schoenborn JR, Dorschner MO, et al：Nat Immunol 8, 732-742, 2007.
6) Santangelo S, Cousins DJ, et al：Chromosome Res 17, 485-496, 2009.
7) Cohen CJ, Crome SQ, et al：J Immunol 187, 5615-5626, 2011.
8) Floess S, Freyer J, et al：PLoS Biol 5, e38, 2007.
9) Wei G, Wei L, et al：Immunity 30, 155-167, 2009.
10) Bluestone JA, Mackay CR, et al：Nat Rev Immunol 9, 811-816, 2009.
11) Cuddapah S, Barski A, et al：Curr Opin Immunol 22, 341-347, 2010.
12) Brand S, Kesper DA, et al：J Allergy Clin Immunol 129, 1602-1610 e1606, 2012.
13) Grausenburger R, Bilic I, et al：J Immunol 185, 3489-3497, 2010.
14) Choi JH, Oh SW, et al：Clin Exp Allergy 35, 89-96, 2005.
15) Allan RS, Zueva E, et al：Nature 487, 249-253, 2012.
16) Ito K, Lim S, et al：FASEB J 15, 1110-1112, 2001.

17) Breton CV, Byun HM, et al：Am J Respir Crit Care Med 180, 462-467, 2009.
18) Perera F, Tang WY, et al：PLoS One 4, e4488, 2009.
19) Nadeau K, McDonald-Hyman C, et al：J Allergy Clin Immunol 126, 845-852 e810, 2010.
20) Hollingsworth JW, Maruoka S, et al：J Clin Invest 118, 3462-3469, 2008.
21) Haberg SE, London SJ, et al：J Allergy Clin Immunol 127, 262-264, 264 e261, 2011.
22) Magdelijns FJ, Mommers M, et al：Pediatrics 128, e135-144, 2011.
23) Slaats GG, Reinius LE, et al：Allergy 67, 895-903, 2012.
24) Michel S, Busato F, et al：Allergy 68, 355-364, 2013.
25) Swamy RS, Reshamwala N, et al：J Allergy Clin Immunol 130, 215-224 e217, 2012.
26) Kobayashi Y, Aizawa A, et al：Pediatr Nephrol 27, 2233-2241, 2012.

滝沢琢己	
1995年	群馬大学医学部卒業
	群馬大学附属病院小児科研修医
1996年	公立藤岡総合病院小児科医員
1997年	済生会前橋病院小児科医員
1998年	利根中央病院小児科医員
1999年	東京医科歯科大学難治疾患研究所（委託研究生）
2000年	熊本大学発生医学研究センター（委託研究生）
2002年	群馬大学大学院医学系研究科博士課程修了
	日本学術振興会特別研究員（PD）
2004年	米国 National Cancer Institute（Dr. Tom Misteli）
	Human Frontier Science Program Long Term Fellow
2008年	奈良先端科学技術大学院大学バイオサイエンス研究科分子神経分化制御講座助教
2011年	群馬大学大学院医学系研究科小児科学分野准教授

第2章 エピジェネティクスと病気

2．環境相互作用・多因子疾患
5）骨関節疾患におけるエピジェネティクス

今井祐記

　先進諸国では，社会の高齢化が急速に進行しており，健康長寿の獲得が社会的急務といえる。健康長寿の獲得には，高齢者の運動機能低下や寝たきり生活の大きな要因となっている骨粗鬆症による骨折や関節リウマチ，変形性関節症などの運動器疾患を適切に予防・治療する必要がある。これらの疾患に対して，更なる新規治療法の開発が期待されているが，骨関節疾患における治療標的としてのエピジェネティクスの詳細については，大部分が不明であるといえる。本稿では，骨関節疾患の病態生理におけるエピジェネティクスに関する最近の知見について紹介する。

はじめに

　本邦をはじめとした先進諸国では，これまで人類が経験したことのない社会の高齢化が急速に進行している。このように人類の寿命を長らえることが可能になったのは，言うまでもなく様々な医療技術の進歩の結果である。長い人生を健やかに，かつ生活の質を維持しながら過ごすことが非常に重要であり，健康長寿の獲得が社会的急務といえる。健康長寿を獲得するための乗り越えるべき1つの問題点として，運動器疾患が挙げられる。骨粗鬆症による骨折や関節リウマチ，変形性関節症などは，高齢者の運動機能低下や寝たきり生活の大きな要因となっている。これらの疾患に対して，近年様々な治療法が臨床応用され，疾患の改善が認められつつあるが，更なる新規治療法の開発が期待されている。様々な疾患群において新規治療法の標的としてエピジェネティクスが注目を浴びているが，骨関節疾患におけるエピジェネティクスの詳細については大部分が不明であるといえる。

　本稿では，骨関節疾患の病態生理におけるエピジェネティクスに関する最近の知見について，病態発症・増悪に関連する細胞を中心に紹介する。

I．骨粗鬆症におけるエピジェネティクス

　骨組織は，破骨細胞による骨吸収と骨芽細胞による骨形成のバランスにより，その骨量を中心とした恒常性を維持している。骨粗鬆症は，そのバランスが崩れ骨量が減少した病態であり，閉経後骨粗鬆症など一般的には破骨細胞による骨吸収が骨芽細胞による骨形成を上回ることにより発症する[1]。このことから，破骨細胞，骨芽細胞の分化過程におけるエピジェネティクスを理解することが，骨粗鬆症におけるエピジェネティクスを捉える一助となると考えられる。

1．破骨細胞

　破骨細胞は，血球系幹細胞からM-CSFおよび

---

key words

健康長寿，骨粗鬆症，破骨細胞，Nfatc1，骨芽細胞，Runx2，Osterix，変形性関節症，MMPs，RANKL

RANKL（receptor activator of NF-κB ligand）の刺激により活性化した主要転写因子である Nfatc1 の転写制御を介して分化し，複数の細胞が融合することにより形成される多核巨細胞である[2]。

破骨細胞分化におけるエピジェネティクス制御は，近年少しずつ明らかになりつつある。Yasuiらは次世代型シーケンサーを用いて，転写活性化および不活性化ヒストン修飾である H3K4me3 および H3K27me3 に対して ChIP-seq（chromatin immunoprecipitation sequencing：クロマチン免疫沈降シーケンス）を，破骨細胞前駆細胞である骨髄由来マクロファージ系細胞（bone marrow macropahge：BMM），および BMM に対して RANKL 刺激を行い分化誘導された破骨細胞（OC）を用いて行った[3]。著者らは，ChIP-seq の結果とマイクロアレイを用いた遺伝子発現プロファイルの結果とを比較した。なかでも，BMM では両方のヒストン修飾を認める状態（bivalent）で転写が不活性化されており，OC では H3K4me3 修飾のみを認める（monovalent）状態で転写が活性化している遺伝子に着目し，その遺伝子近傍のエピゲノム修飾を解析した。その結果，RANKL 刺激により，破骨細胞主要転写因子である Nfatc1 遺伝子の転写開始点周囲では，H3K4me3 修飾には変動を認めず，H3K27me3 修飾の減少を認めた。このことから，RANKL 刺激による破骨細胞分化において，H3K27me3 修飾の減弱，つまり脱メチル化が重要であることが示唆された。筆者らは，H3K27 の脱メチル化酵素として知られている Jmjd3 および Utx[4)-7] の2つの遺伝子に対し shRNA により遺伝子発現抑制を行い破骨細胞分化を観察した。その結果，Utx に対する発現抑制では破骨細胞分化に有意な変化を認めなかったが，Jmjd3 の発現抑制により著しい破骨細胞分化の抑制ならびに Nfatc1 遺伝子発現の低下が観察された。これらの結果から，RANKL 依存的な破骨細胞分化においては，Jmjd3 により Nfatc1 遺伝子転写開始点周辺の H3K27me3 修飾が脱メチル化されることにより，Nfatc1 遺伝子発現を活性化することで破骨細胞分化を正に制御することが明らかとなった[3]。

上記の報告に加え，破骨細胞分化過程において遺伝子発現変動するヒストン脱メチル化酵素の1つに Jmjd5 が挙げられる。Jmjd5 は，Jmjd3 と同様に水酸化を介した脱メチル化酵素ドメインとして知られる JmjC ドメインを有するタンパク質である[8]。Jmjd5 の遺伝子発現抑制にて破骨細胞分化が促進したことから，Jmjd5 によるエピジェネティクス制御の変動により破骨細胞分化が調節されていることが推察された。過去に Jmjd5 は H3K36 の脱メチル化酵素として報告されていることから[9]，in vitro 脱メチル化活性を測定したところ，われわれの検討では，Jmjd5 では残念ながら脱メチル化活性を認めなかった。そこで，元来の JmjC ドメインの機能である水酸化に着目した結果，Jmjd5 は Nfatc1 を水酸化することで，ユビキチン-プロテアソーム系による Nfatc1 のタンパク分解を促進し，破骨細胞分化を負に制御することが明らかとなった[10]。このことから，エピジェネティクス制御因子として知られるタンパク質の多様な機能に着目することで，細胞分化におけるエピジェネティクスの理解が深まることが示唆される。

また他の細胞と異なり，多核細胞である破骨細胞では，破骨細胞内に存在するこれらの複数の核におけるエピジェネティクス制御が均一であるか否かは非常に興味深い。そこでわれわれは，成熟破骨細胞の各々の核における転写活性を免疫染色および RNA FISH により評価した。その結果，エピジェネティック制御を司る様々なヒストン修飾状況は，すべての核でほぼ同様の傾向を示したものの，転写活性化を担うリン酸化 RNA ポリメラーゼおよび破骨細胞分化の主要転写因子である Nfatc1 は，限られた核にのみ局在することが明らかとなった（図❶A）。さらに，RNA FISH により，破骨細胞分化マーカー遺伝子（*Nfatc1*, *Ctsk*, *Acp5*）の初期転写産物の局在を検討した結果，リン酸化 RNA ポリメラーゼと同様に限られた核でのみ存在することが明らかとなった（図❶B）。これらの結果から，多核細胞である破骨細胞においては，ヒストン修飾状態を基盤として，さらに選択的に転写を制御する因子や機構が存在するこ

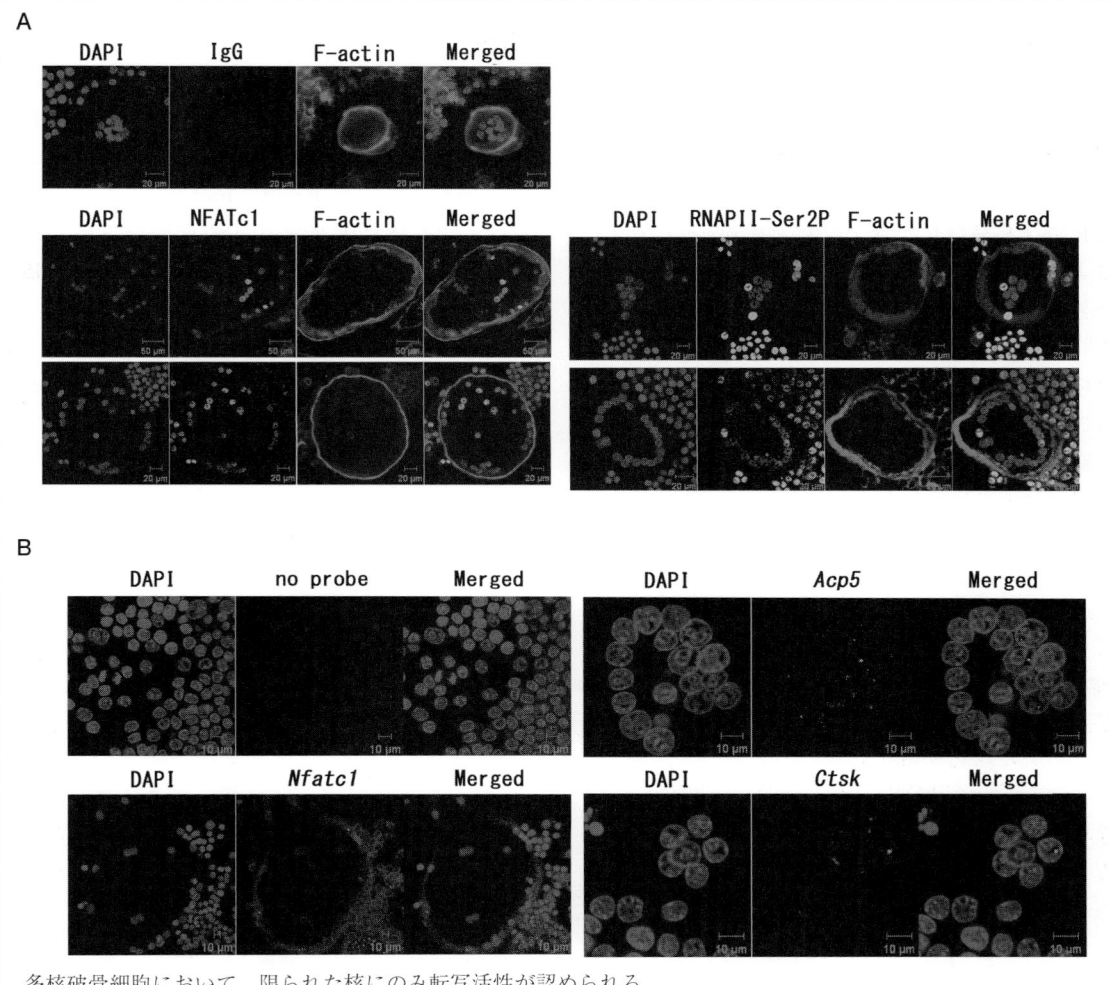

図❶　破骨細胞におけるエピジェネティック制御（文献 10 より改変）

多核破骨細胞において，限られた核にのみ転写活性が認められる．
A．破骨細胞の多核における Nfatc1 および RNAPII-Ser2P タンパク質の局在
B．破骨細胞の多核における Nfatc1，Acp5，Ctsk の転写産物の存在
RNAPII-Ser2P：phosphorylated RNA polymerase II on serine 2

（グラビア頁参照）

とが示唆された[11]．

2．骨芽細胞

骨芽細胞は，間葉系幹細胞から Runx2 や Osterix などの様々な転写因子により段階的に分化した骨形成を担う細胞である．成熟骨芽細胞は，骨基質となる I 型コラーゲンや多様な非コラーゲンタンパク質を分泌し，そのタンパク基質にリン酸化カルシウムであるハイドロキシアパタイトを沈着させることにより骨形成を行い，最終的には骨細胞へと分化することが知られている．近年，骨芽細胞や骨細胞は，骨形成を担うのみでなく，骨吸収を担う破骨細胞の分化をも制御することが明らかになっている．

上述のごとく，RANKL は破骨細胞の分化主要因子である．この RANKL は，骨芽細胞[2]，骨細胞[12)13)] など複数の細胞種[14)15)] から産生されることが報告されている．ビタミン D などの様々な細胞外刺激により RANKL 遺伝子発現が調節されることは明らかとなっていたが，そのエピジェネティクス制御は明らかではなかった．Kitazawa ら

は，ビタミンDにより誘導されるRANKL遺伝子発現は，RANKL遺伝子プロモーター領域に存在するTATA box近傍におけるCpG領域のDNAメチル化に依存することを明らかにした．つまり，ビタミンD刺激ではRANKL発現上昇を認めない細胞では，その領域のDNAメチル化が高頻度に起こっている一方で，ビタミンD依存的にRANKL発現が亢進する骨芽細胞などの細胞では，当該領域のDNAのメチル化の程度が低いことを報告した．さらにRANKL非応答性細胞に対してDNAメチル化阻害剤を投与することでビタミンDによるRANKL発現誘導が起こることを報告している[16]．また，Delgado-Calleらは，プロモーター領域のみならず，RANKL遺伝子座内のCpG領域におけるDNAのメチル化状態が，RANKL遺伝子発現調節を司っていることを報告している[17]．

一方で，骨芽細胞分化課程におけるエピジェネティクス制御についても，一部が明らかになりつつある（図❷）．骨芽細胞分化に必須の転写因子であるOsterix（Osx）による転写制御をエピジェネティクスの観点から明らかにすることを目的に，ShinhaらはOsxと物理的に結合するタンパク質を生化学的に同定した．その結果，Osxと結合するタンパク質の中にNO66が存在することを明らかにした．NO66は，JmjCドメインを有しH3K4およびH3K36のメチル化修飾を脱メチル化する酵素として知られている．NO66によるこれらの脱メチル化活性がOsx標的遺伝子のプロモーター領域における修飾状態を制御していることが明らかにされた．また，NO66とOsxのOsx標的遺伝子プロモーター上への結合度合いは，負に相関することが明らかとなり，Osx依存的な骨芽細胞分化過程において，NO66はエピジェネティクス制御を介して負に調節することが明らかとなった[18]．

図❷ 骨芽細胞分化課程におけるエピジェネティック制御の一部

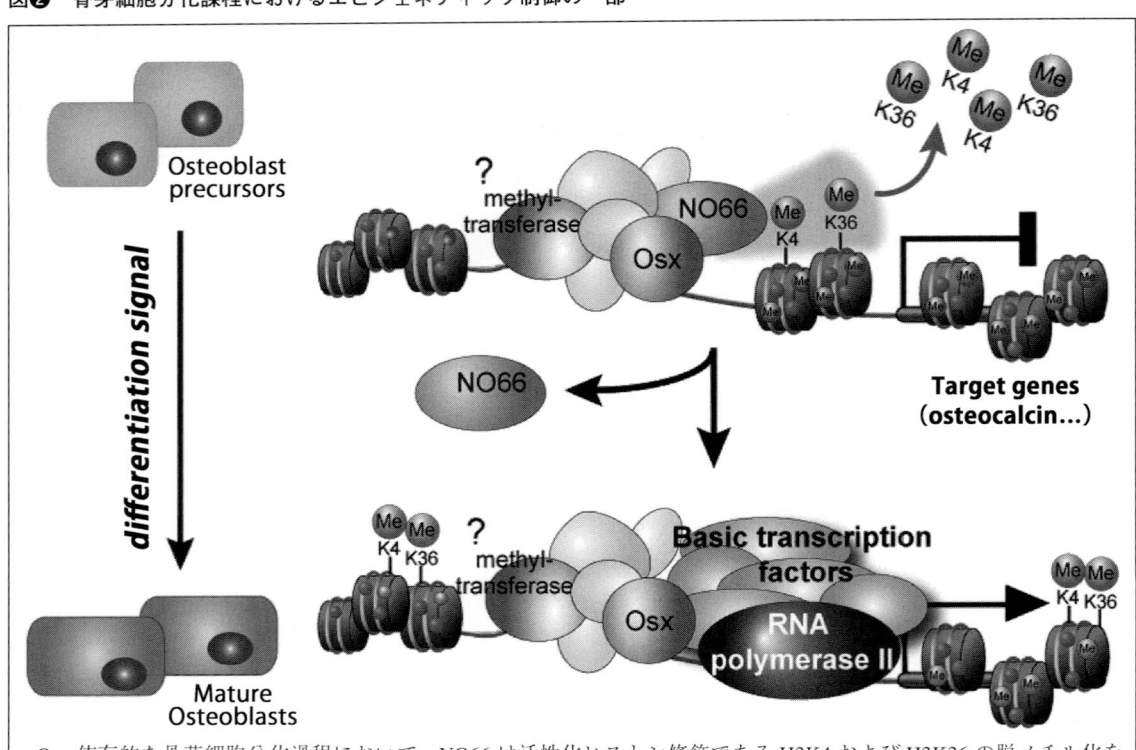

Osx依存的な骨芽細胞分化過程において，NO66は活性化ヒストン修飾であるH3K4およびH3K36の脱メチル化を調節し，エピジェネティクス制御を介して負に調節する．

このように，骨粗鬆症を引き起こす骨芽細胞による骨形成と破骨細胞による骨吸収のバランスの破綻には，それぞれの細胞種の分化課程におけるエピジェネティクス制御が深く関わっており，これらの詳細な分子メカニズムを解明することが，骨粗鬆症病態の理解につながると考えられる。

Ⅱ．変形性関節症におけるエピジェネティクス

変形性関節症（OA：osteoarthritis）は，全身の関節面を覆っている関節軟骨の変性に伴う関節機能の破綻であり，特に股関節や膝関節などの荷重関節の罹患においては生活の質を著しく低下させてしまう疾患である。OA の病因は多様であると考えられているが，最終的には軟骨細胞の変化であると考えられる。軟骨細胞は，間葉系幹細胞から主に Sox9 や Runx2 などの転写因子の活性により，発生段階や成長を担う成長軟骨板においては，静止軟骨細胞，増殖軟骨細胞，肥大軟骨細胞に分化し，最終的にはアポトーシスにより死滅し，骨組織へと置換される[19]。一方で，関節軟骨細胞は，Ⅱ型コラーゲンを主成分とする軟骨基質を産生するものの肥大化せず成長軟骨板での分化過程途上の中間状態で維持されたいわゆる「永久軟骨細胞」であると考えられている。しかしながら，メカニカルストレスなどの様々な刺激により，硝子軟骨基質産生の低下や基質分解を担うメタロプロテアーゼ（MMPs）などの分泌亢進を認め，主に後期分化を担う Runx2 の活性化に伴い，X型コラーゲンや MMP13 を分泌する肥大軟骨細胞へと分化するなど[20]，関節軟骨としての機能破綻が生じ，OA が引き起こされる。

これらの軟骨分化や OA 発症および増悪におけるエピジェネティクス制御は，その大部分が不明であるが，近年その一部が明らかになりつつある。

1. 変形性関節症と DNA メチル化

OA 軟骨細胞におけるゲノムワイドな DNA メチル化を評価した研究はいまだ報告がないが，個々の OA 関連遺伝子における DNA メチル化修飾について，いくつかの報告がある。軟骨基質分解を担う MMPs の発現は，正常関節軟骨では低いが，OA 軟骨では比較的亢進している[21]。OA 軟骨細胞では MMP3, 9, 13 などのほとんどの MMPs 遺伝子やこれらの遺伝子発現を促進するサイトカインである IL1 遺伝子のプロモーター領域の DNA のメチル化が低下していることが報告されている[22)23)]。その結果，OA 軟骨では MMPs の発現が亢進し，軟骨基質の分解が促進されていると考えられる。

2. 変形性関節症とヒストン修飾

ヒストン修飾についても大規模な解析は報告されておらず，OA に関連した研究としては主にHDAC 阻害剤の影響を評価した報告が挙げられる。HDAC 阻害剤により，軟骨基質を構成するⅡ型コラーゲンやプロテオグリカンの分解，MMPsの発現を抑制することが報告されている[24]。また，靱帯切除による OA モデル動物に対して，週1回の HDAC 阻害剤投与により，関節軟骨の変性やコラゲナーゼおよび IL1 の発現が抑制されるなど，HDAC 阻害剤の OA 進行抑制効果が期待されている[25]。

一方で，IL1 刺激により，関節軟骨変性を促進すると考えられる *COX2* や *iNOS* 遺伝子のプロモーター領域における H3K4 のメチル化が，SET-1Aのリクルートメントを介して亢進することが明らかとなっている。加えて，SET-1A やヒストンメチル化抑制により IL1 誘導性の *COX2* や *iNOS* 遺伝子発現が抑制されることから，これらのヒストン修飾制御が OA 進行に関与していることが示唆された[26]。

以上のように，変形性関節症におけるエピジェネティクス制御については，いまだ大規模なゲノムワイド研究の報告がなく，大部分が不明であると言える。他の疾患と同様に，少しずつそのエピジェネティクス制御機構や制御因子などが明らかになることが期待される。

おわりに

骨関節疾患を克服することが健康寿命獲得に必須であると考えられ，様々な治療法が臨床応用されている現在において，新たな治療標的としての

エピジェネティクス制御は興味深い領域である。骨関節疾患領域におけるエピジェネティクス制御機構は，腫瘍などの他の疾患領域と比較して十分な理解が進んでいるとは言い難い。しかしながら，それゆえ，それぞれの疾患特異的なエピジェネティクス制御機構を明らかにすることで，新規治療法に向けた創薬シーズ開発への手がかりとなることが期待される。

参考文献

1) Harada S, Rodan GA：Nature 423, 349-355, 2003.
2) Takayanagi H：Nat Rev Immunol 7, 292-304, 2007.
3) Yasui T, Hirose J, et al：J Bone Miner Res 26, 2665-2671, 2011.
4) Agger K, Cloos PA, et al：Nature 449, 731-734, 2007.
5) De Santa F, Totaro MG, et al：Cell 130, 1083-1094, 2007.
6) Lan F, Bayliss PE, et al：Nature 449, 689-694, 2007.
7) Lee MG, Villa R, et al：Science 318, 447-450, 2007.
8) Klose RJ, et al：Nat Rev Genet 7, 715-727, 2006.
9) Ishimura A, Minehata K, et al：Development 139, 749-759, 2012.
10) Youn MY, Yokoyama A, et al：J Biol Chem 287, 12994-13004, 2012.
11) Youn MY, Takada I, et al：Genes Cells 15, 1025-1035, 2010.
12) Nakashima T, Hayashi M, et al：Nat Med 17, 1231-1234, 2011.
13) Xiong J, Onal M, et al：Nat Med 17, 1235-1241, 2011.
14) Joshi PA, Jackson HW, et al：Nature 465, 803-807, 2010.
15) Schramek D, Leibbrandt A, et al：Nature 468, 98-102, 2010.
16) Kitazawa R, Kitazawa S：Mol Endocrinol 21, 148-158, 2007.
17) Delgado-Calle J, Sanudo C, et al：Epigenetics 7, 83-91, 2012.
18) Sinha KM, Yasuda H, et al：EMBO J 29, 68-79, 2010.
19) Kobayashi T, Kronenberg H：Endocrinology 146, 1012-1017, 2005.
20) Kamekura S, Kawasaki Y, et al：Arthritis Rheum 54, 2462-2470, 2006.
21) Kevorkian L, Young DA, et al：Arthritis Rheum 50, 131-141, 2004.
22) Roach HI, Yamada N, et al：Arthritis Rheum 52, 3110-3124, 2005.
23) Hashimoto K, Oreffo RC, et al：Arthritis Rheum 60, 3303-3313, 2009.
24) Young DA, Lakey RL, et al：Arthritis Res Ther 7, R503-512, 2005.
25) Chen WP, Bao JP, et al：Mol Biol Rep 37, 3967-3972, 2010.
26) El Mansouri FE, Chabane N, et al：Arthritis Rheum 63, 168-179, 2011.

参考ホームページ

・日本整形外科学会
　http://www.joa.or.jp/jp/index.html
・日本骨代謝学会
　http://jsbmr.umin.jp/

今井祐記

1999 年	大阪市立大学医学部卒業
2005 年	同大学院医学研究科博士課程修了
2006 年	東京大学分子細胞生物学研究所博士研究員
2007 年	大阪市立大学大学院医学研究科整形外科学病院講師
2009 年	Dana-Farber Cancer Institute 客員研究員
2010 年	東京大学分子細胞生物学研究所特任講師
2013 年	愛媛大学プロテオサイエンスセンター教授

第2章　エピジェネティクスと病気

2．環境相互作用・多因子疾患
6）*Helicobacter pylori* 感染による DNA メチル化異常の誘発

丹羽　透・牛島俊和

　胃がんの強いリスク因子である *Helicobacter pylori*（ピロリ菌）感染は，慢性炎症を介して胃粘膜上皮に DNA メチル化異常を誘発する．メチル化異常の蓄積量は胃発がんリスクと相関し，また DNA 脱メチル化剤によるメチル化異常の誘発・蓄積の阻止はピロリ菌感染による胃発がんを抑制する．したがって，メチル化異常はピロリ菌感染胃発がんの重要なメカニズムであることが示されている．現在，ピロリ菌感染によって胃粘膜に蓄積したメチル化異常に着目し，胃発がんリスクマーカーとしての臨床応用が試みられている．

はじめに

　DNA メチル化異常をはじめとしたエピジェネティック異常の誘発要因として，慢性炎症を伴う細菌［*Helicobacter pylori*（ピロリ菌）］やウイルス（B 型・C 型肝炎ウイルス）感染が知られている．そのような中でも，ピロリ菌感染は DNA メチル化異常の誘発メカニズムについての解析が進んでいる[1]．従来，ピロリ菌感染は胃がんの非常に強いリスク因子であること[2]，胃がんでは高頻度に DNA メチル化異常がみられること[3]が知られてきた．著者らはこれまでに，ピロリ菌感染によって惹起される慢性胃炎が DNA メチル化異常誘発の原因であることを明らかにしてきた．

　本稿では，ピロリ菌感染者の胃粘膜でみられる異常なメチル化の変化，動物モデルを用いたメチル化異常誘発メカニズムの解析，そして，これらの診断や予防への応用に向けた取り組みについて紹介する．

Ⅰ．ヒト胃粘膜における DNA メチル化異常

　がん細胞で認められる DNA メチル化異常としては，繰り返し配列を主体としたゲノム全体での低メチル化と CpG アイランド（CGI）を主体とした局所的な高メチル化がある．これらの異常がどのような要因によって引き起こされるのかは重要である．

1．ピロリ菌感染者胃粘膜での CGI の高メチル化
　ヒト胃粘膜において，がんで高頻度にメチル化される CGI のメチル化レベルを測定すると，ピロリ菌感染者の胃粘膜でメチル化レベルが非常に高い．一方，ピロリ菌非感染者に着目すると，がん患者の非がん部胃粘膜のほうが，がんのない健常者の胃粘膜に比べてメチル化レベルが高い（図❶A）．これらのことは，ピロリ菌感染がメチル化異

---

key words

Helicobacter pylori，ピロリ菌，DNA メチル化異常，スナネズミ，慢性炎症，発がんリスク診断，胃がん予防，DNA 脱メチル化剤

図❶ ヒト胃粘膜における DNA メチル化レベル

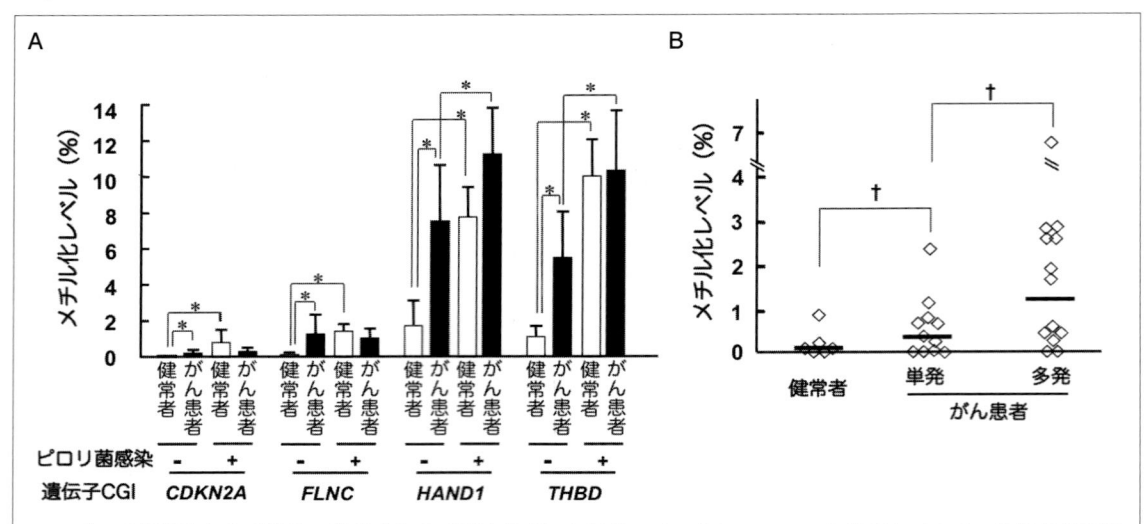

A. ピロリ菌陽性および陰性の健常者およびがん患者におけるメチル化レベル。ヒト胃がんでメチル化異常が高頻度にみられる4個のCGIのメチル化レベルを定量的メチル化特異的PCRにより測定した。ピロリ菌陽性者では，がんの有無にかかわらず非感染者に比べてメチル化レベルが高い。ピロリ菌陰性者では，がん患者のほうが健常者に比べてメチル化レベルが高い。
B. ピロリ菌陰性者における *FLNC* のメチル化レベル。がんの個数に依存してメチル化レベルが上昇した。
†：$P < 0.05$, *：$P < 0.01$

常の誘発要因であることを示唆し，がん患者の非がん部胃粘膜ではメチル化異常が蓄積していることを示している[4]。

2. 胃粘膜におけるメチル化異常の蓄積と胃発がんリスク

ピロリ菌非感染の場合，がんの個数に応じて非がん部胃粘膜におけるメチル化レベルが上昇する（図❶B）。これは，胃粘膜におけるメチル化異常の量が胃発がんリスクと相関することを示している[5]。一般にピロリ菌非感染の胃がん患者はそのほとんどがピロリ菌に既感染であり，長期の炎症によって胃粘膜が萎縮し，ピロリ菌が棲息できなくなるため，最終的に非感染になると考えられている。したがって，非がん部の胃粘膜のメチル化異常は過去のピロリ菌感染などによって誘発・蓄積されたメチル化異常と考えられる。

胃がんは内視鏡的粘膜下層剥離術（ESD）による治療後も多発することが多く，がんを多発する胃には「発がんの素地」が形成されていると考えられる。われわれは，メチル化異常をはじめとしたエピジェネティック異常がその本態であり，「エピジェネティックな発がんの素地」を形成していることを示してきた[6]。食道や肝臓などの他の消化器がんでも，発がんの背景に慢性炎症の関与がみられ，多発する傾向がある。これらの場合においても，エピジェネティックな発がんの素地の形成が，がんの多発に関与していると推測される。

3. ピロリ菌感染者胃粘膜での繰り返し配列の低メチル化

Alu，*Sat α* といった繰り返し配列のメチル化レベルは，ピロリ菌非感染者の胃粘膜に比べて，感染者の胃粘膜で有意に低い[7]。また，ピロリ菌感染により誘発される胃炎の1つである，皺襞腫大性胃炎を呈した胃粘膜では，別の繰り返し配列である LINE1 の低メチル化がみられる[8]。これらの結果は，ピロリ菌感染が繰り返し配列の低メチル化も誘発することを示唆する。

4. ピロリ菌感染によるメチル化異常誘発の標的遺伝子の特異性

ピロリ菌感染によってメチル化が誘発される遺伝子は，ランダムではなく，遺伝子発現量が少ない遺伝子がメチル化される傾向が強い[9]。一般

に，がんでメチル化異常がみられる遺伝子は，正常細胞において発現量が低く，ヒストンH3K27のトリメチル化修飾が存在すること，一方がんでメチル化されない遺伝子は，転写量にかかわらずRNA合成酵素が存在することが知られている[10]。ピロリ菌感染は，メチ異常の標的遺伝子の発現，またはその遺伝子におけるRNA合成酵素のポジショニング，ヒストンH3K27のトリメチル化修飾を変化させることでDNAメチル化異常を誘発していると推測される。

II．スナネズミを用いたピロリ菌感染によるメチル化異常の誘発メカニズム

ヒト胃粘膜を用いた解析から，ピロリ菌感染がメチル化異常の誘発要因であることが示唆されるが，観察研究では因果関係を明らかにすることは不可能である。その点を明らかにするには動物モデルを用いた解析が欠かせない。

1．メチル化異常の原因としてのピロリ菌感染

ヒトのピロリ菌感染胃炎のモデルとして，スナネズミは最も確立した動物モデルである。スナネズミにピロリ菌を感染させ，胃粘膜上皮におけるメチル化レベルを経時的に解析すると，非感染群の粘膜上皮ではほとんどメチル化レベルの上昇はみられないが，感染群では感染期間に依存してメチル化レベルが上昇する（図❷A）。このことは，ピロリ菌感染が確かにメチル化異常の原因であることを示している[11]。

2．ピロリ菌除菌によるメチル化レベルの低下と永続的なメチル化

除菌によるメチル化レベルへの影響もスナネズミを用いて解析されている。感染後50週のスナネズミに抗生剤を投与し，経時的にメチル化レベルを測定すると，除菌後10，20週では有意にメチル化レベルが低下する。しかし，除菌により低下したメチル化レベルは，非感染群のメチル化レベルと比較すると有意に高く，除菌後にも残存するメチル化の存在が示されている（図❷B）[11]。

一般に胃粘膜上皮は活発に新生しており，齧歯類の場合，3〜14日のうちにほぼすべての細胞が入れ替わる。ピロリ菌感染により誘発されるメチル化異常のほとんどは脱落する細胞に誘発されるため除菌によりメチル化レベルが低下すると考えられる（一過的なメチル化）。一方，除菌後にも残るメチル化は幹細胞に誘発されたメチル化異常のため低下しないと考えられる（永続的なメチル

図❷　ピロリ菌感染によるメチル化異常の誘発と除菌によるメチル化レベルの低下

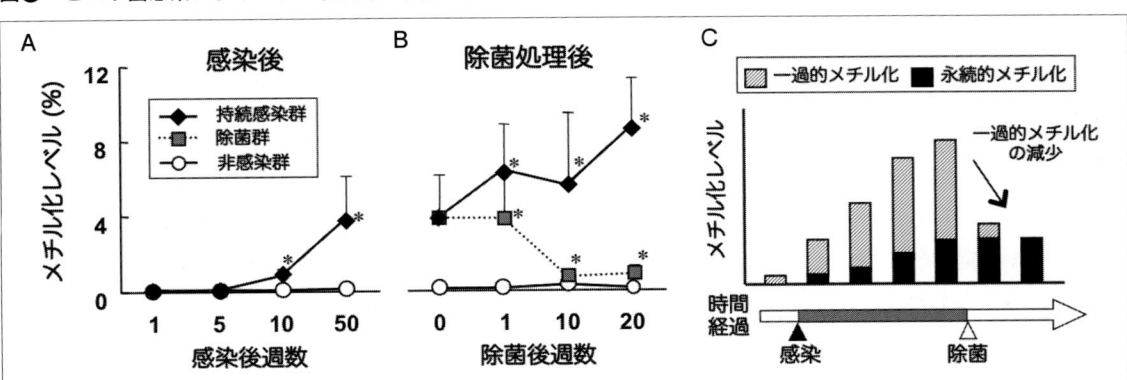

A．スナネズミ胃がんでメチル化されるHE6 CGIのピロリ菌感染後のメチル化レベルの変動。感染後の時間経過とともにメチル化レベルが有意に上昇した。
B．HE6のピロリ菌除菌後のメチル化レベルの変動。除菌後1週では変化しなかったが，10，20週後ではメチル化レベルは減少した。減少したメチル化レベルは，非感染群と比べると有意に高く，除菌後にも残存するメチル化の存在が示された。
C．一過的メチル化と永続的メチル化の関係。ピロリ菌感染により，一過的メチル化と永続的メチル化が誘発されるが，除菌により一過的なメチル化のみが消失し，永続的なメチル化が残存する。
＊：非感染群に比べて有意にメチル化レベルが高かったもの。

化）（図❷C）。発がんとの関連では，幹細胞に誘発された永続的なメチル化が重要であり，実際にピロリ菌感染が陰性の場合，胃粘膜のメチル化レベルが胃発がんリスクと相関することは，永続的なメチル化の重要性を支持する。

3. ピロリ菌感染によるメチル化異常誘発における慢性炎症の重要性

ピロリ菌を感染させたスナネズミに免疫抑制剤シクロスポリンAを投与し，炎症反応を抑制すると，メチル化異常の誘発はほとんど起きない[11]。ピロリ菌はCagAタンパク質の注入などにより上皮細胞を直接的に障害することが知られているが，少なくともメチル化異常の誘発という点では，菌体による直接作用よりも感染により惹起された炎症反応が重要と考えられる。

ピロリ菌感染以外にも，アルコールや食塩などによっても胃炎は惹起される。しかし，これらを反復的に長期間スナネズミに投与しても，細胞増殖は亢進するもののメチル化異常の誘発は観察されない。*Il1b*, *Nos2*, *Tnf* などの炎症関連遺伝子の発現が，アルコールや食塩による炎症では上昇せず，ピロリ菌感染が惹起する炎症で特異的に上昇することから，これら遺伝子発現で特徴づけられる炎症にメチル化異常の誘発能があることが示唆されている[12]。

Ⅲ．メチル化異常に基づいた臨床応用への試み

ピロリ菌感染，またはその他の要因によって胃粘膜に誘発・蓄積したメチル化異常に着目して，現在，胃がんの予防の臨床的応用へ向けての取り組みが行われている。

1. メチル化の蓄積量を利用した発がんリスク診断

ピロリ菌の除菌治療の一般化に伴い，今後，胃がんの罹患率は減少するものと考えられる。しかし，除菌を行うまでの感染の影響により，除菌後であってもがんを発症する例は少なくない。そのような胃がん高リスクの人を効率的に選別し，例えば頻回のがん検診を勧めるなどは胃がん予防の方策として重要と考えられる。メチル化異常の蓄積量を用いた胃発がんリスク評価は，そのような高リスク者を選び出す有望な手段となりえる。

われわれは，メチル化異常の蓄積量から，胃がん高リスク者の選別が可能か否かを明らかにするため，早期胃がんを摘出された患者を対象にして，胃がんの異時性多発の有無と胃粘膜のメチル化レベルの関係を明らかにする前向き試験を実施している。この試験では，胃がんをESD治療した患者の非がん部胃粘膜のメチル化レベルを測定し，その後，異時性多発胃がん発生の有無を観察する。5年間のフォローの後，異時性多発がんの発生データと観察開始時のメチル化レベルのデータとを照合する予定である。

2. メチル化異常の誘発・蓄積阻止による胃がん予防

メチル化異常の誘発がピロリ菌感染による胃発がんの主要なメカニズムであるならば，その誘発・蓄積を阻害することで胃発がんが予防できる可能性がある。実際，スナネズミを用いた実験では，DNA脱メチル化剤5-aza-2'-deoxycytidine（5-aza-dC）投与により，ピロリ菌感染と発がん剤 *N*-methyl-*N*-nitrosourea（MNU）で誘発する胃がんが半減すること，胃粘膜におけるメチル化レベルの上昇が抑制されることが示されている（図❸）[13]。

根本的な発がん因子を除くという意味で，ピロリ菌の除菌が胃がん予防の第一選択であることは間違いない。しかし，除菌を行ったとしても過去の感染を反映したリスクは依然として残る。脱メチル化剤はそのリスクを軽減させることが可能であり，除菌とは独立したメリットがあると考えられる。ただし，5-aza-dCは精巣毒性があることから[13]，この薬剤をすぐにヒトに応用することは難しく，毒性のない新たな脱メチル化剤の開発が必要である。

おわりに

ピロリ菌感染によるメチル化異常誘発のメカニズムとして，慢性炎症の重要性が明らかになった。しかし現在のところ，慢性炎症のどのような要素（炎症細胞，炎症細胞からのシグナルなど）がメチル化異常の誘発に関与するのか，不明な点が多い。これらの点に着目した解析により，ピロリ菌

図❸ DNA脱メチル化によるピロリ菌感染誘発胃がんの抑制

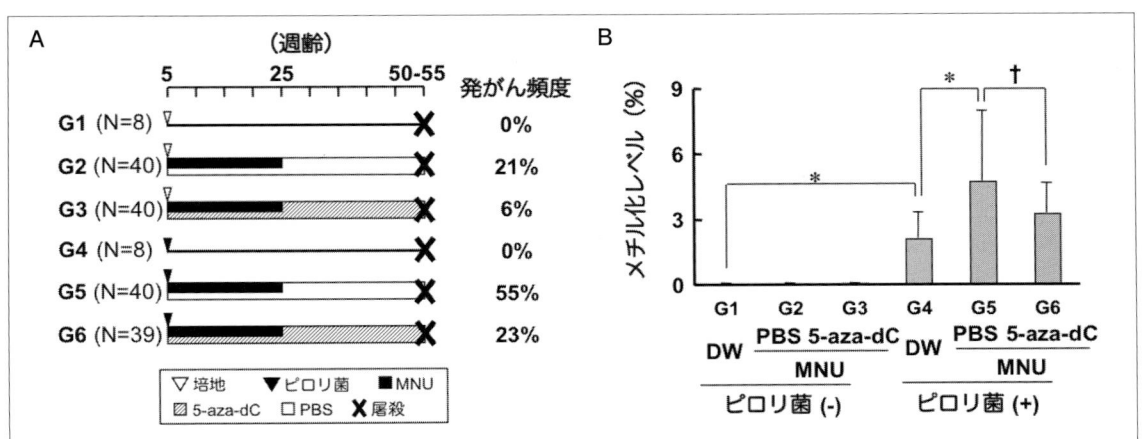

A. 胃がん予防実験のプロトコルと発がん頻度。ピロリ菌+MNU投与群（G5）では55％の頻度で胃がんが発生したが、ピロリ菌+MNU+5-aza-dC群（G6）では発がん頻度は23％と低く（P < 0.05）、脱メチル化剤投与によってピロリ菌誘発胃がんの発生が抑制されることが示された。
B. 胃粘膜上皮におけるHE6のメチル化レベル。G6では、G5に比べて有意にメチル化レベルが低かった。
†：P < 0.05，*：P < 0.01

感染によるメチル化異常誘発メカニズムが解明されれば、B型・C型肝炎ウイルス感染を含めた慢性炎症が関連する発がんメカニズムの解明に広く貢献すると考えられる。

参考文献

1) Niwa T, Ushijima T：Adv Genet 71, 41-56, 2010.
2) Uemura N, Okamoto S, et al：N Engl J Med 345, 784-789, 2001.
3) Ushijima T, Sasako M：Cancer Cell 5, 121-125, 2004.
4) Maekita T, Nakazawa K, et al：Clin Cancer Res 12, 989-995, 2006.
5) Nakajima T, Maekita T, et al：Cancer Epidemiol Biomarkers Prev 15, 2317-2321, 2006.
6) Ushijima T：J Biochem Mol Biol 40, 142-150, 2007.
7) Yoshida T, Yamashita S, et al：Int J Cancer 128, 33-39, 2011.
8) Yamamoto E, Toyota M, et al：Cancer Epidemiol Biomarkers Prev 17, 2555-2564, 2008.
9) Nakajima T, Yamashita S, et al：Int J Cancer 124, 905-910, 2009.
10) Takeshima H, Ushijima T：Epigenetics 5, 89-95, 2010.
11) Niwa T, Tsukamoto T, et al：Cancer Res 70, 1430-1440, 2010.
12) Hur K, Niwa T, et al：Carcinogenesis 32, 35-41, 2011.
13) Niwa T, Toyoda T, et al：Cancer Prev Res（Phila）6, 263-270, 2013.

丹羽　透
1999年　静岡大学理学部生物学科卒業
2001年　同大学院理工学研究科生物地球環境科学専攻修了
2004年　同環境科学専攻修了
　　　　財団法人がん研究振興財団リサーチレジデント
2005年　国立がんセンター研究所発がん研究部任期付き研究員
2008年　国立がん研究センター研究所エピゲノム解析分野研究員

第2章 エピジェネティクスと病気

2. 環境相互作用・多因子疾患
7) 環境化学物質とエピゲノム

五十嵐勝秀

　2013年現在，CAS（Chemical Abstract Service）に登録されている化学物質は7000万を超え，われわれの生活環境にも非常に多くの化学物質が存在している。化学物質がエピゲノムに影響し，生体に有害な作用をもたらすエピジェネティック毒性が注目されつつあるが，エピジェネティック作用を有し，それが生体作用と関連づけられた化学物質はごく一部にとどまっている。本稿ではエピジェネティック毒性について，作用の有無が議論されている化学物質の具体例とともに紹介し，病気への関与について考察する。

はじめに

　われわれの生活環境に存在する化学物質は，元素，天然物，一般工業化学品，食品添加物，容器包装，洗浄剤，農薬，肥料，飼料，医薬品，化粧品など多岐にわたっている。その安全性は毒性試験から得られる様々な科学的情報に基づく規制によって適切な管理が試みられてきているが，毒性試験からは作用なしとされる用量であっても生体影響があると報告される例がある。その最も顕著な例として，ビスフェノールA（bisphenol A：BPA）という化学物質が挙げられる。BPAはポリカーボネート製プラスチックやエポキシ樹脂の原料として用いられる物質であるが，内分泌かく乱化学物質としての作用が疑われ，毒性学的研究対象として最も注目されている物質の1つである。毒性試験結果から，無毒性量（毒性学的なすべての有害な影響が認められなかった最高の曝露量）は5mg/kg（体重）と算出され，種差や個体差などの不確実性を考慮し，50µg/kg（体重）がヒトに対する耐容1日摂取量（これ以下の摂取量であれば，一生涯毎日摂取しても有害な影響が現れない量）と定められている。しかし実験動物においてさえも，これより低い用量で有害影響が生じることを示す論文報告が相次ぎ，ヒトに対する安全性を担保するために取るべき規制方針が世界的に議論されている。

　本稿ではBPAを例に取り，「エピジェネティック毒性」について現在の研究の状況を紹介する。それにより，エピジェネティック毒性研究における課題を取り上げ，エピジェネティック毒性が病気の素因を形成している可能性について考察する。

I. BPAの生体作用

　BPAは，主にポリカーボネート，エポキシ樹脂と呼ばれるプラスチックの原料として使用される。図❶は化学構造である。これは弱いエストロゲン作用をもち，内分泌かく乱化学物質としての

---

key words

エピジェネティック毒性，ビスフェノールA，毒性試験，無毒性量，耐容1日摂取量，バイアブルイエローアグーチマウス，GABAシフト，*Kcc2*，ゲノムプライミング，*FKBP5*，エピジェネティック毒性リスク評価システム

図❶ BPAの化学構造

作用が疑われ，毒性学的研究対象として非常に注目されている化学物質の1つである．急性毒性，反復投与毒性，生殖発生毒性，遺伝毒性，発がん性などの様々な毒性試験の結果から無毒性量が5mg/kg体重/日と設定され，これを基に種差や個体差などに起因する不確実性を考慮し，ヒトに対する耐容1日摂取量が50μg/kg体重/日と設定されている．

BPAは弱いエストロゲン受容体結合能をもつことから，これまで主に内分泌系への影響を調べる研究が多く行われてきた．その結果，毒性試験から有害な影響がないとされた量よりも低い用量でも，中枢神経系や行動[1,2]，乳腺[3]，前立腺への影響[4,5]，思春期早発など[6]が認められるという報告がなされ，BPAの低用量影響を示唆するこれらの結果を踏まえ，ヒトに対する安全性を担保するために取るべき規制方針が世界的に議論されている[7]（「内分泌かく乱化学物質ホームページ」参照）．

Ⅱ．BPAのエピゲノム作用

2007年にDolinoyらが，バイアブルイエローアグーチマウスを用いてBPAにDNAメチル化を低下させる作用があると報告した[8]．アグーチマウスは，マウスの毛色を規定するAgouti遺伝子の上流にレトロトランスポゾン（IAP：intracisternal A particle）が挿入された変異アリルをもつ．挿入されたIAPのDNAがメチル化されていれば，IAPの強力なプロモーター活性が抑制され，毛周期に依存した転写が起こり，マウスは正常の毛色を示す．一方で，挿入されたIAPがDNA脱メチル化されると，IAPのプロモーターによる恒常的な発現が起こり，マウスは黄色の毛色を示す[9]．Dolinoyらは，飼料にBPAを混ぜて交配前から離乳までアグーチマウスに投与すると，産仔の毛色の分布がこげ茶色から黄色方向にシフトし，植物性のエストロゲンとして知られるゲニステインを添加しておくとBPAの効果が薄れ，毛色分布はコントロールと変わらなくなったと報告した．黄色方向へのシフトはAgoutiの恒常的発現を意味するため，BPAがIAPのDNAメチル化を低下させる作用を有すると予想され，Agouti上流のIAPの9ヵ所のCpG配列と，別の遺伝子座としてCDK5 activator-binding proteinの上流に挿入されたIAP（CabpIAP）の9ヵ所のCpG配列のDNAメチル化程度を調べたところ，いずれも低下傾向にあったため，BPAがIAPのDNA脱メチル化を促進することでAgoutiの恒常的発現が誘発され，毛色が黄色方向へシフトしたと結論された．この報告は非常に注目を集め，BPAがDNAメチル化に影響するという説のきっかけとなった．その後，検討に用いられたBPAの用量が多い（50mg/kg飼料．マウスの体重を30gとし，1日あたりの摂餌量を3gとすると，1日あたり5mg/kg体重となる．これはヒトの耐容摂取量の100倍に当たる）ことが指摘され，Dolinoyらは2012年に追試結果を報告し，低い用量でも毛色に関しては同様の効果が得られたが，DNAメチル化については対応する変化が得られなかったとしている[10]．一方，別のグループが産仔数2800匹にも及ぶ大規模な検証実験を行い，BPAによる毛色のシフトは認められず，再現性が得られなかったと報告した[11]．毛色による評価は，個体レベルでDNAメチル化影響を評価しうる利点をもつ評価系ではあるが，毛色の判定を観察者の主観に頼らざるを得ないため，そもそも定量化に難があり結果の評価が分かれてしまっているのかもしれない．

BPAがDNAメチル化を変化させるとの仮説はDolinoyらの報告を皮切りに，確定されたかのような流れができていたが[12]，現在の状況は，根拠となるデータが確定的な手法を適切に用いたものであるか，慎重な判断が必要であることを忘れてはならないことを再確認させるものである．あいまいさが残るデータでリスクを煽るようなことがないよう，最新の注意を払わなければならない．

日本の研究者により，マウス胎生期のBPA曝

露が神経細胞の分化や移動を促進することが報告されている[13][14]。伏木らはこれがDNAメチル化変化を伴っていることを示しており[15]、その変化がBPAによる生体影響と関連するか更なる検討が待たれている。

また、同じマウス胎生期のBPA曝露により、出生直後の脳由来の初代培養神経細胞において、Kcc2遺伝子のプロモーター領域にDNA高メチル化、ヒストンアセチル化低下、MeCP2発現上昇および結合上昇などの一連の遺伝子発現抑制方向の変化が生じ、Kcc2の発現が低下することが報告された[16]。その結果、ニューロン内のCl$^-$イオン濃度が高い状態が続くため、GABA作用の「興奮性から抑制性へのシフト」が遅れると考察している。このいわゆるGABAシフトは脳の発達にとって極めて重要な役割を果たすと考えられている。GABAが興奮性の場合、介在ニューロンは細胞外のGABAに応じて細胞移動を行うが、GABAシフトが起こり（Kcc2が発現し細胞内Cl$^-$イオン濃度が高まると）、GABAが抑制性になると、介在ニューロンの細胞外GABAへの反応は細胞移動停止に切り替わることが報告されている[17]。したがって、BPAはKcc2のDNAメチル化変化を介してこのGABAシフトを遅延させ、脳の正常な発達を妨げる可能性があるが、この報告ではKcc2の発現抑制を出生直後しか見ておらず、本来のGABAシフトが生じる生後10日前後でも同様のことが起こるのか確認が必要である。また、用いられたBPAの量は5mg/kg体重/日と高く、より低い用量での検討が必要である。

アグーチマウスを用いた報告は今後の検証を待たなければならないが、BPAはDNAメチル化を変化させる作用があると考えた検討を進めていくことが重要であろう。環境化学物質の生体影響は、特にヒトが曝露しうる用量範囲の場合、安全側に立って慎重に検討すべきであるからである。

それでは、こういったエピゲノムを変化させうる化学物質は生体にどのような影響を与えるのであろうか。化学物質によるエピゲノム作用に基づく有害性である「エピジェネティック毒性」について紹介する。

Ⅲ．エピジェネティック毒性の特性

1．エピジェネティック毒性の概念

われわれは、化学物質がエピジェネティック制御に関わり生体影響を及ぼす現象を「エピジェネティック毒性」として取り上げ、今後の毒性研究におけるトピックの1つとして重要視している。実際、2011年の米国毒性学会における生涯教育講習では、エピジェネティック毒性に関するコースが2つ取り上げられた。われわれも、2011年の日本毒性学会年会でのシンポジウムを皮切りに、2012年の日本毒性学会では生涯教育講習での講義に加え、シンポジウムでもエピジェネティック毒性を取り上げ、基礎研究の進展、疾患や化学物質影響におけるエピジェネティック制御メカニズム研究について多くの方々と議論させていただいている。2013年の日本毒性学会でもシンポジウムを予定している。

われわれが考えているエピジェネティック毒性の概念図を図❷に示した。すなわち、化学物質が細胞内のエピジェネティック制御システムに作用し、そのシステムの働きによって、DNAメチル化やヒストン修飾といったエピゲノムが変化し、細胞、ひいては個体レベルの表現形を変化させるという概念である。エピジェネティック制御システムを担う因子の実体はタンパク質であり、化学物質の主な標的の1つがタンパク質であることから、エピジェネティック毒性作用をもつ化学物質は今後多く見出されると想定している。

2．エピジェネティック毒性の3つの特徴

エピジェネティック制御の仕組みからこの毒性の特徴を考察すると、次の特徴を挙げることができる。①遺伝子配列自体の変更を伴わない、②タイムラグが生じ、ゲノムプライミングとして刻まれる、③作用が持続する、の3つである。

①の遺伝子配列自体の変更を伴わないという特徴は、逆に言えば単純に遺伝子配列を調べる手法による検知ができないことを意味し、特有の検知法が必要となる。ある化学物質にエピジェネティック毒性があると結論づけるためには、現時点で最も確定的なデータが得られる技術手法を用いる

図❷ エピジェネティック毒性の概念

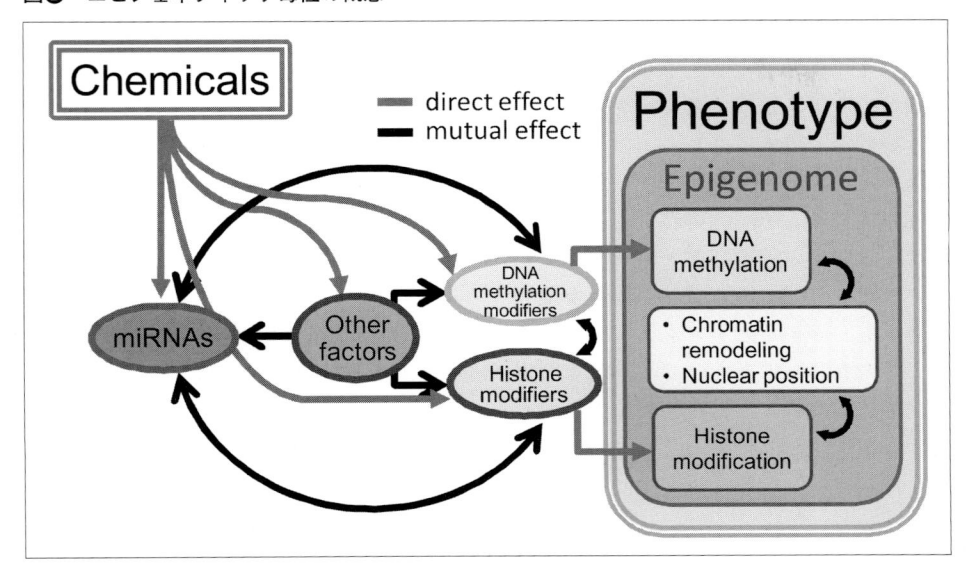

必要があり，得られたデータの信頼性が確実に保証されるようバリデーションを行わねばならないと考えられる．

エピジェネティック毒性は，遺伝子発現制御に関わるゲノム領域の修飾状態の変化ということになるので，発達過程では不要で成長後に必要となる遺伝子では，当座はその変化が特に問題にならないという状況がありうる．よって，影響が表面化するまでタイムラグが生じ，化学物質影響がゲノムに潜在的に刻み込まれる「ゲノムプライミング」を生じさせると考えられる．これが②で指摘した特徴である．

エピジェネティック修飾は遺伝毒性のように遺伝子配列の変化を伴うものではないにしても，それが細胞分裂を経て維持される仕組みがあることからわかるように，ある程度堅牢に保たれる．そのため発達段階にかかわらず常に必要となる遺伝子の場合は，持続した影響として表出することが考えられる．これが③の特徴である．

われわれは，エピジェネティック毒性を研究していく際には，これらの特徴を踏まえて検討を進めていくことが重要であると考えている．

3. エピジェネティック毒性と病気

環境化学物質による直接作用ではないが，エピジェネティック毒性を理解するうえで極めて重要な報告が最近あった．ヒトの幼少期トラウマに基づく心的外傷後ストレス障害（posttraumatic stress disorder：PTSD）において，ストレス反応性制御遺伝子 *FKBP5* のグルココルチコイド応答配列における DNA メチル基が，遺伝子多型のリスクアレルと幼少期トラウマによる高グルココルチコイドの両方に依存する形で脱メチル化され，その結果，*FKBP5* の遺伝子発現が亢進しやすくなりグルココルチコイド受容体の機能が抑制され，ストレスに過敏に反応するようになるという報告である[18)19)]．遺伝子多型のリスクアレルという遺伝要因と，幼少期トラウマという環境要因が結びついてゲノム DNA に物理的な影響を及ぼし，ストレス耐性という表現形を左右することを示した報告として注目される．

この報告の場合，症状が顕在化するためには何らかのストレスが加えられる必要がある．すなわち，リスクアレルをもち，幼少期トラウマを経験した人であっても，それ自体で必ず PTSD を発症するのではなく，もし穏やかに過ごすことができれば PTSD を発症せずにすむ可能性がある．その意味で，幼少期トラウマによる高グルココルチコイドは，リスクアレルと相まって DNA 脱メチ

化を介して病気の素因を形成したに過ぎないとも言える。

エピジェネティック毒性はもしかするとこの例のように，病気の素因を形成する性質のものであるかもしれない。そうであるなら，エピジェネティック毒性作用そのものが検知しやすい形で表出することは実は少なく，上記②の特徴として挙げたゲノムプライミングの状態でゲノムに潜んでいることが多いのかもしれない。BPAの作用が検知しにくいのも，もしかするとゲノムに潜在化するためであり，リスク評価にあたってはそれを表出させ，顕在化させるための工夫が必要になるかもしれない。

おわりに

本稿では，BPA研究を例に取り，環境化学物質がエピゲノムに影響することで生じるエピジェネティック毒性について紹介した。BPAのような低用量でエピジェネティック毒性が疑われる環境化学物質は他にもある。例えば，以前，内分泌かく乱作用をもつとして注目されたトリブチルスズが，マウス発達期の曝露により成体期の体重増加を促進する作用をもつこと，その作用が世代を超えて伝わることが明らかになり[20]，エピジェネティック作用の関与が考えられている[21]。

エピジェネティック毒性の研究はまだその緒に就いたばかりである。アグーチマウスモデルを用いた解析の例を見ても，エピジェネティック毒性作用の有無を，個体レベルで簡便かつ確実に判定しうる系は存在せず，それが環境化学物質のエピジェネティック作用を確定する障壁の1つになっている。また，エピジェネティック作用の有無を判定する評価技術はいまだコンセンサスが取られておらず，研究者の自由な判断にまかされてしまっており，改善が必要である。

エピジェネティック毒性のヒトの健康への影響の大きさを踏まえ，これらの課題を克服する「エピジェネティック毒性リスク評価システム」の構築が今こそ必要である。

参考文献

1) Wolstenholme JT, Edwards M, et al：Endocrinology 153, 3828-3838, 2012.
2) Beronius A, Johansson N, et al：Toxicology, 2013, in print.
3) Tharp AP, Maffini MV, et al：Proc Natl Acad Sci USA 109, 8190-8195, 2012.
4) Arase S, Ishii K, et al：Biol Reprod 84, 734-742, 2011.
5) Tang WY, Morey LM, et al：Endocrinology 153, 42-55, 2012.
6) Losa-Ward SM, Todd KL, et al：Biol Reprod 87, 28, 2012.
7) Birnbaum LS, Bucher JR, et al：Environ Health Perspect 120, 1640-1644, 2012.
8) Dolinoy DC, Huang D, et al：Proc Natl Acad Sci USA 104, 13056-13061, 2007
9) Jaenisch R, Bird A：Nat Genet 33 Suppl, 245-254, 2003.
10) Anderson OS, Nahar MS, et al：Environ Mol Mutagen 53, 334-342, 2012.
11) Rosenfeld CS, Sieli PT, et al：Proc Natl Acad Sci USA 110, 537-542, 2013.
12) Kundakovic M, Champagne FA：Brain Behav Immun 25, 1084-1093, 2011.
13) Nakamura K, Itoh K, et al：J Neurosci Res 84, 1197-1205, 2006.
14) Komada M, Asai Y, et al：Toxicology 295, 31-38, 2012.
15) Itoh K, Yaoi T, et al：Neuropathology 32, 447-457, 2012.
16) Yeo M, Berglund K, et al：Proc Natl Acad Sci USA 110, 4315-4320, 2013.
17) Bortone D, Polleux F：Neuron 62, 53-71, 2009.
18) Klengel T, Mehta D, et al：Nat Neurosci 16, 33-41, 2013.
19) Szyf M：Nat Neurosci 16, 2-4, 2013.
20) Chamorro-Garcia R, Sahu M, et al：Environ Health Perspect 121, 359-366, 2013.
21) Nicole W：Environ Health Perspect 121, a96, 2013.

参考ホームページ

・内分泌かく乱化学物質
　http://www.nihs.go.jp/edc/edc.html
・第40回日本毒性学会学術年会
　http://www.ipec-pub.co.jp/jsot2013/

五十嵐勝秀

1990 年	東京大学農学部卒業
1992 年	同大学院農学生命科学研究科応用生命工学専攻修了
	新日本製鐵株式会社入社
	同先端技術研究所ライフサイエンス研究センター配属
1998 年	東京大学農学博士学位取得
1999 年	新日本製鐵株式会社退社
	東京大学研究生
	東京医科歯科大学研究機関研究員
2000 年	医薬品副作用被害救済・研究振興調査機構
2001 年	国立医薬品食品衛生研究所安全性生物試験研究センター毒性部主任研究官
2012 年	同毒性部第三室室長

専門は神経発達毒性およびエピジェネティック毒性。化学物質の潜在リスクを明らかにするエピジェネティック毒性リスク評価システムの構築をめざし、日夜研究に励んでいる。

第2章 エピジェネティクスと病気

3．精神神経疾患
1）エピジェネティクスと神経疾患

岩田　淳

　神経疾患にはエピゲノムに直接関与する遺伝子群での変異が疾患の原因となることが報告されている。代表的なものとしては MECP2 遺伝子の変異で生じる Rett 症候群や DNMT1 の変異で生じる認知症と難聴を伴う末梢神経障害がある。一方で，原因不明な孤発性神経変性疾患の原因や病態修飾をエピゲノムと結びつけるような研究も多数みられるようになってきた。特に患者数の多いアルツハイマー病やパーキンソン病において研究が進んでおり，疾患の原因の1つと考えられるようなゲノムメチル化異常やヒストンアセチル化異常が見出されている。さらに HDAC 阻害剤による病態修飾や治療に関する研究も進められている。

はじめに

　神経疾患におけるエピジェネティクスの役割は多方面から研究が進められている。それらは大別して，エピジェネティクスに関連する遺伝子の変異に起因する先天性疾患，老化に伴うエピゲノム変化によって生じる変化，そして孤発性の神経変性疾患におけるエピゲノム異常の関与である。本稿では，それぞれについて概説する。

I．先天性中枢神経疾患

　エピゲノム異常による中枢性先天性疾患として最も有名なものは Rett 症候群であろう。本疾患は乳児期早期発症で発達障害，自閉症，てんかん，失調性歩行，特有の常同運動を呈する疾患であり，患者の 80 〜 90％が MECP2 遺伝子に変異を有することが判明している[1]。MECP2 遺伝子は X 染色体上にあり，本疾患は X 染色体性優性遺伝形式をとり，ほぼ女性のみに発症し，男児では多くが胎生致死である。MECP2 遺伝子がコードする methyl-CpG-binding protein（MECP2）はメチル化シトシンに結合するタンパク質で，遺伝子の発現抑制に関与する。成熟神経細胞の機能維持に欠かせないタンパク質であり，この機能が異常となることで神経細胞の発生や機能維持に重要な働きを有する遺伝子の発現異常をきたすことが発症の原因と考えられる。

　一方，DNA メチルトランスフェラーゼの変異によっても中枢神経系の疾患を生じる。常染色体性優性遺伝形式をとる認知症と難聴を伴う末梢神経障害（hereditary sensory and autonomic neuropathy type 1E）の原因遺伝子として DNMT1 が同定されている[2,3]。DNMT1 はメンテナンス DNA メチルトランスフェラーゼであり，ノックアウトマウスは胎生致死である[4]。疾患の原因変異ではその機能不全が想定されているが，その変異により小脳失調，ナルコレプシー，精神症状など多彩な中枢神経症状を呈することも判明している。

---

key words

アルツハイマー病，パーキンソン病，DNMT1，HDAC，MECP2，one carbon metabolism，neprilysin

II．老化

老化の中で顕著な脳機能の変化の1つとして記憶力の低下がある．直接疾患との関わりはないが，記憶とエピジェネティクスとの関連も注目されている分野である．ヒストン脱アセチル化酵素 HDAC2 の機能亢進はシナプス数，dendritic spine の数，記憶の形成に陰性に作用することが報告されており，同様の働きは HDAC1 にはないことは注目に値する[5]．また，16ヵ月齢の C57BL/6 マウスでは記憶力の低下が観察されるが，この現象とともにヒストン H4 の 12 番目のリジン残基のアセチル化が亢進している．このマウスに HDAC 阻害剤の suberoylanilide hydroxamic acid（SAHA）を投与したところ記憶力の快復とともにアセチル化が正常化した[6]．その後，様々な HDAC と記憶力の関係が報告されており[7)-10)]，今後の発展が期待される分野である（表❶）．

III．孤発性神経変性疾患

孤発性神経変性疾患はその原因がいまだ不明であり，根本的な治療法開発のためにも様々な観点からの研究が求められている．ここでは，そのうち患者数の多いアルツハイマー病とパーキンソン病におけるエピゲノムとの関連を述べる．

1．アルツハイマー病

アルツハイマー病（Alzheimer's disease：AD）の患者数はわが国で 200 万人を超え，全世界でも 2050 年には 1 億人に達するといわれる．これは加齢が AD の 1 つの危険因子であるためであり，高齢化社会の進展に伴う患者数の増加は避けられない．AD の病理学的特徴の 1 つである老人斑の出現は，早い場合では 30 歳代から始まると言われるが，緩徐な蓄積過程を経て症状が出現するまでには 20～30 年の年月が必要となる．それは老人斑，すなわちアミロイド β（Aβ）の存在がすぐに症状に直結するわけではなく，実際には神経細胞機能障害をきたすまでには非常に長い年月が必要だからである．ごく稀な場合を除いて AD は孤発性であるため，その原因の解明が待たれている．

(1) One carbon metabolism 系と AD

ビタミン B12 や葉酸などの one carbon metabolism 系のプレイヤー分子達と AD との関係の報告が多数存在する（図❶）．これは元々 AD の危険因子としてビタミン B12 や葉酸の摂取が報告されていたことが大きい．AD では脳脊髄液中の SAM が低下しており，経口または静注投与によって正常化する[11]．また AD 脳では SAM は前頭葉，後頭葉，側頭葉，被殻，海馬でも正常の 50% 以下に低下している[12]．一方，Clarke らは高ホモシステイン血症が AD の危険因子となると報告しており[13]．高ホモシステイン血症の結果，メチルトランスフェラーゼ阻害作用のある SAH が AD 脳では上昇しているとされる[14]．AD 発症に直接関係するタンパク群との相互作用としては，SAM 投与によって培養細胞での PSEN1，BACE1 の発現が低下するが，これがプロモーターのメチル化によることが報告されている[15]．

表❶　HDAC（histone deacetylase）

クラス	名前	分布			中枢神経系での発現
I	HDAC1	細胞核			+
	HDAC2	細胞核			+
	HDAC3	細胞核			+
	HDAC8	細胞核			+
II A	HDAC4	細胞核，	細胞質		+
	HDAC5	細胞核，	細胞質		+
	HDAC7	細胞核，	細胞質，	ミトコンドリア	+
	HDAC9	細胞核，	細胞質		+
II B	HDAC6	細胞質			+
	HDAC10	細胞質			+
III	Sirtuins（SIRT1-7）	様々			様々
IV	HDAC11	細胞核，	細胞質		+

哺乳動物のヒストン脱アセチル化酵素は HDAC1 から 11 までが同定されている．ヒストンのリジンやアルギニン残基は通常陽性に荷電しているが，アセチル化によってリジン残基のアミノ基はアミド基に変換され，その電荷が中和することでヒストンと DNA の結合が弱まるが，ヒストンの脱アセチル化は加水分解によってアセチル基を除去することで結合能を回復させる．ヒストン脱アセチル化酵素は相同性などによって 4 種類に分類されるうえ，細胞質に存在し，ヒストン以外の基質をもつものも報告されている．

図❶ One carbon metabolism 系

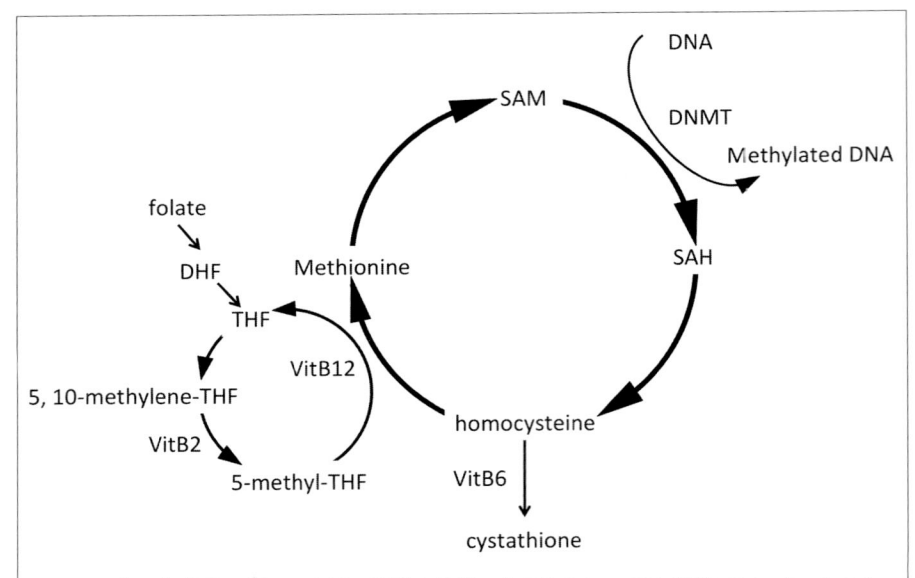

メチル基の代謝系である．本稿に登場する様々なビタミンB群と葉酸（folate），ホモシステイン，そしてDNAメチルトランスフェラーゼ（DNMT）の関係を示す．
SAM：S-adenosyl methionine，SAH：S-adenosyl-L-homocysteine，DHF：dihydrofolate，THF：tetrahydrofolate，DNMT：DNA methyl transferase

　これらの臨床・基礎研究の報告は多数にのぼるが，その異常の大元はどこにあるのだろうか．DNAメチル化と加齢については，健常者頭頂葉皮質における*APP*遺伝子のプロモーターのメチル化率の検討で，70歳以上でよりメチル化が低下していたとの報告がみられる[16]．また，葉酸は発生時の神経系の発達に重要であり，妊婦の葉酸欠乏症は神経管閉鎖障害を生ずる結果となる．より広範な影響としては，SAMはビタミンB2，B6，B12，葉酸などから生成されるため，母体の食事によって胎児のエピゲノム変化をきたすことも想定される[17]．母親の子供に対する態度によってもエピゲノム変化をきたすことが知られており[18]，神経変性におけるエピゲノムの関与は発生早期までさかのぼる可能性も存在する．発生段階とADとの相関については非常に貴重な研究が存在する．妊娠したマカク猿を鉛に曝露し，その子供が23歳で死亡した際に観察したところ，老人斑が多いとする報告である．この系では，APP，BACE1の転写が亢進していることに加えて，DNAメチルトランスフェラーゼ活性が低下しており，胎内でのエピゲノム異常が長期間後の神経変性疾患の発症に影響を与えることが示唆されている[19]．

　このように，ADと関連するエピゲノム異常の発生時点には様々な場面が想定される．

（2）AD脳におけるエピゲノム変化

　ADの死後脳を用いた研究では，嗅内野でのDNMT1やMBD2の染色性の異常[20]，一卵性双生児の対照剖検例での5メチルシトシン抗体での染色でADでは正常例に比べて染色性が低下していたとする報告がある[21]．また，ADでは神経細胞内に微小管結合タンパク質のtauが異常にリン酸化して蓄積することが知られているが，微小管の制御に関与するPP2ACの活性低下がPPMTメチルトランスフェラーゼ活性の低下に起因するとされる[22]．一方で，AD発症の一因としてAβ分解酵素であるneprilysin（NEP）の活性低下が挙げられるが，これに関連しては，Aβ産生と同時に生成されるAICD（APP intracellular domain）は*NEP*遺伝子のプロモーターに結合し，その発現を促進すること[23]，また培養細胞における検討でA$β_{1-40}$の直接的な影響で*NEP*プロモーターのメチ

150

ル化が亢進することが報告されている[24]。一方，ゲノムワイドな検討でTMEM59のメチル化の低下に相違がみられたとする報告があるが[25]，その意義は不明である。

2. パーキンソン病

パーキンソン病（Parkinson's disease：PD）もADに次いで患者数の多い神経変性疾患である。病理学的な特徴として，神経細胞内に異常にリン酸化された$α$-synucleinが蓄積しLewy小体という構造物を認める。$α$-synucleinをコードするSNCA遺伝子の点変異やコピー数異常が家族性PDの原因となることが知られている[26,27]。これに関連して，SNCAのプロモーター部分にその発現を亢進させるような脱メチル化異常を認めることが，われわれを含めた複数グループから報告されている[28,29]。これは孤発性PD患者ではSNCAのmRNAが増加しているとする報告と合致するエピゲノム異常である[30,31]。その分子基盤としては$α$-synucleinはDNMT1を細胞核から細胞質へと移動させ，細胞内での機能障害を生じることが報告されている[32]。一方で，$α$-synucleinは細胞核内でヒストンと結合してアセチル化を阻害することも報告されている[33,34]。

PDでは酸化的ストレスがその原因の1つとされ，酸化ストレス誘導薬剤によるモデル動物が作製されている。その1つ，ロテノン投与におけるモデルラットではHDAC阻害剤であるバルプロ酸が$α$-synucleinの神経細胞毒性を中和し[35]，別のHDAC阻害剤SAHAはMPP$^+$投与モデルでの培養細胞での毒性を中和するとされる[36]。また，それに関連して農薬への曝露がPDの危険因子の1つとされるが，パラコートはHDAC阻害を通じてヒストンH3のアセチル化を亢進させ，働きを阻害することでPD発症に関与するとの報告がある[37]。

おわりに

以上，中枢神経系疾患におけるエピゲノムの変化について概説した。いまだ散発的な報告が多いが，研究の裾野は確実に広がっている。今後様々な方面からの研究が進むことを期待したい。

参考文献

1) Amir RE, van den Veyver IB, et al：Nat Genet 23, 185-188, 1999.
2) Klein CJ, Botuyan MV, et al：Nat Genet 43, 595-600, 2011.
3) Winkelmann J, Lin L, et al：Hum Mol Genet 21, 2205-2210, 2012.
4) Li E, Bestor TH, et al：Cell 69, 915-926, 1992.
5) Guan JS, Haggarty SJ, et al：Nature 459, 55-60, 2009.
6) Peleg S, Sananbenesi F, et al：Science 328, 753-756, 2010.
7) Kim MS, Akhtar MW, et al：J Neurosci 32, 10879-10886, 2012.
8) Sailaja BS, Cohen-Carmon D, et al：Proc Natl Acad Sci USA 109, E3687-3695, 2012.
9) Bahari-Javan S, Maddalena A, et al：J Neurosci 32, 5062-5073, 2012.
10) Govindarajan N, Rao P, et al：EMBO Molecular Medicine 5, 52-63, 2013.
11) Bottiglieri T, Godfrey P, et al：J Neurol Neurosurg Psychiatry 53, 1096-1098, 1990.
12) Morrison LD, Smith DD, et al：J Neurochem 67, 1328-1331, 1996.
13) Clarke R, Smith AD, et al：Arch Neurol 55, 1449-1455, 1998.
14) Kennedy BP, Bottiglieri T, et al：J Neural Transm 111, 547-567, 2004.
15) Fuso A, Seminara L, et al：Mol Cell Neurosci 28, 195-204, 2005.
16) Tohgi H, Utsugisawa K, et al：Brain Res Mol Brain Res 70, 288-292, 1999.
17) Delage B, Dashwood RH：Annu Rev Nutr 28, 347-366, 2008.
18) Szyf M, McGowan P, et al：Environ Mol Mutagen 49, 46-60, 2008.
19) Wu J, Basha MR, et al：J Neurosci 28, 3-9, 2008.
20) Mastroeni D, Grover A, et al：Neurobiol Aging 31, 2025-2037, 2010.
21) Mastroeni D, McKee A, et al：PloS One 4, e6617, 2009.
22) Sontag E, Hladik C, et al：J Neuropathol Exp Neurol 63, 1080-1091, 2004.
23) Belyaev ND, Nalivaeva NN, et al：EMBO Rep 10, 94-100, 2009.
24) Chen KL, Wang SS, et al：Biochem Biophys Res Commun 378, 57-61, 2009.
25) Bakulski KM, Dolinoy DC, et al：J Alzheimers Dis 29, 571-588, 2012.
26) Polymeropoulos MH, Lavedan C, et al：Science 276, 2045-2047, 1997.
27) Singleton AB, Farrer M, et al：Science 302, 841, 2003.

28) Jowaed A, Schmitt I, et al：J Neurosci 30, 6355-6359, 2010.
29) Matsumoto L, Takuma H, et al：PloS One 5, e15522, 2010.
30) Chiba-Falek O, Lopez GJ, et al：Mov Disord 21, 1703-1708, 2006.
31) Grundemann J, Schlaudraff F, et al：Nucleic Acids Res 36, e38, 2008.
32) Desplats P, Spencer B, et al：J Biol Chem 286, 9031-9037, 2011.
33) Goers J, Manning-Bog AB, et al：Biochemistry 42, 8465-8471, 2003.
34) Kontopoulos E, Parvin JD, et al：Hum Mol Genet 15, 3012-3023, 2006.
35) Monti B, Gatta V, et al：Neurotox Res 17, 130-141, 2010.
36) Kidd SK, Schneider JS：Brain Res 1354, 172-178, 2010.
37) Song C, Kanthasamy A, et al：Neurotoxicology 32, 586-595, 2011.

岩田　淳
1993年　東京大学医学部医学科卒業
2002年　同大学院医学系研究科修了, 博士（医学）
2003年　スタンフォード大学ポスドク
2008年　東京大学医学部附属病院分子脳病態科学講座特任准教授
2010年　科学技術振興機構さきがけ研究員

神経変性疾患, 特にアルツハイマー病の臨床, 研究を行っている。

第2章 エピジェネティクスと病気

3．精神神経疾患
2）エピジェネティクスと精神疾患

菅原裕子・文東美紀・石郷岡純・加藤忠史・岩本和也

　主要な精神疾患である統合失調症と双極性障害は，遺伝環境相互作用が発症に関与すると考えられており，エピジェネティックな観点からの研究が行われている．本稿では，両疾患を対象としてこれまでに行われている，①ヒト死後脳を用いたエピジェネティクス研究，②末梢組織を用いたエピジェネティクス研究，③一卵性双生児におけるエピジェネティクス研究について概説するとともに，今後の課題について検討した．

はじめに

　近年，精神疾患は社会的負担の大きい疾患と認識され，医療対策において特に重点が置かれている「5大疾病」の1つに加えられている．主要な精神疾患である統合失調症と双極性障害は，前者では幻覚や被害妄想，後者では躁病相とうつ病相の反復という特徴的な症状を呈し，いずれも思春期から青年期に発症するため，社会機能の喪失が大きい疾患である．これまでに，両疾患の発症に関与する分子生物学的異常について盛んに研究が行われ，家族研究や双生児研究によって遺伝要因が発症に関与することが明らかになっている．しかし，多数の候補遺伝子解析や連鎖解析では一致した結果が得られていないことに加え，多施設共同研究による大規模なゲノムワイド関連解析においても，効果の大きい遺伝要因の同定には至っていない．また，遺伝的にほぼ同一な一卵性双生児において，両疾患の発症一致率が100％ではないことから，発症の要因には環境要因の関与も示唆されており，統合失調症において周産期におけるウイルス感染[1]，父親の高齢[2]，胎児期や乳児期における栄養不良[3]，周産期障害[4]，社会的ストレス[5]などが危険因子になることが報告されている．これらのことから，精神疾患は遺伝的要因と環境要因の両方が複雑に相互作用して発症すると考えられており，この遺伝環境相互作用のメカニズムにおいて，エピジェネティックな視点からの研究が注目されている．

　ここでは，精神疾患におけるエピジェネティクス研究について，主に統合失調症と双極性障害に関する最近の知見をまとめ，今後の課題について検討する．

I．ヒト死後脳を用いたエピジェネティクス研究

　精神疾患の病態解明のためには，疾患の原因が存在する脳を調べなければならないことから，ヒト死後脳を用いたエピジェネティクス研究が行われている．疾患関連遺伝子とされている *RELN*[6,7]，*COMT*[8]といった候補遺伝子のメチル化解析において，疾患群におけるメチル化変化が報告されて

key words

統合失調症，双極性障害，遺伝環境相互作用，ヒト死後脳，ハイドロシキメチルシトシン，LINE-1，バルプロ酸，一卵性双生児

いる一方で，健常者との有意差を否定する報告もあり[9)10)]，結果は一致していない。われわれは以前，統合失調症の死後脳を用いたメチル化解析において，オリゴデンドロサイトの特異的な転写因子である*SOX10*の高メチル化と発現量の低下を報告した[11)]。統合失調症の死後脳を用いた他の研究において，オリゴデンドロサイト関連遺伝子の発現量低下が報告されており，*SOX10*の発現量低下はオリゴデンドロサイトの機能不全を反映している可能性がある。その他の候補遺伝子として，統合失調症において*FOXP2*[12)]，*CHRM1*[13)]の低メチル化，*HTR2A*のメチル化変化[14)]，双極性障害において*BDNF*，*DBN1*[15)]の高メチル化などが報告されている。候補遺伝子に関する研究が多い中，統合失調症と双極性障害を含む"major psychosis"を対象とし，マイクロアレイを用いて網羅的にメチル化解析を行った研究では，多くのメチル化変化が同定され，その中には脳の発達や神経伝達物質に関連する遺伝子が含まれていた[16)]。これらの遺伝子の1つである*HCG9*は，双極性障害の死後脳，血液，精子を用いたメチル化解析において，組織間共通のメチル化低下が報告されている[17)]。ヒストン修飾について調べた研究では，統合失調症の死後脳において，代謝系遺伝子の発現量低下に関連したH3meR17の増加[18)]，*GAD1*のH3K4me3の低下と発現量の低下[19)]，*GAD1*や*HTR2C*などのH3K9K14の低アセチル化[20)]，双極性障害の死後脳において，*SYN2*のH3K4me3の増加と発現量の増加[21)]が報告されている。

精神疾患の研究において死後脳は最も重要なサンプルであるが，入手が容易でないことに加え，年齢や性別，治療歴などのほか，終末期の状態，死因，死後の状態といった様々な交絡因子が存在する。特に死後脳のpHはトランスクリプトーム解析において重要な因子とされているが[22)-24)]，エピジェネティクス研究においては，死後脳のpHはDNAメチル化状態に影響を及ぼさないと報告されており[25)]，ヒストンのメチル化は死後脳の自己融解やpHの影響を受けにくいとの報告がある[26)]。今後は，他の様々な交絡因子の脳におけるエピジェネティックな状態への影響について調べるとともに，候補遺伝子を対象とした解析にとどまらず，全ゲノムを対象としたより網羅的な検討が重要である。

精神疾患の原因となる臓器である脳は，ヒトの組織の中で最も複雑な構造・機能を有しており，脳部位によってメチル化パターンが異なることが報告されている[27)]。さらに，脳は神経細胞，非神経細胞といった様々な細胞種で構成されている。われわれは神経細胞のマーカーを用いて神経細胞と非神経細胞を分けて各メチル化パターンを調べた結果，非神経細胞に比べて神経細胞におけるメチル化パターンは個人間差異が大きいことを見出した[28)]。これまでの死後脳を用いたメチル化解析は，脳組織の多くを占める非神経細胞のメチル化パターンを反映している可能性があり，精神疾患における脳のメチル化変化の意義については，脳部位，細胞種を考慮した検討が必要である。

近年，「第6の塩基」とされるハイドロキシメチルシトシンが他の臓器に比して脳神経系組織に多く存在することが報告され[29)]，脱メチル化の機構への関与について注目されている[30)31)]。DNAメチル化解析で用いられるbisulfite変換では，メチル化シトシンとハイドロキシメチルシトシンを区別することができないため，これまでに報告されている死後脳のメチル化変化について，解釈には注意が必要であるとともに，今後は両者を区別した解析を行う必要がある。

DNAメチル化は，現在も転移活性を有しているレトロトランスポゾンのLINE-1の抑制にも関与しており，ヒトの脳では他の臓器に比してLINE-1のコピー数が多いことが報告されている[32)]。さらに，Rett症候群の原因遺伝子である*MeCP2*の欠損により，LINE-1の転移が増大することが報告された[33)]。DNAメチル化変化によってLINE-1の抑制が障害されることで，神経発達障害が生じる可能性が示唆されることから，今後精神疾患において，DNAメチル化変化によるLINE-1の転移活性変化の意義についても検討が必要である。

II. 末梢組織を用いたエピジェネティクス研究

　血液をはじめとする末梢組織由来のサンプルは，死後脳に比べて入手が容易であり，生体内のエピジェネティック変化を継時的にとらえることが可能である。末梢血におけるグローバルなメチル化レベルに関しては，統合失調症では低下しているとの報告[34)35)]と健常者との有意差を否定する報告[36)]が混在しており，双極性障害では健常者との有意差はみられていない[37)38)]。末梢血を用いた候補遺伝子のメチル化解析では，両疾患において*HTR1A*の高メチル化が報告されている[39)]。さらに，統合失調症では*DRD2*[40)]，*SYN3*[41)]，*MAOA*[42)]のメチル化に関しては健常者との有意差が否定されているが，*GABRB2*[43)]や*S-COMT*[34)]の高メチル化が報告されており，双極性障害では*BDNF*の低メチル化が報告されている[44)]。対象を候補遺伝子に絞ったメチル化解析が多い中，われわれは治療歴のない初発の統合失調症患者の末梢血を用いて，マイクロアレイによる網羅的なメチル化解析を行った[45)]。その結果，メチル化差異がみられた領域は特にCpG islands内に多く存在しており，核内，転写因子結合，ヌクレオチド結合に関連する遺伝子の低メチル化が多く同定されたことから，これらの遺伝子の転写調節障害が発症に関与している可能性について，今後検討が必要である。その他の末梢組織として，唾液を用いたメチル化解析では，両疾患において*HTR2A*[46)]や*COMT*[47)]の低メチル化が報告されており，これらについては死後脳でも共通の所見が得られている[8)14)]。末梢血を用いてヒストン修飾の状態を調べた研究では，統合失調症患者では健常者に比して H3K9me2 の基礎値が高く[48)]，H3K9K14ac の基礎値は統合失調症患者より双極性障害患者で高いと報告されている[49)]。気分安定薬として用いられるバルプロ酸は，ヒストン脱アセチル化酵素阻害作用があり，バルプロ酸服用後の両疾患患者では，H3K9K14ac が増加するとともに*GAD67*の発現量も増加していたことから[49)]，バルプロ酸がエピジェネティックな作用機序を介して治療効果を発揮している可能性が考えられる。

　エピジェネティックな状態は組織や細胞種によって異なることから，末梢組織におけるエピジェネティックな状態が必ずしも脳のエピジェネティックな状態を反映しているとは限らない。しかしこれまでに，両疾患の末梢組織と脳において共通のメチル化変化が報告されている[8)14)46)47)50)51)]ことに加え，最近では神経発達や分化に関連する遺伝子におけるメチル化が末梢血と脳で共通していたことが報告されている[52)]。末梢組織におけるエピジェネティック変化が両疾患のバイオマーカーとして有用であるかについては，今後さらに検討していく必要がある。

III. 一卵性双生児不一致例におけるエピジェネティクス研究

　精神疾患のエピジェネティクス研究において有力な方法の1つは，遺伝的に同一な一卵性双生児の不一致例を対象として不一致の要因となりうるエピジェネティックな差異を調べることである。発症頻度は稀であるが，一卵性双生児において両疾患の発症不一致例が存在する。Petronis らは，統合失調症の一卵性双生児不一致例1組，一致例1組の末梢血を用いて*DRD2*のメチル化を調べ，不一致例の患者双生児の*DRD2*のメチル化パターンが，健常双生児よりも一致例の双生児ペアと類似していたことを報告している[53)]。Rosa らは，両疾患の不一致例と一致例の末梢血と唾液を用いて，X染色体の不活化パターンを調べ，双極性障害の不一致例における X 染色体のメチル化差異は一致例より大きいことを報告している[54)]。Dempsterらは，両疾患の不一致例計22組を対象とし，マイクロアレイを用いてゲノムワイドなメチル化解析を行っており，両疾患患者の末梢血における*ST6GALNAC1*の低メチル化について，死後脳サンプルの一部でも確認している[50)]。われわれはこれまでに，双極性障害不一致例を対象として，エピジェネティック差異の検索を行ってきた[51)55)]。プロモータータイリングアレイを用いた全ゲノムを対象とした網羅的なメチル化解析では，不一致例における*SLC6A4*のメチル化差異が同定され，リン

パ芽球や死後脳を用いたケースコントロールで双極性障害患者における*SLC6A4*の高メチル化を確認している[51]。*SLC6A4*は気分障害との関連について最も研究されている遺伝子の1つであり，不一致例を対象とした網羅的解析において*SLC6A4*のメチル化差異が同定されたことは非常に意義深い。死後脳においても共通の所見が得られていることから，双極性障害発症における遺伝環境相互作用において，*SLC6A4*の高メチル化が関与している可能性が示唆される。

一卵性双生児の不一致例におけるエピジェネティック差異の検索では，一卵性双生児のゲノム配列は同一であることを前提としているが，これまでに一卵性双生児におけるジェネティック差異についての報告も存在する[56)-59)]。また，一卵性双生児におけるメチル化パターンは，二卵性双生児よりも似通っているが[60]，環境要因などの影響を受け年齢とともにエピジェネティック差異は大きくなることが知られている[61]。双生児研究において，*DRD4*，*SLC6A4*，*MAOA*といった精神疾患関連遺伝子におけるメチル化差異は，環境要因の影響が大きいことが報告されており[62]，環境要因とエピジェネティック変化の関連について更なる検討が必要である。

IV. 精神疾患におけるエピジェネティクス研究の課題

精神疾患におけるエピジェネティクス研究全般の今後の課題は，より多くのサンプル，次世代シークエンサーなどの解像度が高い解析方法を用いた網羅的解析を行い，既報のエピジェネティック変化を確認するとともに，エピジェネティックな変化の発生時期の同定ならびに疾患に対するエピジェネティック変化の寄与度を検討することである[63)64)]。さらに，患者で同定されたエピジェネティック変化について，エピジェネティックな観点からの精神疾患モデル動物を開発し，精神疾患における遺伝環境相互作用とエピジェネティクスの関連を明らかにしていくことで，精神疾患の病態解明ならびに新たな治療法の開発につなげていくことが重要である。

おわりに

精神疾患患者数は増大傾向であるにもかかわらず，いずれの精神疾患もいまだに病態が解明されておらず，臨床現場では診断・治療が困難である症例に遭遇する場合も少なくない。エピジェネティクス研究が精神疾患の診断・治療の発展につながることを期待したい。

参考文献

1) Brown AS, Derkits EJ：Am J Psychiatry 167, 261-280, 2010.
2) Perrin MC, Brown AS, et al：Schizophr Bull 33, 1270-1273, 2007.
3) Susser E, St Clair D, et al：Ann NY Acad Sci 1136, 185-192, 2008.
4) Kunugi H, Nanko S, et al：Br J Psychiatry Suppl 40, s25-29, 2001.
5) van Winkel R, Stefanis NC, et al：Schizophr Bull 34, 1095-1105, 2008.
6) Grayson DR, Jia X, et al：Proc Natl Acad Sci USA 102, 9341-9346, 2005.
7) Tamura Y, Kunugi H, et al：Mol Psychiatry 12, 593-600, 2007.
8) Abdolmaleky HM, Cheng KH, et al：Hum Mol Genet 15, 3132-3145, 2006.
9) Dempster EL, Mill J, et al：BMC Med Genet 7, 10, 2006.
10) Tochigi M, Iwamoto K, et al：Biol Psychiatry 63, 530-533, 2008.
11) Iwamoto K, Bundo M, et al：J Neurosci 25, 5376-5381, 2005.
12) Tolosa A, Sanjuan J, et al：BMC Med Genet 11, 114, 2010.
13) Scarr E, Craig JM, et al：Translational Psychiatry 3, e230, 2013.
14) Abdolmaleky HM, Yaqubi S, et al：Schizophr Res 129, 183-190, 2011.
15) Rao JS, Keleshian VL, et al：Translational Psychiatry 2, e132, 2012.
16) Mill J, Tang T, et al：Am J Hum Genet 82, 696-711, 2008.
17) Kaminsky Z, Tochigi M, et al：Mol Psychiatry 17, 728-740, 2012.
18) Akbarian S, Ruehl MG, et al：Arch Gen Psychiatry 62, 829-840, 2005.
19) Huang HS, Matevossian A, et al：J Neurosci 27, 11254-11262, 2007.

20) Tang B, Dean B, et al：Translational Psychiatry 1, e64, 2011.
21) Cruceanu C, Alda M, et al：Int J Neuropsychopharmacol 16, 289-299, 2013.
22) Iwamoto K, Kato T：Neuroscientist 12, 349-361, 2006.
23) Li JZ, Vawter MP, et al：Hum Mol Genet 13, 609-616, 2004.
24) Tomita H, Vawter MP, et al：Biological Psychiatry 55, 346-352, 2004.
25) Ernst C, McGowan PO, et al：J Neurosci Methods 174, 123-125, 2008.
26) Huang HS, Matevossian A, et al：J Neurosci Methods 156, 284-292, 2006.
27) Ladd-Acosta C, Pevsner J, et al：Am J Hum Genet 81, 1304-1315, 2007.
28) Iwamoto K, Bundo M, et al：Genome Res 21, 688-696, 2011.
29) Kriaucionis S, Heintz N：Science 324, 929-930, 2009.
30) Cortellino S, Xu J, et al：Cell 146, 67-79, 2011.
31) Guo JU, Su Y, et al：Cell 145, 423-434, 2011.
32) Coufal NG, Garcia-Perez JL, et al：Nature 460, 1127-1131, 2009.
33) Muotri AR, Marchetto MC, et al：Nature 468, 443-446, 2010.
34) Melas PA, Rogdaki M, et al：FASEB J 26, 2712-2718, 2012.
35) Shimabukuro M, Sasaki T, et al：J Psychiatr Res 41, 1042-1046, 2007.
36) Bromberg A, Levine J, et al：Schizophr Res 101, 50-57, 2008.
37) Bromberg A, Bersudsky Y, et al：J Affect Disord 118, 234-239, 2009.
38) Soeiro-de-Souza MG, Andreazza AC, et al：Int J Neuropsychopharmacol, 1-8, 2013.
39) Carrard A, Salzmann A, et al：J Affect Disord 132, 450-453, 2011.
40) Zhang AP, Yu J, et al：Schizophr Res 90, 97-103, 2007.
41) Murphy BC, O'Reilly RL, et al：BMC Med Genet 9, 115, 2008.
42) Chen Y, Zhang J, et al：Hum Genet 131, 1081-1087, 2012.
43) Pun FW, Zhao C, et al：Mol Psychiatry 16, 557-568, 2011.
44) D'Addario C, Dell'Osso B, et al：Neuropsychopharmacology 37, 1647-1655, 2012.
45) Nishioka M, Bundo M, et al：J Hum Genet 58, 91-97, 2013.
46) Ghadirivasfi M, Nohesara S, et al：Am J Med Genet B Neuropsychiatr Genet 156B, 536-545, 2011.
47) Nohesara S, Ghadirivasfi M, et al：J Psychiatr Res 45, 1432-1438 2011.
48) Gavin DP, Rosen C, et al：J Psychiatry Neurosci 34, 232-237, 2009.
49) Gavin DP, Kartan S, et al：J Psychiatr Res 43, 870-876, 2009.
50) Dempster EL, Pidsley R, et al：Hum Mol Genet 20, 4786-4796, 2011.
51) Sugawara H, Iwamoto K, et al：Translational Psychiatry 1, e24, 2011.
52) Davies MN, Volta M, et al：Genome Biol 13, R43, 2012.
53) Petronis A, Gottesman II, et al：Schizophr Bull 29, 169-178, 2003.
54) Rosa A, Picchioni MM, et al：Am J Med Genet B Neuropsychiatr Genet 147B, 459-462, 2008.
55) Kuratomi G, Iwamoto K, et al：Mol Psychiatry 13, 429-441, 2008.
56) Bruder CE, Piotrowski A, et al：Ame J Hum Genet 82, 763-771, 2008.
57) Helderman-van den Enden AT, Maaswinkel-Mooij PD, et al：J Med Genet 36, 253-257, 1999.
58) Kaplan L, Foster R, et al：Am J Med Genet Part A 152A, 601-606, 2010.
59) Kondo S, Schutte BC, et al：Nat Gene 32, 285-289, 2002.
60) Kaminsky ZA, Tang T, et al：Nat genet 41, 240-245, 2009.
61) Fraga MF, Ballestar E, et al：Proc Nat Acad Sci USA 102, 10604-10609, 2005.
62) Wong CC, Caspi A, et al：Epigenetics 5, 516-526, 2010.
63) Labrie V, Pai S, et al：Trends Genet 28, 427-435, 2012.
64) Nishioka M, Bundo M, et al：Genome Medicine 4, 96, 2012.

菅原裕子	
2003 年	筑波大学医学専門学群卒業 東京大学付属病院外科研修医
2004 年	東京警察病院外科レジデント
2006 年	東京女子医科大学神経精神科医療練士
2011 年	同大学院博士課程医学研究科内科学修了 理化学研究所脳科学総合研究センター精神疾患動態研究チーム研究員 東京女子医科大学神経精神科助教
2012 年	久喜すずのき病院 理化学研究所脳科学総合研究センター精神疾患動態研究チーム客員研究員
2013 年	東京厚生年金病院神経科

第2章　エピジェネティクスと病気

3．精神神経疾患
3）レット症候群と MeCP2

辻村啓太・入江浩一郎・中嶋秀行・中島欽一

　methyl-CpG binding protein 2（*MECP2*）遺伝子の変異は重篤な神経発達障害であるレット症候群（RTT）を引き起こす。これまで MeCP2 はメチル化 DNA 依存的な転写抑制因子として考えられてきたが，近年の勢力的な研究により，転写活性化因子，mRNA スプライシング制御因子としても機能するなど，context-dependent に様々な機能を発揮し，遺伝子発現を制御することが明らかになってきた。*MECP2* 遺伝子の変異は，レット症候群患者だけでなく種々の精神・発達障害患者にも認められることから，MeCP2 の分子機能および RTT の分子病態を明らかにすることは，広範囲の神経疾患の病態理解に寄与することが期待される。

はじめに

　レット症候群（RTT）は，1966 年にオーストリア・ウィーンの小児科医 Rett により初めてその症例が報告された[1]。その後，1983 年に Hagberg らにより，主に女児に発症する進行性の神経発達障害として 35 例が報告され，世界的に認知されるようになった[2]。一方で 1987 年，Holliday によりエピジェネティクスにおける DNA メチル化の重要性が提唱されて以来[3]，DNA メチル化，ヒストン修飾などのエピジェネティックな修飾が遺伝子発現を制御することが次々と明らかにされていた。1992 年に Bird らによって MeCP2 は哺乳類のメチル化 DNA 結合タンパク質として初めて同定され[4]，その後 MeCP2 タンパク質がメチル化 DNA に結合し，遺伝子発現を抑制する活性が報告された[5]。1999 年に Huda らのグループにより RTT 患者の多くに *MECP2* 遺伝子の変異がみられることが示され，*MECP2* が RTT の原因遺伝子であることが明らかになった[6]。これ以来，MeCP2 は DNA メチル化と脳機能を結ぶ分子として注目を集め，勢力的に研究がなされてきた。ここでは，RTT とその原因遺伝子である *MECP2* について，これまでに得られている知見を概説する。

I．RTT の臨床症状

　RTT は，主に女児にみられる進行性の神経発達障害であり，10000 人から 15000 人に 1 人の割合で発症する。生後 6 ヵ月から 18 ヵ月程度までは正常に発達するものの，その後，それまでに獲得した言語能力や運動能力の退行がみられる。RTT 患者の多くは成人まで生存するものの，手もみ運動に代表される常同行動や自閉傾向，精神遅滞，てんかん，小頭症などの種々の神経学的症状を示す。神経系以外の表現型としては，全身の成長遅延，骨形成不全などの特徴がみられる[1,2]。

---

key words

レット症候群（RTT），MeCP2，DNA メチル化，神経発達障害，メチル化 DNA 結合タンパク質，脳機能，エピジェネティクス，RTT モデルマウス，神経疾患，転写抑制因子，microRNA

II. RTTの遺伝学的背景

1. RTT患者におけるMECP2遺伝子変異の発見

RTT患者の大多数は女性にみられることから，RTTはX染色体連鎖型の優性遺伝であることが想定されていた。しかし，99％以上のRTT症例が弧発性であったため，連鎖解析による染色体上の病態責任領域の位置づけは困難であった。希少な家族性症例の情報を用いた排他的マッピングによりXq28が候補領域として同定され，その後のRTT患者における候補遺伝子のスクリーニングによりMECP2遺伝子の変異が明らかにされた[6]。

2. MECP2遺伝子の構造と変異

MECP2遺伝子は，メチル化DNA結合ドメイン（MBD），転写抑制ドメイン（TRD），C末端ドメインの3つの機能ドメインを有している。MECP2遺伝子の変異は，95％以上の古典的RTT症例に認められ，MECP2遺伝子の変異タイプは，T158MやR306Cを代表とするミスセンス，R168XやR270Xなどのナンセンスやフレームシフト型など，300以上のヌクレオチド置換が報告されている（図❶）[7]。8つのミスセンスとナンセンス変異がすべての変異の～70％を占め，C末端領域における欠失型が～12％，転座などが～6％を占める。RTT表現型と遺伝子型の関連を比較した研究から，N末端領域からC末端への大きな欠失型変異は重篤な表現型を示す傾向がみられ，C末端側でみられるC末欠失型変異はより軽症な傾向を示すことが報告されている[8]。RTTはほとんど女性にのみ発症すると考えられていたが，古典的RTT症状を呈する男性患者も報告され，MECP2遺伝子の変異が確認されている[9]。興味深いことに，MECP2遺伝子の変異はRTTだけでなく，自閉症，双極性障害，統合失調症など様々な精神疾患患者にも見出されている[10)11]。

III. RTTモデルマウス

RTT病態の分子メカニズムを理解するために，これまでにいくつかのRTTモデルマウスが作製・報告されている。最初のRTTモデルマウスとして，エクソン3あるいはエクソン3と4を欠失したMeCP2ノックアウト（KO；MeCP2⁻/y）マウスが2つの異なるグループにより作製された[12)13]。これらのマウスは3～6週齢までは正常な発達がみられるが，その後，歩行失調，活動性の低下，振戦，不規則な呼吸などの重篤な進行性神経機能不全を示し，8～10週齢までに致死となる。MeCP2 KOマウスの脳は，野生型マウスの脳と比較して小さいが，ニューロンの小さな細胞体と密に集まった局在の異常形態を除き，脳全体の構造的異常は確認されていない。メスのMeCP2⁺/⁻ヘテロKOマウスはRTT様の行動異常を示すが，すべての細胞でMeCP2を欠くオスのMeCP2⁻/yホモKOマウスよりも遅い時期に表現型が観察される。さらに，Nestin-Creトランスジーンを用いて作製された中枢神経系特異的にMeCP2を欠失するモデル

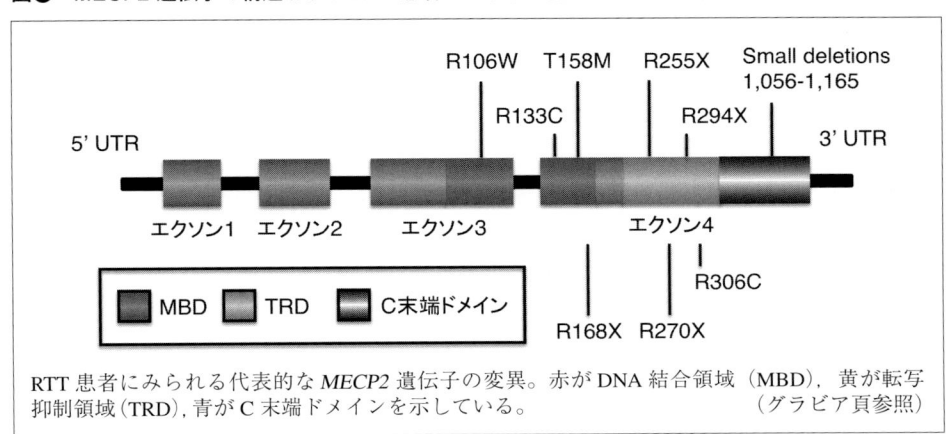

図❶ MECP2遺伝子の構造およびRTT患者でみられる主なMECP2遺伝子の変異

RTT患者にみられる代表的なMECP2遺伝子の変異。赤がDNA結合領域（MBD），黄が転写抑制領域（TRD），青がC末端ドメインを示している。
（グラビア頁参照）

マウスは，全身での*MeCP2* KOマウスと類似した表現型がみられることから，脳・神経系における MeCP2の欠損は，RTTの病態を引き起こすのに十分であることが証明された[13]。また，calcium-calmodulin-dependent kinase Ⅱ（CamKⅡ）-Creトランスジーンを用いて分裂後ニューロンにおいてMeCP2を欠失したマウスモデルでは，軽症ではあるが類似の神経学的表現型がより遅い時期にみられることも示されており，成熟ニューロンにおけるMeCP2の重要性が確認されている[12)14)]。さらに，*MeCP2* KO マウスにおいて内在性tauプロモーター制御下にて成熟ニューロンにMeCP2を再発現させると，上述の*MeCP2* KOマウスの表現型が改善されることが示された[15]。このことは，ニューロンにおけるMeCP2の機能不全が病態の大部分を責任しているだけでなく，MeCP2が早期の脳発達に必須ではないことを示している。他のRTTモデルマウスとして，RTT患者でみられるC末端欠失型の変異体を模倣した*MeCP2*308/y マウスが作製されている。この*MeCP2*308/yマウスは，6週齢までは正常な発達がみられるが，その後，運動機能障害，活動性の低下，てんかん，社会行動異常，不安様行動などのRTT患者でみられる多くの表現型を示す[16)-18)]。

Ⅳ．脳におけるMeCP2機能不全による表現型

1．神経病理学的異常

RTTは重度の神経機能障害を示すにもかかわらず，意外にも中枢神経系における主要な形態学的異常としては，脳と個々のニューロンにおけるサイズ減少がみられる程度であり，全体的な脳構造に異常は観察されていない。検死解剖により，RTT患者脳において，健常者と比較し12～34％の重さと体積の減少が報告されている[19]。RTT脳では変性・萎縮・炎症に加え，グリオーシスや神経細胞移動の異常などは観察されておらず，RTTは神経変性疾患ではなく神経発達障害であると考えられている[20)21)]。また，大脳皮質第ⅢおよびⅤ層の錐体ニューロンにおける樹状突起の枝分かれの減少[19]，前頭皮質における樹状突起スパインの形態が短く低密度に散在していることが報告されている[22]。さらに，皮質，視床，扁桃体，海馬におけるニューロンサイズの減少がみられることに加え，ニューロン細胞の高密度な局在が海馬において観察されている。これらのRTT患者における神経病理学的所見は，*MeCP2* KOマウスにおいてもその多くが再現されている[12)13)]。

2．神経生理学的異常

RTT患者における神経生理学的研究から，RTT脳の皮質において異常な体性感覚誘発電位や脳波などの興奮性の変質が確認されている[23]。RTTマウスモデルを用いた研究から，*MeCP2*-/y および*MeCP2*308/y マウスの皮質スライスは長期増強（long-term potentiation：LTP）の減少がみられること[24)25)]，*MeCP2*-/y マウスの皮質においては興奮性シナプス伝達の減少と抑制性シナプス伝達の上昇が示されている[26]。また，*MeCP2*-/y マウス由来の培養海馬ニューロンは，自発性興奮性シナプス伝達の頻度の減少を示すことが報告されている[27)28)]。これらの報告から，MeCP2は興奮性シナプス伝達の制御に必須の役割をもつことが示唆される。

Ⅴ．*MECP2*遺伝子の発現と機能

1．*MECP2*遺伝子の発現様式

*MECP2*遺伝子は4つのエクソンをもち，エクソン2のalternative splicingのため，2つの異なるプロテインアイソフォームが産生される（図❷）。MeCP2のスプライシングバリアントは，N末端部分のみが異なる。*MECP2-e1*アイソフォーム（MECP2αによりコードされる）は生体内でより豊富に存在し，エクソン1の24アミノ酸を含み，エクソン2の9アミノ酸を欠如している。一方，*MECP2-e2*（MECP2βによりコードされる）は，エクソン2より転写される[29)30)]。さらに*MECP2*遺伝子は，複数のポリアデニレーションサイトを含むヒトとマウス間で高度に保存された3' UTRを有している。いくつかのmRNA発現解析により，最も長い転写産物が脳において豊富に存在し，胎生期に発現が高く，生後に発現が減少し，そののち成体では再度発現が上昇することが示されている[31]。MeCP2タンパク質の発現量は，胎生期

図❷ MECP2 遺伝子から転写される 2 つのアイソフォーム

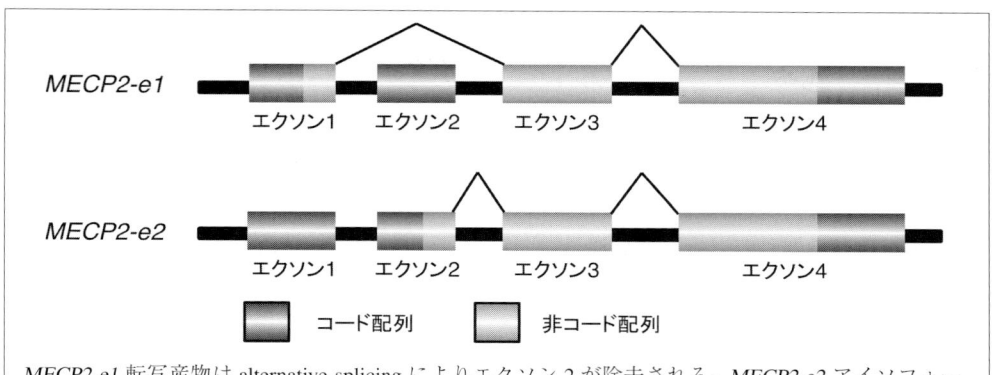

MECP2-e1 転写産物は alternative splicing によりエクソン 2 が除去される。MECP2-e2 アイソフォームはエクソン 2 の ATG より転写される。

には低く，生後の神経細胞の成熟に伴って高くなることが報告されている[32]。

2. MeCP2 タンパク質の機能

MeCP2 における MBD は特異的にメチル化された CpG ヌクレオチドに結合し，この結合は近接する A/T リッチな配列に親和性が高いことが明らかになっている[33]。TRD は HDAC などのコリプレッサーやクロマチンリモデリング因子をリクルートすることにより転写抑制に寄与する。C 末端ドメインは naked DNA およびヌクレオソームコアへの MeCP2 の結合を促進することが示されているが，詳細な機能的役割は明らかになっていない[34]。しかし，多くの RTT 患者において C 末端領域のデリーションが多く認められること，MeCP2 の C 末端領域を欠失したマウスモデルは多くの RTT 表現型を再現できることから，MeCP2 タンパク質の機能に重要なことは明確である。

前述のように，MeCP2 の機能はメチル化された遺伝子プロモーターに結合し標的遺伝子の発現を抑制する転写抑制因子と考えられてきた。この転写抑制には，ヒストン脱アセチル化酵素（HDAC），Sin3A などのコリプレッサーや SWI/SNF クロマチンリモデリング複合体の構成因子 Brahma，DNA メチルトランスフェラーゼ Dnmt1，ヒストンメチルトランスフェラーゼ Suv39H1 などとの相互作用により媒介されることが示されている[35)-37)]。しかしながら，RTT 病態におけるこれらタンパク質との相互作用の機能的意義は明らかにされていない。さらに最近の研究により，MeCP2 は RNA 結合タンパク質である Y box-binding protein 1（YB-1）と相互作用し mRNA のスプライシングを制御すること，転写因子 cAMP response element binding protein 1（CREB1）と結合し転写活性化因子としても機能することが報告された[38)39)]。さらに最近，われわれは中枢神経系細胞種における MeCP2 相互作用因子同定を目的とした網羅的プロテオミクススクリーニングにより，MeCP2 が microRNA マイクロプロセッサーである Drosha 複合体と会合し，特定 microRNA のプロセシングを制御することを発見した（未発表）。このように，MeCP2 は様々なタンパク質と相互作用することで，非常に多様な機能を発揮することが明らかになりつつある（図❸）。

3. MeCP2 標的因子

MeCP2 がメチル化依存的な転写抑制因子として考えられていたことから，RTT の疾患病態は MeCP2 により本来抑制される転写標的の発現異常が原因とされてきた。しかし，MeCP2 KO マウスの脳組織を用いた転写プロファイリングが行われたが，大きな発現変化は検出されず，神経病態に関連するような異常発現遺伝子の同定には至っていない。このことに加え，前述したように MeCP2 の様々な機能が明らかになり，最近では MeCP2 の転写抑制因子以外の機能が病態に関与しているのではないかと考えられはじめている。これまでに MeCP2 の転写調節標的として，brain-

161

第2章　エピジェネティクスと病気　3. 精神神経疾患

図❸ MeCP2タンパク質の多彩な機能

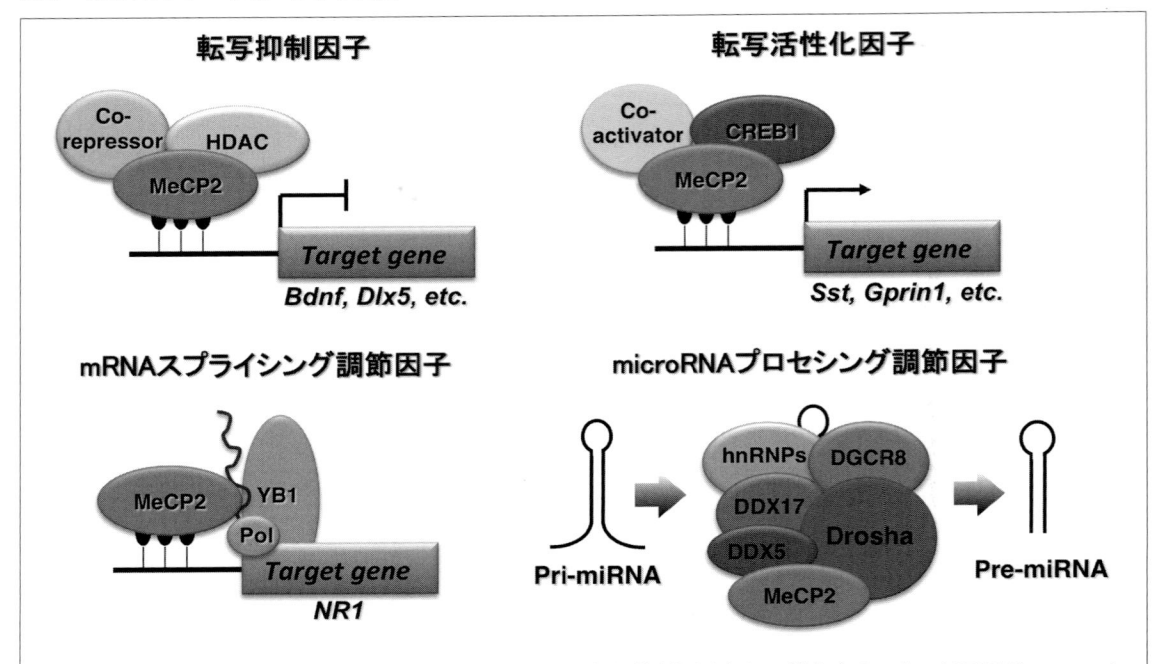

転写抑制因子／転写活性化因子／mRNAスプライシング調節因子／microRNAプロセシング調節因子

MeCP2はHDACなどのコリプレッサーをリクルートし，転写抑制因子として機能する一方，転写因子CREB1やRNA結合タンパク質YB-1と相互作用することで転写活性化因子，mRNAスプライシング調節因子としても機能する．さらに，microRNAマイクロプロセッサーDrosha複合体と会合し，microRNAのプロセシング調節因子としても機能することが明らかとなった（未発表）．

derived neurotrophic factor（BDNF）を代表とするいくつかの遺伝子が同定されている[40)-42)]．しかしながら，これまでにMeCP2の転写抑制の標的として同定された因子の発現あるいは機能阻害によりMeCP2欠損の表現型を改善した報告はいまだされておらず，RTT病態との明確な関連は明らかになっていない．一方，われわれがMeCP2-Drosha複合体の標的として同定したmicroRNAには，驚くべきことに*MeCP2* KOニューロンにみられるサイズ減少や興奮性シナプス伝達欠損などの各種表現型を改善する作用がみられている（未発表）．今後，このmicroRNAのさらなる機能解明を行うことで，RTT病態が引き起こされるメカニズムに迫れるものと期待している．

おわりに

RTTとMeCP2は，エピジェネティクスと神経発達障害を結びつけるものとして世界中で勢力的に研究がなされてきた．これまでの研究により，MeCP2は非常に多様な機能を駆使することにより中枢神経系の複雑かつ精巧な機能を司っているように思われる．しかしながら，MeCP2の機能不全とRTT病態との関係にはいまだ不明な点が多く残されている．さらに，RTT表現型におけるグリア細胞でのMeCP2機能の重要性も示され[43)44)]，RTTの複雑な病態が浮き彫りになりつつある．一方で，RTT患者由来のiPS細胞から誘導したニューロンがRTT表現型を再現できることが明らかとなり[45)]，RTT研究の加速化が予想される．今後，様々なツールを用いた更なるMeCP2分子機能の研究や下流標的因子の同定により，RTT病態の解明および治療法開発が期待される．

参考文献

1) Rett A：Wien Med Wochenschr 116, 723-726, 1966.
2) Hagberg B, et al：Ann Neurol 14, 471-479, 1983.
3) Holliday R：Science 238, 163-170, 1987.
4) Lewis JD, et al：Cell 69, 905-914, 1992.
5) Nan X, et al：Cell 88, 471-481, 1997.
6) Amir RE, et al：Nat Genet 23, 185-188, 1999.
7) Christodoulou J, et al：Hum Mutat 21, 466-472, 2003.
8) Smeets E, et al：Am J Med Genet A 132A, 117-120, 2005.
9) Jan MM, et al：Pediatr Neurol 20, 238-240, 1999.
10) Klauck SM, et al：Am J Hum Genet 70, 1034-1037, 2002.
11) Cohen D, et al：Am J Psychiatry 159, 148-149, 2002.
12) Chen RZ, et al：Nat Genet 27, 327-331, 2001.
13) Guy J, et al：Nat Genet 27, 322-326, 2001.
14) Gemelli T, et al：Biol Psychiatry 59, 468-476, 2006.
15) Luikenhuis S, et al：Proc Natl Acad Sci USA 101, 6033-6038, 2004.
16) McGill BE, et al：Proc Natl Acad Sci USA 103, 18267-18272, 2006.
17) Moretti P, et al：Hum Mol Genet 14, 205-220, 2005.
18) Shahbazian M, et al：Neuron 35, 243-254, 2002.
19) Armstrong DD：J Child Neurol 20, 747-753, 2005.
20) Jellinger K, et al：Acta Neuropathol 76, 142-158, 1988.
21) Reiss AL, et al：Ann Neurol 34, 227-234, 1993.
22) Belichenko PV, et al：Neuroreport 5, 1509-1513, 1994.
23) Moser SJ, et al：Pediatr Neurol 36, 95-100, 2007.
24) Asaka Y, et al：Neurobiol Dis 21, 217-227, 2006.
25) Moretti P, et al：J Neurosci 26, 319-327, 2006.
26) Dani VS, et al：Proc Natl Acad Sci USA 102, 12560-12565, 2005.
27) Nelson ED, et al：Curr Biol 16, 710-716, 2006.
28) Chao HT, et al：Neuron 56, 58-65, 2007.
29) Dragich JM, et al：J Comp Neurol 501, 526-542, 2007.
30) Kriaucionis S, Bird A：Nucleic Acids Res 32, 1818-1823, 2004.
31) Pelka GJ, et al：Genomics 85, 441-452, 2005.
32) Kishi N, Macklis JD：Mol Cell Neurosci 27, 306-321, 2004.
33) Klose RJ, et al：Mol Cell 19, 667-678, 2005.
34) Buschdorf JP, Stratling WH：J Mol Med 82, 135-143, 2004.
35) Nan X, et al：Nature 393, 386-389, 1998.
36) Harikrishnan KN, et al：Nat Genet 37, 254-264, 2005.
37) Kimura H, Shiota K：J Biol Chem 278, 4806-4812, 2003.
38) Young JI, et al：Proc Natl Acad Sci USA 102, 17551-17558, 2005.
39) Chahrour M, et al：Science 320, 1224-1229, 2008.
40) Chen WG, et al：Science 302, 885-889, 2003.
41) Martinowich K, et al：Science 302, 890-893, 2003.
42) Chahrour M, Zoghbi HY：Neuron 56, 422-437, 2007.
43) Lioy DT, et al：Nature 475, 497-500, 2011.
44) Derecki NC, et al：Nature 484, 105-109, 2012.
45) Marchetto MC, et al：Cell 143, 527-539, 2010.

辻村 啓太
2005年　東京理科大学理学部化学科卒業
2007年　奈良先端科学技術大学院大学バイオサイエンス研究科修士課程修了
2010年　同博士課程修了
　　　　同博士研究員
2013年　九州大学大学院医学研究院応用幹細胞医科学部門応用幹細胞医科学講座基盤幹細胞学分野特任助教

第2章 エピジェネティクスと病気

3．精神神経疾患
4）エピジェネティクスと脳機能

久保田健夫・三宅邦夫・平澤孝枝

　遺伝性疾患は，遺伝子機能を喪失させる変異を原因とする疾患と遺伝子機能を異常に亢進させる変異を原因とする疾患とに分けられる．しかし，精神・神経疾患の中に同じ遺伝子の機能喪失と機能亢進のどちらも原因とする疾患がある．このことから精神・神経を司る臓器である脳は，遺伝子の発現量が多すぎても少なすぎても異常をきたす臓器であると考えられる．すなわち，厳密な遺伝子発現調節を必要とする臓器といえる．このような遺伝子発現調節を担うメカニズムの1つがエピジェネティクスである．その先天的な異常が様々な発達障害疾患の原因となっていることから，脳の正常発達に必須のメカニズムと想定されるようになった．また，生後の養育環境で脳のエピジェネティクスが変化し，その後の長期にわたる脳機能変化がみられることなどから，脳の可塑性や記憶・学習にも関わるメカニズムであることが明らかにされつつある．

はじめに

　遺伝性疾患は通常，DNA変異に起因する遺伝子機能喪失が原因となっている．一方，遺伝子機能の異常亢進を原因とする遺伝性疾患も存在する．しかしながら，ある種の神経疾患では，1つの遺伝子の機能喪失と機構亢進の両者を原因とする．すなわち，神経系は遺伝子の発現量に敏感な組織といえる．具体的には，ペリツェウス・バッハ病（眼振などを特徴とする重度精神遅滞疾患：*PLP1*遺伝子の欠失・変異・重複のどれもが原因）[1]，シャルコー・マリエ・ツウース病/神経伝導速度異常症（成人発症性の末梢神経疾患：*PMP22*遺伝子の変異・重複のどれもが原因）[2]，滑脳症（重度の脳形成異常を認める*LIS1*遺伝子の欠失と重複のどれもが原因）[3)4]，パーキンソン病（*a*-シニクレイン遺伝子の変異・重複のどれもが原因）[5]がこのような神経疾患に相当する．これらから，脳神経系は遺伝子発現の厳密なコントロールを要する臓器といえる（図❶）．

　一方，エピジェネティクスは生体内の遺伝子発現調節機構の1つである．そもそもエピジェネティクスという用語は，1939年にConrad Waddingtonによって初めて使用され，その意味は「遺伝子とその産物の相互関係が発生過程で生物にもたらす表現型」というものであったが，今日「遺伝子配列変化を伴わない永続的な遺伝子発現調節変化」という意味で使用されており，このシステムは正常な胚発生や正常な各種細胞分化に重要な役割を果たしていることが判明し，これまで遺伝子配列変化（遺伝子変異）では説明できなかった各種疾患の発症メカニズムであることが想定されるようになってきた．

　以上をふまえ，本稿では脳の発達・形成や可塑

key words
　エピジェネティクス，DNAメチル化，ヒストン修飾，脳神経系，発達，発達障害，可塑性

図❶ 神経疾患における遺伝子異常

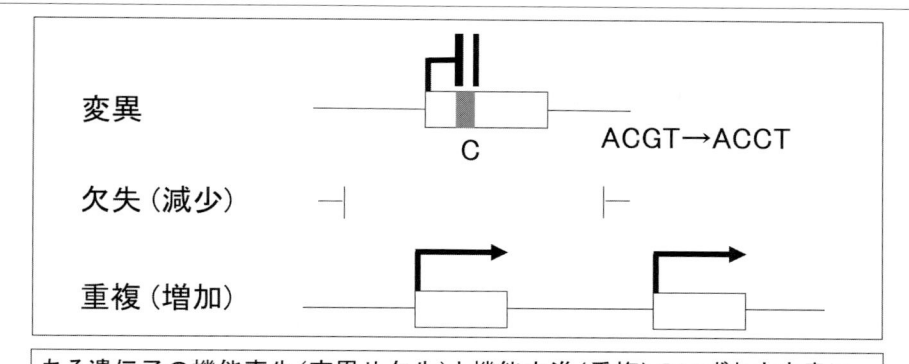

変異 ACGT→ACCT
欠失（減少）
重複（増加）

ある遺伝子の機能喪失（変異や欠失）と機能亢進（重複）のいずれも疾患に

PLP1 遺伝子の喪失または亢進でペリツェウス・バッハ病（重度先天性疾患）
PMP22 遺伝子の喪失または亢進でシャルコー・マリエ・ツウース病（末梢神経症）
LIS1 遺伝子の喪失または亢進で滑脳症（発達障害）
α-シニクレイン遺伝子の喪失または亢進でパーキンソン病

発現が増えても減っても同一疾患に至るのは「神経系の病気」だけ
↓
「脳は遺伝子の厳密なコントロールを必要とする臓器」

ある種の神経疾患の中には，同一の遺伝子の変異・欠失・重複を原因とするものがある。このような例から，脳神経系は遺伝子発現量に敏感な臓器と考えることができる。

性に関わるエピジェネティクスについて概説する。

I．脳の発達・形成に関わるエピジェネティクス

エピジェネティックな遺伝子調節に関わるDNAメチル化酵素やヒストン修飾酵素などの修飾酵素が判明するのと並行して，この機構に関わる分子やメカニズムの異常に起因する疾患（エピジェネティクス病）が見出され，そのいずれもが種々のレベルの精神発達障害を生じる疾患であった。

最初にヒトで見出されたエピジェネティクス異常に起因する疾患はゲノム刷り込み疾患である。ゲノム刷り込みとは，通常の遺伝子のふるまい（父由来の染色体上と母由来の染色体上で同等に発現）（図❷A）とは異なり，片親由来の染色体上では発現するが反対の親由来の染色体上では刷り込まれて（DNAがメチル化されていて）発現しない遺伝子発現パターンのことをいう（図❷B）。

その例として，中等度の精神遅滞と肥満を主徴とするプラダーウィリー症候群や重度の精神遅滞と難治性のてんかんを主徴とするアンジェルマン症候群がある。これらはいずれも，片親発現遺伝子の欠失や異常メチル化による無発現がその原因であった[6)-8)]。

ゲノム刷り込みが遺伝子レベルでの発現抑制メカニズムに基づく遺伝学的現象であるのに対し，染色体レベルで発現抑制されるメカニズムもある。これが正常女性にみられるX染色体の不活化である（図❷C）。正常女性では，2本のX染色体の片方が不活化されており，これはX染色体を1本しかもたない男性との発現遺伝子量のバランスをとるための現象と考えられている。不活化されたX染色体上では，ほとんどの遺伝子がメチル化され発現が抑制されている。

もし遺伝子や染色体で本来の不活化がなされなかったらどうなるであろうか。流産するか[9)]，生まれてきても重篤な精神遅滞を呈すると考えられている[10)]。すなわち，正常な精子と卵子の間の受

図❷ 発達障害疾患に関わるゲノム刷り込み現象とX染色体不活化現象

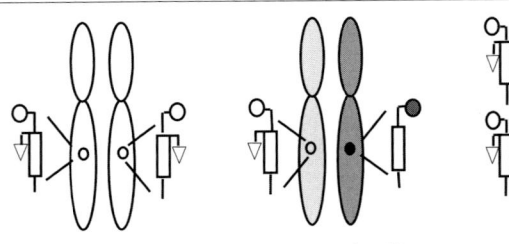

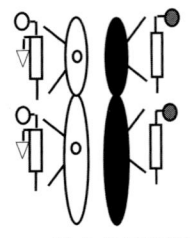

A. 通常の遺伝子（両アレル発現）
B. ゲノム刷り込み（片アレル発現）
C. X染色体不活化（片アレル発現）

遺伝子は通常，一対の染色体上で同等に発現している（A）。しかし，ゲノム刷り込み遺伝子は片方の親由来の遺伝子が抑制されている（B）。また女性の2本のX染色体のうちの片方のXは不活化されており，その上の遺伝子は不活化されている（C）。ゲノム刷り込み遺伝子の過剰な抑制やX染色体の異常な活性化は，発達障害疾患の原因となる。

精という過程を経ずに生命を誕生させるクローン技術によって生まれてきた動物において，X染色体の不活化が生じず，このような個体は流産すること[9]，またヒトにおいて，X染色体の一部分でも不活化が生じないで生まれてくると重篤な精神遅滞が生ずる例[10]が，それぞれ報告されている。このような動物やヒト患者の所見から，遺伝子が適正なエピジェネティックな抑制を受けなかった場合，脳神経系に重篤な障害を与えることが示唆された。

DNAやヒストンの修飾に関係するタンパク質の異常症としては以下のような例がある。DNAメチル基転移酵素3B（DNMT3B）はDNAをメチル化させる酵素の1つである。この酵素遺伝子の変異で，免疫不全（immunodeficiency）・染色体セントロメア領域の脆弱性（Centromere instability）・特異顔貌（facial abnormalities）の3主徴を呈するICF症候群が生ずる（図❸A）[11]。臨床遺伝学的見地の話になるが，この疾患は常染色体劣性の遺伝形式をとり，DNMT3Bの両アレルともに変異が生じた場合に患者となり，両親はその保因者となる。劣性遺伝病は一般に重症であるが，本疾患は比較的軽症で精神遅滞も軽度である。その理由として，本疾患患者に両アレルとも重症変異（完全機能喪失変異）を有するものはなく，どちらかの変異は軽いタイプである。したが

って，DNMT3Bタンパク質機能が残存していることが軽症化に貢献しているものと考えられる。その一方で，DNMT3Bタンパク質機能が残存しているにもかかわらず，免疫グロブリン低下がみられることから，B細胞はDNMT3B機能に最も敏感な組織であると考えられ，さらに免疫グロブリン低下の原因の1つにDNMT3BなどのDNAメチル化酵素の異常が想定できる。

またMeCP2タンパク質は，メチル化を受けた遺伝子DNA領域に結合し，その遺伝子の発現を抑制するタンパク質である。このタンパク質の遺伝子変異で，自閉症・手もみ動作・失調歩行を主徴とするレット症候群が生ずる（図❸B）[12]。

少し複雑になるが，DNA配列の異常がエピジェネティクス異常を惹起して，疾患を起こす例がある。脆弱X症候群（Fragile X syndrome）である。この疾患は欧米では男児で最も頻度の高い精神遅滞症候群とされている。原因は，X染色体上のFMR1遺伝子の上流領域のCCGの3塩基繰り返し配列が伸長して（通常数十以下が数千に），これによりメチル化を受け，この遺伝子の発現が抑制されるというメカニズムである（図❸C）。これによって，神経細胞の突起が「か細い」ものになってしまうという神経病態の一端も明らかにされた[13]。

さらに近年，DNAのメチル化に関連する酵素やタンパク質だけでなく，ヒストン修飾酵素の遺伝子変異が精神遅滞疾患の原因であることもわかってきた。その1つが，ヒストン修飾関連酵素（ヒストンH3K9脱メチル化酵素）の遺伝子変異を原因とするクリーフストラ症候群である[14]。これ以降，原因不明であった精神遅滞疾患の原因遺伝子がヒストン修飾酵素遺伝子であることが，次世代シーケンサー解析で明らかにされた。

このようなエピジェネティクス関連タンパク質の欠損などによる先天的な発達障害の発症メ

図❸ 発達障害疾患に関わるエピジェネティックなメカニズム

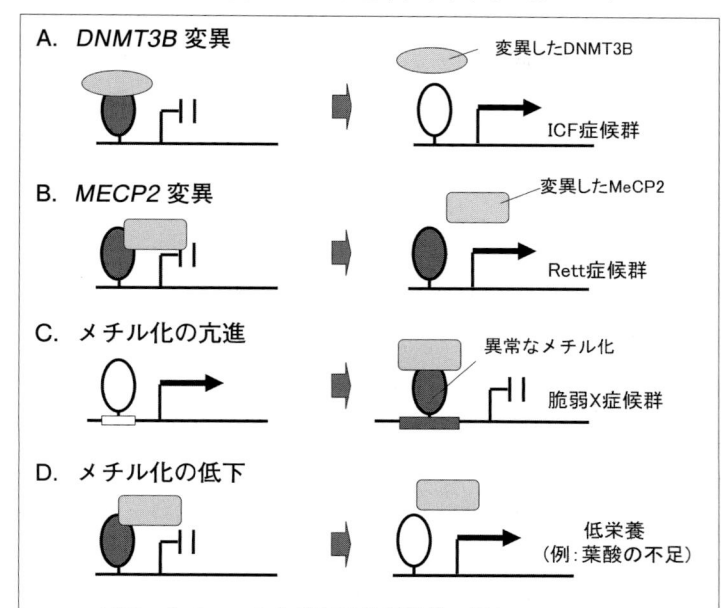

A. *DNMT3B* 変異 → ICF症候群
B. *MECP2* 変異 → Rett症候群
C. メチル化の亢進 → 脆弱X症候群
D. メチル化の低下 → 低栄養（例：葉酸の不足）

A. エピジェネティックな遺伝子発現調節に関わるDNAメチル化酵素のDNMT3Bの遺伝子変異疾患
B. エピジェネティックな遺伝子発現調節に関わるメチル化DNA結合タンパク質をコードする*MECP2*遺伝子の変異疾患
C. DNA配列の伸長に伴うDNAのメチル化亢進疾患
D. 環境変化（例：低栄養）に伴うエピジェネティクス変化（例：DNAの低メチル化）

カニズムに加え，近年，胎生期や生後の環境によってエピジェネティクスの異常が惹起され発達障害につながる例が示されはじめた[15]。具体的には，胎生期の低栄養環境が胎児体内のエピジェネティクスを変化させ，生後の疾患体質の源を形成させるという例である。このような考え方をdevelopmental origins of health and disease（略してDOHaD）と呼んでいる[16]。ここで疾患とは，成人病（肥満・糖尿病・心疾患など）や精神疾患（発達障害やうつ病など）である。具体的には，まずオランダや中国で戦時中などの栄養不足時代に出生した世代は，前後の世代よりこれらの発症率が高かったとの疫学調査結果が示された[17)18)]。次いで，そのメカニズムがラットのモデルにより示された。具体的には，肥満・糖尿病の体質獲得メカニズムとしての胎生期低栄養に起因するDNAのメチル化低下が明らかにされ（図❸D）[19]，さらに妊娠期の葉酸（メチル化基質となる栄養素）の摂取で胎児に生ずるDNAメチル化低下が是正できることが動物モデルで判明した[19]。また最近，ノルウェーから「葉酸を十分摂取していない妊婦の子どもの自閉症リスクは，葉酸を十分に摂取している妊婦の子どもの2倍となる」といったヒトの疫学調査結果が報告された[20]。

一方，生まれた後におかれた環境でも脳内のエピジェネティクス変化が生ずることがわかってきた。具体的には新生仔を，生後1週間，連日一定時間，母親から引き離すと，新生仔の脳の海馬におけるグルココルチコイド受容体遺伝子のDNAメチル化が亢進し，その結果，発現が低下して，行動障害につながるとの知見である。この場合，DNAメチル化の亢進状態が誘導されたことにより，発現低下が長期化し，よって行動障害も長期化した。いわば「三つ子の魂，百までも」の科学的なモデルと考えられる報告であった（図❹）[21]。実際，ヒトにおいても，虐待歴のある自殺者の剖検脳の海馬領域を調べた結果，グルココルチコイド受容体遺伝子プロモーターのDNAメチル化の亢進が認められたとの報告がなされている[22]。

また新生仔を，生後10日間，連日一定時間，母親から引き離すと，新生仔の脳内で神経ペプチドであるアルギニン・バソプレシン遺伝子の発現がエピジェネティック変化によって長期にわたり変化し，これがその後の過活動（異常行動）のもとになることが報告された[23]。具体的には，母子分離短期ストレス負荷マウスでは，非ストレス負荷マウスに比べて，*AVP*遺伝子下流のエンハンサー（発現調節）領域のDNAのメチル化が低下し，これに神経細胞へのカルシウムの過剰流入によりMeCP2タンパク質がリン酸化されることで，本来のMeCP2結合による*AVP*遺伝子発現の抑制が

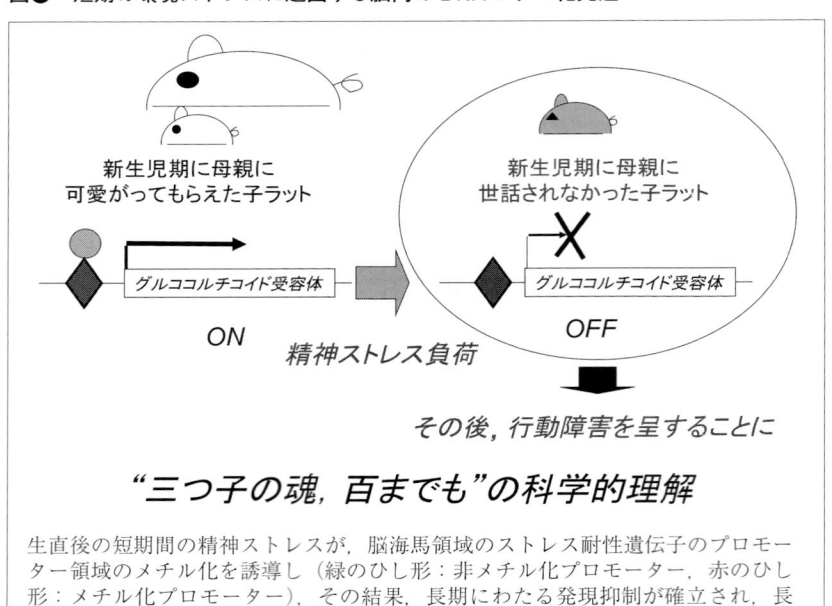

図❹　短期の環境ストレスに起因する脳内の DNA メチル化亢進

"三つ子の魂，百までも"の科学的理解

生直後の短期間の精神ストレスが，脳海馬領域のストレス耐性遺伝子のプロモーター領域のメチル化を誘導し（緑のひし形：非メチル化プロモーター，赤のひし形：メチル化プロモーター），その結果，長期にわたる発現抑制が確立され，長期にわたる行動障害のもとが形成される。　　　　　　　　　　　（グラビア頁参照）

なされず，過剰発現になることが示された[23]。

このような環境によるエピジェネティクス異常の惹起とは逆に，昔から使用されてきた治療薬にエピジェネティクス異常の改善作用があることも判明した。具体的には，古典的なうつ病治療薬のイミプラミンに，うつ病で発現が下がる遺伝子（*BDNF*）のヒストン修飾パターンを変化させ，その結果，遺伝子発現を回復させる作用があることが判明した[24]。エピジェネティックな遺伝子発現の修復作用があることも判明した。

また，エピジェネティクスはうつ病だけでなく統合失調症の病態にも関係し，統合失調症患者の死後脳サンプルで GABA 関連性グルタミン酸脱炭酸酵素（GAD67）の遺伝子プロモーター領域において抑制型のヒストン修飾パターンの増強（H3K4me3 が低下，H3K27me3 が上昇）がみられ[25]，このような統合失調様のヒストン修飾異常を，ヒストン脱アセチル化酵素阻害効果を有する向精神薬のバルプロ酸ナトリウムが改善することが示されている[26]。

エピジェネティクス修復作用は上記のような精神疾患治療薬だけでなく，身近な栄養素（例えばローヤルゼリー）も有することがわかってきた（図❺）[27]。

以上のように，脳の正常な発生や発達には適正なエピジェネティックな遺伝子の調節が必須であり，その異常は先天性・後天性につながり，また薬物や栄養で是正や予防が可能であることがわかりつつある。

II．脳の可塑性に関わるエピジェネティクス

ヒト疾患や疫学調査，環境動物モデルなどから，間接的にエピジェネティクスが脳機能に深く関わっていることがわかってきた。しかし，エピジェネティクスはどのように脳機能や神経細胞機能に直接的に関わっているのであろうか。まず，脳細胞が神経細胞やグリア細胞に分化していく際に，エピジェネティックな遺伝子調節が深く関わっていることが明らかにされた[28]。これ以降，神経細胞に基づく高次脳機能にもエピジェネティクスが関わっていることがわかってきた。

まず，成熟した神経細胞は一般に分裂しないことから，記憶のメカニズムは DNA の複製ではなく DNA 上の修飾に依存するとの仮説が，Francis Crick（DNA の二重らせん構造の解明によるノー

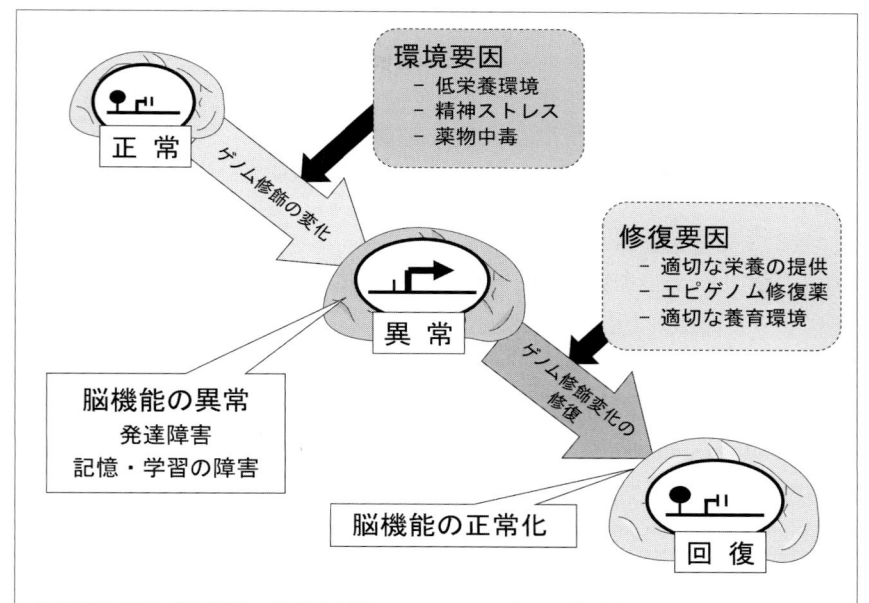

図❺ 環境要因による脳エピジェネティクス変化とその修復

各種環境要因（胎児期の低栄養環境，アルコール常習，幼少期の母子分離ストレス）により脳内のエピジェネティック変化が生じ，このような変化を適正な栄養環境（例：葉酸の補充投与）やエピゲノム修復薬（例：向精神薬），適正な養育環境の提供で治療・予防できる可能性が示唆されている。

ベル賞受賞者）らによって提唱された[29)30)]。最近，この仮説が徐々に実証されはじめ，特にヒストン修飾が記憶のメカニズムに関わっていることが明らかにされはじめた[31)]。例えば，ヒストン脱アセチル化酵素（HDAC3）の阻害剤により長期記憶が増強されたことから，HDAC3には記憶の忘却作用があることが示唆された[32)]。

一方，ヒストンのアセチル化だけでなく，ヒストンのメチル化修飾も記憶や薬物依存に関係していることがわかってきた。具体的には，恐怖刺激が与えられたマウスの海馬において，遺伝子のヒストンH3K4やH3K9のメチル化修飾が変化し，これによって恐怖記憶の固定化が図られていることが判明した[33)]。また報酬や嗜好に関わる側坐核領域特異的にヒストンH3K9メチル化酵素（G9a）の発現を抑制させると過剰な神経突起が形成され，コカインを欲する嗜好が増強され薬物中毒状態となり，逆にG9aの発現を回復させるとコカイン常用に関与する側坐核の神経突起の過剰形成が是正された[34)]。

おわりに

最近，「生直後の母子分離（早期の虐待）に起因する脳内のエピジェネティクス変化が行動障害という症状とともに，次世代に遺伝する」とのセンセーショナルな発表がなされた。具体的には，親の世代に受けた環境ストレスは脳だけでなく精子にも刻印されて3世代目まで伝達されたとの報告である[35)]。この報告以降も，後天性のエピジェネティクス変化の遺伝に関する報告がなされている[36)]。

一方，エピジェネティクス分野の元祖ともいえるゲノム刷り込み現象においては，「親の世代が有するエピジェネティクス情報は，精子・卵子の形成過程ですべて消去され，次世代に伝えられることはない」と理解されてきた。

どちらの考えが正しいか，まだ決着がついていない。しかし，最新の網羅的解析技法を使えば，エピジェネティクス情報が全染色体領域で収集でき，これによって消去しきれないゲノム領域が見出せるのかもしれない。もしこのような所見が明

らかになれば，世界の生物界を席巻してきたダーウィンの進化論に代わり，100年間葬られてきたラマルクの進化論（キリンの首は，先祖が高いところの食べ物を食べてきたからで，その体質が遺伝した，との考え方），すなわち「獲得形質は遺伝する」の考え方が認知される時代が到来するのかもしれない。

「親のエピジェネティクス変化が子どもに伝えられる（親の因果が子に報い）」が解明されることは恐ろしい話のように聞こえるかもしれない。しかし，エピジェネティクスの可逆性を活用した修復や予防に関する理解は着実に進みつつあり，「もって生まれた負の体質を良い環境で育てて克服できる」世の中にすることも可能と思っている。

本稿を読んでくださった若い方に，脳エピジェネティクス研究分野に興味をもっていただき，さらに環境による脳の可塑性変化という生理学的現象の生化学的解明を達成していただけたら，筆者の望外の喜びである。

参考文献

1) Inoue K, Kanai M, et al：Prenat Diagn 21, 1133-1136, 2001.
2) Online Mendelian Inheritance in Man (OMIM)：#118220 http：//www.ncbi.nlm.nih.gov/entrez/
3) Reiner O, Carrozzo R, et al：Nature 364, 717-721, 1993.
4) Bi W, Sapir T, et al：Nat Genet 41, 168-177, 2009.
5) Obi T, Nishioka K, et al：Neurology 70, 238-241, 2008.
6) Saitoh S, Buiting K, et al：Proc Natl Acad Sci USA 93, 7811-7815, 1996.
7) Kubota T, Das S, et al：Nat Genet 16, 16-17, 1997.
8) Kishino T, Lalande M, et al：Nat Genet 15, 70-73, 1997.
9) Nolen LD, Gao S, et al：Dev Biol 279, 525-540, 2005.
10) Kubota T, Wakui K, et al：Cytogenet Genome Res 99, 276-284, 2002.
11) Shirohzu H, Kubota T, et al：Am J Med Genet 112, 31-37, 2002.
12) Miyake K, Hirasawa T, et al：BMC Neurosci 12, 81, 2011.
13) Qin M, Entezam A, et al：Neurobiol Dis 42, 85-98, 2011.
14) Kleefstra T, Brunner HG, et al：Am J Hum Genet 79, 370-377, 2006.
15) 久保田健夫：日小児会誌 113, 1071-1078, 2009.
16) Gluckman PD, Seng CY, et al：Lancet 369, 1081-1082, 2007.
17) Painter RC, de Rooij SR, et al：Am J Clin Nutr 84, 322-327, 2006.
18) St Clair D, Xu M, et al：JAMA 294, 557-562, 2005.
19) Lillycrop KA, Phillips ES, et al：Br J Nutr 100, 278-282, 2008.
20) Surén P, Roth C, et al：JAMA 309, 570-577, 2013.
21) Weaver IC, Cervoni N, et al：Nat Neurosci 7, 847-854, 2004.
22) McGowan PO, Sasaki A, et al：Nat Neurosci 12, 342-348, 2009.
23) Murgatroyd C, Patchev AV, et al：Nat Neurosci 12, 1559-1566, 2009.
24) Tsankova NM, Berton O, et al：Nat Neurosci 9, 519-525, 2006.
25) Huang HS, Akbarian S：PLoS One 2, e809, 2007.
26) Tremolizo L, Doueiri MS, et al：Biol Psychiatry 57, 500-509, 2005.
27) Kucharski R, Maleszka J, et al：Science 319, 1827-1830, 2008.
28) Takizawa T, Nakashima K, et al：Dev Cell 1, 749-758, 2001.
29) Click F：Nature 312, 101, 1984.
30) Holliday R：J Theor Biol 200, 339-341, 1999.
31) Levenson JM, Sweatt JD：Nat Rev Neurosci 6, 108-118, 2005.
32) McQuown SC, Barrett RM, et al：J Neurosci 31, 764-774, 2011.
33) Gupta S, Kim SY, et al：J Neurosci 30, 3589-3599, 2010.
34) Maze I, Covington HE 3rd, et al：Science 327, 213-216, 2010.
35) Franklin TB, Russig H, et al：Biol Psychiatry 68, 408-415, 2010.
36) Seong KH, Li D, et al：Cell 145, 1049-1061, 2011.

久保田健夫
1985年　北海道大学医学部卒業
　　　　昭和大学医学部小児科入局
1991年　同大学院博士課程修了（昭和大学医学博士）
　　　　長崎大学医学部原研遺伝学部門研究生
1993年　米国ベイラー医科大学研究員
　　　　米国NIH（国立ヒトゲノム研究所）研究員
1996年　米国シカゴ大学研究員
1997年　信州大学医学部衛生学講座助手
2000年　信州大学病院遺伝子診療部助手
　　　　国立精神・神経センター神経研究所疾病研究第二部室長
2003年　山梨大学大学院保健学Ⅰ（現，環境遺伝医学）講座教授
2006年　昭和大学医学部小児科客員教授
2009年　早稲田大学理工学術院先進理工学部生命医科学科客員教授

第2章 エピジェネティクスと病気

3．精神神経疾患
5）脊髄損傷

上薗直弘・松田泰斗・中島欽一

　脳や脊髄などの中枢神経は一度損傷すると再生は困難であると長らく考えられてきた．しかし，一度失われた神経回路網を再建することができれば，多くの神経疾患治療に有効であるため，この方法の開発に向けて様々な試みがなされてきた．近年，幹細胞研究の急速な発展に伴い，神経幹細胞移植による脊髄損傷治療が脚光を浴び，その有効性が示されはじめている．われわれは，重度脊髄損傷モデルマウスに対して神経幹細胞をただ移植するだけでなく，エピジェネティック制御により移植神経幹細胞をニューロンへと選択的に分化させることで，損傷脊髄の神経回路を再構築させ，下肢運動機能を回復させることに成功した．また，人工多能性幹（induced pluripotent stem：iPS）細胞由来神経幹細胞の移植が脊髄損傷治療に有効であることも報告され，その臨床応用への期待はいよいよ高まっている．

はじめに

　わが国では年間約5千人の新規脊髄損傷患者が発生しており，その患者総数は10万人以上と言われる．今日では救命処置と全身管理が確立し，脊椎インストゥルメンテーション（脊椎内固定具）[用解1]の発展に伴い早期リハビリテーションが可能となり，脊髄損傷の治療は格段に進歩を遂げている．しかし，現在損傷を受けた脊髄を直接治療する方法はなく，十分な回復を得ずに苦しんでいる方がたくさん存在する．このような状況を打開すべく，世界中で数多くの研究が行われ，損傷脊髄を治療する方法が動物実験レベルでは多数報告されている．その中で，神経幹細胞の培養法や移植方法の開発は，脊髄損傷再生医療を大きく発展させる原動力となった．神経幹細胞は自己複製能を有すると同時に，ニューロン，アストロサイト，オリゴデンドロサイトへの多分化能を備えた細胞である．このような性質を有する神経幹細胞の維持や分化は細胞内在性プログラムであるエピジェネティクス機構と細胞外因子との協調作用によって厳密に制御されている（図❶）．細胞外因子は，神経幹細胞の周囲を取り巻く細胞群から供給されており，その特殊な環境は微小環境（ニッチ）と呼ばれている．これまでの研究成果から，脊髄損傷部に移植された神経幹細胞の運命は，損傷部周辺を取り巻く脊髄微小環境に強く影響を受けることが明らかになってきている．本稿の前半では，このような脊髄損傷部へ移植された神経幹細胞の挙動について，脊髄微小環境に焦点をあて概説する．また最近では，ただ単に神経幹細胞を損傷部へ移植するだけでなく，エピジェネティクス機構を利用して神経幹細胞の運命を制御することで，神経幹細胞を意図した細胞へと分化誘導できるように

---

key words

エピジェネティクス，脊髄損傷，神経幹細胞，微小環境，反応性アストロサイト，グリア瘢痕，軸索伸展阻害因子，再生医療，神経幹細胞移植，バルプロ酸

図❶ 神経幹細胞の運命決定機構

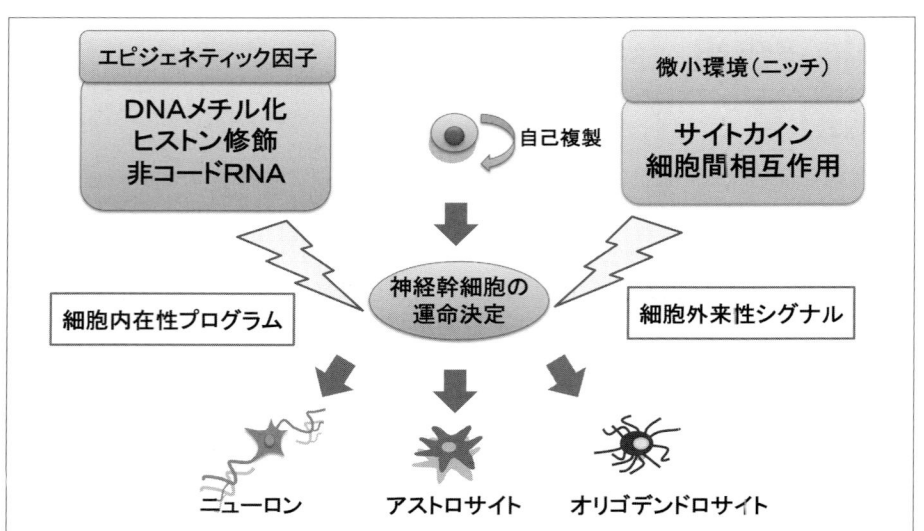

脊髄損傷治療のための移植細胞として用いられる神経幹細胞は，自己複製能とともに，ニューロン，アストロサイト，オリゴデンドロサイトへの多分化能を有する細胞である。神経幹細胞の運命は，細胞内在性プログラムであるエピジェネティクスと細胞外因子との協調作用によって厳密に制御されている。エピジェネティック因子としては，DNAメチル化，ヒストン修飾および非コードRNAなどが挙げられる。一方，細胞外因子は，神経幹細胞の周囲を取り巻く細胞群から供給されており，その特殊な環境は微小環境（ニッチ）と呼ばれている。

なりつつある。このような方法は，臨床応用が期待されるiPS細胞由来神経幹細胞を移植細胞として用いる際にも有効であると思われる。そこで本稿の後半では，エピジェネティクス機構を利用した神経幹細胞移植治療の有効性について言及する。

I. 脊髄損傷の病態とエピジェネティクス

脊髄損傷が起こると，急性期には直達外力による挫滅損傷（一次損傷）が原因で，損傷部のニューロン，アストロサイト，オリゴデンドロサイトの細胞死が引き起こされる。これに引き続き，血液脊髄関門（blood-spinal barrier：BSB）が破綻した微小血管から白血球やマクロファージ，ミクログリアなどの炎症性細胞が浸潤し，その貪食作用およびサイトカインの放出により周囲へ炎症が波及する（二次損傷）。その結果，損傷部周辺の細胞までもが死に至ることで，神経回路網が崩壊する。このような病態に対して，アストロサイトは著明な突起伸長および細胞体の肥大を認める反応性アストロサイト[用解2]へと形態を変化させ損傷周辺部に遊走してくる。反応性アストロサイトは炎症性細胞浸潤の拡大および更なる細胞死を食い止めることにより，損傷後亜急性期における組織修復において重要な役割を担っている[1]。その後，反応性アストロサイトは次第に重合し，グリア瘢痕と呼ばれる結合組織に富む瘢痕を形成する。グリア瘢痕は，物理的に神経再生を阻害することに加えて，軸索伸展阻害因子であるコンドロイチン硫酸プロテオグリカン（chondroitin sulfate proteoglycan：CSPG）を産生することにより，化学的にも再生を阻害している[2]。この他にも軸索再生阻害因子としてミエリン残骸中に存在するNogo-A[3)4)]，myelin-associated glycoprotein（MAG）[5)6)]，oligodendrocyte-myelin glycoprotein（OMgp）[7)]や線維組織中に存在するsemaphorin3A[8)9)]などが知られている。このように脊髄損傷における反応性アストロサイトからグリア瘢痕形成までの一連の病態は，時期により異なり，生体にとって益・不益の二面性をもつ。最近，このグリア瘢痕形成にmicro RNA-21（miR-21）が関与していることが示された[10)]。エピジェネティック因子のうちの1つであるmicroRNAは，それ自身ではタンパク質を

コードしない短い RNA で，自身の配列と相補的な配列を有する mRNA と結合し，mRNA の安定性や翻訳を調節することで遺伝子の発現制御に重要な役割を果たしている。この報告では miR-21 を過剰発現すると脊髄損傷後のアストロサイトの肥大化が軽減され，反対に miR-21 の機能を阻害するとアストロサイトの肥大化を増強させるだけではなく，グリア瘢痕を通過する軸索の数が増えることが明らかにされた[10]。この報告の他にも，miR-486 の阻害抗体を脊髄損傷モデルマウスに投与すると，後肢の運動機能の回復が認められることが報告されている[11]。また，脊髄損傷後に様々な microRNA の発現が変動することも明らかになっているため[12]，今後，microRNA と脊髄損傷の病態との関連性に関して詳細な解析がなされることで，microRNA 制御による新規脊髄損傷治療開発へと展開される可能性がある。

II. 脊髄微小環境と神経幹細胞移植

近年，胎生期だけでなく成体脳においても海馬歯状回（dentate gyrus：DG）の顆粒細胞層下部（subgranular zone：SGZ）や前脳の脳室下帯（subventricular zone：SVZ）に存在する神経幹細胞が絶えずニューロンを産生することが明らかにされた。この成体脳神経幹細胞の発見と並行するように，1996 年に Weiss らによって，これまでニューロン新生が起こらないと考えられてきたマウス脊髄においても成体脊髄神経幹細胞が存在することが明らかにされた[13]。この報告では，マウス脊髄から採取した細胞を epidermal growth factor（EGF）および fibroblast growth factor 2（FGF-2）存在下で浮遊培養すると，自己複製能および多分化能をもった neurosphere と呼ばれる細胞凝集塊が形成されることが示された[13]。また，この神経幹細胞の由来は，中心管を形成する上衣細胞の一部であると推察されている[14)-16)]。脊髄神経幹細胞は正常時においてほとんど増殖せず，アストロサイトの新生やごくわずかなオリゴデンドロサイトの新生に関与するものの，ニューロン新生には関与しない[16]。しかし，この脊髄神経幹細胞を海馬歯状回へと移植した場合には，ニューロンへの分化が認められる[17]。また，海馬歯状回から単離した神経幹細胞を脊髄へと移植した場合は，ニューロンには分化せず，アストロサイトへと分化することがわかっている[18]。すなわち，これらの結果は，脊髄微小環境下では移植神経幹細胞の運命がアストロサイトへと傾倒しやすいことを示している。

さらに損傷脊髄においては interleukin-1β（IL-1β），IL-6，tumor necrosis factor-α（TNF-α）などの炎症性サイトカインの発現亢進がみられるが，その中で IL-6 およびそのファミリーサイトカインのシグナルは神経幹細胞に作用し，これを強力にアストロサイトへと分化誘導することがわかっている[19]。すなわち損傷脊髄の微小環境は，サイトカインの作用が加わり，移植神経幹細胞をさらにアストロサイトへと分化させてしまうと考えられる。実際に，損傷脊髄にマウス海馬由来神経幹細胞を移植するとアストロサイトへのみ分化し，ニューロン，オリゴデンドロサイトへの分化はほとんど認められなかった[20]。

前述のように，脊髄損傷が起こると広範な細胞死が引き起こされ，神経回路網が崩壊する。具体的には軸索の途絶もしくはオリゴデンドロサイトの細胞死による脱髄，運動ニューロンや感覚ニューロン，介在ニューロンなどの様々なニューロンやアストロサイトの細胞死などである。そのため，脊髄損傷治療において神経幹細胞移植に求められているものの 1 つとして，損傷部に多分化能をもつ神経幹細胞を移植することで，失われた細胞を補充し，崩壊した神経回路網を再構築することが挙げられる。いくつかの報告では，損傷部の脱髄した軸索が移植細胞由来オリゴデンドロサイトによって再髄鞘化された結果，後肢の運動機能が回復することが示唆されている[21)22)]。しかし重度脊髄損傷において，病態の中心が脱髄ではなく軸索の途絶であるならば，オリゴデンドロサイトが髄鞘化するべき軸索はその場に存在しないため，移植細胞由来ニューロンによる新たな神経回路の構築が運動機能回復のためには必要であると予想される。強力なグリア分化傾向を示す損傷脊髄微小環境において，移植神経幹細胞をニューロンへと分化させ，神経回路を再構築することはできるの

だろうか。われわれはこの問題解決を目的に研究に着手し、ある一定の答えを得ることができた。

Ⅲ. 脊髄損傷治療とエピジェネティクス

1. HDAC阻害剤と神経幹細胞移植による脊髄損傷治療

前述のように，神経幹細胞の分化においてもエピジェネティクス機構は重要な役割を果たしている。われわれは，2004年に成体ラット海馬由来の神経幹細胞培養系にヒストン脱アセチル化酵素（histon deacetylase：HDAC）阻害剤であるバルプロ酸（valproic acid：VPA）を添加すると，神経幹細胞内のヒストンアセチル化が亢進され，ニューロン分化を促進する basic helix-loop-helix（bHLH）型転写因子 NeuroD の発現亢進が認められることを見出した。さらに，この VPA による NeuroD 発現亢進作用によって高効率なニューロン分化が誘導されるとともにアストロサイトへの分化が抑制されることを明らかにした[23]。そこでわれわれはこの作用を利用し，神経幹細胞を移植するとともに VPA を投与することで，損傷部に移植神経幹細胞由来の新生ニューロンを補充する HINT（HDAC inhibitor and neural stem cell transplantation）法を開発した[20]（図❷）。HINT 法治療群では神経幹細胞移植のみを行った群と比較し，有意に移植細胞のアストロサイト分化が抑制されるとともにニューロン分化が促進され，顕著に下肢運動機能が改善された[20]。この神経幹細胞由来ニューロンがどのように機能したかを調べるため，シナプスを介して一次から三次ニューロンまで受け渡される wheat germ agglutinin（WGA）というトレーサーを大脳の下肢運動野にアデノウイルスを注入して発現さ

図❷ HINT 法を用いた脊髄損傷治療の基本概念

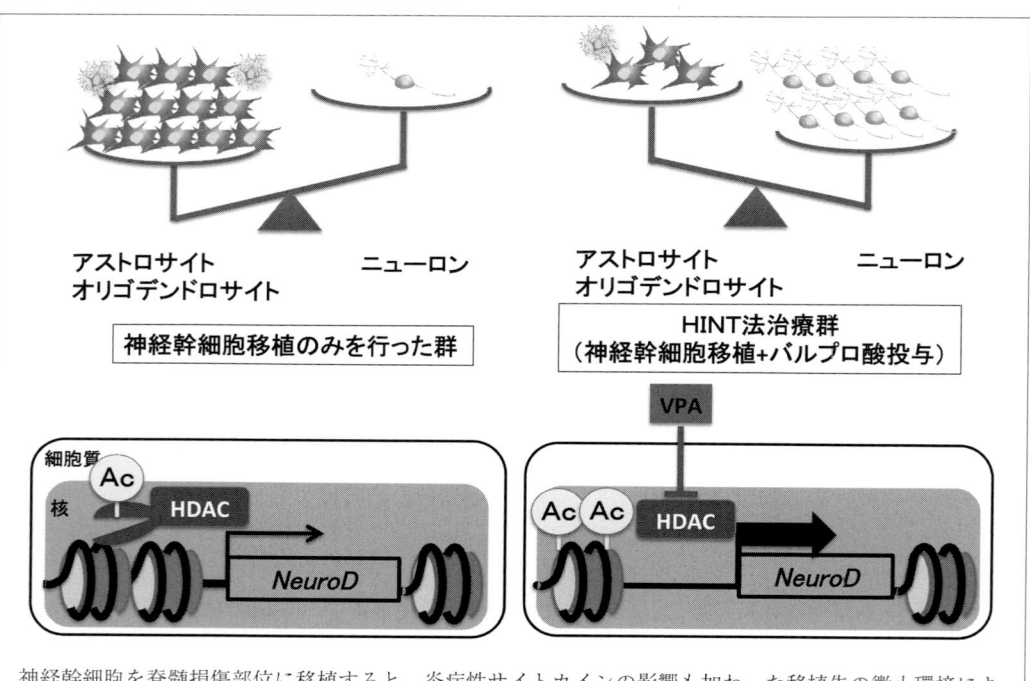

神経幹細胞を脊髄損傷部位に移植すると，炎症性サイトカインの影響も加わった移植先の微小環境により，移植神経幹細胞はほとんどがアストロサイトへと分化してしまう。そのため，移植細胞を意図した細胞系譜に分化させるには，何らかの分化制御操作を加える必要がある。ヒストン脱アセチル化酵素（HDAC）阻害剤であるバルプロ酸（VPA）は，神経幹細胞においてヒストンアセチル化を亢進するとともに，bHLH 型転写因子 NeuroD の発現を誘導する。その結果，神経幹細胞の運命がニューロンへと傾倒することがこれまでにわかっていた。そこでわれわれは，神経幹細胞移植にバルプロ酸投与を併用し，エピジェネティクスによる制御機構を利用することで，移植細胞のアストロサイト分化を抑制するとともに選択的にニューロン分化を誘導することに成功した。

せた。すると HINT 法治療群では WGA が大脳皮質から投射している一次運動ニューロンから移植細胞由来ニューロンへ受け渡され，損傷部より末梢側の脊髄前角細胞にも運ばれていることがわかった。さらに，ジフテリア毒素受容体を発現する神経幹細胞を移植し，治療効果がみられた後にジフテリア毒素を投与して移植細胞のみを特異的に除去すると，下肢運動機能が非治療群と同程度までに悪化した。これらの結果より，移植神経幹細胞はニューロンに形態的に分化しただけでなく，破綻した神経回路をリレーするように再建することで機能的に働き，下肢運動機能の改善に直接寄与したことが証明された[20]（図❸）。VPA は実際に医療現場で用いられている薬剤であり，投与方法や投与量，副作用についての知見も蓄積されているため，臨床実験を行う際には非常に有用である。このように本研究成果は，脊髄損傷に限らず中枢神経系に対する再生医療の開発に極めて重要な意義をもつと考えている。

われわれの実験においては，VPA 単独投与による下肢運動機能の有意な改善は認めなかったが，軽度から中等度の脊髄損傷モデルに対して VPA を単独投与すると神経保護作用により下肢機能が改善されるとの報告もある[24,25]。さらに，脊髄損傷後にヒストン H3, H4 のアセチル化が有意に減少するが，VPA はこの脱アセチル化を防ぐだけでなく，アポトーシス抑制活性を有する Bcl-2 の発現量を増加させることが示されている[26]。また，ヒストンのアセチル化は，HDAC と拮抗してヒストンアセチル基転移酵素（histone acetyltransferases：HAT）によりアセチル基が付加されることでその均衡が保たれているが，近年，クルクミン（curcumin）にはこの HAT 阻害作用があることがわかった[27]。これまでに，クルクミンを脊髄損傷マウスに投与すると，神経保護作用，抗炎症作用により脊髄損傷治療効果があることが示されているものの[28,29]，この作用機序が HAT 阻害活性を介しているかどうかは不明である。今後は，脊髄損傷の病態におけるヒストン修飾の解析や先ほど紹介した microRNA などエピジェネティックス関連因子の機能解析をさらに進める必要がある。これらの研究成果は，われわれが HINT 法で示した移植神経幹細胞の制御以外に，脊髄微小環境をエピジェネティックに制御するという発想を刺激し，さらなる治療効果改善につながる可能性がある。

2. リプログラミングの脊髄損傷治療への応用

近年，ウイルスベクターを用いた遺伝子導入などによる線維芽細胞のリプログラミングにより，

図❸ 移植神経幹細胞由来ニューロンによる神経回路網の再建

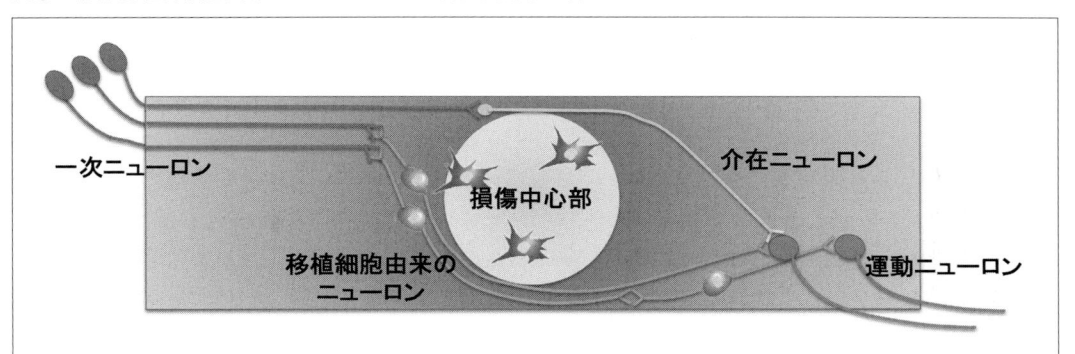

移植神経幹細胞はニューロンに形態的に分化しただけでなく，破綻した神経回路をリレーするように再建することで機能的に働き，劇的な運動機能の回復が得られた。ジフテリア毒素受容体を発現する神経幹細胞を移植し，治療効果がみられた後にジフテリア毒素を投与して移植細胞のみを特異的に除去すると，下肢運動機能が非治療群と同程度までに悪化することより，移植神経幹細胞由来ニューロンが運動機能の回復に直接寄与していることがわかる。さらに N-メチル -D-アスパラギン酸（N-methyl-D-aspartate：NMDA）を脊髄損傷部に投与してすべてのニューロンを除去すると，損傷直後とほぼ同等の完全麻痺に近い状態までに悪化した。これは移植細胞以外に損傷脊髄神経回路網の再建に関わるニューロンが存在することを示唆し，もともと脊髄に存在する介在ニューロンが代償性に機能している可能性がある。

多能性幹細胞であるiPS細胞の誘導およびその培養法が確立された[30)31)]。われわれは，ヒトiPS細胞から誘導された神経幹細胞を用いて，脊髄損傷モデルマウスに対して移植治療を行った場合，後肢運動機能が回復することを確認した[32)]。その後，霊長類へのヒトiPS細胞由来神経幹細胞移植実験でもその有効性が証明されている[33)]。iPS細胞を使用した移植療法では，患者本人からiPS細胞を樹立し神経幹細胞に分化誘導後に自己移植できるため，胎児由来神経幹細胞移植や胚性幹（embryonic stem：ES）細胞由来神経幹細胞移植における免疫拒絶反応や倫理的な問題が改善される。しかし，未分化なiPS細胞が移植細胞に混入していた場合，腫瘍化するなどの問題が残されており，iPS細胞を樹立する際に安全なクローンを選別する方法や，仮に腫瘍化が起きてしまった時の対処方法など，さらなる検討が必要である。

さらに，線維芽細胞から多能性のiPS細胞を作製後，神経幹細胞に誘導するのではなく，直接移植可能な神経幹細胞様の細胞，iNS（induced neural stem）細胞を作製できることが報告された[34)35)]。Edenhoferらは Oct4（octamer-binding transcription factor 4），Sox2〔SRY（sex determining region Y）-box 2〕，Klf4（Krueppel-like factor 4），c-Myc（c-myelocytomatosis）を，Schölerら は Brn4（brain-specific homeobox/POU domain protein 4），Sox2，Klf4，c-Myc，Tcf3（transcription factor 3）を導入することにより線維芽細胞からiNS細胞を誘導することに成功した[34)35)]。これらの報告例以外にも，岡野らはiPS細胞作製時と同様のOct4，Sox2，Klf4，cMycの4因子をマウスおよびヒトの皮膚細胞に導入後，神経幹細胞を誘導する培養条件下で約2週間培養することでiNS細胞を誘導できることを明らかにしている[36)]。多能性幹細胞を経由しないで目的の細胞を産生することによ

り，理論的には腫瘍形成の可能性が低くなることや，移植細胞の作製，培養期間が短縮できるという点でiNS細胞は非常に優れており，移植細胞の有力候補になりうると考えられる。また，転写因子を導入し他の細胞系譜の遺伝子をONにするこのようなリプログラミング自体がエピジェネティクスの最たるものといっても過言ではなく，そのメカニズムの解明が急がれる。

おわりに

現在，脊髄損傷患者の多くは，長年症状に苦しみ続けている完全慢性期の患者である。慢性期損傷脊髄の微小環境は，急性期・亜急性期のそれとは全く異なり，グリア瘢痕は線維性瘢痕となり，CSPGなどの軸索伸展阻害因子はさらに高発現している。このような微小環境に神経幹細胞を単独で移植するのみでは，必要な細胞系譜に分化する以前に生着すらできない[37)]。FehlingsらはCSPGを分解するコンドロイチナーゼABC（chondroitinase-ABC：chABC）を併用投与して微小環境を改善すると，神経幹細胞の生着率が増加しオリゴデンドロサイトへ分化して再髄鞘化すると同時に，軸索伸長も促進され下肢運動機能が改善されたことを報告した[37)]。しかし，麻痺の完全回復には程遠いのが現状である。今後，これまで数多く研究されてきた抗サイトカイン療法や神経保護因子を用いる治療法，軸索進展阻害因子の制御を試みる治療法を神経幹細胞移植療法に併用し，必要に応じてエピジェネティック制御を行うことにより，治療効果をより発揮する方法（カクテルトリートメント療法）を開発することが期待される。さらに，効率のよいリハビリテーションを組み合わせ，本来生体がもっている再生能力を最大限に発揮させることによって，損傷脊髄再生の道が開けると考える。

用語解説

1. **脊椎インストゥルメンテーション**：脊髄損傷に対する手術は，合併した脱臼や骨折を整復し，椎弓切除術を行うことにより脊髄の除圧を行うことを目的とする。また脊椎の不安定性に伴い麻痺が増悪するのを防ぐため，脊椎固定術を行い脊柱の支持機能を再建することも重要である。内固定を行うためのスクリューやロッド，プレートなどの金属のことを脊椎インストゥルメンテーションと呼び，これらを用いた手術を脊椎インストゥルメンテーション手術という。脊椎インストゥルメンテー

ションが発展することで強固な内固定による脊柱の支持機能の再建が可能となり，早期離床，早期リハビリテーションを促せるようになった．これは，褥瘡形成や尿路・呼吸器感染症および関節拘縮などの合併症を予防するのに貢献している．

2. **反応性アストロサイト**：中枢神経の外傷，感染，虚血，変性疾患などの様々な病態において，アストロサイトは突起伸長および細胞体の肥大などの形態変化を示すだけでなく，GFAP, vimentin, nestin の発現が増強することが知られている．このような特徴をもつアストロサイトは，反応性アストロサイト（reactive astrocyte）と呼ばれる．脊髄損傷が起こると，反応性アストロサイトはグリア瘢痕を形成し，正常部と損傷部の境界を画することで炎症の拡大を阻止する．一方で物理的にも化学的にも軸索の伸長を阻害し，神経再生を阻む主要な原因の1つであると考えられている．

参考文献

1) Okada S, Nakamura M, et al：Nat Med 12, 829-834, 2006.
2) Jones LL, Yamaguchi Y, et al：J Neurosci 22, 2792-2803, 2002.
3) Chen MS, Huber AB, et al：Nature 403, 434-439, 2000.
4) GrandPre T, Nakamura F, et al：Nature 403, 439-444, 2000.
5) Liu BP, Fournier A, et al：Science 297, 1190-1193, 2002.
6) Domeniconi M, Cao Z, et al：Neuron 35, 283-290, 2002.
7) Wang KC, Koprivica V, et al：Nature 417, 941-944, 2002.
8) Pasterkamp RJ, Anderson PN, et al：Eur J Neurosci 13, 457-471, 2001.
9) De Winter F, Oudega M, et al：Exp Neurol 175, 61-75, 2002.
10) Bhalala OG, Pan L, et al：J Neurosci 32, 17935-17947, 2012.
11) Jee MK, Jung JS, et al：Brain 135, 1237-1252, 2012.
12) Yunta M, Nieto-Diaz M, et al：PloS One 7, e34534, 2012.
13) Weiss S, Dunne C, et al：J Neurosci 16, 7599-7609, 1996.
14) Johansson CB, Momma S, et al：Cell 96, 25-34, 1999.
15) Meletis K, Barnabe-Heider F, et al：PLoS Biol 6, e182, 2008.
16) Barnabe-Heider F, Goritz C, et al：Cell Stem Cell 7, 470-482, 2010.
17) Shihabuddin LS, Horner PJ, et al：J Neurosci 20, 8727-8735, 2000.
18) Herrera DG, Garcia-Verdugo JM, et al：Ann Neurol 46, 867-877, 1999.
19) Bonni A, Sun Y, et al：Science 278, 477-483, 1997.
20) Abematsu M, Tsujimura K, et al：J Clin Invest 120, 3255-3266, 2010.
21) Cummings BJ, Uchida N, et al：Proc Natl Acad Sci USA 102, 14069-14074, 2005.
22) Keirstead HS, Nistor G, et al：J Neurosci 25, 4694-4705, 2005.
23) Hsieh J, Nakashima K, et al：Proc Natl Acad Sci USA 101, 16659-16664, 2004.
24) Penas C, Verdu E, et al：Neuroscience 178, 33-44, 2011.
25) Lv L, Han X, et al：Exp Neurol 233, 783-790, 2012.
26) Lv L, Sun Y, et al：Brain Res 1396, 60-68, 2011.
27) Balasubramanyam K, Varier RA, et al：J Biol Chem 279, 51163-51171, 2004.
28) Lin MS, Lee YH, et al：J Surg Res 166, 280-289, 2011.
29) Cemil B, Topuz K, et al：Acta Neurochir 152, 1583-1590, 2010.
30) Takahashi K, Yamanaka S：Cell 126, 663-676, 2006.
31) Takahashi K, Tanabe K, et al：Cell 131, 861-872, 2007.
32) Fujimoto Y, Abematsu M, et al：Stem Cells 30, 1163-1173, 2012.
33) Kobayashi Y, Okada Y, et al：PloS One 7, e52787, 2012.
34) Their M, Worsdorfer P, et al：Cell Stem Cell 10, 473-479, 2012.
35) Han DW, Tapia N, et al：Cell Stem Cell 10, 465-472, 2012.
36) Matsui T, Takano M, et al：Stem Cells 30, 1109-1119, 2012.
37) Karimi-Abdolrezaee S, Eftekharpour E, et al：J Neurosci 30, 1657-1676, 2010.

上薗直弘	
2005 年	産業医科大学医学部医学科卒業
2007 年	済生会福岡総合病院初期臨床研修終了 鹿児島大学大学院医歯学総合研究科先進治療科学専攻運動機能修復学講座整形外科学入局
2011 年	鹿児島大学大学院入学
2012 年	奈良先端科学技術大学院大学バイオサイエンス研究科分子神経分化制御学講座特別研究学生
2013 年	九州大学大学院医学研究院応用幹細胞医科学部門応用幹細胞医科学講座基盤幹細胞学分野特別研究学生

第2章　エピジェネティクスと病気

4．不妊・先天異常
1）ヒト生殖補助医療（ART）と
　　エピジェネティクスの異常

千葉初音・岡江寛明・有馬隆博

　最近，わが国の晩婚化の社会情勢とヒト生殖医療技術の進歩により，生殖補助医療（ART）は一般的な不妊治療として定着している．しかしARTの普及とともに，本来非常に稀であったインプリント異常を原因とする先天性疾患の発症頻度が増加していることが報告されている．ARTは不妊症患者に多大な恩恵をもたらす一方，インプリントが獲得・維持される時期の配偶子を操作するため，DNAメチル化への影響が懸念されている．男性不妊症患者の精子ではインプリント異常の頻度が高く，これらの異常が胎児の成育に大きく影響することも推察される．インプリント異常は，先天性疾患だけでなく，乳幼児の身体的・精神的な発育・発達や成人の疾患にも関与する．今後もART出生児が増加することが予想され，ARTによるインプリント異常のリスク回避は，国民健康管理において重要な課題である．

はじめに

　わが国におけるヒト生殖補助医療（ART）[用解1]を受けて出生した児は，年間2万人を超えている（2010年，日本産科婦人科学会の報告）．また，これまで非常に稀であった先天性疾患やゲノムインプリンティング異常症の発症頻度が増加していることが世界中で多数報告され，注目されている[1)2)]．これには，インプリントが確立する時期の配偶子は環境変化に対して非常に脆弱であり，その時期にARTの操作（排卵誘発，配偶子操作，体外培養など）を受けることが様々なエピジェネティクスの異常を招く可能性があると推測されている．しかしながら，ARTを受ける患者が特殊な集団であるため，正確にリスク評価することは難しい．ART治療を受ける不妊症患者は，一般に妊娠率が低く，比較的高齢である．それらの要因が胎児・新生児異常と関連することも考えられる．ここで重要な点は，このエピジェネティクスの異常が先天性疾患だけでなく，周産期異常，乳幼児の身体的発育・発達に加え，性格や行動異常などの精神面にも広く関連し，成人においても，がん，糖尿病などの疾患の原因となりうることである．現在，疾患患者の追跡調査体制は整備されつつあるが，いまだ十分とは言えない．法的・倫理的な面でもARTの課題は山積みである．ARTの品質管理，児の安全性の持続的な改善は，将来の国民衛生の向上に大きく寄与する．本稿では，様々なART治療法と関連するエピジェネティクスの異常について概説する．

> **key words**
>
> ヒト生殖補助医療（ART），ゲノムインプリンティング，DNAメチル化，乏精子症，不妊症，インプリント異常症

I. 配偶子形成とエピジェネティクス

エピジェネティクスは，遺伝子の発現を制御し細胞の状態を決定する仕組みである．ゲノム情報が安定的に次世代へ継承されるのに対し，細胞のエピジェネティックな情報は，特に生殖細胞，初期胚においては極めてダイナミックに変化し，可塑性に富むことが動物実験より示されている．ヒトARTは，このダイナミックな時期に配偶子および胚操作を行うため，細胞のエピジェネティクスに影響を与える可能性がある．

ARTによるエピジェネティクス異常のリスク要因として，排卵誘発，卵培養液，培養法などの操作上の外的問題と不妊症患者の配偶子自体の内的問題に大別される（図❶）．リスク要因を同定することは難しいが，ARTとヒト疾患との間には密接なつながりも存在する．実際，われわれは先天性インプリンティング異常症[用解2]（5疾患）の全国実態調査（ゲノムコホート調査）を行い，ART治療と関連がみられる疾患（Beckwith-Wiedemann症候群：BWS，Silver-Russell症候群：SRS）を明らかにした[3]．

II. 男性不妊症精子におけるエピゲノム異常

不妊症の原因のおよそ半数は男性側にあると考えられている．また，男性不妊症患者数は過去10年間で約25倍に増加し，ARTを受ける患者数増加の要因の1つとなっている．精子数の減少，質の低下には，環境化学物質や加齢などの影響が報告されている[4]．われわれは以前，男性不妊症患者97名の精子のDNAメチル化状態を解析した．79名は正常精子濃度の患者（$> 20 \times 10^6$/mL），18名は乏精子症[用解3]（うち10名は重度な乏精子症）で，複数のヒトインプリント領域〔*H19*, *GTL2*, *PEG1*（*MEST*），*LIT1*（*KCNQ1OT1*），*ZAC*（*PLAGL1*），*PEG3*と*SNRPN*〕のDNAメチル化パターンを明らかにした[5]．精子型インプリント遺伝子*H19*と*GTL2*では解析した精子症例の大多数は100％メチル化されていた．しかし，*H19*では乏精子症4例で，*GTL2*では乏精子症6例が100％メチル化されていなかった（図❷）．正常精子においても，メチル化されないパターンを示す症例もみられた．また，卵子型インプリント遺伝子*PEG1*, *LIT1*, *ZAC*, *PEG3*，および*SNRPN*では，ほとんどすべての精子症例で非メチル化パターンを示したが，数症例では一部にメチル化を示した．異常なメチル化パターンを示す24症例中10症例は，精子型インプリントと卵子型インプリントの両方に異常がみられ，乏精子症のほとんどに確認された．また，精子性状（濃度，運動率，奇形率）とメチル化異常の頻度・程度は相関することが明

図❶ ヒトARTによるインプリント異常のリスク要因

ART操作による要因	
【1】過剰排卵誘発	(Sato A. 2007, Ludwig M. 2005, Chang AS. 2007)
【2】培養液と培養	(DeBaun MR. 2003, Gicquel C. 2003, Maher ER. 2003)
【3】凍結操作	(Emiliani S. 2000, Honda S. 2001)
【4】胚移植の時期	(Miura K. 2005, Shimizu Y. 2004)

不妊患者自身の遺伝的背景・社会的要因	
【1】不妊症 ・男性精子（特に乏精子症）	(Marques CJ. 2004, Kobayashi H. 2007, Sato A. 2010)
【2】その他	

不妊症患者自身の内因性要因と，ART操作による外因性要因に大別される．

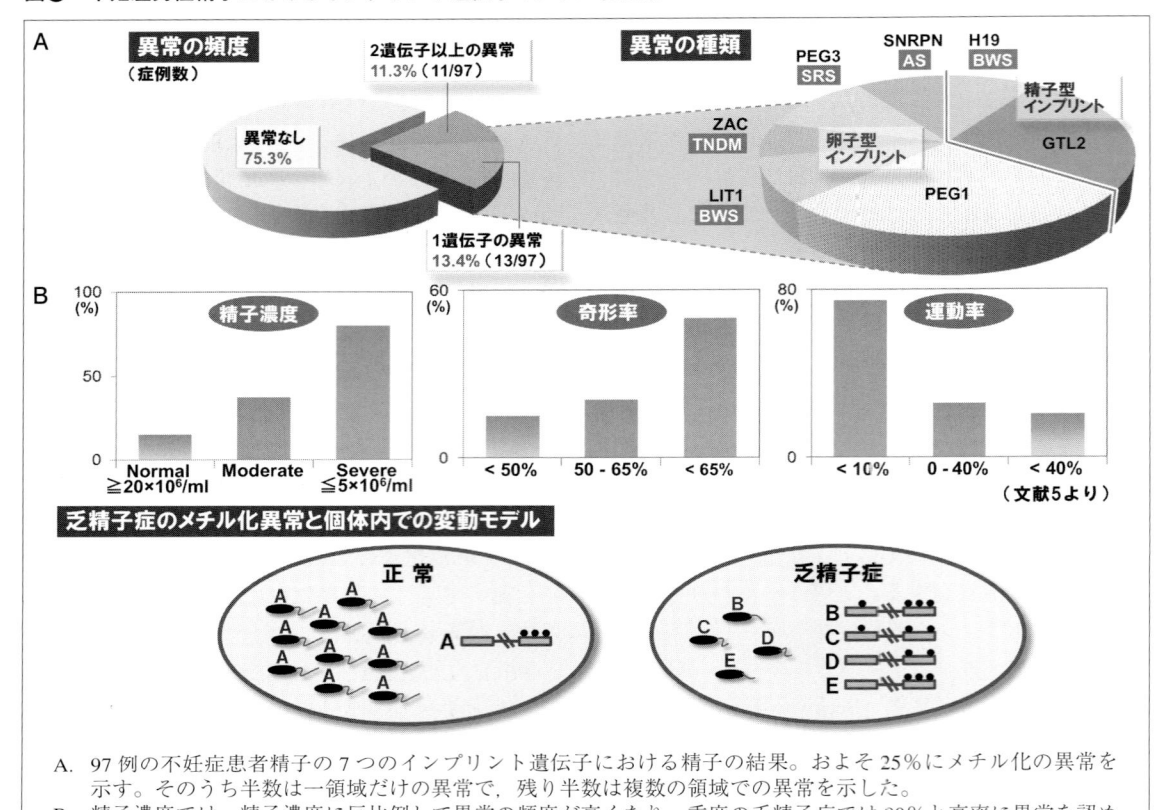

図❷ 不妊症男性精子におけるインプリント遺伝子のメチル化異常

A. 97例の不妊症患者精子の7つのインプリント遺伝子における精子の結果。およそ25％にメチル化の異常を示す。そのうち半数は一領域だけの異常で，残り半数は複数の領域での異常を示した。
B. 精子濃度では，精子濃度に反比例して異常の頻度が高くなり，重度の乏精子症では80％と高率に異常を認めた。同様に，運動率，奇形率との相関もみられた。

(文献5より)

らかになった。乏精子症患者のメチル化状態は極めて不安定であることが推測される。

Ⅲ．ART操作とDNAメチル化異常

ARTとの関連が報告されているインプリント異常症，Angelmann症候群（AS）やBWS症候群は，母（卵子）由来のアレルでメチル化を受ける領域の異常（消失あるいは低下）である。父（精子）由来のアレルでメチル化を受ける領域の異常であるPrader-Willi症候群の頻度は高くない。これは，インプリント領域のメチル化は，卵子由来のメチル化が圧倒的に多いことが原因の1つかもしれない。また，SRSの原因として父（精子）由来のアレルでメチル化を受ける領域H19のDMRの異常も報告されている。インプリント異常の受けやすさを決めるのは親由来ではなく，領域特異性で

あるのかもしれない[6]。インプリント異常症は，IVF（体外受精）やICSI（顕微授精）症例に多い傾向にあるが，リスク要因となりうるART操作は排卵誘発法や量，胚培養液の種類など様々であり，特定するに至っていない。ART操作とDNAメチル化異常に関する動物実験や細胞培養での報告は多数あるものの，ヒト研究においてこれらの検証を行うには限界もある。以下に，これまでに報告されたART操作に関連するメチル化異常について概説する。各治療法が行われる配偶子の時期については図❸に示した[7]。

1. 過排卵誘発

メチル化インプリントは，精子の場合は減数分裂の前に，卵子の場合は減数分裂の間に起こる。ヒトおよびマウスにおいて過排卵誘発のメチル化インプリント異常が報告されている（H19や

1) ヒト生殖補助医療（ART）とエピジェネティクスの異常

図❸ DNAメチル化の確立とART手技

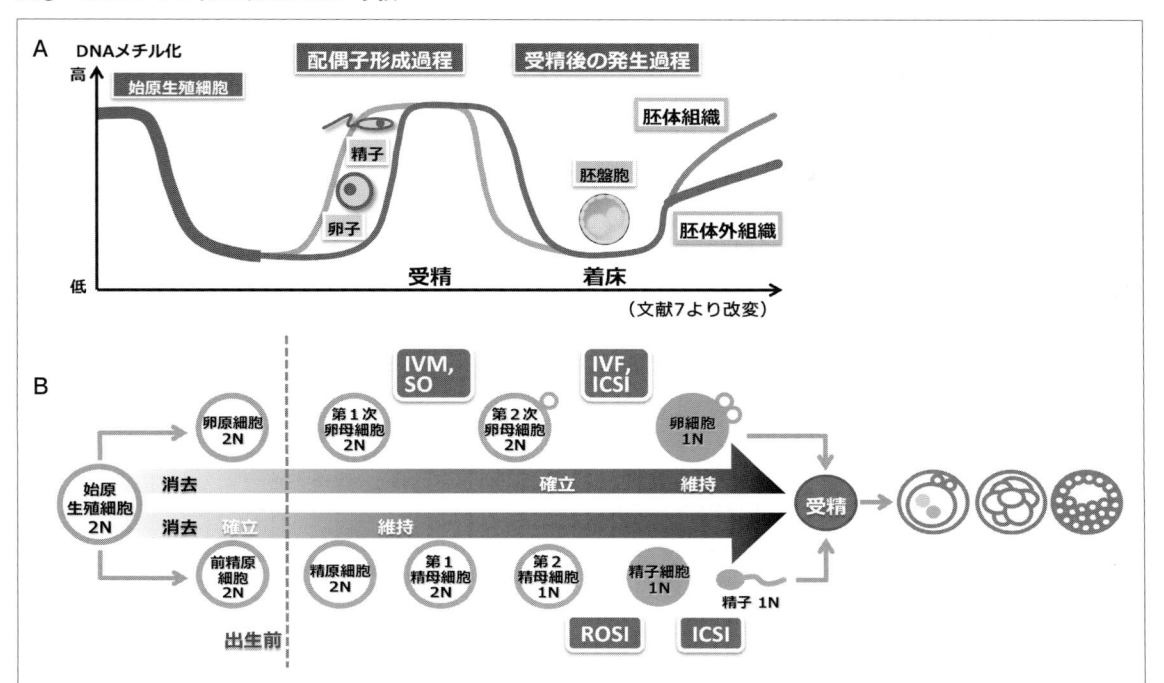

A. 一般に，始原生殖細胞で脱メチル化され，それぞれ生殖細胞形成過程に再メチル化が始まる。初期胚では父親由来のゲノムは受精直後に，母親由来のゲノムは卵割の過程で脱メチル化される。両者とも着床前後に再メチル化を受けるが，胚組織に比べて胚体外組織（胎盤など）のメチル化状態は低い。一方，インプリント遺伝子の場合（一部の反復配列），脱メチル化されず，安定に維持される。

B. IVM：*in vitro* oocyte maturation［卵細胞体外成熟］，SO：superovulation［過排卵］，IVF：*in vitro* fertilization［体外受精］，ICSI：intracytoplasmic sperm injection［卵細胞質内精子注入法］，ROSI：round spermatid injection［円形精子細胞卵子内注入法］

PEG1）[8]。また別の研究では，低用量の排卵誘発刺激がインプリント異常を起こすという報告もある[9]。過排卵誘発により，卵管や子宮の環境が変化し，初期胚発達の遅延，受精卵数の減少，卵子細胞の減少と胎児の質，胎児の発育遅延などインプリントの異常をもたらすことも報告されている[10]。繰り返す排卵誘発は，卵のゲノム全体のメチル化の異常（質的低下）をもたらし，流産につながるのかもしれないという仮説もある[11]。

2. IVM（*in vitro* oocyte maturation）

IVMは，卵巣の組織凍結保存と組み合わせることで，がん患者などに有効な不妊治療法である。また，排卵誘発しても成熟卵がなかなか得られない患者に対して用いられることもある。しかし，妊娠率は一般にまだ低い。IVMではメチル化インプリントの確立が未熟なGV期卵を培養するため，正常なメチル化インプリントの確立を阻害するのかもしれない[12]。

3. ICSI（intracytoplasmic sperminjection）

ICSIは男性不妊症に有効な治療法である。しかし，①男性不妊の原因となる異常の遺伝，②不妊症精子の潜在的障害，③インプリント異常の問題などが懸念されている[13]。実際に，ASやBWSの患者はICSIと関連がある。また，乏精子症患者の精子では，およそ25％にインプリント異常が存在することが報告されている（詳細は前述）。

4. 未熟な精子の使用（ROSIなど）

無精子症男性の精巣上体精子または精巣内精子を使用し，様々な治療がなされている。しかし，一般に成功率は高くない。そのため現在，潜在的危険性を評価することができていない。しかし，未熟な精子および体外培養は，その危険を増す可

181

能性がある[14]。

5. 胚培養（embryo culture）

動物胚（ウシ，ヒツジなど）の体外培養によって，胚移植後に子宮内での過剰胎児発育が起こり，出生した産仔の死亡率や疾患罹患率が高くなることが報告されている（large offspring syndrome：LOS）[15]。これはインプリント遺伝子 IGF2R のメチル化の低下と発現の低下によって，IGF2 が過剰に産生されることが原因と推測されている。また，このメチル化の異常は，排卵誘発あるいは体外培養によって生じることが判明している。マウスにおいても，培養液の組成や体外操作によるメチル化異常についての報告がある。ヒトでは，BWS は胎児・胎盤の肥大が特徴で LOS と関連する。逆の現象として，SRS ではインプリント異常が子宮内発育不全（IUGR）の原因となる。インプリント異常疾患である新生児一過性糖尿病（TNDM）でも IUGR がみられ，ART と関連するかもしれない[16]。

Ⅳ. 生殖細胞のエピゲノム異常とヒト疾患

ART の普及とともに，これまで非常に稀であった先天性疾患やゲノムインプリンティング異常症の発症頻度が増加している。また，DNA メチル化異常を伴う小児がん（網膜芽細胞腫など）の発症率が増加しているという報告もある[17]。その他，家族性乳がん，早発型アルツハイマー病，筋強直性ジストロフィー，繰り返し配列の異常が関与するハンチントン病などとの関連性はいまだ明らかではない。

ある種のがん抑制遺伝子に生じる突然変異が，父由来アレルに偏重して発生することは，以前より報告されている。生殖細胞に生じる異常が，体細胞の変異にどのような影響を与えるかはわかっていない。Carlson ら[18]のモザイク説では，精子によって持ち込まれた突然変異の原因となる損傷が，卵子の修復系によって修復されるが，その一部は修復できずに突然変異として固定される。受精卵から発生した個体は，全身の体細胞が同じ突然変異をもち，先天性疾患として発症する。一方，一部の損傷は，前突然変異として発生過程でそのまま存続し続けるか，消失するか，あるいは突然変異として固定され，個体はモザイクとなる。これらの突然変異をもった細胞が，早発性の疾患発症に関わるのかもしれない。また，この前突然変異は塩基配列の変異ではなく，エピゲノム変異であることが予想される。エピゲノム異常は，先天性疾患，小児がんにとどまらず，小児の身体的・

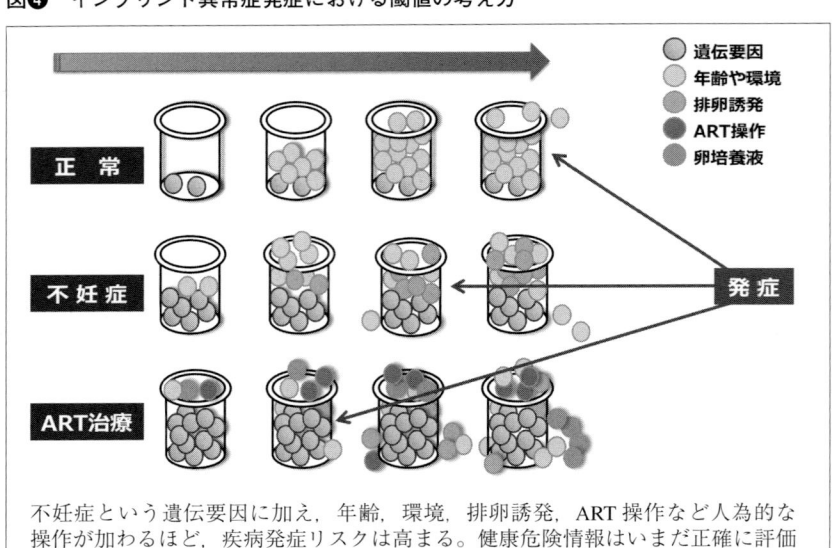

図❹ インプリント異常症発症における閾値の考え方

凡例：
- 遺伝要因
- 年齢や環境
- 排卵誘発
- ART操作
- 卵培養液

（正常／不妊症／ART治療）　発症

不妊症という遺伝要因に加え，年齢，環境，排卵誘発，ART操作など人為的な操作が加わるほど，疾病発症リスクは高まる。健康危険情報はいまだ正確に評価できない。

精神的発育・発達，性格形成，行動異常などに関連し，さらにがんや生活習慣病など成人の難治性疾患の原因となりうる。ART出生児のエピゲノム変異についてゲノムワイドな解析と確率的疾患リスク評価を行い，安全で質の高い生殖医療の実現をめざす必要がある。現時点でARTのリスク要因は特定できていない。しかし，様々な要因（排卵誘発，体外培養など）が加わり，確率的にリスクを上げていると予想される（図❹）。

おわりに

ART出生児では，様々な先天奇形，乳幼児の疾患発症頻度および行動異常の割合が，一般集団とは異なることが指摘されている。しかしながら，この事実がARTの影響によるものなのかどうかは現時点では不明である。だが少なくとも，ARTが人為的操作であり，安全性を担保されなければならないことは事実である。今後も晩婚化の影響もあり，ART出生児が増加することが十分予想される。わが国におけるART出生児の大規模かつ長期的な追跡調査が，国民衛生にとって重要であることは間違いない。

用語解説

1. **生殖補助医療（ART）**：ARTはassisted reproductive technologyの略で，受精時に人工的に手を加えた不妊治療を総称する。一般には，体外受精（IVF）や顕微授精（ICSI）のように卵子・精子を体外で受精・培養・胚移植するなどの医療技術をいう。
2. **先天性インプリンティング異常症**：Beckwith-Wiedemann症候群，Angelman症候群などの疾患を指す。これらの疾患はインプリンティングを受ける遺伝子領域の欠失，重複，塩基変異，メチル化異常などにより発症すると考えられている。
3. **乏精子症**：精子濃度（数）が少ない症例で，精子濃度2000万/mL以下の場合がこれに当たる（正常は5000万/mL以上）。

参考文献

1) Lucifero D, Chaillet JR, et al：Hum Reprod Update 10, 3-18, 2004.
2) Sinclair KD：Semin Reprod Med 26, 153-161, 2008.
3) Hiura H, Okae H, et al：Hum Reprod 27, 2541-2548, 2012.
4) Qiu J：Nature 441, 143-145, 2006.
5) Kobayashi H, Sato A, et al：Hum Mol Genet 16, 2542-2551, 2007.
6) Obata Y, Kono T：J Biol Chem 277, 5285-5289, 2002.
7) Reik W, et al：Science 293, 1089-1093, 2001.
8) Sato A, Otsu E, et al：Hum Reprod 22, 26-35, 2006.
9) Baart EB, Martini E, et al：Hum Reprod 22, 980-988, 2007.
10) Ertzeid G, Storeng R：Hum Reprod 16, 221-225, 2001.
11) Haaf T：Curr Top Microbiol Immunol 310, 13-22, 2006.
12) Borghol N, Lornage J, et al：Genomics 87, 417-426, 2006.
13) Dumoulin JC, Derhaag JG, et al：Hum Reprod 20, 484-491, 2004.
14) Georgiou I, Pardalidis N, et al：Andrologia 39, 159-176, 2007.
15) Young LE, Fernandes K, et al：Nat Genet 27, 153-154, 2001.
16) Paoloni-Giacobino A：Expert Rev Mol Med 8, 1-14, 2006.
17) Moll AC, Imhof SM, et al：Lancet 361, 309-310, 2003.
18) Carlson EA, Desnick RJ：Am J Med Genet 4, 365-381, 1979.

参考ホームページ

・東北大学大学院医学系研究科情報遺伝学分野
　http://www.med.tohoku.ac.jp/org/egrc/169/index.html

千葉初音
2006年　千葉大学理学部生物学科卒業
2012年　総合研究大学院大学生命科学研究科遺伝学専攻修了
　　　　東北大学大学院医学系研究科情報遺伝学分野所属

第2章 エピジェネティクスと病気

4．不妊・先天異常
2）産科異常のエピジェネティクス

右田王介・秦　健一郎

　エピジェネティックな機構が，生殖細胞や胎児・胎盤の発生分化に重要な役割を担っていることは，様々なモデル生物の解析や断片的ではあるがヒト発生異常の解析結果から明らかである。一方で，産科ないし周産期（特に胎児期）の異常は，標的臓器を直接解析することが困難で，標準データも確立されておらず，エピジェネティックな解析が系統的に行われているとは言い難い。今後は，複雑な周産期の異常を理解するために，ジェネティック・エピジェネティック双方の観点からの統合的な解析が望まれる。

はじめに

　受精から着床にいたるヒト発生初期には，エピジェネティックな遺伝子発現制御のゲノムワイドな消去と再構築が行われる。産科での異常は，分染法による染色体異常構造検査などは日常診療でも行われるが，エピジェネティックな異常までを考慮した病因病態の系統的な検索がなされるには至っていない。がんや生活習慣病など様々な疾患で，エピジェネティクス機構のDNAメチル化やヒストンタンパク質のメチル化・アセチル化などの変化が分子レベルで解析され，病態との関係が明らかになりつつある。このような知見を受け，ヒト疾患には，環境因子，遺伝的因子，そしてエピジェネティクス因子が相互に作用していると考えられるようになってきた。特にエピジェネティクスは，環境因子によって変化しうる遺伝情報であり，新たな疾患概念の病態メカニズムとして注目されている。例えば妊娠中の外界の要因によって，ゲノムの様々な領域でエピジェネティックな変化が引き起こされ，出生後も長期にわたり遺残し，成人に成長した遠隔期に心疾患や代謝疾患，がんなどの疾患の原因になるといった概念（DOHaD：developmental origin of health and disease）も提唱されている。産科異常でも，今後同様の解析戦略で新たな病態解明が期待され，本稿では特に妊娠から出産における異常とエピジェネティクス変化に焦点を当てて俯瞰する。

I．ヒト発生とエピジェネティクス

　最終分化した組織・細胞では，発生過程で獲得されたゲノムのエピジェネティックな修飾状態は原則として固定され，生体の恒常性を担保している。これに対し，受精から出生にいたる過程では，配偶子由来のエピジェネティックな修飾状態が，ゲノム全体で消去と再構築される。例えば，特殊

---

key words

周産期の異常，DOHaD，外因性内分泌かく乱物質（EDCs），全胞状奇胎，妊娠高血圧症候群，合成エストロゲン，ジエチルスチルベストロール（DES），ビスフェノールA（BPA），うつ，胎盤特異的DNAメチル化，国際ヒトエピゲノムコンソーシアム（IHEC），ナショナルセンターバイオバンクネットワーク

な発生異常と考えることができる全胞状奇胎や卵巣奇形腫では，特異的なエピジェネティクス異常を伴うために極めて特徴的な組織分化像を示すが，流産や胎児発育不全など他の発生異常にもこうしたエピジェネティックな変化の異常が影響している可能性が容易に推測できる．エピジェネティックな情報は，細胞分裂を経ても娘細胞に伝わる安定性を有するとともに可変性でもあり，その生理と病理が注目されている．例えば，加齢とともに多くの組織ではゲノムレベルでのDNAメチル化状態が低くなっていくことが知られている．がんや自己免疫疾患といった加齢が主要なリスク因子となる疾患では，このようなエピジェネティックな変化に伴う遺伝子発現の変化と疾患発症との関連が注目されているものの，エピジェネティックな変化を引き起こす機構も含めたその全体像はいまだ不明な点が多い．現在まで知られているエピゲノムの現象の多くはモデル生物から得られた知見であり，おそらくその多くはヒトにも存在する哺乳類普遍的な現象と予想されるが，今後さらに詳細な分子病態を理解するには大規模なエピゲノミクス手法を駆使したヒト試料での解析データが待たれるところである．

II．エピゲノム変化と産科異常

本誌の他稿に詳しいが，エピゲノム状態の異常を呈する代表的疾患として，ゲノムインプリンティング異常疾患（Beckwith-Wiedermann症候群，Angelman症候群，Silver-Russell症候群など）が知られており，これらの疾患では胎児発育異常が必発である．より重篤なエピゲノム異常により，出生まで至らずに失われる胚（流死産する症例）は潜在的に少なからず存在すると推測されるが，系統的な検証はなされていない．また，この20年ほどの諸家の疫学研究から，胎児期に発育異常があると，成人期の高血圧，冠動脈疾患，2型糖尿病，骨粗鬆症といった疾患のリスクを増大させることが明らかになりつつある．これらの疫学研究結果を受け，子宮内での胎児・胎盤の状態が成人期の代謝疾患につながる可能性，いわゆるBarker's fetal origins hypothesisが提唱され，さらにDOHaDという概念へと拡がりを見せている[1)2)]．出生後の環境は，子宮内の環境と大きく異なるが，胎盤や胎児のエピジェネティックな修飾状態は子宮内環境に適応して変化し，結果として出生後の環境への非適応をもたらし，疾患として認識されるというものである．胎児や胎盤のエピジェネティクスに影響を与えうる環境因子としては，母体の栄養状態や薬剤に加え，外因性内分泌かく乱物質（EDCs：endocrine-disrupting chemicals）や喫煙といった毒性物質，さらには母親の精神的ストレスまで様々な因子の関与が推測されている（図❶）[3)]．

1．胎盤異常への影響

絨毛成分の過剰な増殖を呈する全胞状奇胎は，原則として雄核発生の二倍体（diploid androgenote）を起源とする．なんらかの原因で母ゲノムが失われ，父ゲノムだけを有する二倍体は，一見正常な二倍体でゲノム情報は揃っていても，すべての母由来（卵子由来）エピゲノム情報が失われているため，胎児成分に分化しない異常な胚発生が起こる．これに対し，全胞状奇胎を何度も繰り返す症例の奇胎組織で両親由来のゲノムを有する正常二倍体（通常であれば絨毛以外の分化像を示すはずの核型）があるものが同定された．こうした症例の遺伝学的解析から，母親のNLRP7遺伝子あるいはc6orf221遺伝子の機能欠失変異との関連が指摘されている[4)5)]．これらの遺伝子の機能は不明であるが，なんらかのエピゲノム修飾制御因子である可能性が推測され，興味深い．

妊娠高血圧症候群の分子病態として，妊娠初期の絨毛（胎盤）発生分化不全に伴う慢性的な低酸素状態と，その結果としての母体の全身性の血管内皮障害・微小循環障害などが提唱されている[6)7)]．大部分はおそらく多因子疾患であるが，いくつかの候補遺伝因子，エピゲノム因子も同定されつつある．例えばモデル生物では，インプリンティング遺伝子p57Kip2の機能欠失変異により，ヒトの症例と同様の症状を呈する[8)]．また，妊娠高血圧症候群の病因候補SERPIN遺伝子ファミリーが，症例胎盤では対照群と比較してDNAメチル化が亢進していることが報告されている[9)]．最近，胎盤では特異的なmiRNA（20～25塩基程度の非翻

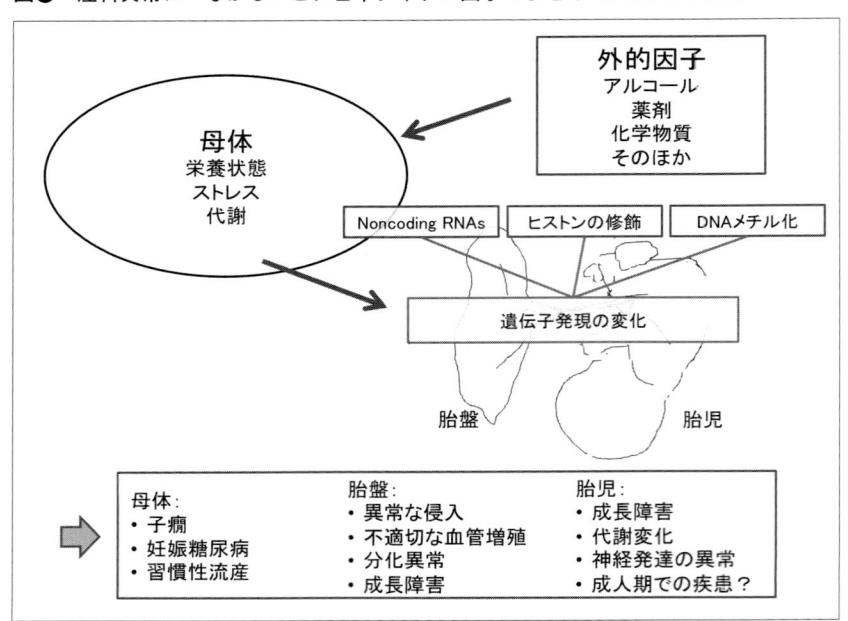

図❶ 産科異常につながるエピジェネティクス因子のまとめ (文献3より改変)

```
                              外的因子
                              アルコール
                              薬剤
             母体              化学物質
           栄養状態            そのほか
           ストレス
            代謝
                  ┌─────────────┬──────────────┬──────────────┐
                  │Noncoding RNAs│ ヒストンの修飾│ DNAメチル化  │
                  └─────────────┴──────────────┴──────────────┘
                              遺伝子発現の変化

                          胎盤           胎児

    母体：          胎盤：              胎児：
    ・子癇          ・異常な侵入        ・成長障害
    ・妊娠糖尿病    ・不適切な血管増殖  ・代謝変化
    ・習慣性流産    ・分化異常          ・神経発達の異常
                    ・成長障害          ・成人期での疾患？
```

訳 RNA の一種）が発現していることが報告されているが [10]，妊娠高血圧症候群の胎盤ではその発現が乱れ，エピジェネティックな病態の一翼を担っている可能性が示唆されている [11]。

2. 妊娠母体の栄養状態と胎児のエピゲノム変化

妊婦は非妊婦より多くのカロリーと，補酵素，金属などの様々な栄養素を必要とする。オランダの第二次世界大戦中の飢饉，中国の大躍進政策での飢饉などで妊娠初期に低栄養状態にさらされた胎児は，成人後に高血圧，糖尿病，虚血性心疾患，精神疾患などが増加していることが指摘されている [12)13)]。動物実験から胎児期の低栄養環境が出生仔に長期にわたり影響する現象とその分子メカニズムとしてエピゲノム変化による可能性が指摘され [14]，胎児期に飢餓にさらされたヒト集団にも同様にエピゲノム変化が存在する可能性が示されている [15)16)]。例えば，母体の葉酸摂取が DNA のメチル化を介して出生後も児の遺伝子発現に影響を与えることがモデル生物で示されているが [17]，ヒトでも疫学研究で葉酸と神経管閉鎖不全，早産，胎児発育不全などとの関連が示唆されている。母体の栄養状態が胎児のエピゲノム変化をもたらす直接の分子メカニズムは不明であるが，このような変化は先にあげた DOHaD の概念の根幹をなすものであり，更なる研究の進展が待たれている。

3. 外因性内分泌かく乱物質の影響

内分泌ステロイドホルモンは，妊娠の成立と維持に必須の要素であり，厳密な制御を受けている。子宮内膜細胞では，エストロゲンやプロゲステロンといったホルモンの影響下に DNA メチル化酵素（*DNMT1*, *DNMT3a*, *DNMT3b*）遺伝子の発現を変化させることも報告されている [18]。合成エストロゲンのジエチルスチルベストロール（DES）は，その発がん性や催奇形性への懸念から使用が禁止されているが，かつては妊娠の維持に役立ち流産を防止するとして広く妊婦に処方されていた。妊娠中に DES を使用した妊婦，その娘，さらにはその孫娘では子宮がん，乳がん，不妊，流産が増加しているとの疫学調査が報告されており，これらがエピゲノム状態の変化と関連した可能性が指摘されている [19]。また，同じく合成エストロゲンであるビスフェノール A（BPA）は，高分子樹脂として様々なプラスチック製品に用いられ広く環境中に存在するために注目を集めている。いまだ議論のあるところではあるが，BPA も，胎児期や発達早期での曝露とエピジェネティック

な変化や出生時体重の減少，性腺の形成異常などと関連することが示唆されている[20)21)]。さらに，ダイオキシン類もまた環境中に広く存在する因子であり，動物実験では2, 3, 7, 8-四塩化ジベンゾパラダイオキシン（TCDD）曝露により，胎児のIGF2-H19領域の高DNAメチル化と出生体重減少を呈する[22)]。このように，外因性内分泌かく乱因子が，「エピゲノムかく乱物質」として作用する可能性が指摘されている。

4. 母体の精神状態の影響

母体のストレスも胎児の発育に影響を与えうるとされている。妊娠中のうつは，出生体重の減少をはじめ様々な周産期異常のリスク因子となることが知られている[23)]。ストレスやうつを定量的に評価し，その影響の度合いをはかることは難しく，さらにうつに伴う栄養状態の変化や薬剤の胎児への影響など，様々な因子が関与していることも明らかであるが，うつと胎児のエピゲノム状態の関連を示唆する報告も見受けられ[24)]，今後の展開が注目される。

Ⅲ．今後の展開

生殖異常から胎児や胎盤の発生分化異常を含めて，産科領域の疾患には明らかに様々なエピゲノム異常が関与していることが推測される。様々な疾患でエピジェネティクスを基盤とした臨床応用が試行されているが，母体要因や外的要因による子宮内環境が発育の可塑性あるいはエピゲノム異常を介して，どのように疾患の発症や罹患感受性に影響があるのかを検討し，最終的に疾患の予防へとつなげることが今後の大きな課題である（図❷）。例えば胎児エピゲノム診断は誰もが期待するところであり，低侵襲性という観点から現状では無侵襲的出生前遺伝学的診断が注目されているが，エピジェネティックな修飾状態は臓器や細胞系譜ごとに，あるいは発生時期で変化するため，理論上は胎児の標的臓器を回収しないと解析結果の解釈は難しい。母体血中に存在する胎児核酸のほとんどが胎盤由来であることを利用し，胎盤特異的DNAメチル化を解析した前例はすでにあり[25)]，適切な標的臓器やゲノム領域を選択すれば，あるいは臓器特異性のないエピゲノムマーカーを同定できれば，予後予測などの検討への途が開かれると期待される。

エピゲノム診断を実現化するためには，エピゲノム状態の「標準値」を定めることが必須である。現在，国際ヒトエピゲノムコンソーシアム（IHEC：International Human Epigenome Consortium）で進められている"1,000 reference epigenomes"は，今後の疾患エピゲノム解析のカギを握る基盤情報といえる。また，現在国内6つのナショナルセンターが連携し，ナショナルセンターバイオバンクネ

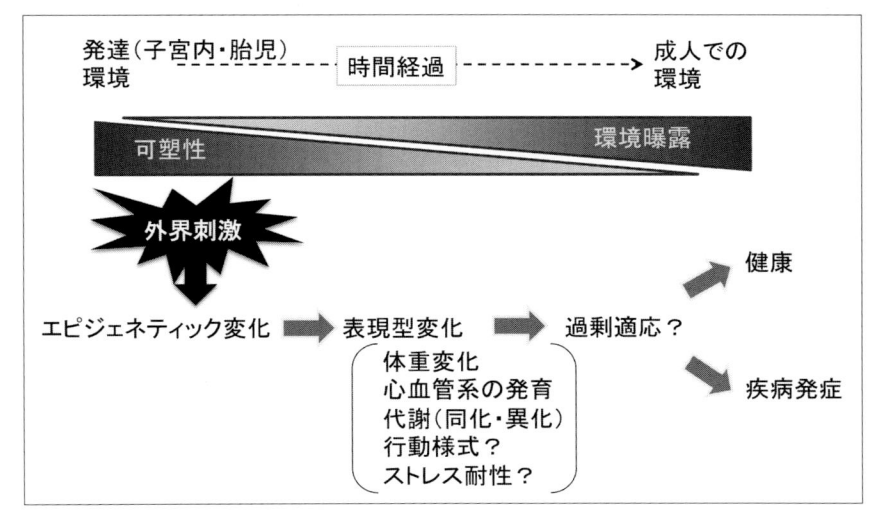

図❷　発達の可塑性と外的因子の影響

ットワークプロジェクトが進められている。この
バイオバンク事業では，各ナショナルセンターの
専門性を生かして高頻度の疾患のみならず稀少疾
患の生体試料を収集し，詳細な臨床情報とともに
解析に広く提供する。筆者らが所属する国立成育
医療研究センターでは，詳細な妊娠経過情報に加
え，出生後の臨床情報も付加した生体試料の収集
を進めている。IHEC のエピゲノム標準情報に加
えて，このようなバイオリソースを利用すること
で，今後，胎児期の環境と出生後のエピゲノム状
態の関連についても徐々に解明が進んでいくこと
が期待される。

参考文献

1) Barker D, Eriksson J, et al：Int J Epidemiol 31, 1235-1239, 2002.
2) Jirtle R, Skinner M：Nat Rev Genet 8, 253-262, 2007.
3) Hogg K Price EM, et al：Clin Pharmacol Ther 92, 716-726, 2012.
4) Murdoch S, Djuric U, et al：Nat Genet 38, 300-302, 2006.
5) Parry DA, Logan CV, et al：Am J Hum Genet 89, 451-458, 2011.
6) Redman CW, Sargent IL：Placenta 21, 597-602, 2000.
7) Grange JP, Alexander BT, et al：Microcirculation 9, 147-160, 2002.
8) Kanayama N, Takahashi K, et al：Mol Hum Reprod 8, 1129-1135, 2002.
9) Chelbi ST, Vaiman D：Mol Cell Endocrinol 282, 120-129, 2008.
10) Barad O, Meiri E, et al：Genome Res 14, 2486-2494, 2004.
11) Enquobahrie DA, Abetew DF, et al：Am J Obstet Gynecol 204, 178 e112-121, 2011.
12) Ravelli A, van Der Meulen J, et al：Am J Clin Nutr 70, 811-816, 1999.
13) Zheng X, Wang Y, et al：Eur J Clin Nutr 66, 231-236, 2012.
14) Bertram C, Hanson M：Br Med Bull 60, 103-121, 2001.
15) Heijmans BT, Tobi EW, et al：Proc Natl Acad Sci USA 105, 17046-17049, 2008.
16) Tobi E, Lumey L, et al：Hum Mol Genet 18, 4046-4053, 2009.
17) Waterland RA, Jirtle RL：Mol Cell Biol 23, 5293-5300, 2003.
18) Yamagata Y, Asada H, et al：Hum Reprod 24, 1126-1132, 2009.
19) Rubin M：Obstet Gynecol Surv 62, 548-555, 2007.
20) Bernal A, Jirtle R：Birth Defects Res Part A Clin Mol Teratol 88, 938-944, 2010.
21) Tang WY, Morey LM, et al：Endocrinology 153, 42-55, 2012.
22) Wu Q, Ohsako S, et al：Biol Reprod 70, 1790-1797, 2004.
23) Alder J, Fink N, et al：J Matern Fetal Neonatal Med 20, 189-209, 2007.
24) Liu Y, Murphy S, et al：Epigenetics 7, 735-746, 2012.
25) Chim SS, Tong YK, et al：Proc Natl Acad Sci USA 102, 14753-14758, 2005.

参考ホームページ

・ナショナルセンターバイオバンクネットワークプロジェクト
  http://www.ncbiobank.org/

右田王介
1999 年　筑波大学医学専門学群卒業
2005 年　同大学院博士課程人間総合科学研究科修了
　　　　　国立成育医療センター遺伝診療科レジデント
2009 年　カナダ The Hospital for Sick Children リサーチフェロー
2012 年　国立成育医療研究センター研究所研究員

4. 不妊・先天異常
3）Prader-Willi症候群とAngelman症候群

齋藤伸治

　Prader-Willi症候群（PWS）とAngelman症候群（AS）は15q11-q13のゲノムインプリンティングに関連した疾患である。PWSは父性発現遺伝子 *HBII-85* の機能喪失が主たる原因と考えられ，ASは母性発現遺伝子 *UBE3A* の機能喪失で発症する。15q11-q13のインプリンティングは *SNURF-SNRPN* 上流に存在する刷り込み中心により制御されている。PWSとASはエピジェネティクスが疾患発症に関連する代表的な疾患であり，基礎研究と臨床研究とをつなぐ役割を果たしている。

はじめに

　Prader-Willi症候群（PWS）とAngelman症候群（AS）はゲノムインプリンティング[用語1]の関連した代表的な疾患である。ゲノムインプリンティングは親由来特異的遺伝子発現を示す遺伝現象であり，エピジェネティクスによる親由来特異的遺伝子修飾がメカニズムとして明らかにされている。PWSとASはエピジェネティクスが疾患発症に関連する代表的な疾患であり，基礎研究と臨床研究とをつなぐ重要な役割を果たしている。

I. PWSとASとの臨床像

1. PWSの臨床像

　PWSは新生児期の筋緊張低下，中度知的障害，両側頭部間が狭くアーモンド状の瞼裂，口角の低下などの特徴的顔貌，過食による肥満，外性器低形成を特徴とする疾患である[1]。15000出生に1名の頻度であり，遺伝病としては比較的頻度が高い。新生児期には筋緊張低下が主たる症状だが，3歳過ぎ頃から特徴的な食欲亢進と過食が出現し，適切な介入を行わなければ高度の肥満となり，糖尿病や閉塞性無呼吸を合併し生命予後を悪化させる。精神遅滞は中度であるが，易怒性や頑固さなどの性格特徴から知能指数以上に社会適応が悪いことが多い。成長ホルモンが治療として保険収載されており，低身長だけでなく，体組成の改善の効果が示されている。このように，PWSの症状は中枢神経および視床下部ホルモン系が主体と考えられている。

2. ASの臨床像

　ASは最重度知的障害，てんかん，失調性運動障害と容易に引き起こされる笑いなどの行動を特徴とする疾患であり，発症頻度はPWSと同じで，15000出生に1名と報告されている[2]。知的障害は重度であり，有意語を獲得する例は少ない。てんかんがなくても前頭部もしくは後頭部優位の広汎性棘徐波複合は乳児期から認められ，臨床診断

---

key words

Prader-Willi症候群，Angelman症候群，ゲノムインプリンティング，DNAメチル化，片親性ダイソミー，刷り込み変異，刷り込み中心，刷り込みドメイン，*UBE3A*，*HBII-85*（*SNORD116*）

のきっかけとなる。ぎこちない動きは以前，操り人形様と表現されていたが，典型的な小脳失調ではない。ASの症状はほぼ中枢神経に限局している。

II. PWSとASの遺伝学

1. PWSとASの遺伝学的分類

PWSとASの遺伝学的分類を図❶に示す。どちらも約70％は15q11-q13の染色体欠失が原因である。図❷に15q11-q13の遺伝子地図を示した。欠失領域は約4Mbであり，欠失の切断点はほとんどの例で共通している（図ではジグザグ線で示す）。セントロメア側には2つの切断点（BP1，BP2）があり，テロメア側は1ヵ所（BP3）である。この部分には配列の似た繰り返し配列が存在し，非アレル間相同組み替えが起こりやすいと説明されている。PWSとASでの違いは欠失染色体の親由来である。PWSでは例外なく父由来染色体であるのに対して，ASでは母由来染色体である。PWSでは非欠失例のほとんどが15番染色体の母性片親性ダイソミー[用解2]（uniparental disomy：UPD）である。しかし，ASでは父性UPDの頻度は約5％程に過ぎない。それぞれ約5％は刷り込み変異（imprinting defect：ID）と呼ばれるインプリンティング形成維持過程の異常である。IDは染色体の親由来は正常であるが，正しいインプリンティングが形成されない。そのメカニズムについては後述する。ASの10％は原因遺伝子である*UBE3A*の変異が原因である。しかし，PWSにはこの群に相当する患者は存在しない。

2. 15q11-q13の遺伝子地図とエピジェネティクス

15q11-q13に存在する遺伝子を図に示したが，ジグザグ線に囲まれた欠失領域のセントロメア側には父性発現遺伝子が複数存在する。その隣の2つの遺伝子（*UBE3A*と*ATP10C*）は母性発現を示す。さらにテロメア側の遺伝子はインプリンティングを受けておらず，両親性発現を示す。15q11-q13領域には親由来特異的DNAメチル化を示す領域（differentially methylated region：DMR[用解3]）が複数存在する。父性発現遺伝子*SNURF-SNRPN*のプロモーター領域はDMRの1つであり，父由来染色体では完全に非メチル化であるが，母由来ではメチル化している。この領域は後述する刷り込み中心（imprinting center：IC）を形成しており，15q11-q13のインプリンティングドメインの制御中枢としての役割を果たしている。

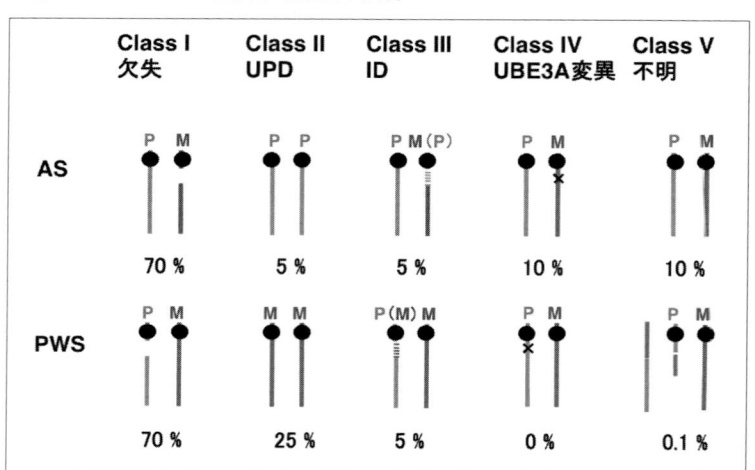

図❶ PWSとASの遺伝学的分類と頻度

	Class I 欠失	Class II UPD	Class III ID	Class IV UBE3A変異	Class V 不明
AS	P M / 70％	P P / 5％	P M(P) / 5％	P M / 10％	P M / 10％
PWS	P M / 70％	M M / 25％	P(M) M / 5％	P M / 0％	P M / 0.1％

Pは父由来染色体，Mは母由来染色体を示す。P（M）もしくはM（P）は父由来であるが母性インプリンティングを示す，もしくはその反対を表す。IDは刷り込み変異である。下段の数字は頻度を表す。PWSでは単一遺伝子の変異は存在せず，稀な染色体異常が存在する。

図❷ 15q11-q13の遺伝子地図

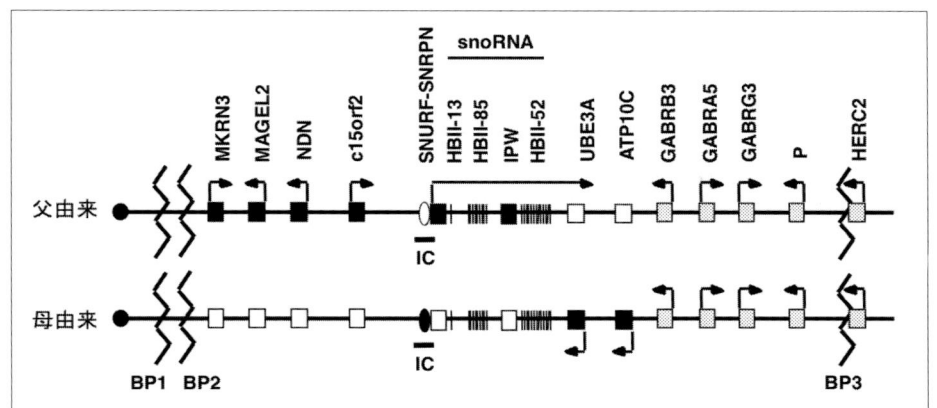

セントロメア（●）側の黒塗りの遺伝子は父性発現を示し，白抜きのUBE3AとATP10Cは母性発現を示す。テロメア側の遺伝子は両親由来発現を示す。15q11-q13のインプリンティングはSNURF-SNRPN遺伝子プロモーターに相当するICにより制御されている。IC上部の白抜き楕円は非メチル化，黒塗り楕円はメチル化状態を示す。PWSとASでの欠失例はジグザグ線で示した部分で染色体の切断が起こるため，欠失幅は共通している。

図❸ 家族性刷り込み変異における微細欠失

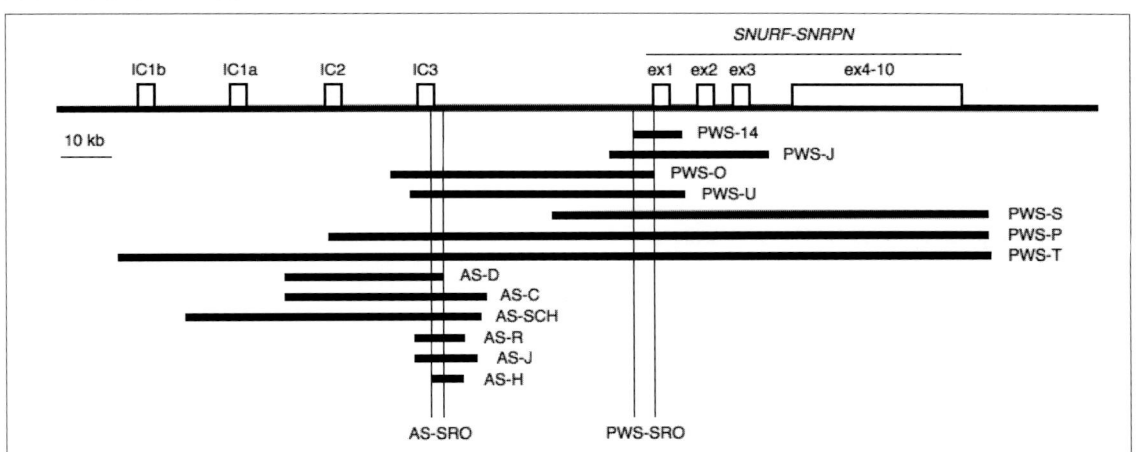

SNURF-SNRPN遺伝子と上流に存在するIC転写産物のエクソン（IC）を示す。横線は微細欠失の範囲を示す。PWS-SROはSNURF-SNRPN遺伝子のプロモーター領域のDMRに相当する。AS-SROはIC転写産物のエクソンの1つを巻き込んでいる。

3. 15q11-q13刷り込みドメイン[用解4]のICによる制御

15q11-q13のICは稀なIDの家族例の解析から同定された。多数のID家族例の解析の結果，SNURF-SNRPN上流に微細欠失が同定された（図❸）[3]。IDの患者では，親由来特異的なインプリンティングパターンを形成することができず，全く反対のパターンとなる。一方，同じ微細欠失を有する両親は症状が存在しない。このように父性インプリンティングの形成と母性インプリンティングの形成に必須な領域は異なっている。PWSとASとのIDでは共通欠失領域は互いに近接して存在する。PWS IDの共通欠失領域（shortest region of overlap：SRO）はSNURF-SNRPNのプロモーター領域であり，この領域は父性インプリンティングを樹立するために必須のICである。一

方，AS ID の SRO は母性インプリンティングの IC に相当する。PWS-SRO は卵子形成過程でメチル化され，そのメチル化が受精後も変わることなく維持される。PWS-SRO が非メチル状態に保たれることが父性インプリンティングを形成するのに必須と考えられており，AS-SRO は卵子形成過程で PWS-SRO をメチル化するために必要な働きを行っていると考えられている。AS-SRO を含む *SNURF-SNRPN* の上流には複数の転写開始領域やエクソンが存在し，*SNURF-SNRPN* を含んだ長い転写産物（IC 転写産物[用解5]）の存在が示されている。IC 転写産物は 15q11-q13 のインプリンティングに必須の役割を果たしており，下流に位置する *UBE3A* のインプリンティングを制御していると考えられている。

　PWS，AS どちらでも ID の中で IC 微細欠失が同定されるのは 10% 未満であり，大部分は同定されない。このような例はエピ変異と呼ばれ，遺伝性はなく孤発例である。エピ変異のメカニズムは明らかにされていない。

4．PWS の発症メカニズム

　PWS は父性発現遺伝子の機能喪失により発症する。稀な微細欠失を有する患者の解析の結果，PWS の原因遺伝子は *HBII-85*（*SNORD116*）と名づけられた snoRNA 遺伝子である可能性が高いことが明らかにされている[4]。snoRNA は small nucleolar RNA の略であり，タンパクをコードしない小さな RNA の一種である。通常の snoRNA の機能は rRNA のメチル化修飾などを担っているが，*HBII-85* snoRNA は RNA に対する結合配列をもたず，現在でもその機能は明らかにされていない。興味深いことに *HBII-85* は 24 回の繰り返し構造をとっており，そのほとんど全部が欠失しなければ PWS としての症状を示さない。この事実は，*HBII-85* snoRNA の機能が完全に失われることが発症のメカニズムと考えることができ，PWS では単一遺伝子が同定されない事実とよく符合する。

5．AS の発症メカニズム

　AS の原因遺伝子 *UBE3A* はユビキチンタンパクリガーゼの一種である。近年の研究の発展により，中枢神経における UBE3A の主たる標的タンパクが明らかにされた。1 つは，興奮性神経伝達物質であるグルタミン酸シナプスに存在する Arc タンパクである[5]。Arc タンパクは樹状突起棘に存在し，後シナプスにおけるグルタミン酸受容体の 1 つである AMPA 型受容体の数を調整している。UBE3A が失われると，Arc タンパク量が増加し，その結果，過剰な AMPA 型受容体の取り込みが起こり，グルタミン酸シナプスの機能が障害されることにより，経験依存性シナプス可塑性が障害される。

　もう 1 つの UBE3A の標的タンパクとして小脳顆粒細胞における GAT1 が同定された[6]。GAT1 は主要な抑制性神経伝達物質である GABA を取り込むトランスポーターの 1 つである。UBE3A が失われると，GAT1 の分解が低下し，GABA の過剰な取り込みが起こる。その結果，シナプス周囲の GABA 濃度が低下し，シナプス外の GABA 受容体を介したトニック抑制と呼ばれる持続的な細胞膜電位が減少する。AS モデルマウスにおいて，薬物を用いてシナプス外 GABA 受容体を選択的に刺激し，トニック抑制電位を正常化すると，モデルマウスの運動障害が改善することが明らかにされている[6]。この結果は病態に基づく薬物療法の可能性を示している。

Ⅲ．PWS と AS の遺伝カウンセリング

　PWS，AS どちらにおいても欠失と UPD は原則として孤発例であり，遺伝性はない。しかし，刷り込み変異の中で IC 微細欠失例は家族性を示し，最大 50% の再発危険率をもつ。AS の *UBE3A* 変異例では母親が同じ変異を有している可能性があり（父由来では無症状の保因者となる），その場合の再発危険率は 50% となる。遺伝カウンセリングを行うために，正確な遺伝学的診断が望まれる。

Ⅳ．PWS と AS の治療の可能性と展望

1．病態に基づく治療

　PWS に対しては成長ホルモン療法が認可され使用されている。しかし，知的障害や過食に対する治療法は存在しない。snoRNA の機能が明らかに

なり，中枢神経系における病態が明らかになることが期待されている。

ASの病態解明が進んだことで，治療法の開発が期待されている。グルタミン酸シナプスではAMPA型受容体の機能低下が問題であれば，受容体刺激薬の効果が期待されている。GABA系においては非シナプス性GABA受容体の特異的刺激薬であるTHIPが動物実験において，運動障害を改善することが示されている[6]。THIPは米国で睡眠薬として第3相研究が行われた実績があり，安全性は示されている。患者を対象とした臨床研究が期待される。

2．エピジェネティクス治療

ゲノムインプリンティングの対象となっている遺伝子では，一方の遺伝子は存在するが不活性になっている。この遺伝子を再活性化することができれば，症状の改善が期待される。DNAメチル化阻害剤により，再活性化が可能であることは古くから示されてきた[7]。また最近，トポイソメラーゼ阻害剤が刷り込み遺伝子を再活性化することが示され注目されている[8]。しかし，これらの薬剤はすべて特異性がなく，現実的には抗がん剤としてのみの使用にとどまっている。アンチセンス核酸や配列特異的なアミノ酸認識などの遺伝子特異的に作用する方法の開発が望まれている。

おわりに

PWSとASはヒトにおけるゲノムインプリンティング関連疾患の代表的疾患である。患者を通した研究が，ICの同定などの基礎研究に大きく貢献してきた。また，基礎研究の成果が臨床診断や治療に応用されている。エピジェネティクスと病気との関係を理解するうえで貴重な疾患である。

用語解説

1. **ゲノムインプリンティング**：親由来特異的遺伝子発現を示す遺伝現象。DNAメチル化に代表される遺伝子修飾が親由来特異的に生じることにより制御される。体細胞分裂前後で正確に維持されるが，生殖細胞形成過程で消去され，新たな遺伝子修飾が樹立される。哺乳類にのみ存在することが知られている。
2. **片親性ダイソミー**：相同染色体両方が片方の親に由来する染色体異常の一種。通常は受精時にトリソミーであった状態から，1本の染色体が脱落することにより起こるとされる（トリソミーレスキュー現象）。ダイソミーになった染色体上にゲノムインプリンティングの対象となる遺伝子が存在しなければ，症状を示さない。
3. **DMR**：differentially methylated regionの略で，DNAのメチル化が親由来染色体ごとで異なる領域のことである。刷り込みドメインにはDMRが複数存在する。生殖細胞から連続して存在するDMRをプライマリーDMR，発生の途中で形成されるものをセカンダリーDMRと呼び，プライマリーDMRは刷り込みドメインの制御に重要な役割を果たしている領域である可能性が高い（刷り込み中心など）。
4. **刷り込みドメイン**：ゲノムインプリンティングの対象となる遺伝子が複数集まっている領域。ゲノムインプリンティングが領域単位で制御されていることを示している。代表的な領域として11p15.5, 14q32.2, 15q11-q13が知られ，それぞれBecwith-Wiedemann症候群とSilver-Russel症候群，父性および母性14番染色体片親性ダイソミー症候群，PWSとASの発症と関連している。
5. **IC転写産物**：*SNURF-SNRPN*上流の刷り込み中心（IC）付近から転写される非常に長い転写産物。*SNURF-SNRPN*とはエクソンを共有しており，最も長いものは*UBE3A*に及び，*UBE3A*のアンチセンス転写産物となる。*HBII-85*などのsnoRNAはIC転写産物のイントロンに存在するため，snoRNAのホスト遺伝子としての役割を担っている。

参考文献

1) Cassidy SB, Driscoll DJ：Eur J Hum Genet 17, 3-13, 2009.
2) Williams CA, Driscoll DJ, et al：Genet Med 12, 385-395, 2010.
3) Nicholls RD, Saitoh S, et al：Trends Genet 14, 194-200, 1998.
4) Sahoo T, del Gaudio D, et al：Nat Genet 40, 719-721, 2008.
5) Greer PL, Hanayama R, et al：Cell 140, 704-716, 2010.
6) Egawa K, Kitagawa K, et al：Sci Transl Med 4, 163ra157, 2012.
7) Saitoh S, Wada T：Am J Hum Genet 66, 1958-1962, 2000.
8) Huang HS, Allen JA, et al：Nature 481, 185-189, 2011.

齋藤伸治
1985 年	北海道大学医学部医学科卒業
	北海道大学医学部小児科
	天使病院，王子総合病院，釧路赤十字病院にて小児科研修
1991 年	長崎大学医学部原爆後障害医療研究所人類遺伝学研究分野
	フロリダ大学神経科学教室
	ケースウエスタンリザーブ大学遺伝学教室
1995 年	北海道大学医学部小児科
2011 年	名古屋市立大学大学院医学研究科新生児・小児医学分野教授

第2章　エピジェネティクスと病気

4．不妊・先天異常
4）Beckwith-Wiedemann 症候群と小児腫瘍

東元　健・副島英伸

　Beckwith-Wiedemann 症候群（BWS）は，小児腫瘍を合併しやすい過成長症候群である。原因遺伝子座である 11p15.5 領域には 2 つの刷り込みドメインが存在し，この領域のエピジェネティックあるいはジェネティックな異常によって発症する。発症原因によって小児腫瘍の合併リスクや種類が異なることが知られている。近年，11p15.5 領域に加え，他の刷り込み制御領域にも同時にエピジェネティックな異常を生じている症例が報告されており，エピジェネティック異常の分子機構の点から注目されている。また，BWS をはじめとする刷り込み疾患と生殖補助医療との関わりが示唆されている。

はじめに

　Beckwith-Wiedemann 症候群（BWS）は，新生児期の過成長，巨舌，臍ヘルニア・臍帯ヘルニアを 3 主徴とし，その他に耳垂の線状溝・耳輪後縁の小窩，新生児期低血糖，腹腔内臓腫大，腎臓奇形，片側肥大，口蓋裂などの多様な症状を呈する。また報告によって異なるが（4～21％），総じて約 7.5％ の患者に Wilms 腫瘍，肝芽腫，神経芽腫などの小児腫瘍を発生する。発症原因は複数あり，11p15.5 領域のエピジェネティックな異常（DNA メチル化異常）やジェネティックな異常による刷り込み遺伝子[用解1]の発現異常あるいは機能喪失によって発症する。また，発症原因の多くを占める DNA メチル化異常と父性片親性ダイソミー（父性 UPD：paternal uniparental disomy）[用解2]は，正常細胞と異常細胞が混在するモザイク[用解3]であり，BWS 患者間ならびに同一患者の組織間でも，モザイクの割合が異なることが知られている。このため，BWS 患者の示す症状とその重症度は多様である。

　本稿では，BWS の発症メカニズム，発症原因別の代表的な表現型と小児腫瘍の合併リスクならびに腫瘍の種類を示す。また最近の知見として，11p15.5 領域に加え他の刷り込み制御領域（ICR：imprinting control region）[用解4]に DNA メチル化異常を伴う BWS ならびに生殖補助医療と BWS の関連について解説する。

I．11p15.5 領域の刷り込み遺伝子の制御機構

　11p15.5 領域には，刷り込み遺伝子がクラスターをなして存在し，ドメインレベルで制御されている。2 つのドメインがあり，テロメア側から IGF2/H19 ドメイン，KCNQ1 ドメインと呼ばれている。また各ドメインは，刷り込み遺伝子のアレ

---

key words

Beckwith-Wiedemann 症候群（BWS），小児腫瘍，刷り込み遺伝子，刷り込み制御領域（ICR），メチル化可変領域（DMR），IGF2/H19 ドメイン，KCNQ1 ドメイン，生殖補助医療（ART），父性片親性ダイソミー（父性 UPD），マルチローカスメチル化異常

ル特異的発現を制御する刷り込み制御領域（ICR）をもつ。ICR は，親由来アレル特異的に DNA メチル化状態が異なるメチル化可変領域（DMR：differentially DNA methylated region）用解5 を形成している。

1. IGF2/H19 ドメイン

このドメインの ICR は，H19 上流の 2～5kb にある H19-DMR である（図❶ A）。H19-DMR は，父由来アレルが DNA メチル化，母由来アレルが DNA 非メチル化を示す。また，H19 の下流には，H19 と IGF2 の両方のプロモーターを活性化させるエンハンサー用解6 が存在する。H19-DMR 内には複数の CTCF 結合配列があるが，CTCF の結合はメチル化感受性であるため，非メチル化の母由来アレルのみに結合する。CTCF が結合するとインスレーター用解7 として機能し，母由来アレルにおいてエンハンサーが IGF2 プロモーターに作用することをブロックする。そのため，エンハンサーはインスレーター下流の H19 プロモーターに作用し，転写を活性化する。一方，父由来 H19-DMR はメチル化されているため，CTCF が結合できずインスレーター活性を示さない。この場合，エンハンサーは IGF2 プロモーターに作用し，転写を活性化する。H19-DMR のメチル化は H19 プロモーターにまで及ぶため，父由来の H19 の発現は抑制される。その結果，IGF2 は父性発現，H19 は母性発現を示す[1]。上記のモデルは広く受け入れられているが，最近 CTCF がクロマチンループの形成に関与すると考えられているコヒーシンと共局在を示すことがわかり，CTCF/コヒーシンによる親由来特異的クロマチンループによるモデルが提唱された。このモデルでは，クロマチンループの形成によりエンハンサーが IGF2 あるいは H19 のプロモーターのどちらに近接しているかによって，これら遺伝子のアレル特異的発現を調節している[2]。

2. KCNQ1 ドメイン

このドメインの ICR は，KCNQ1 のイントロンに存在する KvDMR1 である（図❶ A）。KvDMR1 は，母由来アレルで DNA メチル化，父由来アレルで DNA 非メチル化を示す。父由来アレルの非メチル化 KvDMR1 はプロモーター活性をもち，KCNQ1 と逆向きに KCNQ1OT1 を転写させる。母由来のプロモーターはメチル化により不活化されるため，結果的に KCNQ1OT1 は父由来アレルのみ発現する。また，この遺伝子はタンパクに翻訳されない long non-coding RNA（lncRNA）として核内で機能する。マウスにおいて，この lncRNA は，ヘテロクロマチン用解8 形成に関わる因子と複合体を形成することが示された。これら因子は胎盤と胎盤以外の組織で異なっており，胎盤ではポリコームタンパク PRC1, PRC2 複合体とヒストンリジン 9 メチル化酵素 G9a であり，胎盤以外の組織では DNA メチル化酵素 Dnmt1 である[3-5]。この違いは，KvDMR1 の遠方に位置する遺伝子は胎盤特異的に刷り込みを受けているのに対し，胎盤以外の組織では刷り込みを受けていないことに関係すると考えられている。KCNQ1OT1 とヘテロクロマチン関連タンパクとの複合体は父由来染色体上でシスに作用し，周辺の刷り込み遺伝子の父由来発現を抑制する。このため，KCNQ1OT1 以外の刷り込み遺伝子は母性発現を示す[1]。

II. BWS 発症原因別にみた表現型と小児腫瘍（表❶）

BWS は 85％が孤発例で，残り 15％が家族例である。BWS は様々な原因により発症するが，発症原因の多くを占める DNA メチル化異常や父性 UPD は，正常細胞と異常細胞が混在するモザイクを示す。このことから，これらの異常は受精後に生じていると考えられている[1,6]。このモザイクの割合は，BWS 患者間ならびに同一患者の組織間でも異なっており，多様な表現型の一因となっている。

1. H19-DMR の高メチル化

発症原因の約 5％を占める。母由来 H19-DMR が高メチル化になると，母由来アレルが父型の制御を受ける。つまり，IGF2 は両アレル発現を示し過剰発現する。一方，H19 は両アレル共に転写されない（図❶ B）。IGF2 はインスリン様成長因子であり，細胞分裂促進作用や抗アポトーシス作

図❶　11p15.5 領域の刷り込みドメイン（文献 1 より改変）

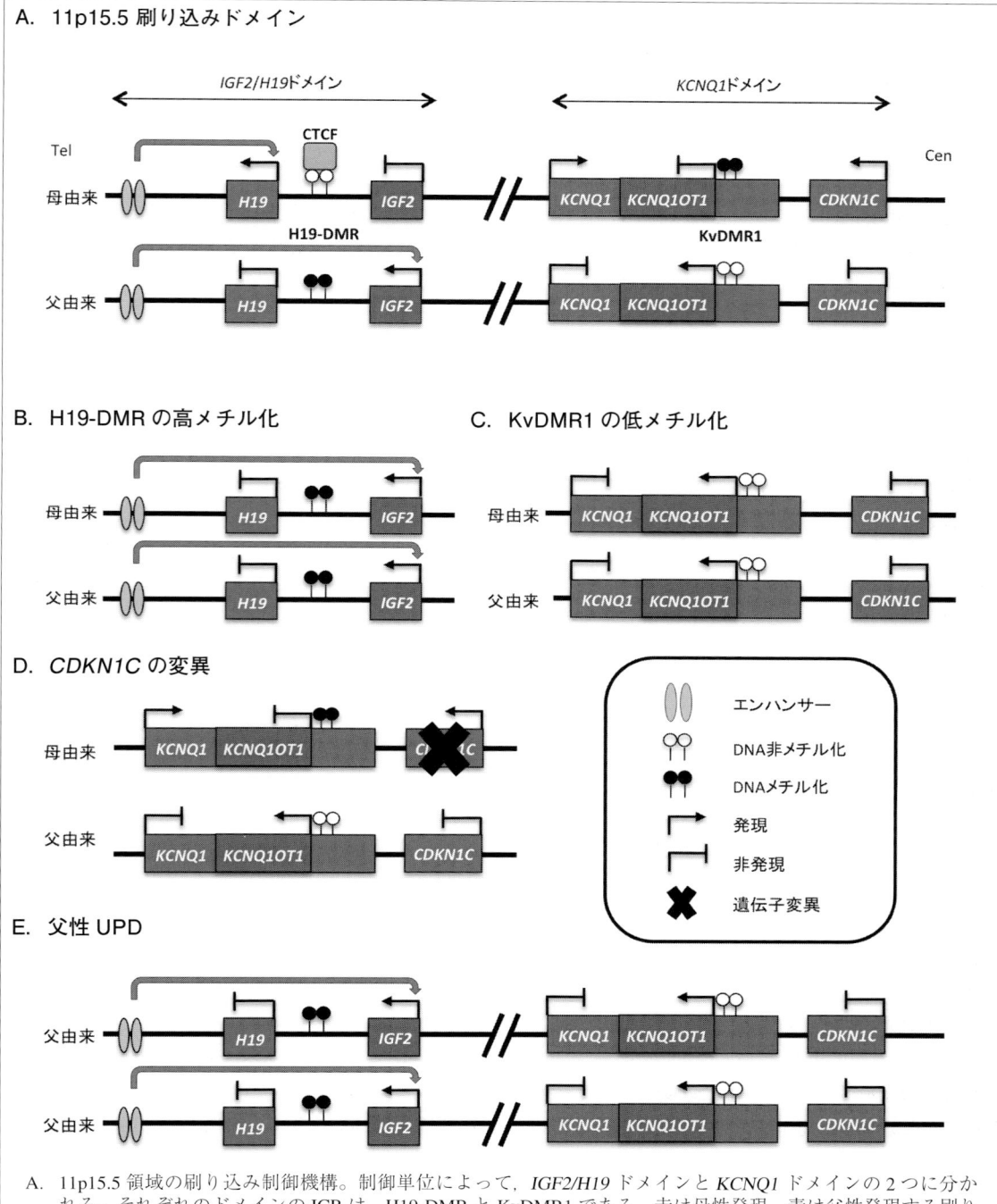

A. 11p15.5 刷り込みドメイン

B. H19-DMR の高メチル化

C. KvDMR1 の低メチル化

D. *CDKN1C* の変異

E. 父性 UPD

凡例：
- エンハンサー
- DNA非メチル化
- DNAメチル化
- 発現
- 非発現
- 遺伝子変異

A. 11p15.5 領域の刷り込み制御機構。制御単位によって，*IGF2/H19* ドメインと *KCNQ1* ドメインの2つに分かれる。それぞれのドメインの ICR は，H19-DMR と KvDMR1 である。赤は母性発現，青は父性発現する刷り込み遺伝子である。詳細は本文参照。
B. H19-DMR の高メチル化。母由来 H19-DMR の高メチル化によって，母由来アレルが父型の制御を受ける。
C. KvDMR1 の低メチル化。母由来 KvDMR1 の低メチル化によって，母由来アレルが父型の制御を受ける。
D. *CDKN1C* の変異。母由来アレルの *CDKN1C* に変異があるとき，BWS を発症する。
E. 父性 UPD。*IGF2/H19* ドメインと *KCNQ1* ドメインともに父由来である。

（グラビア頁参照）

表❶ BWS発症原因別の代表的表現型と小児腫瘍 (文献1より改変)

発症原因	頻度	代表的表現型	小児腫瘍発生のリスク	小児腫瘍の種類
H19-DMR高メチル化	5%	片側肥大	>25%	Wilms腫瘍 肝芽腫
KvDMR1低メチル化	50%	臍ヘルニア 片側肥大	<5%	肝芽腫 横紋筋肉腫など (Wilms腫瘍以外)
*CDKN1C*変異	10%	口蓋裂 臍ヘルニア	<5%	神経芽腫
父性UPD	20%	片側肥大	>25%	Wilms腫瘍 肝芽腫
転座・逆位	1%	報告は少ないが典型的表現型を示す	—	—
11p15重複	1%	発育遅延	—	—

用を有する.その過剰発現は,BWS発症や様々な腫瘍発生の中心的な役割を担うと考えられている[1].一方,*H19*はマウスにおけるその機能喪失がBWS様表現型を示さないこと,また当初は腫瘍抑制遺伝子として報告されていたが,様々な腫瘍でその発現が上昇していることから,その機能はよくわかっていない[7].多くのH19-DMR高メチル化を示す患者はジェネティックな異常を伴わないが,その約20%において母由来H19-DMR内に,CTCF結合配列を含む微小欠失,また着床後の母由来H19-DMRの非メチル化の維持に重要であるOCT結合配列の変異や欠失が認められる[8].H19-DMR高メチル化異常によるBWSは,小児腫瘍合併のリスクが>25%と顕著に高い.また腫瘍の種類は,Wilms腫瘍や肝芽腫が多い[1].実際,当研究室での孤発例のWilms腫瘍の解析において,*IGF2*の両アレル発現を示す割合は40%と非常に高かった[9].また,ヒト大腸がんと*IGF2*の両アレル発現の関連はよく知られている.ヒト大腸がんのモデルである*Apc*遺伝子変異マウスにおける*Igf2*の両アレル発現は,*Igf2*が正常に発現しているものに比べて腺腫発生率が有意に高くなる[10].最近,H19領域にH19とは反対向きに転写され,母由来アレル特異的に発現するHOTSという刷り込み遺伝子が見つかった.この遺伝子は,*H19*とは異なりタンパクをコードする.このHOTSはWilms腫瘍などの小児腫瘍細胞株で腫瘍抑制活性を示し,その発現は*IGF2*の両アレル発現を示すすべてのWilms腫瘍で消失していた[7].これらの事実は,*IGF2*の両アレル発現以外のH19-DMR高メチル化が関連する腫瘍発生機序の存在を示唆している.

2. KvDMR1の低メチル化

発症原因の約50%を占める.母由来KvDMR1のメチル化が喪失すると,母由来アレルが父型の制御を受ける.つまり,母由来アレルでも*KCNQ1OT1*が発現し,*CDKN1C*,*KCNQ1*をはじめとする周辺の遺伝子の母由来発現を抑制する(図❶C).このドメインでBWS発症の中心的な役割を担う遺伝子が*CDKN1C*である[1].この遺伝子は細胞増殖を負に制御するCDKインヒビターをコードしており,細胞の増殖や分化を制御する.*Cdkn1c*欠損マウスは,BWSにみられる腹壁欠損による臍ヘルニア,口蓋裂,腎髄質の異形成や副腎の過形成を示す[11].1例の*NLRP2*の変異によるKvDMR1低メチル化を除いて,KvDMR1低メチル化がジェネティックな異常によって起こる例は報告されていない[12].このKvDMR1低メチル化によるBWS患者に関連する代表的な表現型は,臍ヘルニアである.一方,小児腫瘍合併リスクは<5%と低い(健常児と比べると高い).また腫瘍の種類は,Wilms腫瘍以外の肝芽腫や横紋筋肉腫などが報告されている[1].

3. *CDKN1C*の変異

発症原因の約10%を占める.BWS家族例に限ると40%に*CDKN1C*の変異が見つかる.*CDKN1C*は母性発現を示すため,大部分の症例では母親から変異を受け継いでいるが,稀に母由

来アレルに de novo の変異が生じることもある（図❶D）[13)14)]。CDKN1C 変異患者の代表的な表現型は，Cdkn1c 欠損マウスにみられた表現型である臍ヘルニアと口蓋裂である。一方，小児腫瘍合併リスクは<5％で，今までに神経芽腫が報告されている[1)]。CDK インヒビターである CDKN1C は，成人のがんでは腫瘍抑制遺伝子として働いていることが示唆されている[15)]。しかしながら，CDKN1C の発現低下を引き起こす KvDMR1 低メチル化や CDKN1C の変異による BWS では，小児腫瘍合併リスクは低い。ヒトにおいて CDKN1C は，マウスとは異なり父由来アレルからも少し発現していることが知られている。また，いくつかの研究グループは 11p15 領域の母由来の loss of heterozygosity（LOH）を伴う Wilms 腫瘍でも，正常組織に比べ CDKN1C の顕著な発現低下を認めなかったと報告している[16)17)]。これらのことは，CDKN1C と Wilms 腫瘍発生との関連性が低いことを示しているのかもしれない。

4. 父性片親性ダイソミー（父性 UPD）

発症原因の約 20％を占める。体細胞モザイクを示すことから，受精後の体細胞組換えによって生じると考えられている。父性 UPD では，父由来アレルの 11p15.5 領域が 2 コピー存在し，母由来アレルはない。ダイソミーを含む領域は，IGF2/H19 ドメインと KCNQ1 ドメインの両方を含むため，IGF2 の過剰発現ならびに CDKN1C の発現低下を生じる（図❶E）。父性 UPD よる BWS 患者に関連する代表的な表現型は片側肥大である。一方，小児腫瘍合併リスクは，H19-DMR 高メチル化と同様に >25％と顕著に高い。また腫瘍の種類は，Wilms 腫瘍や肝芽腫が多い[1)]。

5. 転座・逆位

発症原因の約 1％を占める。KCNQ1 ドメインに存在する KCNQ1 は，心臓を除くほとんどの組織で母由来発現を示す刷り込み遺伝子であり，また心疾患である QT 延長症候群の原因遺伝子でもある。この遺伝子内に 5ヵ所の転座切断点が報告されており，母由来アレルにおいて転座・逆位が起こるとき，BWS を発症する。しかしながら，KvDMR1 のメチル化は正常を示し，その発症メカニズムはよくわかっていない。典型的な BWS 表現型を示すが，現在までに腫瘍の合併に関しては報告されていない[1)18)]。

6. 11p15 領域の重複

発症原因の約 1％を占める。11p15 領域の重複が父由来のとき，BWS を発症する。この原因による BWS 患者に関連する代表的な表現型は発育遅延である[1)]。

7. KCNQ1OT1 転写領域を含む微小欠失

極めて稀な発症原因として，KvDMR1 と KCNQ1OT1 転写領域を含む微小欠失（〜250kb と 330kb）が 2 例報告されている[19)]。これら欠失領域には CDKN1C は含まれていない。この欠失が母由来アレルに生じるとき，CDKN1C の発現が減少することが知られている。この発症メカニズムはよくわかっていないが，その欠失領域内に未同定の CDKN1C のエンハンサーが存在すると考えられている。報告例が少ないため，関連する表現型ならびに小児腫瘍の発生リスクに関しては不明である。

Ⅲ．マルチローカスメチル化異常を伴う BWS

近年，BWS の一部の患者において，11p15.5 領域に加えて，他の ICR においてもメチル化異常を生じている（マルチローカスメチル化異常）症例が報告されている。

1. KvDMR1 低メチル化とマルチローカスメチル化異常

KvDMR1 の低メチル化を示す BWS 症例のうち，約 20％は 11p15.5 領域以外の ICR にも低メチル化を生じていることが報告された。この低メチル化を起こしているすべての ICR は，正常では母由来アレルがメチル化されている ICR であり，父由来アレルがメチル化されている ICR はなかった[1)]。また，最も低メチル化を引き起こしやすい ICR として，NESPAS と GNAS の ICR が，続いて MEST，PLAGL1，IGF2R の ICR が報告された[20)]。このようなマルチローカスメチル化異常を伴う症例と KvDMR1 低メチル化のみを伴う症例の両群間で表現型が比較されたが，その結果は研

究グループによって異なっている。Rossignolらは，両群間に表現型の違いはないと報告した[21]。一方，Bliekらは，マルチローカスメチル化異常を伴うBWSのほうが出生時体重が小さく，通常BWSの表現型としてみられない言語遅滞や聴音障害を合併する例があることを報告した[20]。また，小児腫瘍発生のリスクに関しては，両群間に差がないと報告している。

2. 全ゲノム父性UPD

これまでに，全ゲノム父性UPD（すべての染色体が父性UPD）のモザイク症例が8例ほど報告されている。全ゲノム父性UPDでは，すべてのICRにメチル化異常が検出され，すべての刷り込み遺伝子に発現異常を生じると考えられる。その結果，刷り込み関連疾患であるBWS，Angelman症候群，一過性新生児糖尿病などでみられる表現型を部分的に呈する。腫瘍合併は8例中3例（35％）と高く，Wilms腫瘍，肝芽腫，両側性褐色細胞腫が報告されている[22]。

Ⅳ．生殖補助医療（ART）とBWS

生殖補助医療（ART：assisted reproductive technology）による出生児は，自然妊娠での出生児に比べ刷り込み関連疾患の発症頻度が高いことが知られている。BWSでは，ARTによる出生頻度は自然妊娠に対して約4倍から9倍高いと報告されている。ARTによって出生したBWS患者のほとんどすべてがKvDMR1の低メチル化を示す。Limらは，ARTによるBWSと自然妊娠例のKvDMR1低メチル化によるBWSと比較した結果，ARTによるBWSのほうが，臍ヘルニアを伴う頻度が少ないこと，小児腫瘍の発生リスクが高いこと，マルチローカスメチル化異常を伴う頻度が高いことを報告した[23]。

おわりに

BWSの発症原因の多くが，DNAメチル化異常によるものである。現在のところ，ほとんどのメチル化異常は，確率論的に偶発する，あるいは環境因子によって誘発されるエピジェネティックなエラーによって説明される。これらメチル化異常は，ほとんどが子へ伝達されないことを考えると，これらの説明は妥当かもしれない。しかしながら，KvDMR1低メチル化症例において*NLRP2*の変異が見つかったように，他のトランス因子の変異がメチル化異常に関与している可能性は否定できない。また，臨床学的にBWSと診断されても，11p15.5領域に異常のない症例が15％ほどある。これらの症例でも11p15.5領域以外の異常が関与している可能性を否定できない。年々進化する次世代シークエンサーやDNAメチル化アレイによる網羅的解析により，新たな異常と原因因子が見出され，さらなる発症メカニズムの解明が期待される。

用語解説

1. **刷り込み遺伝子**：インプリンティング遺伝子とも呼ばれる。一対の対立遺伝子のうち，一方の遺伝子がその親由来に従って発現することをゲノム刷り込みといい，このような遺伝子を刷り込み遺伝子という。刷り込みを受けていない一般的な遺伝子は，その親由来にかかわらず両方のアレルが偏りなく同等に発現している。
2. **片親性ダイソミー（UPD：uniparental disomy）**：一対の相同染色体が片親から由来する場合をいう。2本とも父親由来のときは父性片親性ダイソミー，母親由来のときは母性片親性ダイソミーという。問題の染色体が両親共に減数分裂で不分離をきたし，0（ゼロ）染色体の配偶子と2染色体の配偶子が受精して生じる場合と，体細胞分裂の際に生じる場合がある。BWSでは発生初期の体細胞分裂時に体細胞組換えが生じ，11pの部分的な父性ダイソミーとなる。このためモザイクを示す。
3. **モザイク**：単一の接合子に由来し，個体の中に2種類以上の遺伝的に異なる細胞が存在する状態のことをいう。モザイクは，受精後の遺伝的変化によって起こる。この遺伝的変化には，遺伝子の変異や染色体の数的あるいは構造変化などが一般的に挙げられるが，現在ではエピジェネティックな変化も含まれる。
4. **刷り込み制御領域（ICR：imprinting control region）**：多くの刷り込み遺伝子はクラスターを形成して存在し，ドメインレベルで制御されている。このドメインレベルでの制御に中枢的役割をするDNA領域のことをいう。このような領域は，一方の親の配偶子でのみDNAメチル化を受け，受精後もそのメチル化は維持されるため，メチル化可変領域を形成している。

5. メチル化可変領域（DMR：differentially DNA methylated region）：親由来で異なる DNA メチル化をもつ DNA 領域のことをいう。
6. エンハンサー：特定の遺伝子のプロモーターと相互作用することにより，その遺伝子の転写活性を促進するシス作用性の DNA 配列のことをいう。
7. インスレーター：DNA において，2 つの機能ドメインの障壁として働く領域のことをいう。例えば，プロモーターとエンハンサーの間にインスレーターが存在する場合，インスレーターが障壁として働くためエンハンサーはプロモーターに作用できない。
8. ヘテロクロマチン：高度に凝縮し，遺伝子の転写活性がほとんどみられないクロマチン領域のことをいう。

参考文献

1) Choufani S, Shuman C, et al：Am J Med Genet C Semin Med Genet 154C, 343-354, 2010.
2) Nativio R, Sparago A, et al：Hum Mol Genet 20, 1363-1374, 2011.
3) Pandey RR, Mondal T, et al：Mol Cell 32, 232-246, 2008.
4) Terranova R, Yokobayashi S, et al：Dev Cell 15, 668-679, 2008.
5) Mohammad F, Mondal T, et al：Development 137, 2493-2499, 2010.
6) Higashimoto K, Nakabayashi K, et al：Am J Med Genet A 158A, 1670-1675, 2012.
7) Onyango P, Feinberg AP：Proc Natl Acad Sci USA 108, 16759-16764, 2011.
8) Demars J, Shmela ME, et al：Hum Mol Genet 19, 803-814, 2010.
9) Satoh Y, Nakadate H, et al：Br J Cancer 95, 541-547, 2006.
10) Kaneda A, Feinberg AP：Cancer Res 65, 11236-11240, 2005.
11) Zhang P, Liégeois NJ, et al：Nature 387, 151-158, 1997.
12) Meyer E, Lim D, et al：PLoS Genet 5, e1000423, 2009.
13) Romanelli V, Belinchón A, et al：Am J Med Genet A 152A, 1390-1397, 2010.
14) Yatsuki H, Higashimoto K, et al：Genes Genom 35, 141-147, 2013.
15) Kikuchi T, Toyota M, et al：Oncogene 21, 2741-2749, 2002.
16) Taniguchi T, Okamoto K, et al：Oncogene 14, 1201-1206, 1997.
17) Soejima H, McLay J, et al：Lab Invest 78, 19-28, 1998.
18) Lee MP, DeBaun MR, et al：Proc Natl Acad Sci USA 96, 5203-5208, 1999.
19) Algar E, Dagar V, et al：PLoS One 6, e29034, 2011.
20) Bliek J, Verde G, et al：Eur J Hum Genet 17, 611-619, 2009.
21) Rossignol S, Steunou V, et al：J Med Genet 43, 902-907, 2006.
22) Inbar-Feigenberg M, Choufani S, et al：Am J Med Genet A 161A, 13-20, 2013.
23) Lim D, Bowdin SC, et al：Hum Reprod 24, 741-747, 2009.

参考ホームページ

・OMIM（Online Mendelian Inheritance in Man）#130650 Beckwith-Wiedemann syndrome；BWS
　http：//omim.org/entry/130650

東元　健	
1997 年	九州歯科大学歯学部歯学科卒業
2002 年	佐賀医科大学大学院医学系研究科博士課程修了
	佐賀医科大学分子生命科学講座分子遺伝学助手
2005 年	University of Wisconsin-Madison 留学
2007 年	佐賀大学医学部分子生命科学講座分子遺伝学・エピジェネティクス分野助教

第2章　エピジェネティクスと病気

4．不妊・先天異常
5）インプリント異常症

鏡　雅代

　インプリンティング遺伝子の発現異常により生じるインプリント異常症のうち，本稿ではSilver-Russell症候群（SRS），偽性副甲状腺機能低下症（PHP），新生児一過性糖尿病（TNDM），14番染色体インプリンティング異常症である14番染色体父親性ダイソミー症候群（UPD(14)pat症候群）および14番染色体母親性ダイソミー症候群（UPD(14)mat症候群）について解説する。特に，14番染色体インプリンティング異常症の発症メカニズムおよび責任インプリンティング遺伝子の発現調節メカニズムについて，近年明らかとなった知見を紹介する。

はじめに

　インプリンティング遺伝子は，親由来に発現パターンが異なる遺伝子で，染色体上に一群となって存在している。インプリンティング遺伝子の発現制御はインプリンティングセンター（IC）によってcisに制御されており，ICは親由来によってメチル化修飾の違いが生じるメチル化可変領域（differentially methylated region：DMR）[用解1]となっている。インプリンティング遺伝子の発現異常により生じるインプリント異常症のうち，本稿ではSilver-Russell症候群（SRS），偽性副甲状腺機能低下症（PHP），新生児一過性糖尿病（TNDM），14番染色体インプリンティング異常症である14番染色体父親性ダイソミー症候群（UPD(14)pat症候群）および14番染色体母親性ダイソミー症候群（UPD(14)mat症候群）について解説する。

I．Silver-Russell症候群（SRS）

　Silver-Russell症候群（SRS）は出生前後の成長障害，相対的頭囲拡大，逆三角形の顔，突出した前額などの特徴的顔貌，骨格の左右非対称，第5指内彎などの特徴的な臨床像を示す遺伝学的にheterogeneousな疾患である。遺伝学的原因は，11番染色体上のインプリンティング調節領域（ICR）[用解2]と呼ばれるH19-DMRの低メチル化を44％に，7番染色体母性片親性ダイソミー[用解3]（UPD(7)mat）を〜5％に，11p15領域を含んだ染色体構造異常を1〜2％に認め，残りは原因不明である[1]。遺伝子型-表現型の比較では，ICR1低メチル化例は重症なSRS表現型を示すことが報告されており[1,2]，UPD(7)matもしくは原因不明SRS症例に比較し，出生体重，出生身長，BMIは低く，骨格の左右非対称や特徴的顔貌を示す割合，相対的頭囲拡大の程度は高い。一方，UPD(7)matによるSRS症例の成長

---

key words

メチル化可変領域（DMR），インプリンティング調節領域（ICR），インプリンティングセンター（IC），片親性ダイソミー（UPD），新生児一過性糖尿病（TNDM），Silver-Russell症候群（SRS），偽性副甲状腺機能低下症（PHP），14番染色体父親性ダイソミー症候群（UPD(14)pat症候群），14番染色体母親性ダイソミー症候群（UPD(14)mat症候群）

障害は比較的軽度で，相対的頭囲拡大を伴わない症例も存在する[1)2)]。

1. 7番染色体，11番染色体インプリンティング領域と疾患発症機構（図❶）

約5％の患者において UPD(7)mat が同定されていることから，7番染色体上に SRS 責任遺伝子が存在すると予想されている。染色体異常を伴う SRS 症例の解析から，7p11.2-p13 と 7q32 が SRS 責任遺伝子の候補領域となっている。7p11.2-p13 領域には *GRB10*，7q32 領域には *MEST/PEG1* などのインプリンティング遺伝子が存在するが，SRS 患者で遺伝子変異は同定されておらず，責任遺伝子かどうかの結論は出ていない[1)3)]。また，isodisomy を示す UPD(7)mat は表現型に関与する劣性の遺伝子変異の顕在化も考慮する必要があるが，様々な segmental isodisomy 症例において共通する領域は同定されていない[1)]。

11番染色体インプリンティング領域（11p15）には ICR1 と呼ばれる H19-DMR と ICR2 と呼ばれる KvDMR がインプリンティングセンターとして存在する[1)2)]。SRS では ICR1 の低メチル化によるエピ変異が最も多い。ICR1 は父性発現遺伝子である *IGF2* と母性発現遺伝子である *H19* の発現を制御する。*IGF2* は胎児の発育に関与するが，*H19* は RNA 遺伝子であり，その機能についても不明な点が多い。H19-DMR は父親由来アレルでメチル化を受け，母親由来アレルでメチル化を受けない。メチル化を受けない母親由来アレル H19-DMR には CTCF タンパク（CCCTC-binding factor）が結合する。一方，メチル化を受けている父親由来アレル H19-DMR には CTCF タンパクは結合できない。母親由来アレルの CTCF タンパクが結合した ICR1 はインスレーターとして機能し，エンハンサーが *IGF2* プロモーターに結合

図❶ SRS 関連インプリンティング領域

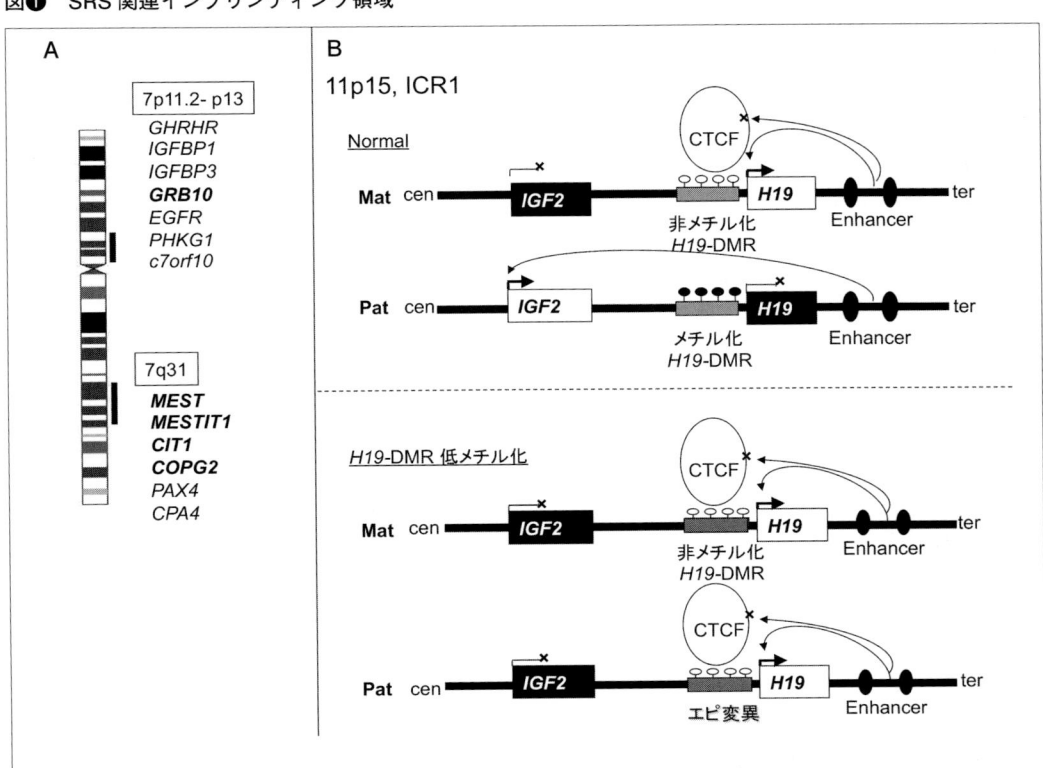

A. 7番染色体の SRS 責任遺伝子候補領域。太字はインプリンティング遺伝子。
B. 11番染色体インプリンティング領域（11p15，ICR1）。発現遺伝子は□，発現していない遺伝子を■で記す。メチル化を受けている CpG は●，メチル化を受けない CpG を○で記す。

することを妨げるため母親由来アレルから IGF2 は発現しない。一方，父親由来アレル ICR1 には CTCF タンパクが結合しないので，エンハンサーは IGF2 プロモーターに結合し IGF2 は発現する。ICR1 低メチル化を示す SRS 症例では，父親由来アレルからの IGF2 発現が低下していることが予想され，実際，ICR1 低メチル化を示す SRS 患者の皮膚培養細胞を用いた解析では IGF2 の発現が減少していることが確認された[4]。

II．偽性副甲状腺機能低下症（PHP）

偽性副甲状腺機能低下症（PHP）は低カルシウム血症，高リン血症といった副甲状腺機能低下症状および標的器官の副甲状腺ホルモン（PTH）不応性に特徴づけられる。PTH は 7 回膜貫通型の PTH 受容体に結合し，PTH 受容体は Gsα サブユニットを活性化し，その下流の cAMP を生成するアデニルシクラーゼの活性化を促し，標的遺伝子の発現を制御する[5]。PHP および関連疾患は Gsα サブユニットをコードする GNAS 領域の遺伝子発現異常に起因し，その遺伝学的原因および表現型により表❶のように分類される[6]。

1. 20 番染色体インプリンティング領域と疾患発症機構（図❷）

GNAS 領域には Gsα，Gsα のエクソン 2～13 領域が共通している XLas，A/B，NESP55，そして NESP55 のアンチセンストランスクリプトである NESPAS といった複数のトランスクリプトが存在する[6]。GNAS 領域は組織特異的にインプリンティングを受けている。腎近位尿細管，下垂体，甲状腺，卵巣ではインプリンティングを受けており[7]，それ以外の組織ではインプリンティングを受けない。インプリンティングを受けている組織では，父親由来アレルから NESPAS，XLas，A/B が発現し，母親由来アレルから Gsα，NESP55 が発現している。

PHP および関連疾患の臨床像はその発症原因により整理することができる[6]。偽性副甲状腺機能低下症 1a（pseudohypoparathyroidim1a：PHP1a）は Albright 遺伝性骨異形成症（AHO）と呼ばれる低身長，肥満，円形顔貌，異所性骨化，短指症，知能障害などの所見に加え，PTH，TSH，GHRH，LH，FSH への抵抗性を示す。一方，偽性偽性副甲状腺機能低下症（psudopsudohypoparathyroidism：PPHP）は AHO のみを示す。PHP1a と PPHP はともに Gsα の機能喪失型変異によるが，PHP1a は変異が母親由来アレル上に存在するため，Gsα の半量不全に加え，インプリンティングを受けている組織において Gsα 発現が消失するため PHP，TSH 不応などが生じる。PPHP では，Gsα 遺伝子変異が父親由来アレル上ため，Gsα の半量不全による症状のみ生じる。偽性副甲状腺機能低下症 1b（pseudohypoparathyroidim 1b：PHP1b）は GNAS

表❶　GNAS 領域遺伝子発現異常に起因する疾患の分類

疾患	Molecular defect	Inheritance	臨床像
PHP1a/AHO	Gsα の機能消失型変異	母親由来アレル	低身長，肥満，円形顔貌，異所性骨化，短指症，知能障害，多内分泌腺不応症（PTH，TSH，GHRH，gonadotrophin，glucagon）
PPHP/AHO	Gsα の機能消失型変異	父親由来アレル	低身長，肥満，円形顔貌，異所性骨化，短指症
PHP1b	GNAS DMR（s）のメチル化異常（低メチル化）微小欠失（家族例）	母親由来アレル 母親由来アレル（家族性）	肥満，多内分泌腺不応症（PTH，TSH）
POH	Gsα の機能消失型変異	父親由来アレル	進行性異所性骨化（皮膚，脂肪，深部結合組織）
MAS	Gsα の機能亢進型変異	体細胞変異	線維性骨異形成症，思春期早発症，皮膚カフェオレ斑，甲状腺機能亢進症，下垂体性巨人症，高プロラクチン血症，Cushing 症候群などの内分泌疾患

AHO：Albright 遺伝性骨異形成症，PPHP：pseudopseudohypoparathyroidism，MAS：McCune-Albright syndrome，PHP：pseudohypoparathyroidism，POH：progressive osseus heteroplasia

図❷ 20番染色体インプリンティング領域

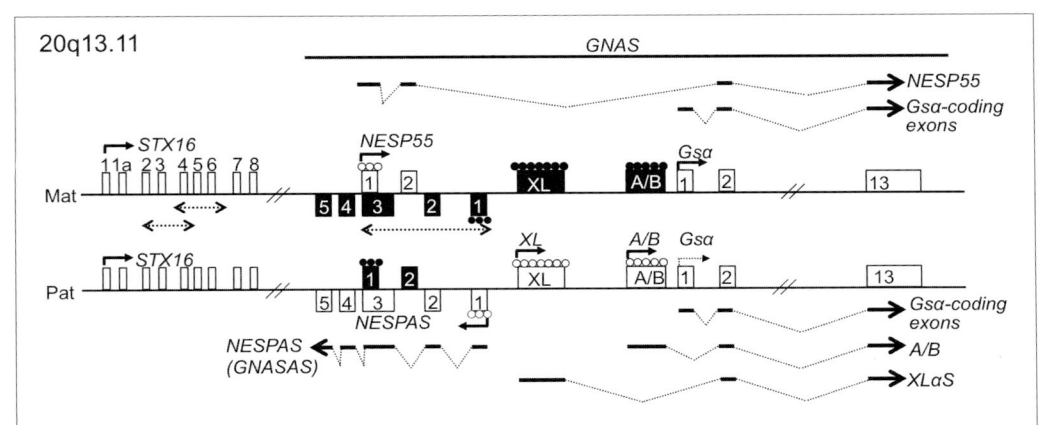

発現する遺伝子を□，発現していない遺伝子を■で記す．メチル化を受けているCpGを●，メチル化を受けないCpGを○で記す．$Gs\alpha$は腎近位尿細管，下垂体，甲状腺，卵巣で母性発現を示すが，他の組織では両親性に発現する．両端に矢印をもつ点線はPHP1bの家系例で同定された欠失領域．点線の矢印はインプリンティングを受けていない組織で$Gs\alpha$が父親由来アレルからも発現することを示す．

DMR，特にA/B DMRの低メチル化により生じる．PHP1bでは，インプリンティングを受けない組織では両親性に発現するためAHOを呈しないが，インプリンティングを受けている近位尿細管，甲状腺では$Gs\alpha$の発現が低下するためPTH，TSH抵抗性を認める．

最近，母親から伝わるSTX16およびNESP55の欠失によりGNAS領域の母由来アレルのインプリントが消失しているPHP1b家系例が報告されており[6]，欠失領域内に本領域の母由来アレルのインプリントの確立に必要な制御領域が存在すると予想されている．また，PHP1bに一致するGNAS DMRのインプリントの消失を認めながらAHOを認める症例や父親由来アレル$Gs\alpha$の活性低下型変異が進行性異所性骨化を示すprogressive osseus heteroplasia（POH）が報告されている．POHとPHP1a，PPHPとのオーバーラップも報告されており，GNAS領域が関連した疾患は臨床像および分子遺伝学的に類似性があることが明らかとなってきた．

III．新生児一過性糖尿病（TNDM）

新生児一過性糖尿病（transient neonatal diabetes mellitus：TNDM）は生後1週間以内に糖尿病を発症し，ほとんどは3〜4ヵ月以内に，遅くても18ヵ月以内に自然軽快するが，50％以上で糖尿病を再発する[8]．発症率は40万人に1人と推定されている[9]．95％以上に子宮内胎児発育遅延（intrauterine growth restriction：IUGR）を併発する[9]．TNDMの発症原因としては，26％がKCNJ11，ABCC8，INS，HNF1Bの遺伝子変異による．そして約70％が6q24インプリント領域の遺伝子発現異常による．発現異常を引き起こす原因としては，6番染色体の父親性ダイソミー（UPD(6)pat）によるものが40％，6番染色体インプリンティング領域の重複が32％，母親由来アレルのDMRの低メチル化が28％であった[10]．近年，6q24インプリント領域の低メチル化を示すTNDM患者で母親由来にメチル化を受けるDMRであるGRB10，PEG3，PEG1，KCNQIOT1，NESPAS領域にも低メチル化を認める症例においてZFP57遺伝子のホモの変異を同定した．ZFP57がどのようにインプリンティング領域を標的としているのかは明らかとなっていない[8)10)]．

1．6番染色体インプリンティング領域と疾患発症機構（図❸）

6番染色体インプリンティング領域のICであるTNDM DMRは父親由来でメチル化を受けず，母親由来でメチル化を受ける．父親由来アレルからはPLAGL1（ZAC1）およびHYMAIが発現

図❸ 6番染色体インプリンティング領域

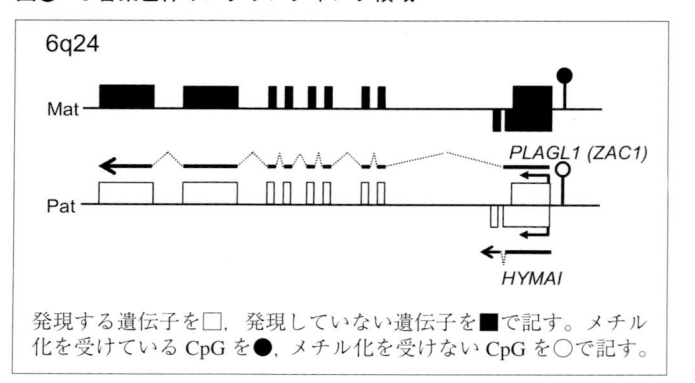

```
6q24
Mat  ■■ ■ ■■ ■■        ■
                              PLAGL1 (ZAC1)
Pat  □□ □ □□ □□        □
                              HYMAI
```

発現する遺伝子を□，発現していない遺伝子を■で記す。メチル化を受けている CpG を●，メチル化を受けない CpG を○で記す。

している。*PLAGL1* は TNDM の候補遺伝子であり，zinc finger transcriptional factor でアポトーシスや細胞周期の制御，胎児発育などに関連している。2ヵ所のプロモーターをもち，3′側のプロモーターのみインプリンティングされている。インプリンティングを受けているプロモーターは胎児期に維持されているが，出生後，インプリンティングを受けないプロモーターからの発現が優位となる。TNDM の自然治癒は，このプロモーターのスイッチに関連しているのかもしれない。一方，RNA 遺伝子である *HYMAI* の機能についてはほとんど明らかとなっていない[8]。

Ⅳ. 14番染色体インプリンティング異常症

14番染色体長腕遠位部（14q32.2）には父性発現遺伝子である *DLK1*，*RTL1*，母性発現遺伝子である *MEG3*（*GTL2*），*MEG8*，snoRNAs，microRNAs が一群となって存在する[11)12)]。これらのインプリンティング遺伝子の発現は germ line DMR である IG-DMR と secondary DMR である *MEG3-DMR* により制御されている。ともに父親由来アレルでメチル化を受け，母親由来アレルでメチル化を受けない。インプリンティング遺伝子の存在を裏づけるように，1組の14番染色体がともに父親に由来する14番染色体父親性ダイソミー（UPD(14)pat）と，ともに母親に由来する14番染色体母親性ダイソミー（UPD(14)mat）は全く異なった臨床像を示す。UPD(14)pat 表現型，UPD(14)mat 表現型はダイソミー以外に微小欠失，DMR のメチル化[用解4]異常でも引き起こされることが報告され[12)]，われわれは UPD(14)pat 症候群，UPD(14)mat 症候群という疾患名を提案している。

1. 14番染色体父親性ダイソミー（UPD(14)pat）症候群（図❹ B）

UPD(14)pat はベル型・コートハンガー型と形容される小胸郭，腹壁の異常，羊水過多，胎盤過形成，豊かな頬，前額部突出，眼瞼裂狭小，平坦な鼻梁，小顎といった特徴的な顔貌など特徴的な表現型を示す。そのほか，翼状頸，短頸，関節拘縮，側弯症，鼠径ヘルニアの合併を認めることもある[12)13)]。出生体重は平均以上であるが，羊水過多のため早産例が多い。出生直後より呼吸困難が出現し，数日から数ヵ月にわたる人工呼吸管理，酸素投与が必要となる。哺乳不良もほぼ全例に認められるため，数ヵ月の経管栄養を必要とする場合が多い。発達遅延は全例に認められている[12)14)]。UPD(14)pat において，父性発現遺伝子である *DLK1*，*RTL1* は過剰発現を示し，母性発現する *MEG3*，*MEG8* などの発現は消失する。われわれは，UPD(14)pat の表現型を示し，母親由来アレルの DMR を欠失した症例，DMR の過剰メチル化を示すエピ変異例を報告した[12)15)]。これらの症例の胎盤を用いた解析では，*DLK1*，*RTL1* の過剰発現と母性発現遺伝子群の発現消失が確認され，UPD(14)pat と同様の発現異常が生じていた[12)15)]。UPD(14)pat 表現型を呈し，DMR のメチル化異常を示す正常核型 26 例における UPD(14)pat 症候群患者の遺伝学的病因別頻度はダイソミー 65.4％，欠失 19.2％，エピ変異 15.4％であった[16)]。

2. 14番染色体母親性ダイソミー（UPD(14)mat）症候群（図❹ C）

UPD(14)pat 表現型と異なり，非特異的な臨床像を示す。胎児期および出生後の成長障害，新生児期および乳児期の筋緊張低下，小さな手，思春期早発傾向を示す。知的運動発達については軽度の遅れを認める症例も認めるが，多くは正常であ

―――― 5）インプリント異常症

図❹　14番染色体インプリンティング領域

A. 14q32.2

父性発現遺伝子：
タンパクコード遺伝子
母性発現遺伝子：
RNA遺伝子

B. 14番染色体父親性ダイソミー（UPD(14)pat）症候群

小胸郭
（ベル型，
コートハン
ガー型）
特徴的顔貌
腹壁異常
胎盤過形成
羊水過多

ダイソミー

微小欠失

エピ変異

C. 14番染色体母親性ダイソミー（UPD(14)mat）症候群

胎児期・生後
の成長障害

思春期早発
傾向

筋緊張低下

ダイソミー

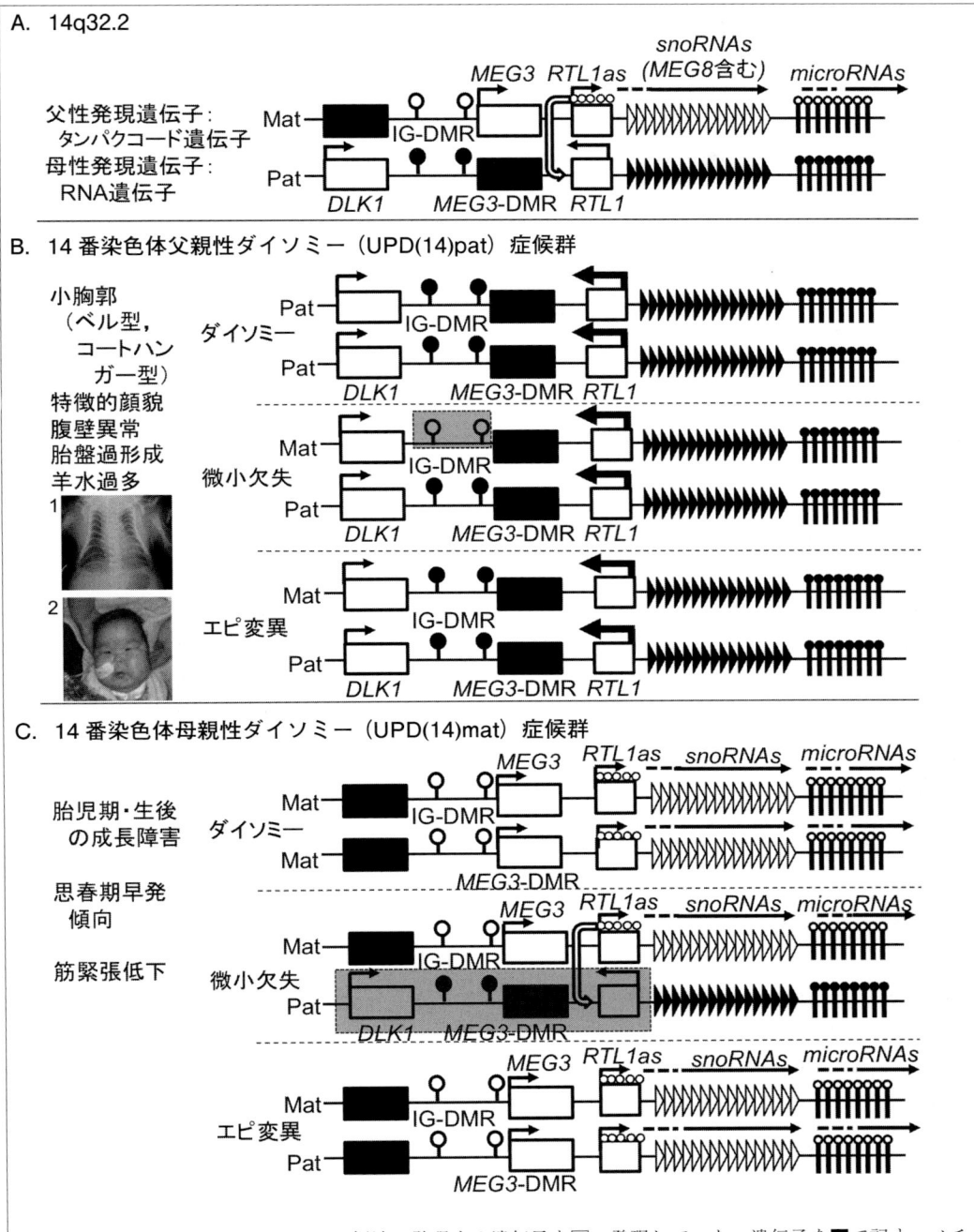

微小欠失

エピ変異

A. 14番染色体インプリンティング領域。発現する遺伝子を□，発現していない遺伝子を■で記す。メチル化を受けているCpGを●，メチル化を受けないCpGを○で記す。RTL1as上の小さい○は発現している miroRNA を示す。RTLas から RTL1 への矢印は RTL1as 上の miroRNA が RTL1 の発現を抑制していることを示す。
B. UPD(14)pat 症候群の遺伝学的原因。写真1はベル型，コートハンガー型小胸郭を示す。写真2は特徴的顔貌を示す。灰色は欠失領域を示す。
C. UPD(14)mat 症候群の遺伝学的原因。灰色は欠失領域を示す。

る[3]。以上の臨床像より，原因不明の成長障害を示す患者の中に本疾患患者が含まれている可能性がある。さらに，新生児期・乳児期にはPrader-Willi症候群（PWS）と一部症状がオーバーラップすることからPWSの鑑別疾患として挙げられる[3]。UPD(14)matでは父性発現遺伝子の発現は消失し，母性発現遺伝子の発現は増加する。父親由来アレルの低メチル化を示すエピ変異では，父親由来アレルが母親由来アレルのような発現パターンを示し，ダイソミーと同様の発現パターンを示すと予想される。14番染色体インプリンティング領域の父親由来アレルでの欠失症例はこれまでにUPD(14)pat表現型を示す患者の家族解析から同定されている。父親由来アレルのDMRはメチル化を受けていることから，欠失がある父親由来アレルの発現パターンが変化しないと予想され，母性発現遺伝子の発現量は変化しないと考えられる。父親発現遺伝子の*DLK1*, *RTL1*の発現消失がUPD(14)mat表現型を引き起こすと考えられる[12]。UPD(14)mat症候群はこれまでに約50例の報告を認め，UPD(14)mat症候群患者の遺伝学的病因別頻度はダイソミー70～80％，欠失～12％，エピ変異～12％であった[3]。UPD(14)mat症候群は予後良好で妊孕性も問題ないことから，再発率を考慮する必要性がある。発症要因がダイソミー，エピ変異の場合，再発率は自然発症率と同様と考えられるが，欠失症例について患者が男性の場合は，患者の児において50％の再発率でUPD(14)mat症候群が発症する。患者が女性の場合は50％の確率でUPD(14)pat症候群が発症することから[3]，生殖可能年齢の欠失例の患者に対する遺伝カウンセリングが必要である。

3. 14番染色体インプリンティング領域と疾患発症機構（図❹A）

14番染色体インプリンティング遺伝子の発現制御はIG-DMRと*MEG3*-DMRにおいて行われている。近年，体も胎盤もUPD(14)pat表現型を示す母親由来IG-DMRのみ欠失した症例および体のみUPD(14)pat表現型を示す母親由来*MEG3*-DMRのみを欠失した症例の解析から[15]，体ではIG-DMRが*MEG3*-DMRのメチル化状態を制御し，*MEG3*-DMRがICとして機能すること，胎盤では，IG-DMRはDMRとなっているが*MEG3*-DMRはDMRとなっておらず，IG-DMRがICとして機能することが明らかとなった。さらに，UPD(14)pat症候群患者の胎盤解析において，UPD(14)pat胎盤は正常コントロールに比較して，*DLK1*の発現量は約2倍，*RTL1*の発現は約5倍に増加し，母性発現遺伝子の発現は消失することを示した[17]。*RTL1*の発現量増加が*DLK1*の発現量に比較し大きいことは，マウスと同様に*RTL1as*上のmicroRNAsがtransに*RTL1*の発現を抑制していることを示すものである[17]。*RTL1*抗体，*DLK1*抗体を用いた免疫染色では，ともに胎盤絨毛血管内皮細胞および周皮細胞に発現していた。UPD(14)patおよびUPD(14)pat表現型を胎盤，体で示す欠失症例の胎盤を用いた免疫染色で*RTL1*はともに過剰発現を示したが，*DLK1*はUPD(14)patで過剰発現，欠失症例で正常コントロールと同程度の発現を示したことから，UPD(14)pat症候群で認められる胎盤過形成は*RTL1*の過剰発現によると判明した。以上の結果は，胎盤発育，特に絨毛血管内皮細胞，周皮細胞の発育において*RTL1*が重要な役割を果たしていることを示唆する結果である[17]。

用語解説

1. **メチル化可変領域（DMR：differentially methylated region）**：母親由来アレルおよび父親由来アレルでDNAメチル化状態が異なる領域のこと。CpGアイランドと呼ばれるCpG配列が多くなっている領域に存在することが多い。生殖細胞レベルでメチル化状態が確立しているgerm line DMRと受精後にメチル化が確立するsecondary DMRがある。germ line DMRはインプリンティング領域全体を制御するインプリンティングセンター（IC）であることが多い。

2. **インプリンティング調節領域（ICR：imprinting control region）**：インプリンティングセンター（IC：imprinting center）と同義であり，インプリンティング遺伝子の発現をcisに制御しているDMRのことである。

3. **片親性ダイソミー（UPD：uniparental disomy）**：一組の相同染色体が片親に由来することをいう。

ともに父親に由来する場合を父親性ダイソミー（paternal disomy），母親に由来する場合を母親性ダイソミー（maternal disomy）という。片親の染色体のうち1本の染色体のみ伝わっている場合をisodisomy，1組の相同染色体をともに引き次いでいる場合を heterodisomy という。

4. **DNAメチル化**：DNAの塩基（シトシン）へのメチル基の付加のことであり，ゲノムDNAを直接修飾する仕組みである。CpGジヌクレオチドのシトシン残基5位の炭素原子にメチル基が付着される。

参考文献

1) Eggermann T：Am J Med Genet C Semin Med Genet 154C, 355-364, 2010.
2) Binder G, Begemann M, et al：Best Pract Res Clin Endocrinol Metab 25, 153-160, 2011.
3) Hoffmann K, Heller R：Best Pract Res Clin Endocrinol Metab 25, 77-100, 2011.
4) Gicquel C, et al：Nat Genet 37, 1003-1007, 2005.
5) Kelsey G：Am J Med Genet C Semin Med Genet 154C, 377-386, 2010.
6) Mantovani G：J Clin Endocrinol Metab 96, 3020-3030, 2011.
7) Weinstein LS, Liu J, et al：Endocrinology 145, 5459-5464, 2004.
8) Temple IK, Shield JP：Rev Endocr Metab Disord 11, 199-204, 2010.
9) Mackay DJ, Temple IK：Am J Med Genet C Semin Med Genet 154C, 335-342, 2010.
10) Docherty LE, Kabwama S, et al：Diabetologia, 2013. [Epub ahead of print]
11) da Rocha ST, Edwards CA, et al：Trends Genet 24, 306-316, 2008.
12) Kagami M, Sekita Y, et al：Nat Genet 40, 237-242, 2008.
13) Kagami M, Yamazawa K, et al：Placenta 29, 760-761, 2008.
14) Kagami M, Nishimura G, et al：Am J Med Genet A 138A, 127-132, 2005.
15) Kagami M, O'Sullivan MJ, et al：PLoS Genet6, e1000992, 2010.
16) Kagami M, Kato F, et al：Eur J Hum Genet 20, 928-932, 2012.
17) Kagami M, Matsuoka K, et al：Epigenetics 7, 1142-1150, 2012.

参考ホームページ

・「14番染色体父親性・母親性ダイソミーおよび類縁疾患の実態把握と診断・治療指針作成に関する研究」
http://www.nch.go.jp/endocrinology/upd14/

鏡　雅代	
1994年	旭川医科大学卒業
	北海道大学医学部付属病院小児科研修医
	函館五稜郭病院小児科
1996年	市立旭川病院小児科
1997年	釧路赤十字病院小児科
1999年	町立中標津病院小児科
2003年	北海道大学大学院医学研究科卒業，学位習得
2005年	国立成育医療センター流動研究員
2010年	国立成育医療研究センター上級研究員
2012年	同研究所分子内分泌研究部臨床研究室室長

第2章 エピジェネティクスと病気

4．不妊・先天異常
6）DNA メチル化酵素異常症

鵜木元香・新田洋久・佐々木裕之

　DNA メチル化は安定なエピジェネティック情報であり，細胞種特異的な遺伝子発現，発生段階特異的な遺伝子制御，染色体の維持，レトロトランスポゾンの抑制，ゲノム刷り込みや X 染色体不活性化などに重要である。この DNA メチル化の確立もしくは維持を担う DNA メチル化酵素の異常は，先天性および後天性疾患の原因となる。先天性疾患の原因として DNMT3B と DNMT1 の変異が報告されており，また急性骨髄性白血病（AML），骨髄異形成症候群（MDS）および T 細胞リンパ腫では DNMT3A の後天性の変異が見つかっている。本稿では，これらの DNA メチル化酵素異常症について述べる。

はじめに

　DNA 中のシトシンのメチル化は安定なエピジェネティック情報であり，細胞種特異的な遺伝子発現，発生段階特異的な遺伝子制御，染色体の維持，レトロトランスポゾンの抑制，ゲノム刷り込みや X 染色体不活性化などに重要である。細胞・組織に特異的な DNA メチル化パターンは初期発生において 新規 DNA メチル化酵素[用解1] DNMT3A と DNMT3B によって確立され，維持 DNA メチル化酵素[用解2] DNMT1 によって DNA 複製・細胞分裂を経て伝達される[1]。DNMT3A ノックアウトマウスは生後 4 週までに死亡し，DNMT3B ノックアウトマウスおよび DNMT1 ノックアウトマウスは胎生致死であることから，これらの酵素は個体の生存に必須である[2,3]。本稿では，先天的および後天的な DNA メチル化酵素の異常症について述べる。

I．先天性 DNA メチル化酵素異常症

　DNA メチル化酵素のうち先天性疾患の原因遺伝子として報告されたのは DNMT3B と DNMT1 で，それぞれの異常は常染色体劣性の免疫疾患と常染色体優性の神経疾患を引き起こす。以下，これらの先天性疾患について概説する。

1．DNMT3B 異常症：1 型 ICF 症候群（OMIM：242860）

　DNMT3B 遺伝子に変異がある先天性疾患として，1型ICF（immunodeficiency-centromeric instability-facial anomalies）症候群[用解3] が報告されている[2,4)-9]。ICF 症候群は B 細胞分化異常に起因する血清免疫グロブリン（IgA, IgG, IgM）産生不全による易感染性，軽度の顔貌異常（高い額，内眼角解離，内眼角贅皮，低く幅広い鼻，耳介低位，巨舌，小顎），末梢血リンパ球の1番，9番，16番染色体ヘテロクロマチン領域の伸長・結合を主徴（図❶A）

---

key words

新規 DNA メチル化酵素，維持 DNA メチル化酵素，1 型 ICF 症候群，HSN1E，ADCA-DN，1 型遺伝性感覚性自律神経性ニューロパチー・タイプ E，急性骨髄性白血病（AML），常染色体優性小脳失調・聴覚消失・ナルコレプシー，骨髄異形成症候群（MDS），T 細胞リンパ腫

とする稀な常染色体劣性遺伝病である[10]。ICF症候群患者の末梢血にはメモリーB細胞が欠損しており，ナイーブB細胞のみが存在する[11]。また，IgA陽性腸管形質細胞が欠損し，胚中心B細胞が激減するとともに，トランジショナルB細胞（未熟B細胞から胚中心B細胞への移行期の細胞）も減少傾向にある。また，トランジショナルB細胞で起こるネガティブセレクション（自己応答するB細胞を除去する過程）が障害されている可能性も示唆されている[11]。ICF症候群は常染色体劣性疾患であるため，血族結婚・同胞発症を認める。多くの患者は乳幼児期に重症の肺・消化管感染症のために死亡し，40歳前後まで生存する患者は稀である。

ICF症候群には DNMT3B に変異のある1型と，それ以外の2型がある（表❶）[6)12)13)]。当研究室からは，日本人2家系の1型ICF症候群患者3人から3つの DNMT3B の変異を報告している[8]。1型ICF症候群患者の末梢血リンパ球では，セントロメア周縁領域の恒常的ヘテロクロマチンを形成するサテライト2・3配列の低メチル化が認められる（図❶B）。2型ICF症候群患者の末梢血リンパ球ではサテライト2・3の低メチル化に加え，α-サテライト配列の低メチル化が認められる[6]。α-サテライトは全染色体のセントロメア領域に分布するが，サテライト2領域は1番と16番染色体のセントロメア近傍にのみ広範囲に存在し，サテライト3領域は9番染色体セントロメア近傍にのみ広範囲に分布する[14]。ICF症候群で顕著な異常が認められるのは1番，9番，16番染色体で，サテライト2・3の分布とよく一致する。最近2型ICF症候群のおよそ半数の患者で ZBTB24 遺伝子に変異があることが報告された[13]。当研究室では2型ICF症候群日本人2症例とカーボベルデ人1症例に ZBTB24 遺伝子の新規の突然変異を見出している[15]。ZBTB24の機能は明らかではなく，

図❶　1型ICF症候群患者に認められた染色体異常とDNAメチル化異常（文献8より）

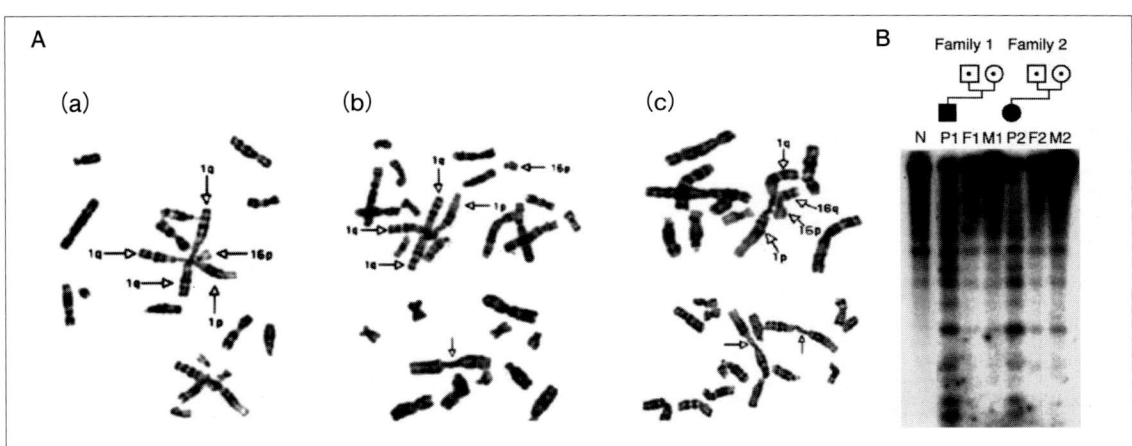

A. 1型ICF患者P1（a），P2（b），P3（c）の末梢血リンパ球の染色体解析。1番と16番染色体ヘテロクロマチン領域の伸展，切断，結合（放射状の染色体）などが認められる。
B. 1型ICF患者（P1およびP2）と両親（F1, M1, F2, M2）の末梢血リンパ球におけるサテライト2のメチル化状態。メチル化感受性酵素を用いたサザンブロッティング解析の結果を示す。Nは健常人。

表❶　ICF症候群の分類

	1型	2型	
原因遺伝子	DNMT3B	ZBTB24	不明
頻度（%）	およそ50%	およそ25%	およそ25%
サテライト2・3のDNAメチル化	低下	低下	低下
α-サテライトのDNAメチル化	正常	低下	低下

その異常がどのようにサテライト2・3およびα-サテライトの低メチル化に関与するのか不明である。

1型ICF症候群で見つかったDNMT3Bのアミノ酸置換は触媒ドメインに集中しており（図❷A），DNMT3Bのホモ二量体形成，メチル基供与体S-アデノシルメチオニンとの結合，DNAとの結合などが低下することが報告されている[16]。ICF症候群患者が片アレルに機能喪失型変異をもつ場合，もう一方のアレルは必ず機能低下型のhypomorphicな変異である[6]。よって，マウスの研究から類推されるように，DNMT3Bの完全機能欠損は胎生致死であろう。1型ICF症候群で見つかったDNMT3Bの変異と相同な機能低下型変異をもつ1型ICF症候群モデルマウスが報告されたが，このマウスはヒトと同様に反復配列の低メチル化や顔面・頭部の異常を呈するものの，B細胞には異常がなく，T細胞に異常が報告されている[17]。

2. DNMT1異常症

(1) 1型遺伝性感覚性自律神経性ニューロパチー（OMIM：126375）

常染色体優性の稀な遅発性先天性疾患である1型遺伝性感覚性自律神経性ニューロパチー（hereditary sensory and autonomic neuropathy type 1：HSAN1）のうち感音性難聴と早発性痴呆症を伴

図❷　ヒトの先天性疾患でDNMT3BとDNMT1に見つかった変異

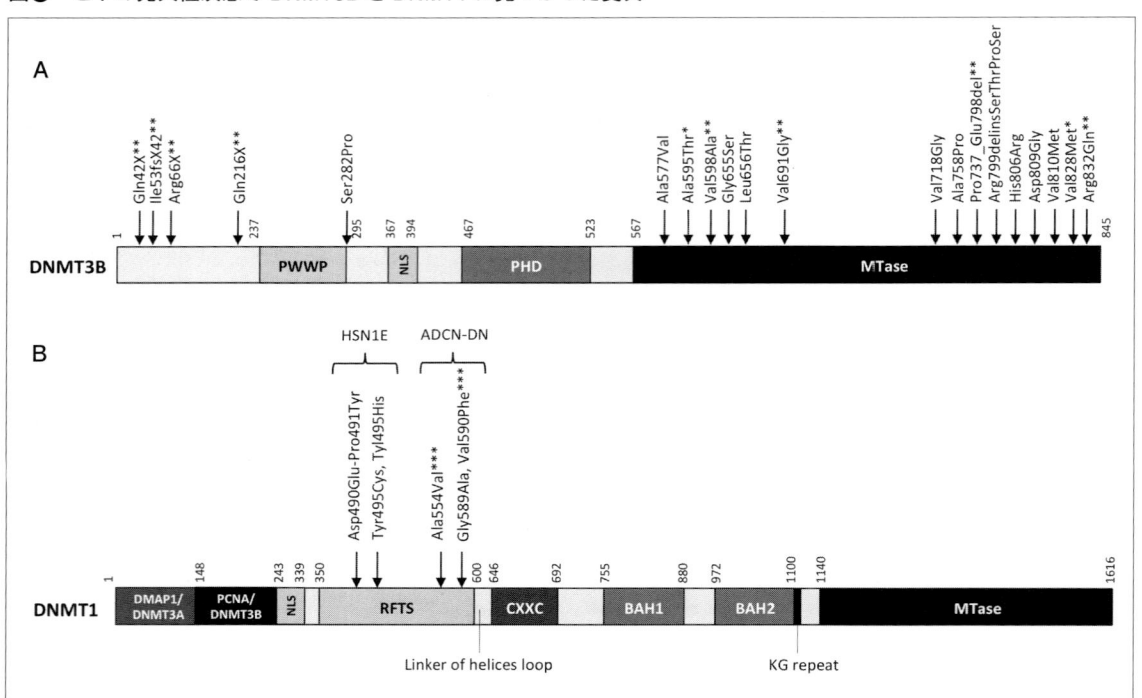

A. 1型ICF症候群でDNMT3Bに見つかった変異[2)4)-9)]。リファレンス配列はAF176228（Ensembl：ENST00000201963）。＊原著ではリファレンス配列が異なっていたため，統一したアミノ酸番号へ改変。原著では，Ala595ThrはAla603Thr，Val828MetはVal836Met。＊＊ヘテロ複合体変異の片アレル。PWWP：Pro-Trp-Trp-Proドメイン，NLS：核移行シグナル，PHD：ATRX-like cysteine-rich PHDドメイン，MTase：触媒ドメイン

B. 1型遺伝性感覚性自律神経性ニューロパチー（HSN1E）と常染色体優性小脳失調・聴覚消失・ナルコレプシー（ADCN-DN）でDNMT1に見つかった変異[18)19)22)]。リファレンス配列はEnsembl：ENST00000340748。＊＊＊原著ではリファレンス配列が異なっていたため，統一したアミノ酸番号へ改変。原著では，Ala554ValはAla570Val，Gly589AlaはGly605Ala，Val590PheはVal606Phe。DMAP1/DNMT3A：DMAP1結合ドメイン（1-148）/DNMT3A結合ドメイン（1-120），PCNA/DNMT3B：PCNA結合ドメイン（163-174）/DNMT3B結合ドメイン（149-217），NLS：核移行シグナル，RFTS：DNA複製点ターゲティング配列，CXXC：ジンクフィンガーモチーフ，BAH：ブロモ隣接ホモロジードメイン

うタイプEの患者（hereditary sensory neuropathy type 1E：HSN1E）用解4 において DNMT1 遺伝子の変異が報告された[18)19)]。HSN1Eの症状は成人後に現れ，主症状は進行性の四肢遠位部の痛覚の喪失，感染症，慢性穿孔性潰瘍と潰瘍下部の骨破壊である。DNMT1 の変異は7世代137人を含むアメリカの1家系の全ゲノム連鎖解析によって見つかった[18)]。この変異はTyr495Cysで，DNMT1 の RFTS（DNA 複製部位ターゲティング配列）ドメイン内（350-600）にあり（図❷B），その後の研究でアメリカの別の2家系と日本の1家系の計4家系に見つかった。その他の変異として，Tyr495His や Asp490Glu-Pro491Tyr が見つかっているが，これらはすべてRFTSドメインのN末端側にある。RFTSドメインはUHRF1（ヘミメチル化DNAを認識し，DNMT1をリクルートする）と結合することが報告されており，DNA複製時以外はこのドメインが DNMT1 の DNA 結合活性および酵素活性を妨げる可能性が示唆されている[20)21)]。なお，DNMT1 に変異がある HSN1E 患者では，健常者と比べて DNA メチル化レベルが低下していた[19)]。Tyr495Cys および Asp490Glu-Pro291Tyr をもつ変異型 DNMT1 は，野生型 DNMT1 と同様に細胞周期のS期にDNA複製フォークに局在することから[18)]，複製フォークへの局在以外の機構に問題があるのだろう（例えば，UHRF1 との結合が阻害されヘミメチル化 DNA へのターゲティングが低下するなど）。また DNMT1 の変異で，なぜ神経細胞にのみ異常が出るのかも不明である。神経細胞において DNMT1 がメチル化伝達以外の機能をもつ可能性もある。

(2) 常染色体優性小脳失調・聴覚消失・ナルコレプシー（OMIM：604121）

DNMT1 遺伝子の変異は稀な遅発性常染色体優性小脳失調・聴覚消失・ナルコレプシー（autosomal dominant cerebellar ataxia, deafness and narcolepsy：ADCA-DN）用解5 でも見つかっている[22)]。この疾患は，1995年にスウェーデンの1家系で最初に報告された[23)]。その後，アメリカの1家系とイタリアの1家系，および散発性に発症したイタリア人1人（両親は健常）の報告があるのみの非常に稀な疾患である。この疾患は小脳失調，聴覚消失，ナルコレプシー，脱力発作，認知症，精神病，視神経萎縮など多様な病態を示す疾患で，30〜40歳代で発症する。これらの患者の脳脊髄液ではナルコレプシーの原因であるヒポクレチン（オレキシン）の低下・消失が報告されている[24)]。スウェーデンの1家系2人，アメリカの1家系2人，散発性のイタリア人患者1人の合計5人のエクソーム解析の結果，全員に共通して変異があったのは DNMT1 のみで，これが原因遺伝子であると考えられた[22)]。見つかった変異は Ala554Val, Gly589Ala, Val590Phe（原著ではHSN1Eと異なるリファレンス配列を用いているため Ala570Val, Gly605Ala, Val606Phe と表記されている）で，RFTS ドメインのC末端側に位置する（図❷B）。HSN1E と ADCA-DN は神経系疾患である点は共通だが，それぞれ特徴的な症状を示し，変異部位によって DNMT1 の機能に異なる影響を及ぼし，それが異なる表現型として現れるのかもしれない。

II．血液腫瘍における後天性の DNA メチル化酵素変異

後天性の DNA メチル化酵素の変異が血液系のがんで見つかっている。しかし，先天性疾患と異なり因果関係は明らかでない。ここでは急性骨髄性白血病（AML），骨髄異形成症候群（MDS）および T 細胞リンパ腫で見つかった DNMT3A の変異について述べる。

(1) 急性骨髄性白血病（AML）における DNMT3Aの変異

急性骨髄性白血病（AML）用解6 における DNMT3A 遺伝子の変異は，2010年にアメリカ人 AML 281症例中 62 症例（22.1%）で見つかった（90%以上がヘテロ接合体変異）[25)]。同一症例の皮膚細胞では DNMT3A の変異は認められず，変異は後天的に造血系細胞に起きたものである[25)]。DNMT3A の変異が AML 患者に高頻度に認められることは人種に関係なく確認されている[26)-29)]。ミスセンス変異が多く，特に Arg882 に変異が集中しており，このアミノ酸は変異のホットスポットである[25)-29)]。ミス

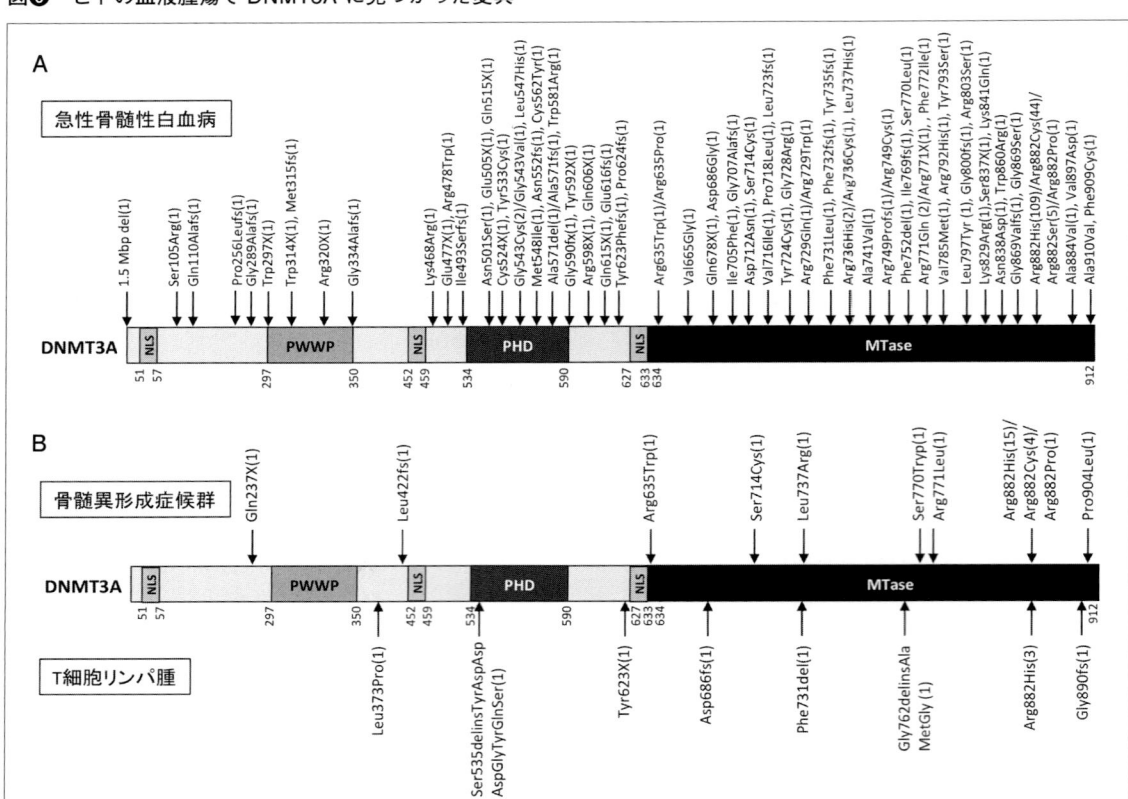

図❸ ヒトの血液腫瘍でDNMT3Aに見つかった変異

A. AMLにおける変異[25)29)]。スプライシングサイトに起こった変異については省略。（　）内は変異があった患者数。
B. 骨髄異形成症候群（MDS）とT細胞リンパ腫における変異[27)30)31)]
PWWP：Pro-Trp-Trp-Proドメイン（292-350），PHD：PHDドメイン（482-614），MTase：触媒ドメイン（590–912）

センス変異以外にも，フレームシフト型変異，ナンセンス変異，スプライシング部位の変異があり，遺伝子の全欠失もある（図❸A）。95％以上のミスセンス変異は触媒ドメイン内にあり，その他の変異はこのドメインの欠失をもたらす機能喪失型変異であった。触媒ドメイン内の変異は酵素活性を低下させ，ADDドメイン内の変異はヒストンH3への結合親和性を変化させることが in vitro の実験で報告されている[26)]。AMLの病型ではM5型（急性単球性白血病）が最も多くDNMT3Aの変異を有しており，次にM4型（急性骨髄単球性白血病）の症例が多い。DNMT3Aの変異は高齢発症の患者に多く，核型が正常な症例および中程度リスクの症例に特に多かった[25)-29)]。また，変異をもつ患者の生存率はもたない患者に比べ有意に低かった[24)-28)]。DNMT3Aの変異によりDNAメチル化レベルが低下することが予想されたが，ゲノムの大部分のメチル化レベルに差は認められなかった（ごく一部の領域に低メチル化が認められたが，近傍の遺伝子の発現量に差は認められなかった）[25)28)]。DNMT3Aの変異とAMLの発症機序の関係は不明である。

(2) 骨髄異形成症候群(MDS)における DNMT3Aの変異

DNMT3A遺伝子の変異は骨髄異形成症候群（MDS）[用解7]症例にも見つかっている（図❸B）[30)]。アメリカ人MDS 150症例中13症例（8.7％）にヘテロ接合変異が見つかった。患者の皮膚細胞にはDNMT3Aの変異を認めないことから，後天的に起きた変異である[30)]。AMLと同様，触媒ドメイ

ン内の Arg882 の変異が最も多く，13 症例中 4 症例（31％）がこの変異を有していた。Arg882 の変異は中国人 MDS 症例（8％）でも見つかっている[27]。変異型 mRNA は調べたすべての CD34 陽性細胞で発現しており[30]，この遺伝子に突然変異が入ったのは発症の初期段階であった可能性が高い。変異がある MDS 患者の予後は AML 患者と同様に悪く，病気の進行が速かった[27)30]。現在，MDS 治療の選択肢の 1 つは DNA メチル化阻害剤（5-アザシチジン，5-アザデオキシシチジン）なので，DNMT3A の変異とこれらの薬剤の有効性の関係に興味がもたれる。

(3) T細胞リンパ腫における DNMT3Aの変異

フランスのグループによって T 細胞リンパ腫[用解8] 96 症例中 11 症例（11％）に DNMT3A 遺伝子の変異が報告されている（図❸ B）[31]。興味深いことに 11 症例中 8 症例（73％）は 5 メチルシトシンから 5 ヒドロキシメチルシトシンを生成する水酸化酵素 TET2 遺伝子の変異も同時に有していた。DNMT3A の変異は患者の正常 B 細胞（CD19 陽性細胞）にも見つかることから，T 細胞と B 細胞に分化する前の造血細胞に変異が入った可能性が示唆される。DNMT3A と TET2 の両方に変異をもつ患者のうち 2 人は MDS 罹患歴があったので，MDS 罹患時の DNA を解析したところ，1 人は両方の変異を有しており，もう 1 人は DNMT3A の変異のみを有していた。したがって，一部の MDS と T 細胞リンパ腫が DNMT3A の変異を有する共通の造血細胞に由来する可能性と，DNMT3A の変異が TET2 の変異に先立つ可能性が示唆された。TET2 により生成する 5 ヒドロキシメチルシトシンは DNA 複製時に DNA メチル化維持機構によって維持されず，結果として脱メチル化が起こることが報告されている。両遺伝子に変異を有する T 細胞リンパ腫では，DNA メチル化／脱メチル化機構が破綻しているかもしれない。

おわりに

がんや炎症を含む多くの疾患で DNA メチル化異常が報告されている。しかしながら，その原因と機序は不明である。DNA メチル化酵素はこれらの疾患で異常なメチル化状態を引き起こす犯人であるはずだが，その制御機構は未解明の部分が多い。DNA メチル化酵素異常症は，それらの機能と制御機構の解明に多くのヒントを与えてくれる。そのような研究が進み，疾患の原因と発症機序が明らかになり，それぞれの疾患に適した診断や治療が開発されることを期待する。

用語解説

1. **新規 DNA メチル化酵素**：新規 DNA メチル化酵素として DNMT3A と DNMT3B が知られており，CpG 配列のシトシンの 5 位にメチル基を付加する。細胞種特異的メチル化パターンの確立に寄与する。

2. **維持 DNA メチル化酵素**：維持 DNA メチル化酵素として DNMT1 が知られている。DNMT1 は補助因子 UHRF1 によって DNA 複製フォークで生じるヘミメチル化 DNA にリクルートされ，両鎖メチル化することによって，DNA のメチル化を母鎖から娘鎖に伝達する。

3. **1 型 ICF 症候群**：DNMT3B 遺伝子の変異に起因する稀な常染色体劣性遺伝病。種々の血清免疫グロブリンの低値に伴う易感染性，軽度の顔貌異常，1 番，9 番，16 番染色体ヘテロクロマチン領域のサテライト 2 とサテライト 3 配列の低メチル化に起因する染色体異常（伸長，分枝染色体）を主徴とする。

4. **1 型遺伝性感覚性自律神経性ニューロパチー・タイプ E（HSN1E）**：DNMT1 遺伝子の変異に起因する稀な遅発性常染色体優性遺伝病。進行性の四肢遠位部の痛みの喪失，感染症，慢性穿孔性潰瘍と潰瘍下部に位置する骨の進行性の破壊を主徴とする。

5. **常染色体優性小脳失調・聴覚消失・ナルコレプシー（ADCA-DN）**：DNMT1 遺伝子の変異に起因する稀な遅発性常染色体優性遺伝病。小脳失調，聴覚消失，ナルコレプシー，脱力発作，認知症，精神病，視神経萎縮など多様な病態を示す疾患。患者の脳脊髄液ではナルコレプシーの原因であるヒポクレチンの低下・消失が報告されている。

6. **急性骨髄性白血病（AML）**：骨髄系の造血細胞が腫瘍化し，分化・成熟能を失う疾患。

7. **骨髄異形成症候群（MDS）**：骨髄に造血幹細胞の異型クローンが生じ，造血障害を起こす症候群。

8. **T 細胞リンパ腫**：リンパ系組織から発生する T 細胞の悪性腫瘍。

参考文献

1) Jurkowska RZ, et al：Chembiochem 12, 206-222, 2011.
2) Okano M, et al：Cell 99, 247-257, 1999.
3) Lei H, et al：Development 122, 3195-3205, 1996.
4) Xu GL, et al：Nature 402, 187-191, 1999.
5) Hansen R, et al：Proc Natl Acad Sci USA 96, 14412-14417, 1999.
6) Jiang YL, et al：Hum Mutat 25, 56-63, 2005.
7) Wijmenga C, et al：Hum Mutat 16, 509-517, 2000.
8) Shirohzu H, et al：Am J Med Genet 112, 31-37, 2002.
9) Kaya N, et al：J Clin Immunol 31, 245-252, 2011.
10) Ehrlich M：Clin Immunol 109, 17-28, 2003.
11) Blanco-Betancourt CE, et al：Blood 103, 2683-2690, 2004.
12) Kubota T, et al：Am J Med Genet A 129A, 290-293, 2004.
13) de Greef JC, et al：Am J Hum Genet 88, 796-804, 2011.
14) Tagarro I, et al：Hum Genet 93, 383-388, 1994.
15) Nitta H, et al：J Hum Genet 58, 455-460, 2013.
16) Moarefi AH, et al：J Mol Biol 409, 758-772, 2011.
17) Ueda Y, et al：Development 133, 1183-1192, 2006.
18) Klein CJ, et al：Nat Genet 43, 595-600, 2011.
19) Klein CJ, et al：Neurology 80, 824-828, 2013.
20) Syeda F, et al：J Biol Chem 286, 15344-15351, 2011.
21) Achour M, et al：Oncogene 27, 2187-2197, 2008.
22) Winkelmann J, et al：Hum Mol Genet 21, 2205-2210, 2012.
23) Melberg A, et al：J Neurol Sci 134, 119-129, 1995.
24) Melberg A, et al：Ann Neurol 49, 136-137, 2001.
25) Ley TJ, et al：N Engl J Med 363, 2424-2433, 2010.
26) Yan XJ, et al：Nat Genet 43, 309-315, 2011.
27) Lin J, et al：PLoS One 6, e26906, 2011.
28) Ribeiro AF, et al：Blood 119, 5824-5831, 2012.
29) Hou HA, et al：Blood 119, 559-568, 2012.
30) Walter MJ, et al：Leukemia 25, 1153-1158, 2011.
31) Couronne L, et al：N Engl J Med 366, 95-96, 2012.

参考ホームページ

- 九州大学生体防御医学研究所エピゲノム制御学分野研究内容
  http://www.bioreg.kyushu-u.ac.jp/labo/epigenome/

鵜木元香

1999年	麻布大学獣医学部獣医学科卒業
2003年	東京大学大学院病因病理学専攻博士課程修了 東京大学医科学研究所博士研究員
2004年	米国国立癌研究所（NCI）博士研究員
2008年	理化学研究所ゲノム医科学センター博士研究員
2010年	九州大学生体防御医学研究所助教

第2章　エピジェネティクスと病気

4．不妊・先天異常
7）ヒストン修飾酵素異常症

黒澤健司

　エピゲノムのプロセスに関わる酵素・因子の生殖細胞系列での変異に由来する先天性のエピゲノム異常症は，精神遅滞と特徴的身体所見を呈し，多くは先天奇形症候群として分類される小児遺伝性疾患である．本稿では，代表的なヒストン修飾酵素異常症である4つの疾患（Kabuki症候群，Rubinstein-Taybi症候群，Say-Barber-Biesecker-Young-Simpson症候群，Kleefstra症候群）を取り上げ，臨床像と発症メカニズムについて解説した．原因遺伝子は明らかになったものの，実際の臨床症状の成り立ちについて解明が進んでいないのは，発症メカニズムの複雑さを物語っている．発生頻度が低く，研究対象とすること自体が難しいエピゲノム異常による先天奇形症候群の研究方法として，今後iPS細胞なども期待される．

はじめに

　ゲノムの後成的修飾（エピゲノム）という現象は，DNAのメチル化，ヒストンの修飾，それとクロマチンの再構成の3つのプロセスに分類される．それぞれについて機能する酵素・因子とターゲットとなる領域が限られ，結果として遺伝子の発現制御が行われている．ヒトで，この3つの機序のいずれかに破綻・障害が起こると，それはがん，生活習慣病，自己免疫疾患，精神疾患など様々な疾患発症へつながることは既に多くの論文総説で述べられている[1]．しかし，こうした疾患の多くはがんで代表されるように後天的であり，体細胞変異や環境要因などに由来する．一方で，エピゲノムをなす3つのメカニズムに関わる酵素・因子は多く，その生殖細胞系列での変異に由来する疾患もあるはずである．つまり，先天性のエピゲノム異常症である．この先天性のエピゲノム異常症の共通症状に，精神遅滞と特徴的な身体所見が挙げられる．先天性エピゲノム異常症の多くは，先天奇形症候群として分類される小児遺伝性疾患でもある．いずれも，発生頻度が低く，正確な臨床診断は小児の先天奇形の専門家でなければ難しい．こうした理由から注目されることは少なかったが，近年のゲノム解析技術の進歩により，それまで名前は知られているものの病因が全く不明であった奇形症候群が，実はこうした先天性のエピゲノム異常症であることが判明しつつある[2]（表❶）．

　本稿では，DNAのメチル化，ヒストン修飾，クロマチン再構成の3つのうち，比較的研究が進められているヒストン修飾酵素の異常を原因とす

---

key words

生殖細胞系列，精神遅滞，先天奇形症候群，ヒストン修飾酵素異常症，Kabuki症候群，Rubinstein-Taybi症候群，Say-Barber-Biesecker-Young-Simpson症候群，Kleefstra症候群，行動特性

表❶　代表的な先天性エピゲノム異常症の奇形症候群一覧

疾患名	Rubinstein-Taybi 症候群	Kabuki症候群	Say-Barber-Biesecker-Young-Simpson症候群 / Genitopatellar症候群	Kleefstra症候群 / 類縁疾患
責任遺伝子（遺伝子産物）	*CREBBP*（CBP）/ *EP300*（P300）	*MLL2/KDM6A*	*KAT6B*（MYST4/MORF）	*EHMT1/MLL3*
発症機構	ハプロ不全 / 機能喪失	機能喪失	機能喪失	ハプロ不全・機能喪失
ヒストン修飾としての機能	acetyltransferase	methyltransferase/ demethylase	acetyltransferase	methyltransferase
修飾を受けるヒストン残基	H3（K14, K18），H4（K5, K8），H2A（K5），H2B（K12, K15）	H3K4/H3K27	H3, H4	H3K9/H3K4
臨床症状				
精神遅滞	中等-重度	中等度（個体差が大きい）	重度	重度
特徴的顔貌	+	+	+	+
特徴的身体所見	特徴的顔貌，多毛，幅広い指，ケロイド形成	特徴的顔貌，椎骨異形成，指尖隆起，口蓋裂	特徴的顔貌，眼瞼裂狭小，骨格異常，尿路奇形	特徴的顔貌（癒合眉毛など）
成長障害	+	+	+	+
行動特性	+	+	+	+
腫瘍発生	+	+	?	?
責任遺伝子が体細胞変異で起きた場合の疾患	急性骨髄性白血病など	急性白血病/腎細胞がん・多発性骨髄腫	急性骨髄性白血病	—

疾患名	Sotos症候群	Weaver症候群	Siderius X連鎖精神遅滞症候群	Claes-Jesen X連鎖精神遅滞症候群	Brachydactyly-mental retardation症候群
責任遺伝子（遺伝子産物）	*NSD1*	*EZH2*	*PHF8*	*KDM5C*（*JARID1C*）	*HDAC4*
発症機構	ハプロ不全 / 機能喪失	機能喪失	機能喪失	機能喪失	ハプロ不全 / 機能喪失
ヒストン修飾としての機能	methyltransferase	methyltrnsferase	demethylase	demethylase	demethylase
修飾を受けるヒストン残基	H3K36, H4K20	H3K27	H3K9(H3K4)	H3K4	
臨床症状					
精神遅滞	中等-重度	軽度-中等度	軽度	軽度-重度	+
特徴的顔貌	+	+	—	—	+
特徴的身体所見	特徴的顔貌，大頭，過成長	特徴的顔貌（大頭症），骨年齢促進	口蓋裂	反射亢進，てんかん	短い指，骨格異常，睡眠障害
成長障害	過成長	過成長	—	+	±
行動特性	多動			+	
腫瘍発生	+	+	—	—	?
責任遺伝子が体細胞変異で起きた場合の疾患	急性骨髄性白血病	悪性リンパ腫	—	腎細胞がん	—

る先天性エピゲノム異常症（先天奇形症候群）についてまとめた。

Ⅰ．Rubinstein-Taybi 症候群[3]

1．臨床像

Rubinstein-Taybi 症候群（RSTS）は，特徴的顔貌，中等-重度精神遅滞，橈側に屈曲した幅広い拇指趾，低身長などを特徴とする先天奇形症候群で，Rubinstein と Taybi が"broad thumbs and toes and facial abnormalities"と題して7症例を報告したのが最初である（1963年）。発生頻度は，一般集団で約6～12万出生に1例とされているが，最近の研究では3～5万出生に1例とされる。現在までで550例以上の報告がある。低身長を呈し，最終身長は男性患者が150cmである。精神遅滞は個人差が大きく，IQ/DQ は30～50で，言語理解に比べて表出言語が遅れる。

特徴的な顔貌の所見としては，小頭，太い眉毛，長い睫毛，眼瞼裂斜下，幅広い鼻梁，鼻翼より下方に伸びた鼻中隔，尖った頤，耳介変形が挙げられる。副歯や高口蓋など口腔所見も特徴的である。骨格では，膝蓋骨脱臼，脊柱後彎・側彎，頸椎異形成・癒合があり，頸椎脱臼の危険性がある。皮膚は多毛で，前頭部の火焔母斑やケロイド形成が目立つ。石灰化上皮腫も多い。泌尿生殖器異常として，停留精巣や重複腎盂尿管，膀胱尿管逆流症もある。中枢神経系では，脳梁欠損・低形成，てんかんを合併することもある。また，斜視，緑内障・白内障，屈折異常も合併する。自然歴としては，乳幼児期には反復性呼吸器感染や哺乳障害，幼児期は便秘，てんかんの出現があり，学童期になると精神運動発達の加速化を認めるものの，肥満が目立つ。二次性徴の発来は一般集団とほぼ同じである。生命予後は良好で，合併症管理を積極的に行う必要がある。悪性腫瘍は5％に合併し，注意を要す。

2．発症メカニズム

遺伝様式は，常染色体優性遺伝で，ほとんどが孤発例。原因遺伝子は16p13.3にマップされる CREBBP〔cAMP response element-binding protein (CREB)-binding protein gene〕/CBP[4]と 22q13.2にマップされる E1A-binding ptotein p300（EP300）で，臨床的診断例の10％に16p13.3の微細欠失，30～50％に CREBBP 遺伝子内変異，3％に EP300 の変異が検出される。変異による CREBBP あるいは EP300 のハプロ不全が原因である。CREBBP，EP300 いずれの変異でも臨床像に違いはない。両者はアミノ酸レベルで高い相同性を有し，かつ互いに共通した相互作用を及ぼし合う。CBP/p300の機能障害が RSTS の多様な臨床症状をもたらす理由として，2つのメカニズムが推測されている。1つは，c-FOS，c-JUN，NF-κB や，主要抑制因子 p53，E2F，RB，RUNX など300以上の転写因子のコアクチベーターとして機能していること，もう1つは CBP/p300 が HAT 活性をもっていることが挙げられる。C.elegans の cbp/p300 ortholog を RNAi で抑制，あるいは抑制しつつヒストン脱アセチル化を促す HDAC で回復させた研究などから，cbp/p300 が初期発生に深く関わっていることが明らかとなった。cbp[+/-] mice は胎生致死であるが，ヘテロ接合 cbp[+/-] は長期記憶と認知障害を呈し，RSTS 患者と共通した神経学的所見が指摘されている[5]。Wang らは，cbp ハプロ不全が皮質前駆細胞の分化の異常をもたらすことを示し，cbp が胎生期の皮質でニューロンやグリアの遺伝子プロモーター領域に結合し，ヒストンのアセチル化を促進していることを確認した。しかもここでは，非定型プロテインキナーゼCζが関わっていた[6]。

RSTS の臨床症状は複雑で多岐にわたる。骨格異常，特に特徴的な幅広い指は同じく先天奇形症候群の Saethre-Chotzen 症候群の原因である TWIST との相互作用が影響していることも指摘される。疾患の複雑さは，原因タンパクの機能の多面性が理由と考えられる。

Ⅱ．Kabuki 症候群

1．臨床像

下眼瞼の外反を伴う切れ長の眼瞼裂などからなる特徴的顔貌，骨格異常，特異な皮膚紋理，精神遅滞，低身長，易感染性など様々な合併症を特徴とする奇形症候群である。Niikawa ら[7]と Kuroki ら[8]が報告したことから，Niikawa-Kuroki 症候群

とも呼ばれる。エクソーム解析により責任遺伝子として histone-lysine N-methyltransferase MLL2（mixed lineage leukemia 2）が同定されて以降，臨床診断に加えて遺伝子診断が導入されているが，変異検出率は 50～80％で診断の際には注意を要する[9]。また，第2の責任遺伝子として KDM6A が同定され，臨床的の診断例の約 10％に変異が検出される[10]。

病名の由来は，歌舞伎役者の隈取りした目を思わせる切れ長の眼瞼裂，下眼瞼外側 1/3 の外反，他に外側 1/2 が疎な弓状の眉などからなる顔貌で，他に突出した大きな変形耳介，低い鼻尖，短い鼻中隔，高口蓋，歯牙の不整などを認める。骨格異常として，脊柱側彎，椎体矢状裂，椎体変形，先天性股関節脱臼，膝蓋骨脱臼を認める。皮膚紋理では，指尖部の隆起（pad）の存在，V 指単一屈曲線など比較的特徴が明らかである。精神遅滞は軽度～中度を呈する。他に反復中耳炎，心奇形，口唇口蓋裂，腎の異形成，鎖肛，てんかんも合併する。発生頻度は 1/32000 出生とされる[11]。常染色体優性遺伝形式で，原因遺伝子が明らかにされて以降，親子例の報告が徐々に増えつつある。合併症の内容と重症度によるが，一般的には生命予後は良好である。左心低形成や腫瘍発生など生命予後に直接影響する合併症もある。行動特性として，幼児期の多動は年齢が上がるにつれ落ち着きがみられ，年長になるに従い物静かになる傾向がある。社会的適応も就学以降進む。

2. 発症メカニズム

長くその責任遺伝子は不明であったが，2010 年に海外のグループと日本のグループの共同研究により MLL2（12q13.12）と同定された[9]。MLL2 は，全長 36.3kb で 54 エクソンからなり，5537 個のアミノ酸をコードしている。MLL2 は H3K4 N-methyltransferase として，遺伝子発現とクロマチン構造を初期発生の段階で制御しているとされているが，Kabuki 症候群の上述の個々の症状における影響はほとんどわかっていない。体細胞変異として，MLL2 は急性骨髄性あるいはリンパ性白血病で，KDM6A は腎細胞がん，多発性骨髄腫で，原因遺伝子として知られてきた。遺伝子変異は，MLL2 のハプロ不全をきたすナンセンス変異やフレームシフトが多いが，ミスセンス変異も散見する。変異は MLL2 の全領域にわたるが，特にエクソン 39, 40 など 3'側に偏る傾向がある。変異が検出されるのは臨床診断例の 56～76％とされる。変異が検出されない例では臨床的に非典型例が多い。浸透率は 100％であるが，表現型の差は大きい。KDM6A は，histone 3 trimethyl-lysine 27（H3K27me3）の脱メチル化を担い，しかも MLL2/3 による H3K4 のメチル化と連動している。KDM6A は X 染色体上にあり不活化を受けないが，実際には不活化 X 染色体上の KDM6A の発現は低下している。臨床症状の性差の検討が必要である。

Ⅲ．Say-Barber-Biesecker-Young-Simpson 症候群／Genitopatellar 症候群

1. 臨床像

Say-Barber-Biesecker-Young Simpson 症候群は，眼瞼裂狭小を特徴とする特異顔貌，甲状腺機能低下症，重度精神遅滞を特徴とする奇形症候群で，1987 に最初に報告された[12]。その後，同様症例の報告が相次ぎ，わが国からも報告があった[13][14]。眼瞼裂狭小と精神遅滞を特徴とする先天奇形症候群は複数あり，原因遺伝子が明らかにされないまま，報告者がそれぞれの視点から症例報告を重ねたことから，長い病名になっている。エクソーム解析による責任遺伝子 KAT6B の同定や，同じく KAT6B による Genitopatellar（性器・膝蓋骨）症候群の報告後，徐々に概念が整理されつつある[15]-[17]。診断基準としては，①精神遅滞：中等度から重度，②眼症状：眼瞼裂狭小を必須として付随する弱視・鼻涙管閉塞など，③骨格異常：内反足など，④内分泌学的異常：甲状腺機能低下症，⑤外性器異常：主に男性で停留精巣および矮小陰茎，⑥除外診断：他の奇形症候群あるいは染色体異常症を除外できる，などの項目に整理される[18]。補助項目としては，羊水過多，新生児期の哺乳不良，難聴，行動特性，泌尿器系異常がある。除外診断では，特に眼瞼裂狭小・眼瞼下垂・逆内眼角贅皮症候群（あ

るいは眼瞼裂狭小症候群，blepharophimosis ptosis epicanthus inversus syndrome：BPES）と鑑別する。BPES は *FOXL2*（3q22.3）遺伝子の異常による。新生児期の特徴に，体幹の反り返りが強くて直接授乳（母乳）が困難なことがある。新生児〜乳児期にかけての筋緊張低下と後弓反張を伴う行動特性は極めて特徴的である。眼瞼裂狭小でほとんど目は開けないし視線も合わない。強度の弱視，難聴は多く経験され，医療管理が必要な程度のものが多く，成人期の QOL にまで影響しうる。耳前瘻孔は診断的価値が高いが，病的意義は低い。中枢神経系では，ほぼ全例共通して重度精神遅滞で，てんかんの合併が挙げられる。表出言語は極めて乏しい。乳児期には反応が乏しく発達の遅れが目立つ一方で，幼児期後期あるいは学童期以降には人懐こい性格が明らかとなることも行動特性の1つである。半数近くに先天性心疾患を合併しているが，複雑奇形は少ない。下肢優位の関節拘縮が特徴的で，内反足は外科的な治療が必要で，膝関節の脱臼や拘縮も認められる。乳児期には目立たないが，成人期で目立つ手指あるいは足趾が長いことは骨格特徴の1つに挙げられる。膀胱尿管逆流症と後部尿道弁も泌尿器系の合併症の1つである。

2．発症メカニズム

エクソーム解析により同定された原因遺伝子 *KAT6B*（*MYST4*）の患者解析では，それぞれの症例でタンパクの著しい機能障害が予想されるナンセンス変異をエクソン 18 に認めた[12]。MYST4 は，HGNC の記載法では *KAT6B* とされている。10q22.2 にマップされ，MOZ/MORF 複合体の一部をなし，histone acetyltransferase を有する。KAT6B は，RUNX-2 依存性の転写活性に必要で，脳の発生に重要な働きを示す。*CREBBP*（Rubinstein-Taybi 症候群の責任遺伝子）への転座により急性骨髄性白血病が発症することが示されている。また，マウスにおける ortholog である *Myst4* のホモ接合変異は，小眼球や頭蓋顔面の奇形と中枢神経系の異常が指摘され，*querkopf* マウスとして報告されている[19]。こうした機能を有す *KAT6B* が Say-Barber-Biesecker-Young Simpson 症候群の責任遺伝子として同定されたことは，同様の histone acetyltransferase 活性を有するタンパクと奇形症候群発症の関連性も示唆されるかもしれない。また，この報告に続いて，*KAT6B* が Genitopatellar（性器・膝蓋骨）症候群の責任遺伝子でもあることが報告された[13][14]。両症候群の症状の違いは実際には目立たない。患者由来の細胞でヒストン H3 および H4 のアセチル化が低下していることから，両症候群の原因がヒストンのアセチル化の障害であることは明らかであるが，上述の多様な症状はほとんど説明されていない。

Ⅳ．Kleefstra 症候群，および Kleefstra 症候群類縁疾患

1．臨床像

Kleefstra 症候群は，特徴的な顔貌，中等 - 重度精神遅滞，乳幼児期の筋緊張低下などを特徴とする先天奇形症候群である。染色体 9q34.3 にマップされる euchromatin histone methyltransferase 1（*EHMT1*）遺伝子の変異を原因とする[20]。現在まで 100 例以上の報告例があるが，多くは 9q34.3 を含む染色体微細欠失が原因となっている。特徴的な顔貌は，短頭，小頭，癒合眉毛，顔面正中の低形成，厚い下口唇，舌突出からなり，他に先天性心疾患，泌尿生殖器奇形，てんかん，行動異常などを伴う。学童期以後は，肥満が目立つ。表出言語は難しい。他に，内反足や胃食道逆流なども認める。Kleefstra らは，Kleefstra 症候群と顔貌特徴（特に癒合眉毛）をはじめとした臨床症状が共通しながら *EHMT1* に変異のない症例に，*EHMT1* と同様にクロマチン修飾に関連した *MBD5*，*MLL3*，*SMARCB1*，*NR1I3* などの変異を報告している[21]。

2．発症メカニズム

Kleefstra 症候群の 75 〜 85％以上が 9q34.3 を含む微細欠失（ハプロ不全）で，欠失範囲が 1Mb 以上では精神遅滞は重度になる。遺伝子内変異の場合は，機能喪失型の変異がほとんどである。EHMT1 は，G9a と関連した H3K9 methyltransferase として同定された。EHMT1 は，E2F-6 や polycomb group タンパク（PcG）と複合体を構成する。この PcG タンパク EZH2 の SET

ドメインと相互作用を及ぼすものとして *ATRX*（X連鎖αサラセミア・精神遅滞症候群の責任遺伝子）がある。ATR-X症候群とKleefstra症候群では，精神遅滞の程度や顔貌などで共通する点が少なくないのが興味深い。マウスにおけるH3K9 methyltransferase活性を有するG9a/EHMT2のnullは胎生致死をきたすが，ヘテロ接合では必ずしもヒトのKleefstra症候群ほど目立った所見は明らかではなく，検討課題の1つである。また，上述のように顔貌や発達遅滞などKleefstra症候群と共通所見を呈した症例の中に，*EHMT1*と関連したヒストン修飾酵素の変異が検出されたことは，さらにヒストン修飾酵素異常症の疾患概念の拡大に結びつくかもしれない[20]。

おわりに

責任遺伝子は明らかになったものの，実際の臨床症状の成り立ちについてはほとんど解明が進んでいないのは，先天性のエピゲノム異常疾患の発症メカニズムの複雑さを物語っている。これはそのままエピゲノムという現象の複雑さでもある。発生頻度が低く，研究対象とすること自体が難しいエピゲノム異常による先天奇形症候群の研究方法として，今後iPS細胞なども期待される。

参考文献

1) Portela A, Esteller M：Nat Biotechnol 28, 1057-1068, 2010.
2) Berdasco M, Esteller M：Hum Genet, 2013, in press.
3) Stevens CA. Rubinstein-Taybi Syndrome. http://www.ncbi.nlm.nih.gov/books/NBK1526
4) Petrij F, Giles RH, et al：Nature 376, 348-351, 1995.
5) Korzus E, Rosenfeld MG, et al：Neuron 42, 961-972, 2004.
6) Wang J, Weaver IC, et al：Dev Cell 18, 114-125, 2010.
7) Niikawa N, Matsuura N, et al：J Pediatr 99, 565-569, 1981.
8) Kuroki Y, Suzuki Y, et al：J Pediatr 99, 570-573, 1981.
9) Ng SB, Bigham AW, et al：Nat Genet 42, 790-793, 2010.
10) Miyake N, Mizuno S, et al：Hum Mutat 34, 108-110, 2013.
11) Niikawa N, Kuroki Y, et al：Am J Med Genet 31, 565-589, 1988.
12) Young ID, Simpson K：J Med Genet 24, 715-716, 1987.
13) Masuno M, Imaizumi K, et al：Am J Med Genet 84, 8-11, 1999.
14) Kondoh T, Kinoshita E, et al：Am J Med Genet 90, 85-86, 2000.
15) Clayton-Smith J, O'Sullivan J, et al：Am J Hum Genet 89, 675-681, 2011.
16) Simpson MA, Deshpande C, et al：Am J Hum Genet 90, 290-294, 2012.
17) Campeau PM, Kim JC, et al：Am J Hum Genet 90, 282-289, 2012.
18) 黒澤健司：ヤング・シンプソン症候群の病態解明と医療管理指針作成に関する研究，平成23年度厚生労働科学研究費補助金難治性疾患克服研究事業総合報告書，2012.
19) Thomas T, Voss AK, et al：Development 127, 2537-2548, 2000.
20) Kleefstra T, Brunner HG, et al：Am J Hum Gene 79, 370-377, 2006.
21) Kleefstra T, Kramer JM, et al：Am J Hum Genet 91, 73-82, 2012.

参考ホームページ

・Gene Test
　http://www.ncbi.nlm.nih.gov/sites/GeneTests/

黒澤健司

1988年	新潟大学医学部卒業 神奈川県立こども医療センタージュニアレジデント
1990年	埼玉県立小児医療センター未熟児新生児科レジデント
1991年	神奈川県立こども医療センター遺伝科シニアレジデント
1993年	九州大学遺伝情報実験施設研究生
2002年	神奈川県立こども医療センター遺伝科長
2008年	神奈川県立病院機構神奈川県立こども医療センター遺伝科部長

第2章 エピジェネティクスと病気

4．不妊・先天異常
8）コルネリアデランゲ症候群（CdLS）

泉　幸佑・白髭克彦

　コルネリアデランゲ症候群（CdLS）は精神運動発達遅滞，成長障害，特異顔貌，多毛，上肢の異常，心奇形などを特徴とする多発奇形症候群である．CdLS は染色体分配に必須の役割を果たすコヒーシンタンパクおよびその代謝タンパクの変異により発症する．コヒーシン複合体が遺伝子発現調節に関わっていることが明らかにされてきており，CdLS はコヒーシンローダー／コヒーシンによる転写制御の異常により発症すると考えられる．本稿では CdLS 発症の分子メカニズムについて概説する．

はじめに

　コルネリアデランゲ症候群（CdLS）は優性遺伝病であるが，ほとんどの症例で患者における新規遺伝子変異で生じ，家族例は稀である．有病率としては 1 万人に 1 人程度と推測されている．本疾患が近年クローズアップされている理由は一にも二にもその原因遺伝子の特異性であろう．少なくとも本疾患は染色体分配に必須の役割を果たすコヒーシンタンパクおよびその代謝タンパクの変異により発症し，さらに興味深いことに，コヒーシン関連タンパクの染色体分配以外の機能欠損が原因と考えられている．CdLS 発症の分子メカニズムについて概説する．

I．CdLS とは

　CdLS の原因遺伝子はこれまでに 4 つ（NIPBL, SMC1A, SMC3, HDAC8）同定されている[1)-4)]．NIPBL の変異が一番高頻度で認められ，約 60％の患者で変異が同定される．SMC1A の変異は 5％程度の患者で認められ，SMC3 の変異は現在までに 1 例報告されている．昨年，HDAC8 の変異でも CdLS が引き起こされることが明らかになったが，HDAC8 変異がどの程度の頻度で認められるかは明らかになっていない[4)]．CdLS において，いまだに 20～30％程度の症例において原因となる遺伝子変異が検出されないため，今後さらに新規 CdLS 原因遺伝子が発見される可能性が高いと考えられる．

　CdLS の臨床症状は多岐にわたり，精神運動発達遅滞，成長障害，特異顔貌（小頭症，高い眉毛，眉毛癒合，長い睫毛，上向きの鼻孔・鼻尖，長い人中），多毛，上肢の異常，心奇形，消化管異常，横隔膜ヘルニア，血小板数低下，免疫異常などが含まれる（図❶）．遺伝子異常と症状の重症度に明らかな相関は認められないが，重篤な発達遅滞，四肢の異常や内臓奇形は NIPBL の変異によることが多く，四肢の異常は SMC1A, SMC3, HDAC8 変異患者においては認められていない．

---

key words
コヒーシン，転写調節，CTCF，メディエーター，多発奇形症候群，精神運動発達遅滞，成長障害，姉妹染色分体分離

図❶　コルネリアデランゲ症候群の典型的な患者の臨床所見

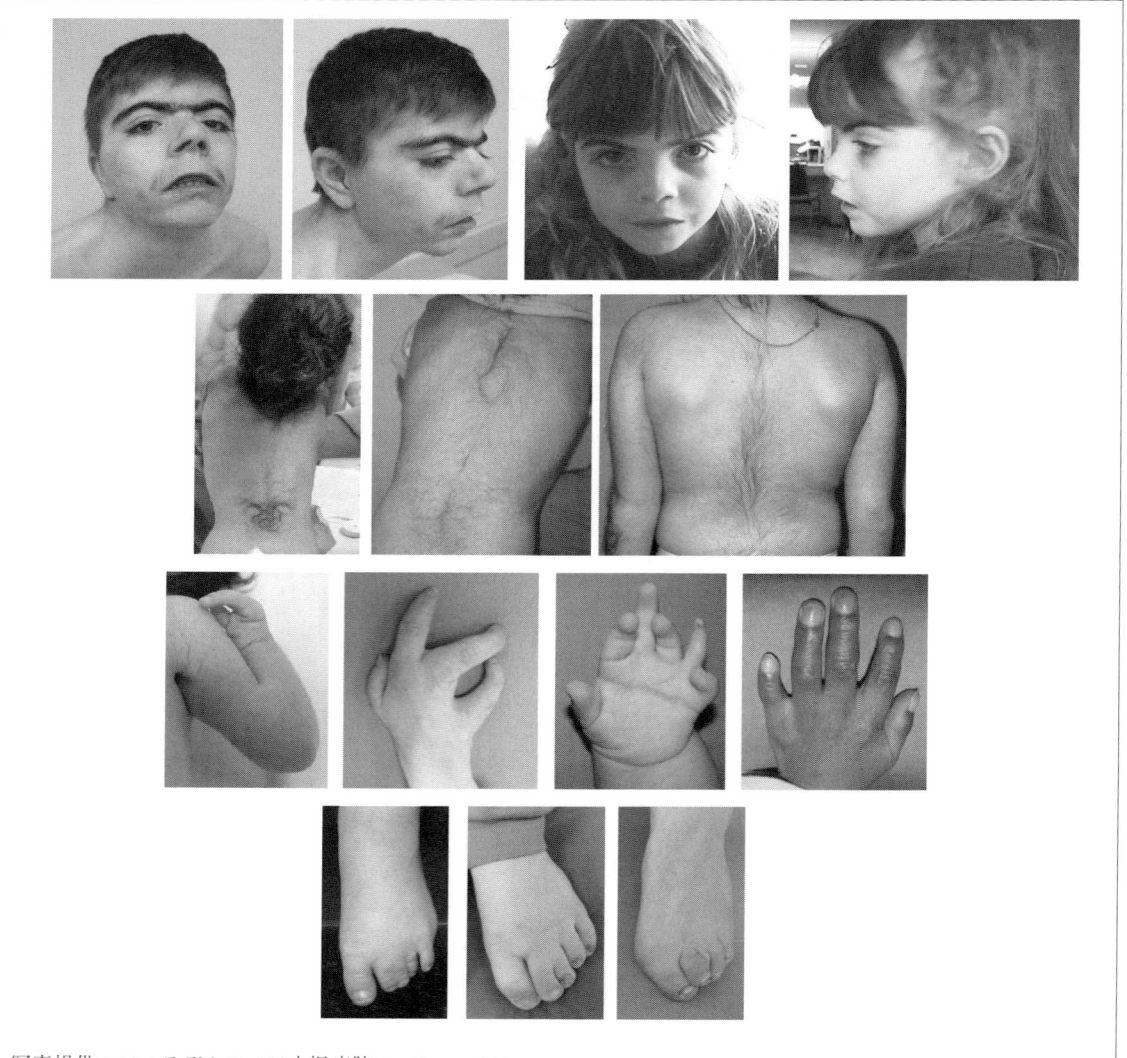

写真提供：フィラデルフィア小児病院 Ian Krantz, MD

II．CdLS 原因遺伝子の同定とその機能

2004 年に Krantz ら[1]と Tonkin ら[2]が NIPBL の変異を CdLS 患者において初めて同定した。当初は NIPBL の変異により，コヒーシン複合体の姉妹染色分体の接着に異常を起こしている可能性が検討されたが，CdLS 患者の細胞においては軽度の姉妹染色分体分離の異常しか認められなかったため，CdLS の病態としては，姉妹染色分体の接着以外の機能が NIPBL の変異によって障害されていることが推測された[5]。NIPBL 遺伝子変異により CdLS を起こす機構としては，ミスセンス変異に加えて遺伝子座全長を含む欠失，そしてフレームシフト変異といった変異により CdLS を引き起こすことから，ハプロ不全が考えられている。SMC1A と SMC3 の遺伝子変異により CdLS を引き起こす機構は現在も検討が続けられている。SMC1A と SMC3 に認められた変異はほとんどがミスセンス変異もしくは数塩基欠失で，それら変異が特定のタンパク領域に集積している。そのた

め，CdLS を引き起こす *SMC1A*・*SMC3* 変異はコヒーシン複合体の特定の機能に影響を与えると考えられている。*HDAC8* 変異が CdLS を発症する機構は，患者由来の細胞では HDAC8 の酵素活性がほぼ消失していたため，HDAC8 の機能低下が原因である。

CdLS の患者で最も割合高く変異が同定されているNIPBL は姉妹染色分体間接着因子であるコヒーシンをゲノム上に結合させる因子であり，コヒーシンローダーとも呼ばれている。SMC1A と SMC3 はコヒーシン複合体の構成タンパクそのものである。そして，HDAC8 はコヒーシン複合体の細胞内での再利用に必要なタンパク質である（図❷）。CdLS 患者細胞を用いた実験で，患

図❷ コヒーシン複合体の機能

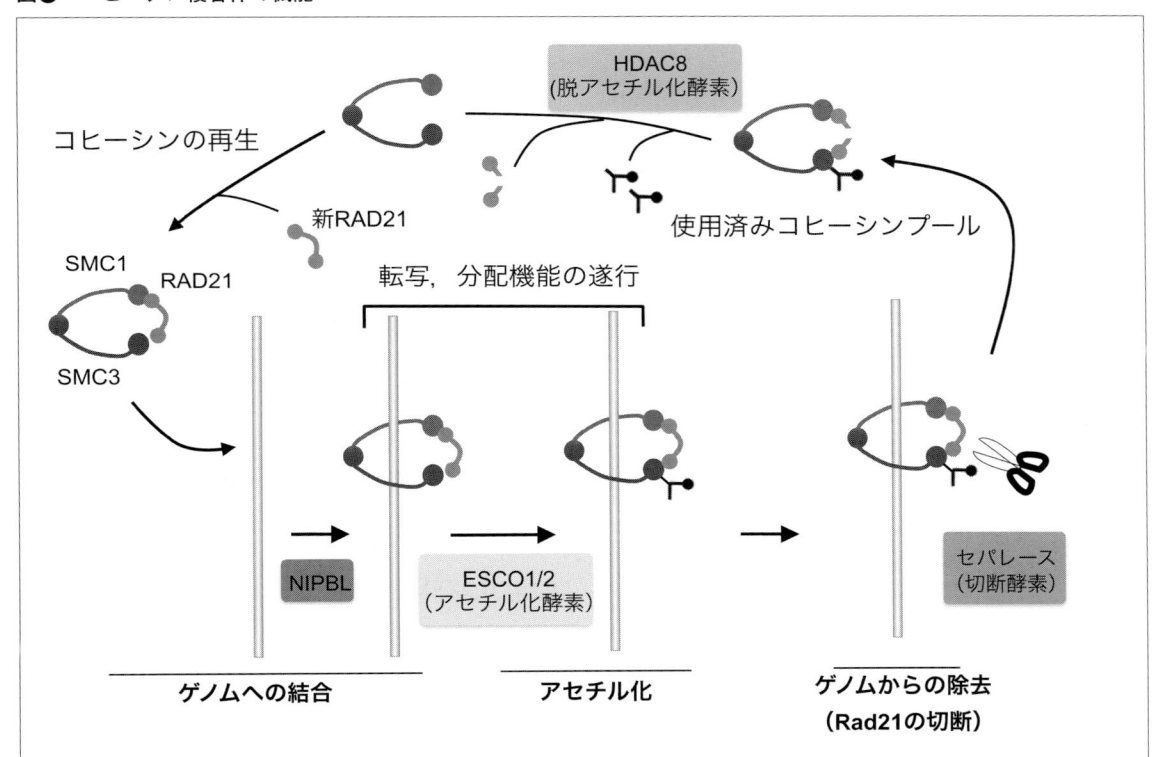

細胞分裂の過程において，1つの細胞（親細胞）が分裂して2つの細胞（娘細胞）が生じる際，娘細胞が親細胞から，通常，1組ずつのゲノムのコピーを受け取る。細胞周期のS期から細胞分裂後期までの間，複製されたDNAは元の鋳型になったDNAと物理的に接着したままの状態を保つ。この姉妹染色分体の接着はコヒーシンと呼ばれるタンパク質複合体によってコントロールされており，その接着は複製したゲノムの均等な分離に必要である。コヒーシン複合体は少なくとも4つのタンパク質〔SMC1（ヒトではSMC1A），SMC3，SCC3（ヒトではSTAG1とSTAG2），SCC1（ヒトではRAD21）〕から構成されている。SMC1タンパクとSMC3タンパクは半分に折りたたまれた三次構造を作り，半平行のコイル状三次構造をなす。SMC1とSMC3はそのヒンジ領域で結合し，ヘテロ二量体を形成し，そのリング様構造を活かして染色分体を取り囲む。ヘッドドメインのSMC1とSMC3はSCC1・SCC3と結合し，リング状構造は完成する。コヒーシン複合体が一度ゲノム上に結合すると，SMC3がESCO1/ESCO2によりアセチル化を受けSororinが結合することにより安定化する。そして，コヒーシン複合体が細胞分裂における機能を果たした後，HDAC8によりSMC3の脱アセチル化が起こり，SMC1・SMC3とSCC1/SCC3によるコヒーシン複合体は再利用可能な状態に戻り，再び次の細胞分裂時に姉妹染色分体の接着を担う。さらに，コヒーシン複合体のDNA上への結合にはNIPBLが必要とされることがわかっている。コヒーシン複合体のリング状構造がどのように姉妹染色分体の接着を司るかは複数の説が唱えられており，図では実際にリング構造が染色体を囲うようにして姉妹染色分体の接着を担っている可能性のモデルを示している。

者細胞では細胞分裂時の染色姉妹分体の分離異常は顕著ではないため，CdLS の病態として，コヒーシン複合体により遺伝子発現がコントロールされている一群の遺伝子の発現異常の可能性が考えられている。実際，NIPBL，SMC1A，HDAC8 変異を有する患者細胞を用いた遺伝子発現研究で，CdLS 患者に特徴的な遺伝子発現プロファイルが明らかになった[6]。さらに CdLS 患者細胞において，遺伝子発現異常の認められた遺伝子群の近傍に高頻度でコヒーシンのゲノム上の結合が認められ，CdLS 患者に特徴的な遺伝子発現プロファイルはコヒーシン複合体のゲノム上結合が障害されることによるものと推測された。それでは，コヒーシンローダー，コヒーシンによる転写制御のメカニズムはどのように考えられるのだろうか。

近年，コヒーシン複合体が遺伝子発現調節に関わっていることが，いわゆるコヒーシン複合体のゲノムワイドな解析結果から次第に明らかにされてきている。コヒーシンが CTCF（転写のインスレータータンパク）と局在を一致させているという解析結果が複数の研究室から発表されたが，その結果からは，コヒーシン複合体がそのリング状構造を活かし，遺伝子のエンハンサーとプロモーターの相互作用を担い，CTCF タンパクと共同でインスレーターの機能を担うという仮説が提唱されている[7]。このモデルによれば，CdLS においては，このようなエンハンサーとプロモーターの相互作用やインスレーター機能が遺伝子変異により阻害され，多発奇形症候群が発症しているとも考えられる。しかしながら，CdLS の発症原因を大きな割合で占めているのは NIPBL の変異であり，コヒーシンそのものの変異ではない。さらに，CTCF は CdLS の原因遺伝子ではない。また，NIPBL は Mau2 と呼ばれるタンパクとともに複合体を作りコヒーシンのローダーとして機能すると考えられているが，Mau2 の変異は現在までのところ CdLS の原因遺伝子としての報告はない。

コヒーシンは CTCF の他に，メディエーター複合体とゲノム上の局在を一致させるとの報告が近年なされた[8]。CTCF とメディエーター複合体のゲノム上の結合領域の重複はあまり認められず，メディエーターとコヒーシン複合体結合の認められる領域は，CTCF のインスレーター機能とは反対に，エンハンサー領域に多く認められる。さらに，コヒーシンのリング状構造を生かした遺伝子のエンハンサーとプロモーターの相互作用補助にはメディエーターが必要なことが明らかにされた。メディエーター複合体タンパクの遺伝子異常により Opitz-Kaveggia 症候群や Lujan 症候群といった CdLS 類似の多発奇形症候群を発症することから，メディエーター複合体との共同作用の障害による遺伝子発現異常が CdLS の病態に大きく関わっている可能性も考えられる。

III．その他のコヒーシン病

コヒーシン病は CdLS のほか，ESCO2 変異により生じるロバーツ症候群，そして RAD21 異常症を含む。下記にコヒーシン病の臨床症状および発症機構について記載する。

1. RAD21 異常症

コヒーシン複合体の構成タンパクである RAD21 の異常症が昨年報告された[9]。現在までに複数の RAD21 を含む微小染色体欠損の患者に加え，RAD21 のヘテロのミスセンス変異をもつ2患者が報告されている。ミスセンス変異は RAD21 の SMC1A，そして STAG タンパクとの結合に重要な機能を果たす領域に認められている。そのため，これらミスセンス変異はコヒーシン複合体の三次構造に影響を与えると推測される。RAD21 の欠失・変異の認められた患者の臨床症状は CdLS とはやや異なっていたが，軽度の発達遅滞に加え，低身長，小頭症や高い眉毛といった CdLS に類似した特異顔貌が認められた。患者に認められた RAD21 ミスセンス変異は転写調節異常を引き起こすこともゼブラフィッシュモデルで確認されたことから，この RAD21 異常症においても転写調節異常が病態に関わっている可能性が示唆された。

2. ロバーツ症候群（ESCO2）

コヒーシン複合体の SMC3 のアセチル化を引き起こす ESCO2 の遺伝子変異でロバーツ症候群（RBS）が引き起こされる[10]。RBS は常染色体劣

性遺伝病で，成長障害，発達遅滞，特異顔貌，重篤な四肢欠損を特徴とする．成長障害と発達遅滞はCdLSと共通であるが，顔貌や四肢欠損のタイプはRBSとCdLSで明らかに異なる．顔貌の異常は小頭症，眼球突出，眼間解離，口唇裂/口蓋裂，耳の奇形を高頻度に認める．四肢の異常はCdLS同様に上肢に強く認められる．RBSの診断は細胞遺伝学的方法において行うことも可能である．ギムザ染色またはCバンド染色で，RBS患者細胞では特徴的なセントロメア早期分離とヘテロクロマチン領域の早期分離が認められる．ESCO2はSMC3をアセチル化し，コヒーシン複合体を安定化させる．RBS患者ではESCO2機能が失われており，コヒーシン複合体の安定化が起こらず，そのためにセントロメア早期分離が起こるものと推測される．RBS患者細胞では染色姉妹分体分離異常に加え，DNAダメージに対する過剰反応が認められた[11]．RBSの病態において，コヒーシンの転写調節機能の異常が関与しているかの検討はなされていない．

Ⅳ．将来への展望

上記のように，CdLS患者においてもいまだ20～30％程度の確率で原因遺伝子変異が既知CdLS遺伝子に認められないことから，更なるCdLS原因遺伝子の発見が予想される．新規CdLS原因遺伝子の発見は臨床現場において遺伝カウンセリングなどに役立つのみならず，コヒーシン複合体による遺伝子発現制御機構に大切な役割を果たす新たなタンパク質同定の契機になる．新規CdLS原因遺伝子の検索と同様に，CdLS患者そしてその他コヒーシン病において，どのような機構において多発奇形症候群が発症しているかの更なる検討も必要であり，コヒーシン複合体という細胞において重要な役割を果たすタンパクの遺伝子発現制御機構の理解につながると考える．エクソーム配列解析が一般的に行われるようになってきたため，新たなコヒーシン病の同定もされていくと推測される．各々のコヒーシン複合体の構成タンパクの遺伝子変異でどのような臨床症状が発症されるのかを検討することで，コヒーシン複合体のヒト初期発生や成長・発達における役割が明らかになっていくであろう．

参考文献

1) Krantz ID, McCallum J, et al：Nat Genet 36, 631-635, 2004.
2) Tonkin ET, Wang TJ, et al：Nat Genet 36, 636-641, 2004.
3) Deardorff MA, Kaur M, et al：Am J Hum Genet 80, 485-494, 2007.
4) Deardorff MA, Bando M, et al：Nature 489, 313-317, 2012.
5) Kaur M, DeScipio C, et al：Am J Med Genet A 138, 27-31, 2005.
6) Liu J, Zhang Z, et al：PLoS Biol 7, e1000119, 2009.
7) Wendt KS, Yoshida K, et al：Nature 451, 796-801, 2008.
8) Kagey MH, Newman JJ, et al：Nature 467, 430-435, 2010.
9) Deardorff MA, Wilde JJ, et al：Am J Hum Genet 90, 1014-1027, 2012.
10) Vega H, Waisfisz Q, et al：Nat Genet 37, 468-470, 2005.
11) van der Lelij P, Godthelp BC, et al：PLoS One 4, e6936, 2009.

泉　幸佑
2003年　慶應義塾大学医学部卒業
　　　　慶應義塾大学病院小児科研修医
2007年　Rainbow Babies and Children's Hospital, Pediatrics Intern
2008年　慶應義塾大学大学院医学研究科博士課程修了
　　　　Rainbow Babies and Children's Hospital, Pediatrics/Medical Genetics Resident
2010年　Children's Hospital of Philadelphia, Pediatrics/Medical Genetics Resident
2012年　Children's Hospital of Philadelphia, Medical Genetics Fellow
2013年　東京大学分子細胞生物学研究所ゲノム情報解析研究分野助教

第3章

エピジェネティクスの技術開発と創薬

エピジェネティクス研究に！
部位特異的DNAメチル化検出プローブ
ICONプローブ

特長
- **安心**　不規則切断が起きず、サンプルDNAへのダメージが少ない
- **迅速な結果**　サンプル調製から定量的PCR法で結果が得られるまで、約3時間程度
- **微量で可能**　微量のゲノムサンプルから検出が可能
- **量的解析が可能**　定量性が高く、従来困難であった部位特異的なメチル化の量的解析も可能

従来法（バイサルファイト法）

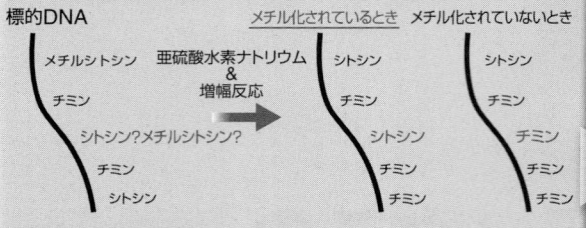

標的DNA／メチルシトシン／チミン／シトシン？メチルシトシン？／チミン／シトシン
亜硫酸水素ナトリウム＆増幅反応
メチル化されているとき：シトシン／チミン／シトシン／チミン／チミン
メチル化されていないとき：シトシン／チミン／チミン／チミン／チミン

亜硫酸水素塩処理の後、PCR、シーケンシング操作によってメチル化されたシトシンはシトシン、非メチル化シトシンはチミンとして検出される。

- 安心度：大半のゲノムサンプルで非特異的損傷が生じる
- 反応時間：長時間の加熱反応（一般的に16時間）が必要
- サンプル量：必要なサンプルは一般的にゲノムDNAで1μg程度

ICON法

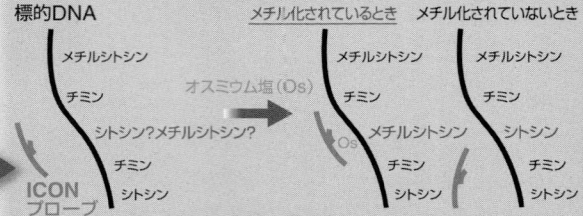

標的DNA／メチルシトシン／チミン／シトシン？メチルシトシン？／チミン／シトシン
ICONプローブ／オスミウム塩(Os)
メチル化されているとき：メチルシトシン／チミン／メチルシトシン／チミン／シトシン
メチル化されていないとき：メチルシトシン／チミン／シトシン／チミン／シトシン

ICONプローブを用いることで、標的のシトシンに反応を絞ることができる。また、メチルシトシンのみに反応する。

- 安心度：ゲノムサンプルの不規則切断による損傷がない
- 反応時間：迅速！サンプル調製から定量的PCRの結果まで約3時間で可能
- サンプル量：微量！必要なサンプルはゲノムDNAで20ng程度

定量的PCR検出用／ICONプローブセット（20mer）
〈センス鎖ターゲットプローブ・アンチセンス鎖ターゲットプローブ：3'末端リン酸化修飾〉
※ICONプローブは目的のメチル化候補に対してセンス鎖用、アンチセンス鎖用の各1配列を使用します。

保証量：各5nmol（約10反応分）　**¥78,000**（税抜き）　納期：受注確認後10営業日

新規アプリケーション開発向き／カスタムICONプローブ
LNA挿入・各種修飾等を施したご希望のICONプローブを作成いたします。
新規アプリケーションの開発にご利用いただき、ICONプローブの可能性を広げてください。

保証量：各5nmol〜　**¥28,000**（税抜き）
※修飾ヌクレオチド1ケ所挿入によるICONプローブ化の価格です。その他修飾や保証量により、お見積り価格は変わります。

ICONプローブは国立大学法人京都大学と株式会社ジーンデザインとのライセンス契約に基づき、製造・販売されます。

株式会社ジーンデザイン
GeneDesign, Inc.
〒567-0085　大阪府茨木市彩都あさぎ7丁目7-29
TEL：072-640-5180　FAX：072-640-5181
E-mail：rna@genedesign.co.jp
URL　　：http://www.genedesign.co.jp

専用ページ：http://www.genedesign.co.jp/products/icon.html

第3章 エピジェネティクスの技術開発と創薬

1．DNA 修飾の化学的解析の最新基本原理の紹介

岡本晃充

　DNA メチル化・脱メチル化解析のための新しい解析原理として，いくつかの化学反応を紹介する．人工 DNA「ICON プローブ」は，DNA 配列の中から調べたい 1 ヵ所のシトシンに的を絞って，オスミウム錯体形成反応を誘導する．この反応によって，標的シトシンでのメチル化の有無を短時間の穏和な条件で検出することが可能になった．また，二核ペルオキソタングステン酸カリウム塩は，DNA 配列の中の 5-ヒドロキシメチルシトシンに特異的な反応を引き起こし，チミン誘導体へ変換した．

はじめに

　DNA に対するメチル化・脱メチル化修飾は，DNA が巻きつくヒストンの化学修飾とともに，代表的なエピジェネティックな修飾として遺伝子の発現の調節に著しい影響を及ぼしている．DNA メチル化，つまり DNA シトシン塩基の C^5 位の炭素原子に対するメチル基の付加は，DNA 二重らせん構造のメジャーグルーブに埋もれるほどの化学構造的に大変小さい官能基の付加反応にすぎない（図❶）．この微小な官能基変換の結果として生じた 5-メチルシトシン（mC）こそが，結果的に遺伝子発現機構の不活性化に強く加担している．一方，5-ヒドロキシメチルシトシン（hmC）が 2009 年に DNA 中に見出され，DNA 脱メチル化経路への寄与が示唆された[1,2]．hmC は，TET タンパク質による mC の酸化の結果生じる（図❷）．メチル基の酸化によって生じるヒドロキシメチル基も，巨大な DNA 構造の中では極めて微小な官能基である．

　DNA 構造の中の小さな構造的な違いが DNA 配列のどこで，どのくらいの確率で起こっているかを知ることは，その配列が細胞機能の決定にどの程度重要な役割を果たしているのか見積もるた

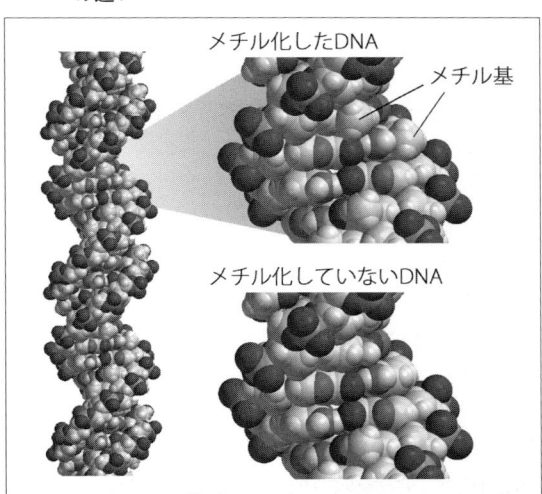

図❶　メチル化された DNA とそうでない DNA の構造の違い

DNA 二重らせん構造のメジャーグルーブの中にわずかな構造の違いが認められる．このわずかな違いを検出しなければならない．

---

key words

DNA メチル化，5-メチルシトシン，5-ヒドロキシメチルシトシン，オスミウム酸化，オスミウム酸カリウム，ICON プローブ，二核ペルオキソタングステン酸カリウム塩，ピペリジン

第3章 エピジェネティクスの技術開発と創薬

図❷ mCとhmC

hmCは，mCの能動的脱メチル化の経路に含まれるといわれている。

めの大切な指標になる。しかし，mCやhmCを未修飾のシトシン（C）から区別すること，特に大きなDNA配列の中のたった1個の小さなメチル基もしくはヒドロキシメチル基がまさにその場所に存在しているのか否かを正確に検出することは並大抵ではない。

現在用いられているDNAメチル化解析法を振り返れば，解析原理のバリエーションが少ないことがわかる。大別すると，①亜硫酸水素塩（バイサルファイト）法[3,4]，②制限酵素法[5]，③免疫沈降法[6]に分類できる。DNA配列の特定のシトシン塩基のC5位がメチル基に置換されているかを明快に議論するためには，解析原理にもっと多様性があるべきである。上記の3つの方法のそれぞれの特徴と問題点について，以下に列挙する。

①亜硫酸水素塩法：Cの4位のアミノ基をウラシルへ脱アミノ化する反応。mCでは，この反応の進行が遅い。この方法では，pH5での比較的長時間（数時間〜一晩）の加熱を要するので，脱アミノ化反応に並行して，脱塩基反応を経由するDNAの非特異的切断を避けられない[7]。

②制限酵素法：メチル化されていない認識配列を制限酵素によって切断する方法。メチル化を受けた配列を切断することを苦手とする制限酵素を利用する。不完全な酵素処理がもたらす未消化断片が解析誤差をもたらす。

③免疫沈降法：抗メチル化シトシン抗体によるメチル化DNAの免疫沈降。前処理段階および溶出段階でのサンプルロスが危惧される。非特異的なDNAの共沈には細心の注意が必要である。

一方，DNA中のhmCを検出するために，いくつかの方法，例えばヌクレオチドサイズまで酵素分解されたサンプルの薄層液体クロマトグラフと質量分析[1,2]，抗hmC抗体を用いた免疫蛍光法もしくは免疫沈降分析法[8]，酵素を用いたhmCのヒドロキシ基への標識グルコースの付加[9]，ルテニウム酸カリウムでの水酸基の酸化[10]などがすでに試みられた。

mC，hmCどちらの検出法ともに，いずれも感度や特異性に影響する問題点を残しており，微量試料の定量的解析を不得手としている。実験結果の再現性についても悩まされることが少なくない。また原理の性質上，配列選択的検出，多検体処理，可視化など，次世代の解析で鍵になる技術へ直接的に展開することは難しい。さらには，mC・hmC検出反応がそれぞれmC，hmCに対してだけ陽性で，他に対しては陰性であることが望ましい。そのような反応が利用できるならば，反応生成物を従来の分析手法（例えば箇所選択的な鎖切断反応，シーケンシングと質量分析法など）と組み合わせて，目的の修飾だけを陽性のシグナルとして検出できるだろう。これまでの方法について，それはそれでmC・hmC解析に有効であるといえるものの，エピジェネティクス研究の将来の一層の展開のためには，全く異なる発想に立脚した新しい解析原理が望まれる。上述のように次々と新しい解析法が報告されているところであるが，本稿では筆者らが最近開発した新しい化学的解析原理について紹介したい。

I．mC検出のための反応設計

mCとCを効果的に区別できる新規の解析法を設計するにあたって，シトシン塩基構造のどこに着目するかが成否の重要なポイントになる。筆者らは，シトシン塩基のC^5-C^6二重結合に注目した。つまり，mCのC^5-C^6二重結合は三置換体であり，二置換オレフィンであるCに比べて酸化されやすい。金属酸化を利用すると同時に，金属配位子を

用いて金属の酸化力を適切に制御することによってmCとCを効果的に区別することができるだろう。そこで筆者らは，C^5-C^6二重結合のオスミウム[用解1]酸化を通じたmC選択的反応を設計した。この反応では，オスミウム酸カリウムとこれを活性化するヘキサシアノ鉄（III）酸カリウムとともに，反応を誘導・加速する金属配位子[用解2]として二座配位子2, 2'-ビピリジンを，弱塩基性のトリス-塩酸緩衝液中へ加える。これら試薬の存在下，DNAを0℃，5分間インキュベーションすると，mCは反応し，酸化生成物としてのメチルシトシングリコール-ビピリジン-ジオキソオスミウムの3成分から構成されるオスミウム錯体を与えた（図❸）[11)-13)]。Cに対するオスミウム錯体形成反応は400倍以上遅く，この反応速度の差によってシトシンに対するメチル基の付加の有無が明確に区別できる。

次の段階として，このmC選択的な反応をベースにして，新規人工DNA「ICONプローブ」（ICON: interstrand complexation with osmium for nucleic acids）を開発し，オスミウム錯体形成反応における反応点の絞り込みを達成した。筆者らは，標的配列を認識するためのDNA配列（相補DNAの断片）を配位子ビピリジンに対して連結した（図❹）[14)15)]。アデニンN^6位のアミノ基へ，リンカー

図❸ オスミウム錯体形成の反応式

mCにだけ錯体形成反応が進行する。

図❹ ICONプローブと鎖間クロスリンク体

ICONプローブ

標的メチル化DNA
オスミウム酸カリウム
ヘキサシアノ鉄（III）酸カリウム
トリス-塩酸緩衝液（pH7.7）

を介してビピリジンを連結した人工ヌクレオシドが標的シトシンの相手側の塩基として配置されるようICONプローブは設計されている。つまり，ICONプローブが標的DNAと二本鎖形成した時に標的mCとは不安定な塩基対（mC-アデニンミスマッチ塩基対）を形成してmCがオスミウム錯体を作りやすい状態にあるのと同時に，オスミウムに配位するビピリジンが二本鎖形成によってmC近傍に位置取りされて標的の箇所がmCである場合にのみオスミウム錯体形成（鎖間クロスリンク）が誘導される。この反応系では，非特異的な反応や鎖切断は起こらず，不必要な副産物を生じない。

メチル化候補を含む任意のDNA鎖に対して相補的なICONプローブを，DNA/RNA自動合成機を使って容易に合成できる。現在ではジーンデザイン社でのカスタム合成によっても望みの配列を入手できる。このプローブを使ってメチル化DNAに対してオスミウム錯体形成反応を行ったあとには，蛍光，質量分析など様々な分析法が可能である。今回は，そのうちの1つ，定量PCR法によるメチル化の定量について説明する[16][17]。ICONプローブによるオスミウム錯体の形成は，DNAポリメラーゼによるDNA合成を強く阻害する。つまり，錯体形成がPCRなどのDNA増幅反応を大きく遅滞させる。したがって，定量PCRを使って錯体形成による増幅阻害の程度を見積もることにより，微量ゲノムサンプルの特定の位置のメチル化を定量できる。実際の実験では，ICONプローブ（センス鎖用とアンチセンス鎖用の両方），ヘキサシアノ鉄（Ⅲ）酸カリウムを含む弱塩基性緩衝液を用意する。その溶液中で目的の遺伝子サンプルを熱的に一本鎖状態へ変性させ，その後にオスミウム酸カリウムを加える。その溶液は，35～55℃に温度制御しながら10分～1時間程度静置した。その結果，mCでのオスミウム錯体形成によって標的DNAとICONプローブの間が固く結びついた鎖間クロスリンク生成物が得られた。錯体形成反応後の余剰試薬をゲル濾過で取り除いたあと，定量PCR法を用いて解析した。メチル化DNAにおいては，mCでのオスミウム錯体形成によってPCRが阻害されたことを意味する増幅曲線の立ち上がりの遅滞が観察された。増幅前のサンプル濃度が明らかであれば，検量線を用いて増幅阻害効果を定量することが可能であり，20ngのゲノムサンプルがあれば任意の位置のシトシンのメチル化量を定量できることがわかった。また，長いDNA配列の中の他のメチル化領域の有無・量から独立して，オスミウム錯体形成反応が標的のmCだけに依存することが，定量PCR解析を通じて確認された。この手法を用いて，マウスゲノムの器官（精巣・腎臓・脾臓・肝臓）ごとに異なる特定箇所のシトシンのメチル化量をそれぞれ定量することができた。

Ⅱ．hmC検出のための反応設計

CとmCからhmCを区別するための鍵も，C^5-C^6二重結合の酸化である。hmCとmCの構造の違いは，水酸基（OH）の存在である。最近では，hmC水酸基を化学物質や酵素によって化学変換する方法[9][10]やmC結合性ペプチドの結合をhmC水酸基によって抑制する方法[18]がhmCの検出のために試みられている。しかし，化学的に活性な無数のOH，NH，SH基が核酸やタンパク質の中に存在しており，hmCの水酸基だけを反応の標的にすることは容易ではない。より広い視点からhmCの構造を考慮すると，hmCが特徴的なアリルアルコール構造（C^6=C^5－CH_2OH）を有していることに気づく。この構造は，生体分子の中では稀である。タングステン系[用解3]の酸化システムがアリルアルコールの二重結合の酸化において効果的であるので[19]，hmCの特徴的なアリルアルコール構造がタングステン酸化剤のhmC選択反応の標的になるだろう。

CpG，mCpGまたはhmCpGジヌクレオチドを含むモデルDNA配列を用意し，これらに対してタングステン酸化剤をテストした[20]。反応試薬選択の条件として核酸塩基に対する反応性，水溶性，入手のしやすさが考慮されて，最終的に最も効果的であったのが二核ペルオキソタングステン酸カリウム塩 $K_2[\{W(=O)(O_2)_2(H_2O)\}_2(\mu\text{-}O)]\cdot 2H_2O$（**1**）であった（図❺）。この反応試薬**1**は，試料DNA

図❺　hmC の化学変換

hmC（左）を二核ペルオキソタングステン酸カリウム塩（**1**）と作用させることによって選択的にトリヒドロキシル化 T（右）へ変換できる。

を含む pH7 の緩衝液の中に加えられ，5 時間，50℃で加熱された。反応した核酸塩基を検出するために，試料は脱塩のあと，ピペリジンでの加熱処理による反応核酸塩基での鎖切断へ導き，ポリアクリルアミドゲル電気泳動（PAGE）を用いて解析された。この PAGE 分析によって，DNA の hmC の箇所で鎖切断バンドが現れた。mC や C の箇所では反応は観察されなかった。

反応生成物の HPLC や質量分析，安定同位元素で標識された水（$H_2^{18}O$）の中での反応解析によって，hmC からの反応生成物がトリヒドロキシル化されたチミン（$T(OH)_3$）であることが示された。$T(OH)_3$ は，**1** による hmC のエポキシ化から始まり，エポキシドに対する水分子の付加と脱アミノ化を経由して生成することが確認された（図❺）。

生成物 $T(OH)_3$ は，PCR 増幅とシーケンシングを通して hmC の効果的な検出を支援した。例えば，CpG，mCpG，hmCpG ジヌクレオチドを含むヒト TNF-β のプロモーター領域の DNA 断片を試薬 **1** とともに 50℃ で 5 時間加熱したあとに，キャピラリ電気泳動による DNA 配列解析技術を用いて分析したところ，オリジナルの hmC の相補側にアデニンが取り込まれることが確認された。対照的に，mC や C の反対側の位置にはグアニンだけが取り込まれた。ただし伸長不良を示す例もあり，複製反応を用いるシーケンシング法については，反応条件の再検討も含めてまだ改良の余地がある。

おわりに

今回紹介した化学反応は，エピジェネティクス研究を効率的に推し進めることを強力に支援する日本発の技術になりうる。エピジェネティクス研究へ向けたこれら化学反応の展開はまだ緒についたばかりだが，時間・質・量のすべての点において DNA メチル化・脱メチル化解析のブレークスルーをもたらすだろう。特に，細胞内 DNA メチル化・脱メチル化の可視化やハイスループットな検出などの発展的な解析法へ向けて精力的に研究を進めている。それには，なお反応条件の最適化が必要であると同時に，遺伝子サンプルを用いた実験例をますます増やしていかなければならない。次回の機会があれば，今回紹介した化学反応を基盤にしたいくつかの化学的エピジェネティクス研究への展開について，もっとお話ししたいと考えている。

謝辞
本研究成果は，理化学研究所および東京大学先端科学技術研究センター岡本研究室メンバーの日々の精力的な研究活動によるものであり，ここに深謝します。また，実験で使用したマウスゲノム DNA は，日本大学永瀬浩喜教授のご厚意により提供されたものであり，厚く御礼申し上げます。

用語解説

1. **オスミウム**：76番の元素オスミウムの酸化物は，炭素-炭素二重結合の酸化に有用である．オスミウム酸カリウム（非揮発性・低毒性）とヘキサシアノ鉄（Ⅲ）酸カリウムの併用により，高い酸化力が得られる．
2. **配位子**：金属に配位する化合物のことであり，配位部位を2ヵ所有する配位子を二座配位子と呼ぶ．2,2'-ビピリジンは，典型的な二座配位子であり，オスミウム酸化反応を加速する効果がある．

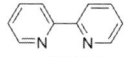

2,2'-ビピリジン

3. **タングステン**：74番の元素タングステンの酸化物は，アリルアルコール（CH_2=CH-CH_2OH）に含まれる炭素-炭素二重結合の酸化に有用である．タングステン酸カリウムと過酸化水素水から得られる過酸化物，二核ペルオキソタングステン酸カリウム塩 $K_2[\{W(=O)(O_2)_2(H_2O)\}_2(\mu\text{-}O)]\cdot 2H_2O$（**1**）が，基質選択性の高い酸化反応を示す．

参考文献

1) Kriaucionis S, et al：Science 324, 929-930, 2009.
2) Tahiliani M, et al：Science 324, 930-935, 2009.
3) Hayatsu H, et al：Biochemistry 9, 2858-2866, 1970.
4) Frommer M, et al：Proc Natl Acad Sci USA 89, 1827-1831, 1992.
5) Church GM, Gilbert W：Proc Natl Acad Sci USA 81, 1991-1995, 1984.
6) Pfaffl MW：Nucleic Acids Res 29, e45, 2001.
7) Tanaka K, Okamoto A：Bioorg Med Chem 17, 1912-1915, 2007.
8) Ito S, et al：Nature 466, 1129-1133, 2010.
9) Szwagierczak A, et al：Nucleic Acids Res 38, e181, 2010.
10) Booth MJ, et al：Science 336, 934-937, 2012.
11) Okamoto A, et al：Org Biomol Chem 4, 1638-1640, 2006.
12) Umemoto T, Okamoto A：Org Biomol Chem 6, 269-271, 2008.
13) 岡本晃充：有機合成化学協会誌 67, 680-686, 2009.
14) Tanaka K, et al：J Am Chem Soc 129, 14511-14517, 2007.
15) Okamoto A：Org Biomol Chem 7, 21-26, 2009.
16) 岡本晃充：実験医学 26, 927-932, 2008.
17) Tainaka K, Okamoto A：Curr Protoc Nucleic Acid Chem 8.7.1-8.7.17, 2011.
18) Nomura A, et al：Chem Commun 47, 8277-8279, 2011.
19) Kamata K, et al：Chem Eur J 10, 4728-4734, 2004.
20) Okamoto A, et al：Chem Commun 47, 11231-11233, 2011.

参考ホームページ

- 東京大学先端科学技術研究センター岡本研究室
  http://park.itc.u-tokyo.ac.jp/okamoto
- 株式会社ジーンデザイン
  http://www.genedesign.co.jp/

岡本晃充

1993年	京都大学工学部卒業
1998年	同大学院工学研究科博士後期課程修了 MIT博士研究員
1999年	京都大学大学院工学研究科助手
2006年	理化学研究所基幹研究所岡本独立主幹研究ユニット独立主幹研究員（ユニットリーダー）
2009年	JSTさきがけ研究者（兼任）
2011年	理化学研究所基幹研究所岡本核酸化学研究室准主任研究員
2012年	東京大学大学院工学系研究科教授 東京大学先端科学技術研究センター教授

第3章 エピジェネティクスの技術開発と創薬

2. メチローム解析

三浦史仁・伊藤隆司

次世代シークエンサーの登場・進化とともにメチローム解析技術も進化を続けている。メチル化感受性制限酵素や抗メチル化シトシン抗体を利用したタグカウントによるメチローム解析は一般的なツールとなった。多くの知見をもたらした全ゲノムバイサルファイトシークエンシングはより高感度な鋳型調製技術の出現とともにその応用範囲が拡大している。RRBSやターゲットバイサルファイトシークエンスは費用対効果の大きいメチローム解析を実現し，1分子シークエンサーによるメチル化シトシンの直接検出は，メチローム解析に新たな展開をもたらす可能性がある。

はじめに

ゲノムDNA中のシトシンの5-メチル化（以降メチル化）は，動物をはじめ植物や細菌にまでみられるDNAの化学修飾の1つである。この修飾は真核生物においてはヒストンの翻訳後修飾と並んで，遺伝子の発現制御やゲノムの安定性に寄与すると考えられる代表的エピゲノム修飾である。哺乳類のゲノムDNA中のシトシンのメチル化はもっぱらCpG配列上で起こり，CpG配列は基本的にメチル化されている。しかし，CpGアイランド，プロモーターなどの一部のゲノム領域ではCpG配列がメチル化を免れていることがあり，このメチル化・非メチル化のパターンは，細胞が由来する組織・病気などによってそれぞれ異なると考えられている。したがって，より多くの細胞種においてDNAメチル化パターンの違いを記述することは基礎生物学のみならず，病気の原因解明などに寄与する基盤として重要なテーマである。

高出力の新型シークエンサーが登場してDNA塩基解読のコストが劇的に低下した結果，細胞内のすべてのコンポーネントを総体として理解しようとするオミクスの時代が到来し，DNA中のシトシンのメチル化状態の総体をメチロームと呼ぶようになった。本稿では，次世代シークエンサーを用いたメチローム解析技術を紹介したい。

I. 次世代シークエンサーとメチローム解析

2005年から次々に登場した次世代シークエンサーは[1-5]，オミクス研究の実験手法を大きく様変わりさせた。それまで核酸のオミクス研究ではマイクロアレイによる検出系が広く用いられてきたが，より高感度かつ高精度に核酸を検出・定量することが可能な次世代シークエンサーは，マイクロアレイをそっくりそのまま置換する形で核酸オミクスの研究ツールとして普及してきた。次世代シークエンサーは第2世代から第4世代の3つの

---

key words

次世代シークエンサー，メチローム解析，タグカウント，メチル化DNA免疫沈降（MeDIP），バイサルファイトシークエンシング（BS），ハイブリダイゼーションキャプチャー，ゲノム網羅的バイサルファイトシークエンシング（WGBS），RRBS，ターゲットバイサルファイトシークエンシング，1分子シークエンシング

表❶　N世代シークエンサーの代表機種と特徴（2012年12月現在）

世代 （キーワード）		メーカー	増幅	検出	代表的 現行機種	リード長	出力/時間 （1ラン）	備考
第1世代		ライフテクノロジーズ	PCR, RCA, クローニング	電気泳動 蛍光	ABI3730xl	700塩基	672K塩基/1時間	サンガー法
次世代	第2世代 (Clonal amplification)	ロシュ454	エマルジョンPCR	化学発光	GS-FLX+ GS Junior	700塩基 400塩基	700M塩基/23時間 35M塩基/10時間	パイロシークエンス
		イルミナ	ブリッジPCR	蛍光	GAIIx HiSeq2000 HiSeq2500 MiSeq	150×2塩基* 100×2塩基* 150×2塩基* 250×2塩基*	90G塩基/14日間 600G塩基/11日間 120G塩基/27日間 8G塩基/39時間	可逆的ターミネーター
		ライフテクノロジーズ	エマルジョンPCR	蛍光	5500 SOLiD	75+35塩基*	90G塩基/7日間	ライゲーションによる配列決定
	第3世代 (Single molecule sequencing)	Pacific Biosciences	なし	蛍光	PacBio RS	3K塩基（中央値）～ 15K塩基（最大値）	100M塩基/1.5時間	1分子シークエンシング
	第4世代 (Post-light detection)	ライフテクノロジーズ	エマルジョンPCR	pH	Ion PGM Ion Proton	200塩基 200塩基	1G塩基/4.5時間 10G塩基/4時間	半導体シークエンシング

＊ペアエンドモードによる配列決定
リード長，出力でのK（キロ），M（メガ），G（ギガ）はそれぞれ10^3，10^6，10^9を意味する。

世代に分類され（**表❶**），その登場と進化はメチローム解析の手法を大きく変化させ続けている。現在最も利用されている第2世代の機種は比較的短いDNAの塩基配列を大量に読み出すことによって大きな出力を確保する点に特徴があるが，まずはこの特性を生かし，大量のリード数をDNAのメチル化率の情報にうまく変換するタグカウントによる解析手法が登場した。その後シークエンサーの出力が向上し，ゲノム配列を数十倍のリードで埋め尽くすことが可能な出力が得られるようになると，ゲノム上のすべてのシトシンのメチル化状態を個別に把握することが可能なゲノム網羅的バイサルファイトシークエンシング（whole genome bisulfite sequencing：WGBS）が実現した。1分子計測に基づく第3世代のシークエンサーは，原理的にはシトシンのメチル化だけでなく，最近注目されているヒドロキシメチル化など他の化学修飾も同時に検出することが可能であり，メチローム解析に新しい次元の視点をもたらす可能性がある。いまやメチローム解析は他のオミクス解析同様に次世代シークエンサー抜きでは語れない。

II．タグカウントに基づくメチル化状態の検出

次世代シークエンサーで得られるリード数の大きさを利用すると，ゲノム上のそれぞれの領域のメチル化状態をその配列決定回数に読み替えて定量化するタグカウンティングに基づく解析が可能となる。タグカウンティングによるメチル化解析は，後述するバイサルファイトシークエンスに基づく解析に比べて格段にコストが抑えられるため，現在ではより一般的に利用されている。

認識配列上のシトシンがメチル化されるとその切断活性が変化する制限酵素を利用すると，その酵素の認識配列上のメチル化の有無を判別することができる。例えば，HpaIIは5'-CCGG-3'という4塩基を認識して切断する制限酵素であるが，CpG配列と重なる2塩基目のシトシンがメチル化されていると，この活性が阻害される。逆にHpaIIによって消化されたDNA断片はその認識配列上のCpG配列がメチル化を免れていることになる。このようなHpaII消化断片を次世代シークエンサー

図❶　タグカウントによるメチローム解析

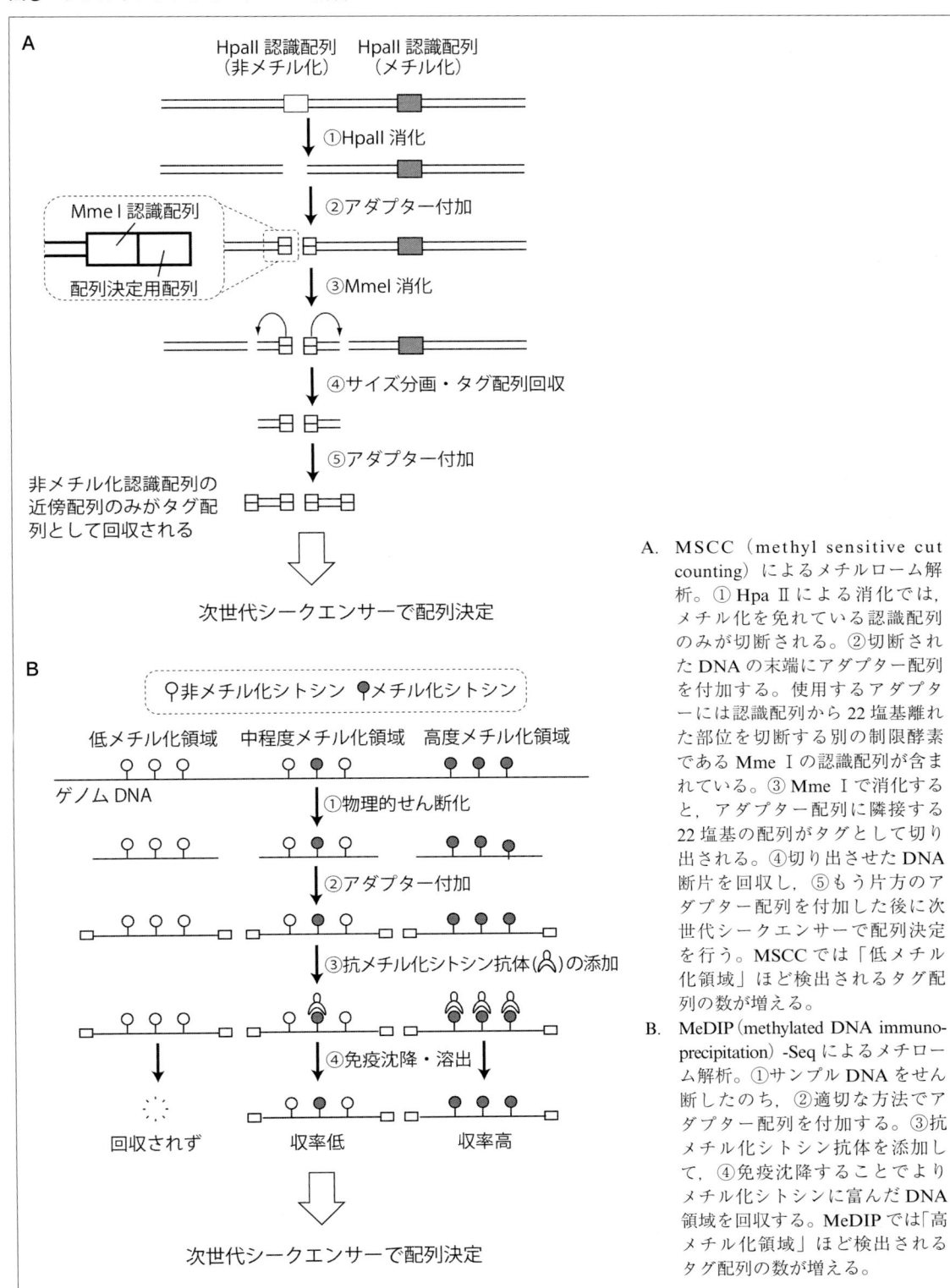

A

Hpall 認識配列（非メチル化）　Hpall 認識配列（メチル化）

① Hpall 消化
② アダプター付加

Mme I 認識配列
配列決定用配列

③ Mmel 消化
④ サイズ分画・タグ配列回収
⑤ アダプター付加

非メチル化認識配列の近傍配列のみがタグ配列として回収される

次世代シークエンサーで配列決定

B

○非メチル化シトシン　●メチル化シトシン

低メチル化領域　中程度メチル化領域　高度メチル化領域

ゲノム DNA

① 物理的せん断化
② アダプター付加
③ 抗メチル化シトシン抗体の添加
④ 免疫沈降・溶出

回収されず　収率低　収率高

次世代シークエンサーで配列決定

A. MSCC（methyl sensitive cut counting）によるメチローム解析。① Hpa Ⅱによる消化では，メチル化を免れている認識配列のみが切断される。②切断されたDNAの末端にアダプター配列を付加する。使用するアダプターには認識配列から22塩基離れた部位を切断する別の制限酵素であるMme Ⅰの認識配列が含まれている。③ Mme Ⅰで消化すると，アダプター配列に隣接する22塩基の配列がタグとして切り出される。④切り出させたDNA断片を回収し，⑤もう片方のアダプター配列を付加した後に次世代シークエンサーで配列決定を行う。MSCCでは「低メチル化領域」ほど検出されるタグ配列の数が増える。

B. MeDIP（methylated DNA immunoprecipitation）-Seqによるメチローム解析。①サンプルDNAをせん断したのち，②適切な方法でアダプター配列を付加する。③抗メチル化シトシン抗体を添加して，④免疫沈降することでよりメチル化シトシンに富んだDNA領域を回収する。MeDIPでは「高メチル化領域」ほど検出されるタグ配列の数が増える。

により配列決定し，それぞれの配列の決定回数をメチル化頻度に換算する技術としてMSCC[6]（図❶A），HELP-Tagging[7]やMRE-Seq[8]などがある。Hpa II以外にもいくつかの酵素が同様の挙動を示すことがわかっているが，制限酵素を用いたメチローム解析はその解析対象が制限酵素の認識配列中のシトシンに限られるという制約があるので注意が必要である。既存の制限酵素を活用してメチル化状態を判別できるのはヒトゲノム上の40％程度のCpG配列であるといわれている[9]。

メチル化シトシンに対する抗体を利用してメチル化シトシンに富むDNA断片を濃縮する技術をメチル化DNA免疫沈降（MeDIP：methylated DNA immunoprecipitation）法と呼ぶ[10]。MeDIP法で濃縮されたDNA断片を次世代シークエンサーで配列決定し，その頻度からメチル化状態を推定するMeDIP-Seq法が確立されている（図❶B）[11]。MeDIP法はキット化も進み実験計画を立てやすい環境が整ってきており，採用されている論文も頻繁にみられるようになった。ただし，MeDIP法では配列決定されたDNA断片中に含まれるどのシトシンがメチル化されているのかがわからないという解像度の制約があることや，メチル化DNA断片の濃縮の度合いがメチル化の頻度以上にCpG配列の密度に依存する特性があることに注意する必要がある[10]。抗体の代わりにメチル化DNA結合ドメイン（methylated DNA binding domain：MBD）を利用した同様の手法はMBD-Seqと呼ばれ，これも最近ではよく利用されるようになってきた。

III．ゲノム網羅的バイサルファイトシークエンシング

バイサルファイト処理によるシトシンのメチル化状態の検出は，バイサルファイト処理が施されたDNA断片の塩基配列決定により行われる。このバイサルファイトシークエンシング（BS）と呼ばれる手法（図❷）は決定されたDNA領域中に含まれるすべてのシトシンのメチル化状態を個々に把握することができる点が最大の特徴である[12]。BSをゲノム全体に展開するWGBSを行うために

図❷　バイサルファイトシークエンシング

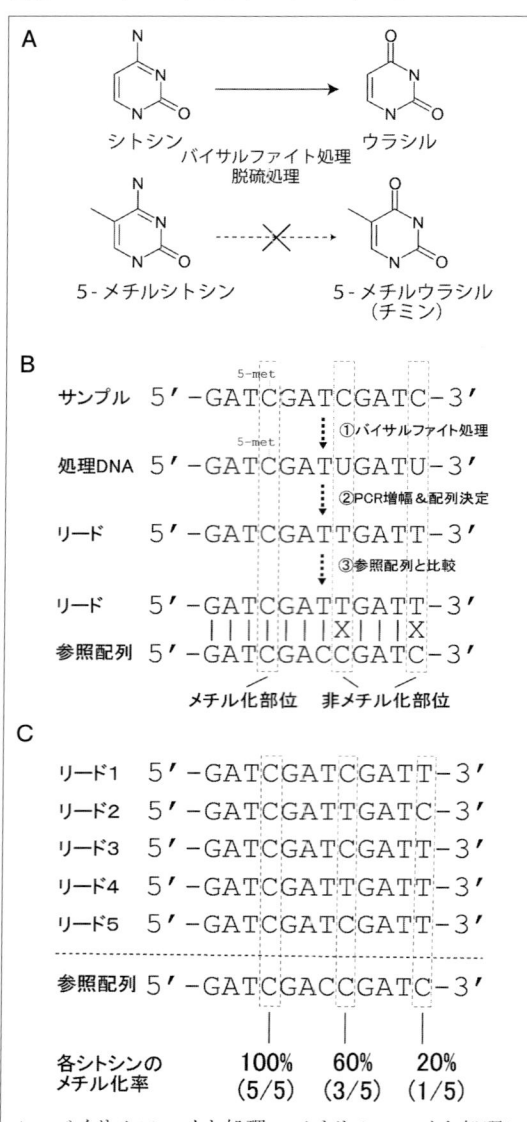

A. バイサルファイト処理。バイサルファイト処理によりDNA中のシトシンはウラシルに変換されるが，5-メチルシトシンは変換されない。
B. バイサルファイトシークエンス。①サンプルDNAに対してバイサルファイト処理を施した後，②解析したいゲノム領域をPCRで増幅し，クローニングなどを経て配列決定する。このときバイサルファイト処理によってウラシルに変換された部位はチミンとして読み出され，メチル化シトシン部位はシトシンとして読み出される。③参照配列と並べてみると，それぞれのシトシンのメチル化状態を判別することが可能となる。
C. メチル化率の算出。Bのようなアライメントを積み上げることによって，それぞれのシトシンのメチル化頻度を定量的に求めることが可能になる。

図❸ ゲノム網羅的バイサルファイトシークエンシング

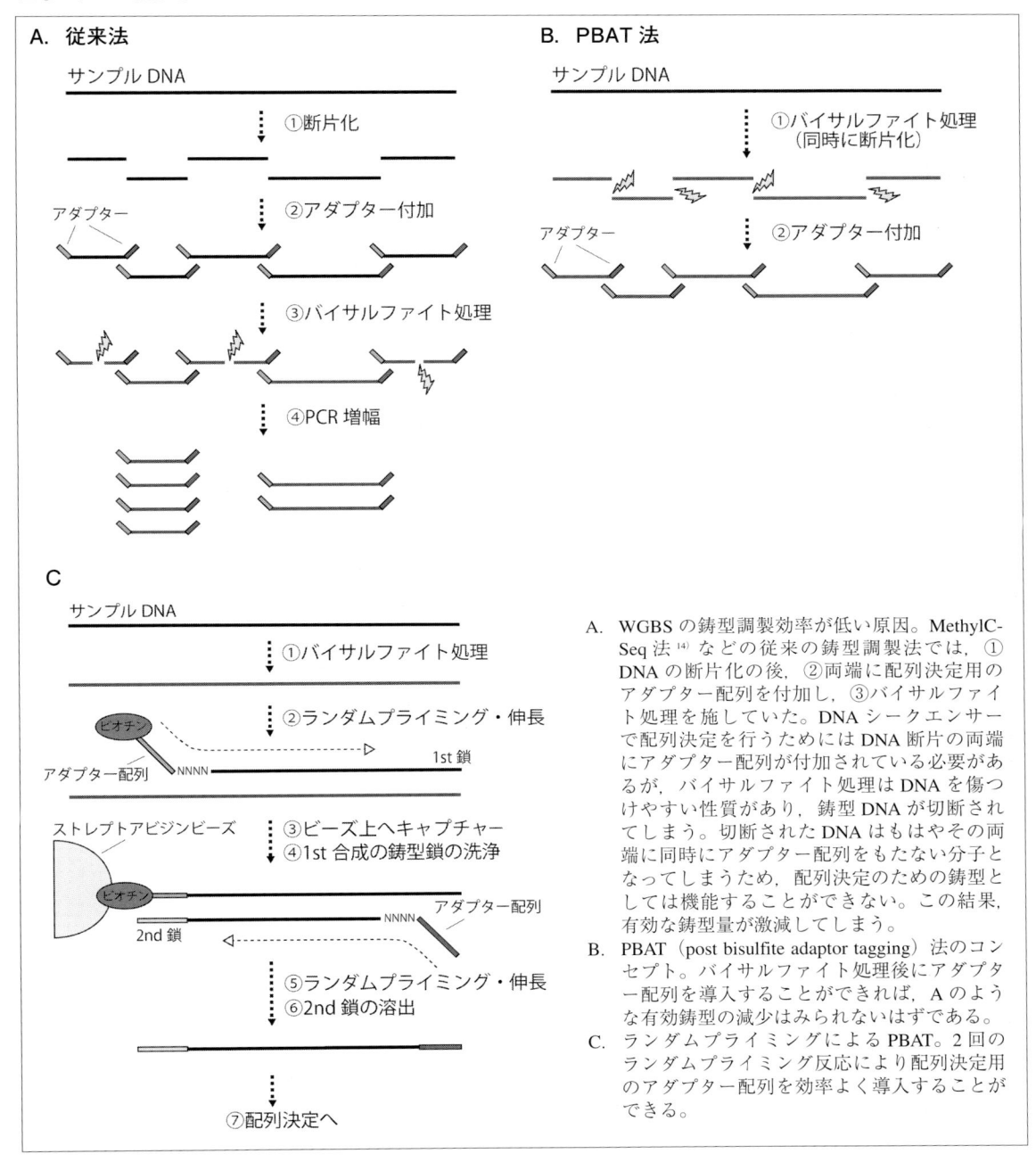

A. WGBS の鋳型調製効率が低い原因。MethylC-Seq 法[14] などの従来の鋳型調製法では，① DNA の断片化の後，②両端に配列決定用のアダプター配列を付加し，③バイサルファイト処理を施していた。DNA シークエンサーで配列決定を行うためには DNA 断片の両端にアダプター配列が付加されている必要があるが，バイサルファイト処理は DNA を傷つけやすい性質があり，鋳型 DNA が切断されてしまう。切断された DNA はもはやその両端に同時にアダプター配列をもたない分子となってしまうため，配列決定のための鋳型としては機能することができない。この結果，有効な鋳型量が激減してしまう。

B. PBAT（post bisulfite adaptor tagging）法のコンセプト。バイサルファイト処理後にアダプター配列を導入することができれば，A のような有効鋳型の減少はみられないはずである。

C. ランダムプライミングによる PBAT。2 回のランダムプライミング反応により配列決定用のアダプター配列を効率よく導入することができる。

は大量の塩基配列を決定する必要があるが，次世代シークエンサーの進化によってこれが可能になった。ゲノムサイズが比較的コンパクト（約 1 億塩基対）でかつ参照ゲノム配列の完成度が高いシロイヌナズナを対象とした WGBS が 2008 年後半に実現し[13)14)]，よりゲノムサイズの大きいヒト（約 30 億塩基対）を対象とした WGBS が 2009 年に実現されている[15)]。

WGBS の能力で特に注目に値するのは，そのメチル化に対する検出感度の高さであろう。シロイ

ヌナズナでは，mCIP 法（MeDIP 法と同様の原理）による解析が先行して行われていたが[16]，WGBS との比較の結果，mCIP 法では WGBS で同定されたおよそ半分のメチル化領域しか同定できていなかったことが明らかになった[14]。このようなメチル化部位に対する高い感度とその網羅性は今後のメチローム解析にとって WGBS がなくてはならないツールであることをわれわれに強く認識させた。また，塩基ごとのメチル化状態の把握が可能なことから，WGBS はタグカウントに基づくメチル化解析では不可能だったより詳細な解析を可能にしている。例えば，メチル化されやすいシトシンの近傍には特定の塩基が出現しやすい傾向があることがシロイヌナズナとヒトの双方で確認されている[13)15]。また，タンパク質の構造解析から DNA メチル基転移酵素である Dnmt3 は DNA 二重らせんのおおよそ 1 回転に相当する 8～10 塩基離れた 2 つの CG サイトを同時にメチル化しうることが知られているが，メチル化シトシンの近傍のシトシンのメチル化状況を調べてみると，8 塩基離れたシトシンが同時にメチル化されやすい傾向があることが確認された[13)15]。同様の傾向が 167 塩基間隔でも成り立つことがシロイヌナズナで見出されており[13]，このことはヌクレオソーム構造と DNA メチル化の間に何らかの相関があることを示唆しているのかもしれない。

IV. 微量サンプルからのゲノム網羅的バイサルファイトシークエンシング

WGBS を様々なサンプルに応用しようとした場合に解決されなければならない実用上の問題の 1 つとして，鋳型調製プロトコールの収率が極端に低いことが挙げられる。WGBS で一般的に用いられる MethylC-Seq[14] と呼ばれる鋳型調製法では従来 5μg 程度の開始 DNA が必要とされた。DNA のメチル化は生物の発生や組織の分化あるいはがん化などと密接な関わりをもっていることが知られており，このようなサンプルのゲノム DNA がどういったメチル化パターンを示すのかは多くのエピゲノム研究者の注目の的である。しかし，これらのサンプルは得られる細胞数に制約があり，十分な DNA 量を確保することが難しいため，より高感度な鋳型調製法が求められていた。

われわれは WGBS における鋳型調製効率を押し下げるメカニズムを理解することで鋳型調製効率の改善に取り組むことを試みた。これまでに報告された WGBS における鋳型調製法を比較した結果，いずれの手法でも配列決定のためのアダプター配列を導入し，その後でバイサルファイト処理を行うというプロトコール上の共通点があった。バイサルファイト処理が DNA を傷つけやすい性質をもっていることは広く知られた事実であるが，アダプター付加後にバイサルファイト処理を施すと必然的にアダプター間に切断点が導入されてしまうことになる（図❸ A）。1 ヵ所でも切断点が導入されればその DNA 分子はもはや配列決定のための鋳型分子にはなりえないことから，バイサルファイト処理により有効な鋳型分子の収量が激減してしまうことが説明できる。このような効果を回避するためにはバイサルファイト処理後にアダプター配列を導入することが有効であると考えられた（図❸ B）。そこでわれわれは 2 回の連続したランダムプライミング反応によりバイサルファイト処理後の DNA に対して配列決定用のアダプター配列を導入するポストバイサルファイトアダプタータギング（post-bisulfite adaptor tagging：PBAT）法と呼ぶプロトコールを考案・実用化した（図❸ C）[17]。PBAT 法は非常に高感度であり，わずか 125pg の開始 DNA から再現性よく鋳型調製を行うことができ，従来法では必要不可欠だった鋳型全体の PCR による増幅反応を必ずしも行う必要がない。このような PBAT 法の利点はマウスの卵母細胞や始原生殖細胞など，大量に DNA を回収することが難しいサンプルのメチローム解析に既に応用されはじめている[18)-20]。

V. 標的領域を絞り込んだゲノム規模のメチローム解析

WGBS はその網羅性と解像度に加えて高い定量性を有することから多くの知見をもたらしてきた。しかし，片アレルだけで 30 億塩基対もあるヒトやマウスのゲノムを対象とした場合，その実

2. メチローム解析

図❹ 標的領域を絞り込んだメチローム解析

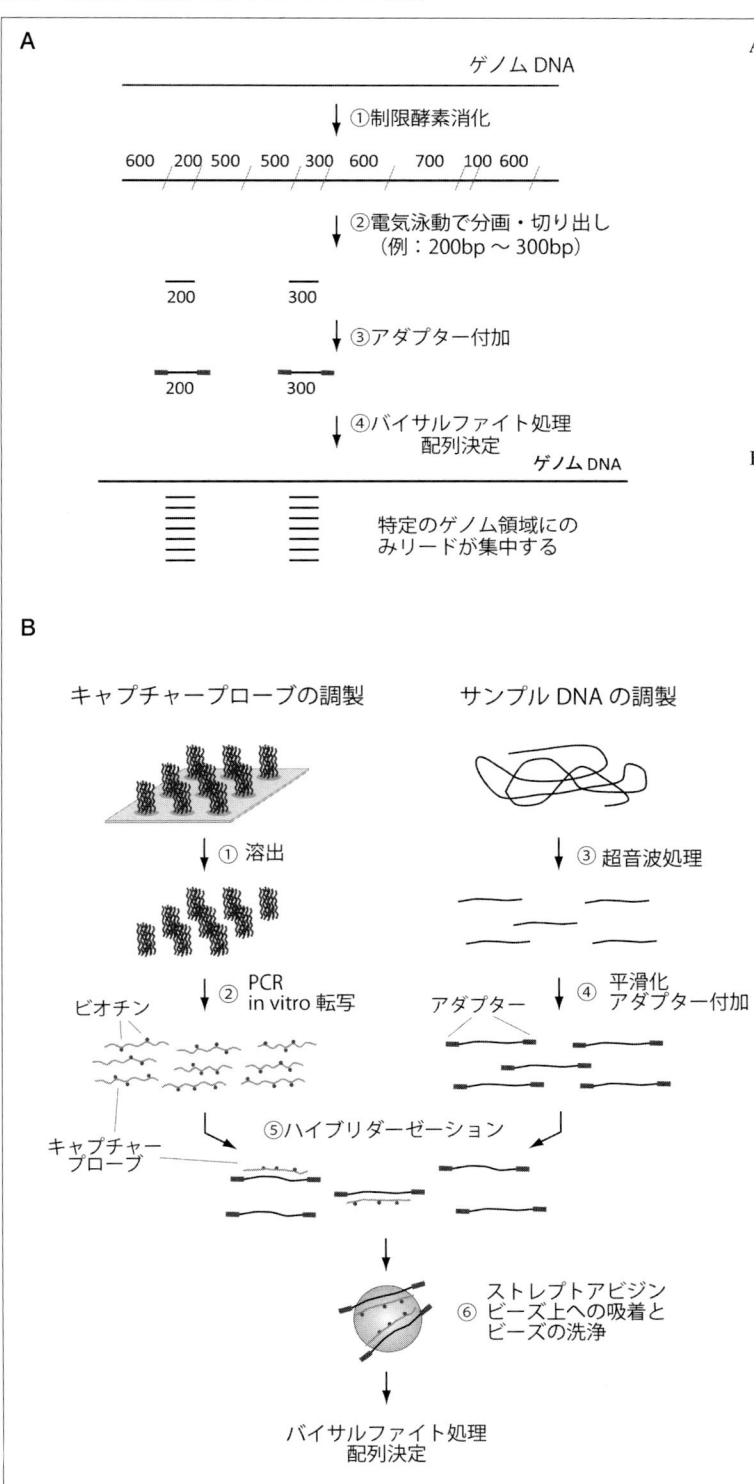

A.
ゲノム DNA
↓ ①制限酵素消化
600 200 500 500 300 600 700 100 600
↓ ②電気泳動で分画・切り出し
　（例：200bp～300bp）
200　　　300
↓ ③アダプター付加
200　　　300
↓ ④バイサルファイト処理
　配列決定
ゲノム DNA
特定のゲノム領域にのみリードが集中する

B.
キャプチャープローブの調製
↓ ①溶出
↓ ② PCR / in vitro 転写
ビオチン
キャプチャープローブ

サンプル DNA の調製
↓ ③超音波処理
アダプター
↓ ④平滑化 アダプター付加

↓ ⑤ハイブリダーゼーション
↓ ⑥ストレプトアビジンビーズ上への吸着とビーズの洗浄
↓ バイサルファイト処理 配列決定

A. reduced representation bisulfite sequencing（RRBS）。①ゲノム DNA を制限酵素で消化すると，配列に応じて決まった長さの断片が再現性よく得られる。②電気泳動などで特定の長さの断片を分画，回収すると，毎回決まったゲノム領域に由来する断片を回収することができる。③得られた DNA 断片の両端に配列決定用のアダプターを付加し，④バイサルファイト処理，鋳型全体の PCR 増幅を経て，配列決定をすることで，特定のゲノム領域を重厚なリードでカバーする高精度なメチロームデータが得られることになる。

B. ターゲットバイサルファイトシークエンス解析。①まず，標的とするゲノム領域を選択し，それぞれに対して Tm や塩基組成をもとに効率的にハイブリダイゼーションが起こると予想される 120 塩基ほどのプローブ用配列を設計する。マイクロアレイ作製技術を応用して，設計された DNA 配列をガラススライド上に合成する。②合成された DNA の両端にはすべての DNA に共通する PCR 増幅用配列が付加されている。合成された DNA をガラス基板から溶出し，これを鋳型に PCR 増幅を行う。この際使用するプライマーには T7 RNA ポリメラーゼのプロモーター配列が付加されているため，得られた増幅断片を鋳型に in vitro 転写により RNA を合成することができる。RNA 合成の際の基質にビオチン化ヌクレオチドを加えることで，合成された RNA はビオチン化標識が取り込まれる。このように合成された RNA 分子をキャプチャープローブと呼ぶ。一方，③サンプル DNA を断片化し，④その両端に配列決定用のアダプターを付加した後に，⑤キャプチャープローブと液相中でハイブリダイゼーションを行うと，標的とするゲノム領域由来の DNA 断片とキャプチャープローブが RNA-DNA ハイブリッドを形成する。⑥ストレプトアビジンビーズでビオチン化 RNA を回収すると，標的ゲノム領域を回収することができる。得られた断片に対してバイサルファイト処理を施し，PCR 増幅した後で配列決定すると標的ゲノム領域のメチル化情報が得られる。

第3章 エピジェネティクスの技術開発と創薬

図❺　1分子計測によるメチル化の直接検出

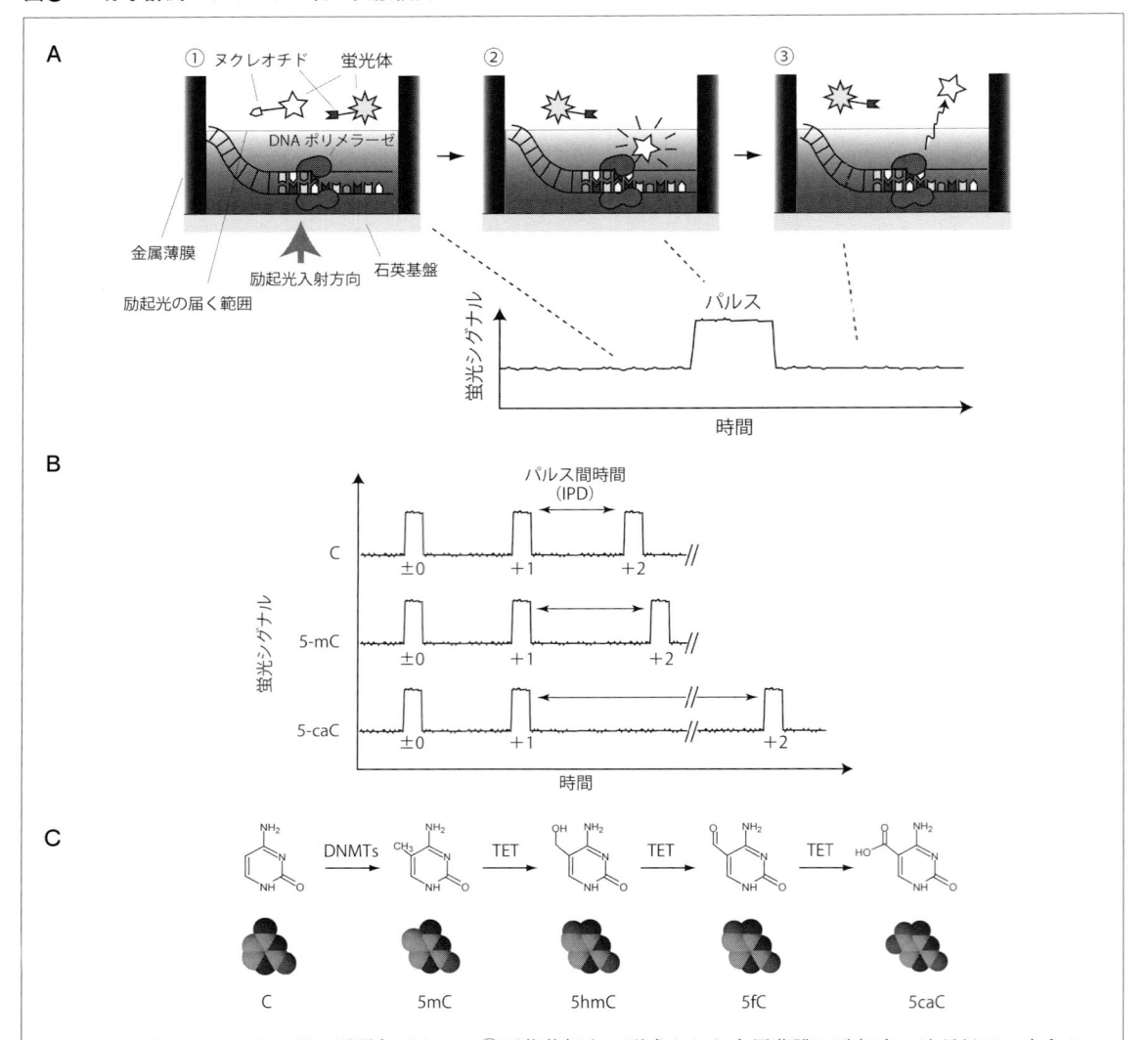

A. PacBioシークエンシングの原理とパルス。①石英基板上に形成された金属薄膜に励起光の波長以下の大きさの小孔をあけ，その底面にDNAポリメラーゼを固定化する。底面から励起光を照射すると励起光は小孔内部に入り込むがzero mode waveguideにより急激に減衰するため，その照射範囲はDNAポリメラーゼ近傍にとどまる。この結果，蛍光標識された遊離のヌクレオチドが液中に存在してもこれらは励起されない。②標識ヌクレオチドがDNAポリメラーゼに取り込まれると，蛍光体は励起光の照射範囲内に入り込むため励起され蛍光シグナルが発生する。蛍光強度の時系列データ中でこのシグナルはパルスとして観測される。③ポリメラーゼの伸長が終わると蛍光標識は切り離され拡散するためシグナルは消える。

B. IPD変化による化学修飾検出の模式図。DNAポリメラーゼが合成する際に観測される蛍光シグナル間の時間間隔をIPD（inter pulse duration：パルス間時間）と呼ぶ。IPDは塩基に化学修飾が存在すると変化がみられる。±0は左に示された塩基の相補鎖を合成した際のパルスを，+1，+2はそれに続く塩基の取り込みの際のパルスを意味している。IPDの変化はDNAポリメラーゼが修飾塩基の相補鎖を合成するときだけでなく，その近傍の塩基を取り込む際にもみられ，5-メチルシトシンや5-カルボキシルシトシンでは特に+2と+5のIPDの変化が大きいそうである。

C. 哺乳類ゲノムでみられるシトシンの化学修飾の構造式と空間充填モデル。シトシン（C）はDNMTファミリーの酵素により5位がメチル化され，5-メチルシトシン（5mC）となる。5mCはTET酵素により酸化され，5-ヒドロキシメチルシトシン（5hmC），5-フォルミルシトシン（5fC）を経て，5-カルボキシルシトシン（5caC）となる。酸化が進むにつれ塩基のかさ高さが増している。

現のためには配列決定だけで1解析あたり百万円規模のコストを要することになる。これでは多サンプル間での比較解析は難しく，シークエンシングコストのさらなる低下を期待するしかない。一方で，あらかじめ解析の対象とするゲノム領域を何らかの方法で絞り込んでBS解析を行えば，コストが抑えられるうえに対象領域に割り振られるリード数が増えることでより高精度なメチローム解析が可能になるだろう。

RRBS（reduced representation bisulfite sequencing）では標的領域の絞り込みに制限酵素による消化を利用する。ゲノムDNAを制限酵素により消化するとどの配列も決まったサイズに断片化されるため，得られた断片をサイズ分画することで特定のゲノム領域を効率的に濃縮することが可能となる（図❹A）。Meissnerらはマウスを対象としてRRBSを用いたゲノム規模のBS解析を早期に実現しており[21]，最近ではRRBSを微量な臨床検体のメチローム解析に応用しヒトゲノム中のおよそ1千万ヵ所のCpGサイトのメチル化状態を定量することに成功している[22]。一方RRBSでは，制限酵素の認識配列に解析の標的領域が決定されてしまうため，必ずしも一般の研究者が興味の対象とするゲノム領域を網羅することができないという制約がある。これに対して，あらかじめ研究者が選択した任意のゲノム領域のメチル化状態をバイサルファイトシークエンシングにより明らかにしようとするターゲットバイサルファイトシークエンシングが実現されている。WanらやLeeらはエクソーム解析でよく利用される液相でのハイブリダイゼーションキャプチャー技術を用いて標的のゲノム領域を濃縮し，それらの断片上のシトシンのメチル化状態を調べる試みを報告している[23)24)]（図❹B）。前者ではヒトゲノム中の約1％（3千8百万塩基）を占めるエクソン領域を，後者ではCpGアイランドを中心に100万ヵ所のCpGサイトを対象にしたメチローム解析を行っている。最近になって，アジレントテクノロジー社が同様の技術をキット化した製品を発売しており，ターゲットバイサルファイトシークエンス解析が容易に導入可能な環境が整いつつある。

Ⅵ. 1分子シークエンシングによるDNAメチル化の直接検出

Pacific Biosciences社のPacBio RSはいわゆる第3世代のシークエンサーに分類され，第2世代のシークエンサーとは異なり，PCRなどで標的配列を増幅することなく直接サンプルDNAの塩基配列を読み出すことが可能な点に特徴がある（1分子シークエンシング）。PacBioシークエンサーでは，DNAポリメラーゼがヌクレオチドを取り込んで伸長を行う際に基質のヌクレオチドに付加された蛍光体がDNAポリメラーゼ上にとどまる間だけ励起されてシグナルを発する原理を利用しDNAの塩基配列を決定する（図❺A）[3)4)]。このように個々の分子レベルでDNAポリメラーゼの挙動を観測することが可能になると，DNAの塩基上の化学修飾がDNAポリメラーゼの伸長反応に与える影響を知ることができるようになる。PacBioシークエンサーでは，それぞれのヌクレオチドが取り込まれる際に発せられる蛍光シグナルをパルスと呼び，パルス間の時間間隔をinter pulse duration（IPD）という（図❺B）。化学修飾された塩基上をDNAポリメラーゼが通過すると，その近傍で未修飾の塩基とは異なるIPDが観察されるようになるため，この性質を利用した化学修飾の直接検出が可能となる[25]。しかし，5-メチルシトシンはIPDの変化が未修飾のシトシンに比べてわずかであるためその判別が難しく，このシークエンサーをメチローム解析に用いることはできなかった。しかし，最近になってTETタンパク質によって5-メチルシトシンから誘導可能な5-カルボキシルシトシン（図❺B, C）がより大きなIPDの変化を示す性質を利用してPacBioシークエンサーで5-メチルシトシンの有無を検出することが可能になり，ようやく1分子シークエンサーもメチローム解析の選択肢の1つとなった[26]。

おわりに

本稿では次世代シークエンサーを用いたメチローム解析に焦点を当てて紹介してきた。これまでメチロームは，WGBSの場合，特に必要とされる

リード数が多いためか，RNA-Seq や ChIP-Seq などに比べてデータ取得の実績が乏しかった感がある。しかし，1000 種類のヒトの標準的なエピゲノム状態を決定しようとする国際ヒトエピゲノムコンソーシアム（IHEC）において WGBS はメチロームデータ取得の標準手法として採択されており，今後はデータの蓄積が進むものと考えられる。

また，ライフテクノロジーズ社は 1000 ドルのコストでヒトゲノム解読を終えることが可能な高出力の新型シークエンサー Ion Proton[5] を発表している。このような第 4 世代のシークエンサーによるシークエンシングコストの低下もメチローム解析には追い風となろう。

参考文献

1) Margulies M, et al：Nature 437, 376-380, 2005.
2) Bentley DR, et al：Nature 456, 53-59, 2008.
3) Eid J, et al：Science 323, 133-138, 2009.
4) Levene MJ, et al：Science 299, 682-686, 2003.
5) Rothberg JM, et al：Nature 348, 348-352, 2011.
6) Ball MP, et al：Nat Biotechol 27, 361-367, 2009.
7) Oda M, et al：Nucleic Acids Res 37, 3829-3839, 2009.
8) Harris RA, et al：Nat Biotechnol 28, 1097-1105, 2010.
9) Schumacher A, et al：Nucleic Acids Res 34, 528-542, 2006.
10) Webber M, et al：Nat Genet 8, 853-862, 2005.
11) Down TA, et al：Nat Biotechnol 26, 779-785, 2008.
12) Frommer M, et al：Proc Natl Acad Sci USA 89, 1827-1831, 1992.
13) Cokus SJ, et al：Nature 452, 215-219, 2008.
14) Lister R, et al：Cell 133, 523-536, 2008.
15) Lister R, et al：Nature 462, 315-322, 2009.
16) Zhang X, et al：Cell 126, 1189-1201, 2006.
17) Miura F, et al：Nucleic Acids Res 40, e136, 2012.
18) Kobayashi H, et al：PLoS Genet 8, e1002440, 2012.
19) Kobayashi H, et al：Genome Res 23, 616-627, 2013.
20) Shirane K, et al：PLoS Genet 9, e1003439, 2013.
21) Meissner A, et al：Nature 454, 766-770, 2008.
22) Gu H, et al：Nat Methods 7, 133-136, 2010.
23) Wan J, et al：BMC Genet 12, 597, 2011.
24) Lee EJ, et al：Nucleic Acids Res 39, e127, 2011.
25) Flusberg BA, et al：Nat Methods 7, 461-465, 2010.
26) Clark TA, et al：BMC Biology 11, 4, 2013.

参考ホームページ

- ロシュ・アプライド・サイエンス社
  http://www.roche-biochem.jp/
- イルミナ株式会社
  http://www.illuminakk.co.jp/
- Pacific Biosciences 社
  http://www.pacificbiosciences.com/
- ライフテクノロジーズ社
  http://www.appliedbiosystems.jp/
- アジレント・テクノロジーズ株式会社
  http://www.chem-agilent.com/

三浦史仁
1997 年　東京理科大学理学部第 I 部化学科卒業
2002 年　東京大学大学院理学系研究科生物化学専攻修了（理学博士）
2006 年　東京大学大学院新領域創成科学研究科特任助教
2009 年　東京大学大学院理学系研究科特任助教

第3章 エピジェネティクスの技術開発と創薬

3. ヒストン修飾検出法

木村　宏・佐藤優子

　ヒストンタンパク質の多様な翻訳後修飾は，DNA修飾とともにエピジェネティクス制御の重要な指標である．そのため，ヒストン修飾の解析は，発生や分化，病態変化に応じた遺伝子発現の制御機構を理解するうえで欠かせないものとなっている．ヒストン修飾の検出には，質量分析などの化学的特性を利用して分離する方法，放射性同位体の取り込みにより同定する方法，修飾特異的抗体による免疫化学的手法などが用いられる．その中でも，抗体を用いた検出法は，ゲノム上の修飾の分布や個々の細胞レベルでの修飾状態の違いなど多岐の用途にわたって使用できる．

はじめに

　真核生物のクロマチンの基本単位は，約150塩基対のDNAとヒストン分子8量体（H2A，H2B，H3，H4の4種類のコアヒストン各2分子ずつ）から構成されるヌクレオソームと呼ばれる構造である（図❶）．このヌクレオソーム構造は非常に安定であり，特にH3とH4の大部分はDNA複製や細胞分裂を経てもDNAから解離しない．したがって，ヒストンへの翻訳後修飾による標識は，DNAへのメチル化などによる直接の標識と同様に，世代を超えて継承されるエピジェネティクス制御の重要な情報となりうる．

　すべてのヒストンは，多彩な翻訳後修飾を受ける．修飾を受ける主要な残基は，リシン（アセチル化，メチル化，ユビキチン化），アルギニン（メチル化，シトルリン化），セリン（リン酸化），スレオニン（リン酸化），グルタミン酸（ADPリボシル化）である．これらの修飾は，主にヌクレオソーム構造から飛び出したN末端テイル領域に集中しているが，ヌクレオソーム内部のアミノ酸残基にも見出される．ヒストン修飾と細胞機能との相関は，アセチル化と転写活性の関係が半世紀ほど前に初めて報告された[1]．その後の研究の発展により，ヒストンの多様な翻訳後修飾は，転写制

図❶　ヌクレオソーム構造

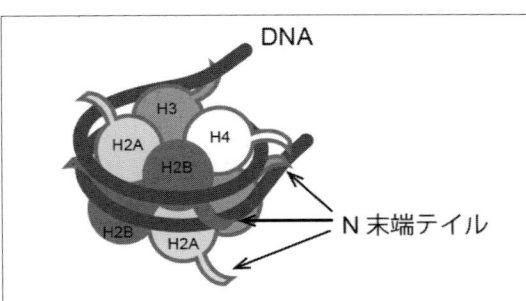

真核生物のクロマチンの基本単位は，約150塩基対のDNAとヒストン分子8量体（H2A，H2B，H3，H4の4種類のコアヒストン各2分子ずつ）から構成される．すべてのコアヒストンのN末端テイルとH2AのC末端テイルは，ヌクレオソームから突出しており，決まった構造をとらない．翻訳後修飾はこれらのテイル領域に多くみられる．

---

key words

アセチル化，エピジェネティクス，ヒストン翻訳後修飾，メチル化，がん，細胞周期，質量分析，転写制御，修飾部位特異的抗体，遺伝子発現

御のみならずゲノム DNA の複製，修復，組換えなどにおいても重要な役割を果たしていることが明らかになってきた。

本稿では，細胞内のヒストン修飾の検出法を，具体例を示しながら原理ごとに述べる。標準的な生化学的手法から最先端の大規模ゲノム解析まで，対象となる現象・サンプルの性質によりどのように使い分けるべきか，ヒストン修飾の機能や特徴とともに解説する。

ヒストンの翻訳後修飾の検出系は，①化学的特性により分離する方法，②放射性同位体の取り込みにより同定する方法，そして③修飾部位特異的抗体による免疫化学的手法の3つに大別できる（表❶）。

I. 化学的特性による検出

1. ゲル電気泳動による分離

ヒストンの翻訳後修飾を簡便に検出する方法として，acid-urea-triton（AUT）ゲルを用いた電気泳動法が開発されている[2]。AUT ゲル電気泳動では，電荷に影響を与えるアセチル化やリン酸化などの修飾レベルをその移動度から判別できる。特に，分子量の小さい H4 のアセチル化は，移動度に比較的大きく影響するため，異なる数のアセチル化を受けた H4 を容易に区別できる。また，AUT ゲル電気泳動と SDS ポリアクリルアミドゲル電気泳動とを組み合わせた二次元電気泳動によって，より高分解能の解析が可能である。実際，DNA 二重鎖切断により誘導されるヒストン H2AX のリン酸化やアポトーシスに伴う H2B のリン酸化は，この方法により発見された[3,4]。さらに AUT ゲル電気泳動は，ヒストンバリアント間の分離もできることから，異なるバリアント上のアセチル化とリン酸化を検出することが可能である[2]。しかしながら，AUT ゲル電気泳動は以下のような理由から最近用いられることが少なくなってきた。①移動度に大きく影響しないメチル化の検出は困難である，②アセチル化やリン酸化の数は判別できるものの，どの部位が修飾されているのかは判別できない，および③ゲルの調製と泳動が比較的繁雑である。

2. 質量分析

最近，質量分析法の発展に伴い，ヒストン修飾を高感度で検出できるようになってきた。質量分析を用いた方法は定量性が高いため，異なる修飾の存在割合を測定できることや，単一分子上における複数の修飾を同時に同定できることなどが特徴である[5,6]。例えば，増殖中の HeLa 細胞では，

表❶　ヒストン修飾検出法

原理	解析方法	留意点など
化学的特性の違いによる検出		
	AUTゲル電気泳動	・特殊な装置を必要としない簡便な方法 ・移動度に影響しない修飾（メチル化など）の検出は困難 ・修飾部位の判別は不可能 ・ゲルの調製と泳動がやや繁雑
	質量分析法	・定量性に優れている ・質量分析装置が必要 ・分子量の違いが小さい場合，より高分解能の装置が必要
放射性同位体による検出	シンチレーション計測 ゲル電気泳動	・修飾部位の判別は不可能 ・放射性同位体の実験施設および管理が必要
修飾部位特異的抗体による検出	ウェスタンブロッティング	・特殊な装置を必要としない
	ChIP-qPCR	・目的とするゲノム領域の修飾状態が検出できる
	ChIP-seq	・ゲノム上の修飾の分布がわかる ・大規模シーケンサーが必要
	免疫染色	・単一細胞レベルの修飾状態，核内局在の検出 ・集団の中の少数細胞の検出が可能
	FabLEM	・単一細胞レベルの生細胞観察が可能 ・修飾特異的 Fab が必要 ・タンパク質導入技術が必要

H4全分子のうち，20番目のリシン（K20）のモノメチル化修飾された分子が8％，ジメチル化，トリメチル化は，それぞれ82％，2％であり，大部分のH4がジメチル化状態にあることが示されている[7]。また，K20のジメチル化をもつH4分子上で，K16アセチル化や，K12およびK16のアセチル化が同時に存在する割合（それぞれ，全体の17％と4％）などが計測されている。

質量分析による特定の修飾を受けた分子の定量化は，培養細胞におけるヒストン修飾動態の解析にも応用することができる。例えば，細胞周期を同調させた細胞からヒストンを調製することで，細胞周期の進行に伴う修飾状態の変化が計測できる。H4K20のメチル化の場合，モノメチル化レベルがG2期からM期にかけて上昇し，G1期に減少することが示されている。また，H3K9やH3K27のトリメチル化は，S期のDNA複製に伴って倍加するのではなく，G2期や細胞分裂を経た後のG1期にようやく回復することなどが報告されている[8]。さらに，安定同位体による標識と質量分析を組み合わせることで，細胞内のヒストン修飾・脱修飾のキネティクスを測定することも可能になっている[9)10]。一般に転写活性化と相関するメチル化のターンオーバーは速く，転写抑制に関わるメチル化のターンオーバーは遅い。その中でもH4K20トリメチル化は最も安定であり，半減期が5日弱であることが示されている。一方，H3K9モノメチル化は，メチル化の中では速いターンオーバー（半減期8時間程度）を示す。

このように，質量分析法はヒストン修飾の定量的な検出に非常に有効な方法であるが，分子量の差が小さい場合は検出が難しい。例えばアセチル化とトリメチル化の分子量の差はわずか0.036 Daであり，両者を区別するには高分解能の質量分析装置が必要である。

II．放射性同位体の取り込みによる検出

ヒストンの翻訳後修飾は，放射性同位元素により標識された基質の取り込みによっても検出できる。アセチル化の基質としてアセチルCoA，メチル化の基質としてS-アデノシルメチオニンが用いられるが，それらの転移されるアセチル基やメチル基が^{13}Cや^{3}Hなどの放射性同位体で置換された基質を用いることで，修飾されたヒストンのみが選択的に検出される[1]。これらの放射性基質は生細胞の標識にも用いられてきたが，最近では特に*in vitro*での酵素活性の検定に使用されることが多い。

III．修飾部位特異的抗体を用いた検出

上述の化学的特性を用いた方法や放射性同位体の取り込みによる修飾の検出法は，細胞抽出液の調製やヒストンタンパク質の精製が必要である。したがって，多数の細胞集団を対象とする場合や，*in vitro*のヒストン修飾状態の解析には適しているが，少数の細胞を対象とする場合や個々の細胞レベルでのヒストン修飾の解析には向いていない。一方，特定のヒストン修飾を修飾部位特異的に認識する抗体を用いる方法は，単一細胞での解析をはじめ放射性同位体を用いない*in vitro*でのハイスループットアッセイも可能である。また，抗体を用いて特定の修飾をもつクロマチンを濃縮し，そこに含まれるDNA配列を解析すること（クロマチン免疫沈降，ChIP：chromatin immunoprecipitation）で，ゲノム上に修飾がどのように分布しているのか明らかにすることができる[11]。ただし，ヒストン修飾の検出に限ったことではないが，以下に述べるどの検出においても，他の修飾への交差反応がないことが十分に検討されている修飾特異的抗体を入手する必要がある[12)13]。

1. ウェスタンブロッティングによる検出

細胞集団における特定のヒストン修飾の相対量を比較したい場合には，修飾部位特異的抗体を用いたウェスタンブロッティングにより簡便に調べることができる。通常，同じ細胞数由来の全タンパク質をSDS-ポリアクリルアミドゲル電気泳動（SDS-PAGE）で分離し，膜に転写後，特異的抗体およびperoxidase標識二次抗体と反応させることで，その標的修飾の存在量が比較できる。この時コントロールとして，サンプル間で等量のヒストンが分離されたことを確認する必要がある。培養細胞ではヒストンは最も存在量が多いタンパク質

の1つであるため，Coomassie brilliant blue（CBB）染色を行うことで，容易にヒストンのバンドが検出でき，各サンプル間の比較が可能である．組織由来のタンパク質の場合は，全タンパク質中に占めるヒストンの割合が必ずしも多いとは限らないため，SDS-PAGEではヒストンを区別できない場合もある．その場合は修飾の有無によらずすべてのヒストンを検出できる抗体でゲルへのアプライ量をノーマライズする必要がある．また，総ヒストン量の見積もりには，酸抽出により塩基性タンパク質を粗精製することで，ヒストンを濃縮しCBB染色する方法も有用である．

2. クロマチン免疫沈降（ChIP）による特定のゲノム領域におけるヒストン修飾の解析

修飾部位特異的抗体による検出法が最も威力を発揮するのはChIP解析である．細胞からクロマチン断片を調製し，特異的抗体を用いて免疫沈降した後，回収されたDNAの配列を解析することで，任意のゲノム領域に目的の修飾が局在するかどうかを調べることができる（図❷）[11]．調べたい領域が限定されている場合は，ChIPによる回収率を定量PCRで解析する（ChIP-qPCR）．コントロールIgGを用いたChIP，およびその修飾が存在しないネガティブコントロール領域での増幅と比較してより有意に回収率が高ければ，その修飾が存在していると判断できる．しかし一般に，標的修飾ヒストンをもつクロマチンがすべて免疫沈降で回収されるわけではないため，回収率の数字は絶対的なものではなく，あくまでも相対的なものである．例えば回収率が1％であった場合に，全クロマチン（あるいは細胞）の1％にその修飾が存在するとは解釈できない．また，異なる抗体では回収率も異なるため，抗体（修飾）間の数字の比較は意味をもたないことが多い．

最近，次世代シーケンサーを用いた大規模解析が可能になり，ChIPで回収されたDNAの配列を決定しリファレンスゲノム上にマップすること（ChIP sequencing：ChIP-seq）で，特定のヒストン修飾のゲノム上の分布が解析できるようになってきた[14)15)]．ChIP-seq法では，全ゲノムに対する特定の領域の濃縮率が明らかになる．転写活性化に関わるようなアセチル化やH3K4のメチル化，転写因子などは，転写開始点付近に限局して存在することが多いため，明らかなピークとして検出されやすい．それに対して，H3K9のジメチル化やトリメチル化などの不活性クロマチンにみられる修飾はブロードに局在するため，濃縮率としては低く，明確なピークが検出されづらいことがある．その場合，解析するウィンドウ幅（塩基対長）を大きくとることで，濃縮される領域と排除される領域を同定できる[16)17)]．

ChIP-seqで得られたデータは，目的に応じて多様な解析が可能であるが，主に用いられるのは，局在ピークの検出によるゲノム上の局在部位の同定（例えば，MACSによるピークコール[18)]）や全遺伝子（あるいは特定の遺伝子群）の転写開始点，終結

図❷ ChIP-qPCR，ChIP-seqの原理

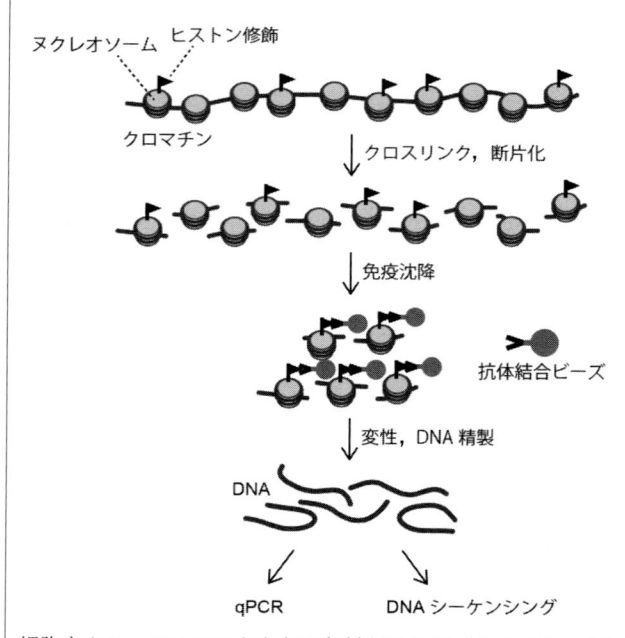

細胞をホルムアルデヒドなどの架橋剤で処理（クロスリンク）して回収し，超音波破砕や酵素処理でクロマチンを断片化する．ヒストン修飾特異的抗体を用いた免疫沈降を行った後，タンパク変性などでクロスリンクを解消し，DNAを精製する．得られたDNAをqPCRあるいはDNAシーケンシングにかける．

点付近の局在性の解析（アグリゲーションプロット；例えば ngs.plot）などである。ヒストン H3K4 のトリメチル化や H3K9 のアセチル化などの転写活性化に関与する修飾は，転写開始点を挟んだ 2 つのピークとして現れることが多い．これは，転写開始点ではヌクレオソームが形成されていないためであると考えられる．一方，H3K36 のトリメチル化は，転写伸長反応時に付加されることから，転写開始点より下流の遺伝子コード領域（gene body）に多くみられる[19]．

ChIP-seq 法は，このように全ゲノムレベルで修飾ヒストンの局在を俯瞰できる優れた方法であるが，高価であるのに加え，目的によっては解析にバイオインフォマティクスの知識が少なからず必要とされる．また，現在のリード長（数十塩基対）では，繰り返し配列を含むようなリードはマップできないことも多い．

特定領域に着目した場合，ChIP-qPCR ではインプットに対する回収率を測定するのに対して，ChIP-seq では全ゲノムに対する濃縮率を測定するという違いがある．すなわち，適切な免疫沈降の条件下では，ChIP-qPCR は，対象としている修飾が他のゲノム領域でどのような分布をしているのかにかかわらず，特定の領域における修飾の存在を評価できる．それに対して，ChIP-seq における濃縮率は他のゲノム領域との比較となる．したがって，ゲノム上で広く分布する修飾（例えば，H3K9 ジメチル化や H4K20 ジメチル化など）は，ChIP-seq で濃縮率が低い場合でも ChIP-qPCR では検出されうる．

3. 免疫染色による検出

これまで述べてきた方法は，すべて細胞集団を取り扱うものであり，個々の細胞レベルでのヒストン修飾の変化やばらつきを評価できない．また，生体内の少数の特定の細胞のみを対象とした解析も困難である．それに対して，修飾ヒストン特異的抗体を用いた免疫染色法では，単一細胞レベルでヒストン修飾を検出することができる[20]．

ヒストン修飾抗体による細胞染色は，間期の核全体および分裂期の染色体全体にシグナルが分布するものが多いが，高解像度で観察すると，個々のヒストン修飾で細胞核内での局在性に違いがあることがわかる．一般に，抑制的に働く修飾は核膜や核小体の近傍の凝縮したヘテロクロマチンに位置することが多く，転写の活性化に働く標識は核の内側のユークロマチンに局在する（図❸）．しかし一部の老化細胞では，個々の染色体が H3K9 トリメチル化ドメインを芯とした層構造を示すなど，発生・分化・老化などの過程で細胞核内のクロマチン高次構造の変化が起こることがわかっている．特徴的なクロマチン局在を示す例として，眼球の網膜上に存在し光を感知に働く桿体細胞が知られている[21]．昼行性動物の桿体細胞では他の一般的な細胞と同様にヘテロクロマチンは核膜周辺に局在化するが，夜行性動物ではヘテロクロマチンが核の中央部に局在化し，全く逆のパターンとなっている．この核中央部のヘテロクロマチン局在化は，光の集光に働くことが示唆されている．すなわち，夜行性動物では高感度に光を検出する必要があるため，核の構造が変化することで効率的な集光に働く可能性があり，クロマチン構造自身が機能をもつことが示唆されている．

また，免疫細胞染色または免疫組織染色のシグナル強度を定量化して，個々の細胞のヒストン修飾レベルを比較検討することができる．例えば，先に述べた H4K20 メチル化の細胞周期による変動は，免疫蛍光染色によっても容易に検出され，高レベルの H4K20 モノメチル化は G2 後期や G1 前期の細胞の指標となりうる．また，H4K5 のア

図❸ ヒストン修飾抗体を用いた免疫細胞染色

| DNA | K9me3 | K27me3 | K36me3 | merge |

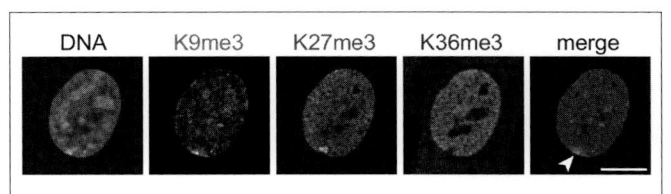

ヒト培養細胞に対して，ヒストン H3 修飾特異的抗体を用いて免疫染色を行った．H3K9 トリメチル化（K9me3；緑），H3K27 トリメチル化（K27me3；赤）は不活性 X 染色体に濃縮される（矢頭）．H3K36 トリメチル化（K36me3；青）はユークロマチン領域に局在する．Scale bar=10 μm　　　　　　　　　（グラビア頁参照）

セチル化は，新規にクロマチンに取り込まれたヒストン上にみられる修飾の1つであるが，S期の細胞で顕著にこの修飾のレベルが上昇していることが免疫蛍光染色でも検出できる。

免疫組織染色による解析では，臨床サンプルを用いた染色データが近年多数報告されている。例えば，胃がんにおける H3K9 トリメチル化の染色とがんの進行，リンパ管浸潤，再発の程度との相関が報告されている[22]。また，H3K9 アセチル化は未分化状態の胃がんで高くみられるが，H3K9 アセチル化や H4K16 アセチル化，H4K20 トリメチル化の染色と生存率あるいはがんの重篤度との相関はみられていない。

前述のように，免疫染色では，単一細胞レベルでのヒストン修飾の全体的なレベルと空間的局在が明らかになるものの，繰り返し配列や不活性X染色体など細胞核内で明確なドメインをもつ場合を除いて，単一ゲノム領域の修飾状態の検出は難しい。しかし最近，免疫染色と in situ hybridization, proximity ligation assay 技術を組み合わせることで，ハイブリダイゼーションプローブ近傍での特定の修飾の存在を検出できることが示された[23]。この方法は，細胞分化，病変における修飾動態の解析に有用であると考えられる。

4. 蛍光標識 Fab を用いたヒストン修飾の生細胞観察

最近われわれは，ヒストン修飾特異的抗体から抗原結合断片（Fab）を調製し，蛍光色素で標識した後，細胞に導入することで，生きた細胞内でヒストン修飾を検出する方法（FabLEM：Fab-based live endogenous modification labeling）を開発した（図❹）[24]。FabLEM では，特定の修飾の核内局在性や全体レベルの継時的変化を生きたまま単一細胞レベルで追跡できる。われわれはこの方法を用いて，培養細胞の細胞周期におけるヒストン H3 リン酸化の動態や，G2 期においてリン酸化レベルを維持するためのメカニズムなどを明らかにした[25]。

図❹ 蛍光標識 Fab を用いた生細胞観察（FabLEM）

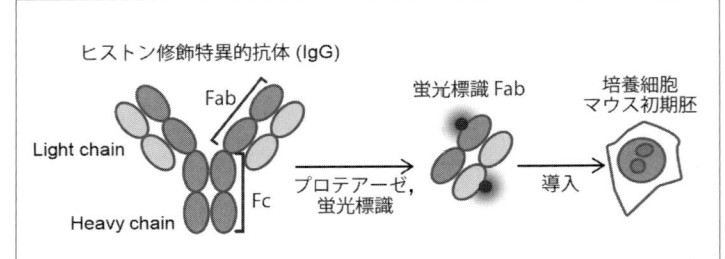

ヒストン修飾特異的抗体（IgG）をプロテアーゼ消化して Fab 断片を作製し，蛍光色素で標識してプローブとして用いる。培養細胞やマウス初期胚に導入して生細胞観察を行う。

FabLEM は，タンパク質導入が可能な系であれば生体内のヒストン修飾動態も観察できる。われわれは，蛍光標識 Fab をマウス初期胚へ導入することで，発生初期のヒストン修飾動態を観察することに成功した[26]。この方法により，マウス受精卵の雄性前核において H3K27 アセチル化が急激に低下することや，体細胞移植核では H3K27 アセチル化レベルが低いことを明らかにした。また，ヒストン脱アセチル化酵素（HDAC：histone deacetylase）阻害剤が，初期胚において H3K9 よりも H3K27 のアセチル化に有意に働くことがわかった。HDAC 阻害剤は，体細胞核移植によるクローン個体の作製効率を改善する効果が報告されているが，その作用は H3K27 アセチル化レベルの上昇に起因する可能性がわれわれの結果から示唆された。

おわりに

1964年に放射性標識した基質の取り込みにより初めて示されたヒストンタンパク質の翻訳後修飾は，解像度と規模を増しながら検出されてきたが，今なお検出対象は底を尽きず，むしろ増え続けている。本稿では細胞内ヒストン修飾の検出法を，昔ながらの生化学的手法から，最先端の大規模ゲノム解析や，最近筆者らが開発した生細胞観察法まで，具体例を示しながら紹介した。以上に述べた方法を目的に応じて組み合わせることで，ヒストン修飾を介したエピジェネティクス制御の新しい知見を得ることができる。

参考文献

1) Allfrey VG, Faulkner R, et al：Proc Natl Acad Sci USA 51, 786-794, 1964.
2) Zweidler A：Methods Cell Biol 17, 223-233, 1978.
3) Rogakou EP, Pilch DR, et al：J Biol Chem 273, 5858-5868, 1998.
4) Ajiro K：J Biol Chem 275, 439-443, 2000
5) Britton LM, Gonzales-Cope M, et al：Expert Rev Proteomics 8, 631-643, 2011.
6) Sidoli S, Cheng L, et al：J Proteomics 75, 3419-3433, 2012.
7) Pesavento JJ, Yang H, et al：Mol Cell Biol 28, 468-486, 2008.
8) Xu M, Wang W, et al：EMBO Rep 13, 60-67, 2011.
9) Zee BM, Levin RS, et al：Epigenetics Chromatin 3, 22, 2011.
10) Zee BM, Britton LM, et al：Mol Cell Biol 32, 2503-2514, 2012.
11) 林 陽子, 後藤友二, 他：エピジェネティクス実験プロトコル（牛島俊和, 眞貝洋一, 編）, 羊土社, 2008.
12) Kimura H, Hayashi-Takanaka Y, et al：Cell Struct Funct 33, 61-73, 2008.
13) Egelhofer TA, et al：Nat Struct Mol Biol 18, 91-93, 2011.
14) Park PJ：Nat Rev Genet 10, 669-680, 2009.
15) ENCODE Project Consortium：Nature 489, 57-74, 2012.
16) Chandra T, et al：Mol Cell 47, 203-214, 2012.
17) Nozawa RS, et al：Nat Struct Mol Biol 20, 566-573, 2013.
18) Zhang Y, et al：Genome Biol 9, R137, 2008.
19) Zhou VW, Goren A, et al：Nat Rev Genet 12, 7-18, 2011.
20) 木村　宏, 林　陽子：医学のあゆみ 235, 995-1000, 2010.
21) Solovei I, et al：Cell 137, 356-368, 2009.
22) Park YS, et al：Ann Surg Oncol 15, 1968-1978, 2008.
23) Gomez D, Shankman LS, et al：Nat Methods 10, 171-177, 2012.
24) 木村　宏, 佐藤優子, 他：生物物理 52, 234-235, 2012.
25) Hayashi-Takanaka Y, et al：Nucleic Acids Res 39, 6475-6488, 2011
26) Hayashi-Takanaka Y, et al：J Cell Biol 187, 781-790, 2009.

参考ホームページ

- ngs.plot
  http://code.google.com/p/ngsplot/

木村　宏
1989 年　北海道大学理学部化学第二学科卒業
1991 年　同大学院理学研究科博士後期課程中退
　　　　北海道大学遺伝子実験施設教務職員
1996 年　オックスフォード大学博士研究員
2002 年　東京医科歯科大学難治疾患研究所助教授
2003 年　京都大学医学研究科特任教授
2007 年　大阪大学生命機能研究科准教授

第3章 エピジェネティクスの技術開発と創薬

4．iChIP 法による特定ゲノム領域の単離と結合分子の同定

藤井穂高

転写やエピジェネティクス制御をはじめとして，ゲノム DNA 機能によって制御されている生命現象を包括的に理解するためには，当該ゲノム領域に結合している分子の同定とその機能解析が必須である。しかし従来，生体内で特定ゲノム領域に結合している分子を同定するための方法は限られていた。筆者らのグループは，生体内での相互作用を保持したまま特定ゲノム領域を単離してその生化学的・分子生物学的解析を行うための新規方法として挿入的クロマチン免疫沈降法（insertional chromatin immunoprecipitation：iChIP）を開発した。本稿では，iChIP 法のエピジェネティクス・クロマチン研究への応用について解説する。

はじめに

遺伝子発現，ヘテロ・ユークロマチン化，X 染色体不活性化，遺伝学的刷り込みなどの重要な生物学的現象の分子機構の解明には，当該クロマチンドメインの詳細な生化学的・分子生物学的解析が必須である[1]。しかし，クロマチンドメインの生化学的本態はいまだによくわかっていない。この原因として，クロマチン[用解1]構造を生化学的・分子生物学的に解析するための方法が限られていたことが挙げられる。本稿では，生体内におけるゲノム上での分子間相互作用を解析するために筆者らが開発した挿入的クロマチン免疫沈降法（insertional chromatin immunoprecipitation：iChIP）と，iChIP 法による遺伝子座特異的生化学的エピジェネティクス[用解2]・クロマチン生化学の実際について解説する。

I．iChIP 法の原理

分子間相互作用を保持したまま，特定ゲノム領域を生化学的に解析するために，筆者らは iChIP 法を開発した[2]。iChIP 法の概要は以下のとおりである（図❶A）。①外来性 DNA 結合タンパク質の認識配列を解析対象ゲノム領域に挿入する。②その外来性 DNA 結合タンパク質の DNA 結合ドメイン（DB）にタグや核移行シグナルを融合させたタンパク質（図❶B）を発現させる。③必要であれば，細胞を刺激し，ホルムアルデヒドや他のクロスリンカーを用いて架橋する。④細胞を破砕し，超音波処理などによって DNA を断片化する。⑤外来性 DB を含む複合体を，タグに対する抗体による免疫沈降や他のアフィニティ精製法によって単離する。⑥単離された複合体は，解析対象ゲノム領域と相互作用している分子を保持している。架橋を解除し，DNA，RNA，タンパク質や他の分子を精製して，その同定と解析を行う（図❶C）。筆者らは，外来性 DNA 結合タンパク質およびその結合配列として，細菌の DNA 結合タンパク質である LexA タンパク質とその結合エレメント（LexA-binding element：LexA BE）を用いて

---

key words

iChIP，クロマチン，エピジェネティクス，3C，PICh，MS

4. iChIP法による特定ゲノム領域の単離と結合分子の同定

図❶ iChIP法のスキーム（文献10より改変）

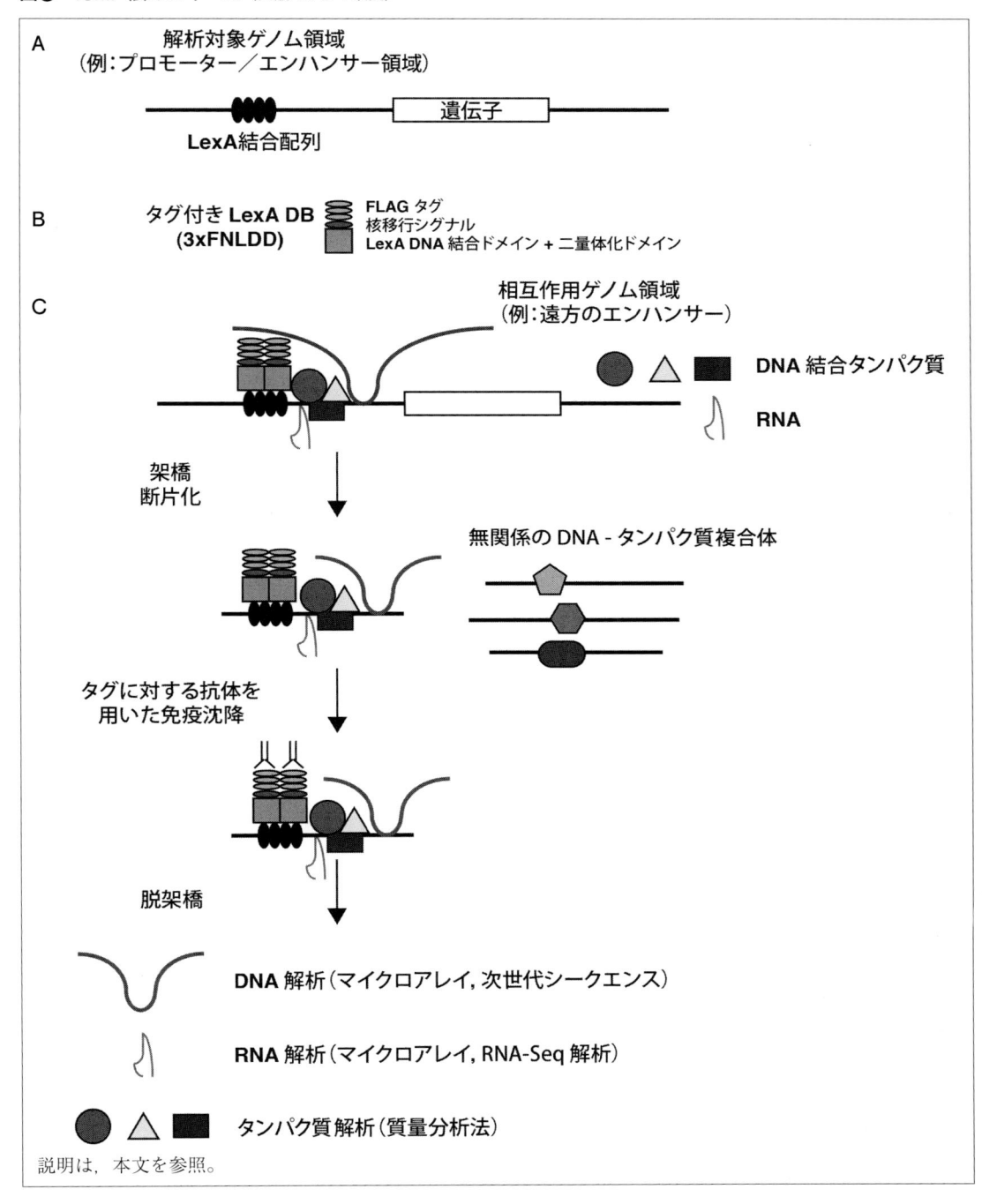

A　解析対象ゲノム領域
（例：プロモーター／エンハンサー領域）
LexA結合配列　遺伝子

B　タグ付きLexA DB
(3xFNLDD)
FLAGタグ
核移行シグナル
LexA DNA結合ドメイン＋二量体化ドメイン

C　相互作用ゲノム領域
（例：遠方のエンハンサー）
DNA結合タンパク質
RNA

架橋
断片化
↓

無関係のDNA-タンパク質複合体

タグに対する抗体を
用いた免疫沈降
↓

脱架橋
↓

DNA解析（マイクロアレイ，次世代シークエンス）

RNA解析（マイクロアレイ，RNA-Seq解析）

タンパク質解析（質量分析法）

説明は，本文を参照。

いる。

iChIP法では，LexA BEの内在性遺伝子座へのノックインによるアプローチ（図❷A）とトランスジーンによるアプローチがある（図❷B）。内在性遺伝子座へのノックインのほうがより生理的であることは言を待たない。その一方，トランスジーンのランダム挿入によるアプローチではコピー数を上げられるため，ゲノム機能を担っている

255

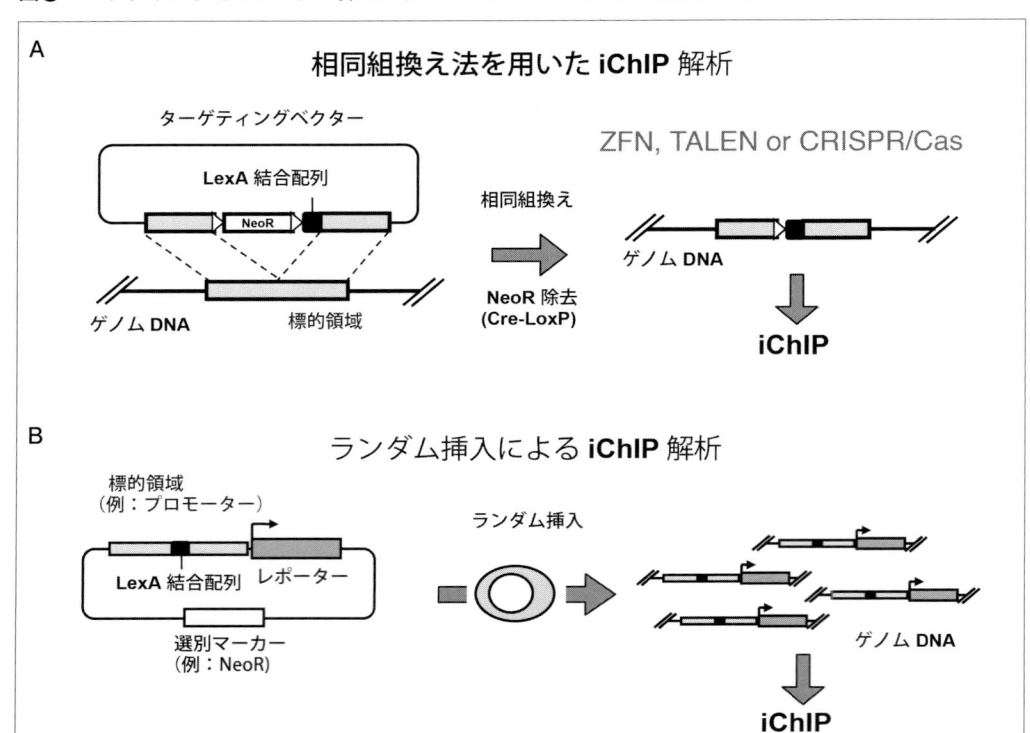

図❷ ノックインまたはランダム挿入アプローチによるiChIP法の実施 （文献10より改変）

iChIP法は，LexA結合エレメントの内在性遺伝子座へのノックイン（A），もしくはLexA結合エレメントを含むトランスジーンのランダム挿入（B），のどちらでも実施可能である．ジンクフィンガーヌクレアーゼ（ZFN）やTALENテクノロジー，CRISPR/Casシステムの登場により，ノックインが飛躍的に容易になってきている．

配列がトランスジーン内に存在することがわかっている場合には，トランスジーンアプローチのほうが生化学的解析がより容易になりうる．このようにiChIP法は，特定ゲノム領域を単離してそこに結合しているゲノムDNA，RNA，タンパク質などの分子を同定するための包括的な方法論であり，特に次世代シークエンスやマイクロアレイ，質量分析法と組み合わせることによるノンバイアス解析に力を発揮する．

Ⅱ．iChIP法の特徴

エピジェネティクス・クロマチン研究に用いられる他のノンバイアス法には，3C法やその変法[3)-6)]やPICh法[7)]があるが，これらと比較して，iChIP法には次のような利点がある（**表❶**）．
①ゲノム間相互作用が検出できる．PICh法を用いてゲノム間相互作用が検出できるか否かは示されていない．3C法は，ゲノム間相互作用を検出するための方法であるが，検出された「相互作用」が物理的なものである保証はない．例えば，3C法で用いられる制限酵素処理は，遺伝子座のアクセスビリティの影響を受けるため，3C法では単に当該遺伝子座のアクセスビリティを検出しているに過ぎない可能性がある．これに対して，iChIP法は，酵素処理を全く含まずに行えるため，検出されたシグナルは実際の物理的な相互作用である．
②iChIP法では，ゲノムと相互作用しているタンパク質やRNAを検出できる．これに対して，3C法では，タンパク質やRNAは除かれてしまうため，これらを検出できない．また，PICh法でゲノムと相互作用しているRNAを検出で

表❶ 特定ゲノム領域のノンバイアス解析法の比較

方法	ノンバイアス解析	DNA解析	タンパク質解析	RNA解析	酵素反応を含まない	低コピー数遺伝子座解析	トランスジェニック細胞を必要としない	アレル特異的解析
iChIP	○	○	○	○	○	○	×	○
3C	○	○	×	×	×	○	○	×
PICh	○	報告なし	○（テロメア）	報告なし	○	報告なし	○	×

きるか否かは示されていない。

③iChIP法では，ノイズやアーチファクトの原因となるような酵素処理を全く含まずに行える。

④iChIP法では，低コピー数遺伝子座の解析も行える。実際，われわれは脊椎動物細胞の1コピー遺伝子領域と相互作用しているタンパク質の同定にも成功している（投稿準備中）。これに対して，PICh法では，低コピー数遺伝子座の解析は難しい可能性がある。

⑤iChIP法では，特定のアレルをタグできるため，アレル特異的解析が可能である。

一方，iChIP法にはいくつか問題点も存在する。

① LexA BE を解析対象領域に挿入し，タグ付き LexA DB を発現させなければならない。実際，培養細胞でのノックインは，マウス胎児幹（ES）細胞と比べて難しいことが知られている。しかし，ジンクフィンガーヌクレアーゼ（ZFN）[8] や TALEN テクノロジー[9]，さらには CRISPR/Cas システム[10] の登場により，培養細胞でもノックインが比較的簡単に行えるようになってきた。

② LexA BE の挿入によってヌクレオソームポジショニングなどのクロマチン構造が変化し，遺伝子発現などの正常なゲノム機能が損なわれる可能性がある。挿入の影響は，個々の遺伝子座ごとに実験的に検証する必要があるが，筆者らのグループは LexA BE の挿入による影響を小さくするためのガイドラインを作っている。

（a）転写開始点（transcription start site：TSS）近傍のプロモーター領域の解析では，TSS から数百ベース 5' 側の領域に LexA BE を挿入し，挿入が転写やヌクレオソームポジショニングなどに与える影響を軽減する。一方，エンハンサーやサイレンサーなど，明瞭な境界をもつゲノム領域に対しては，LexA BE をその近傍に挿入しても影響は小さいと考えられるので，LexA BE をそれらのゲノム領域の近傍に挿入してもよい。

（b）種間で保存されている配列には，重要な DNA 結合分子が結合する可能性があるため，そこへの挿入は避ける。

こうしたガイドラインに沿っているかぎり，われわれの経験では，LexA BE の挿入によるゲノム機能への影響は最小限に止められている。

iChIP法と従来法との詳細な解説については，筆者らの英文総説[11] を参照されたい。

Ⅲ．iChIP法の応用

1. インスレーター結合タンパク・RNAの同定

筆者らは，iChIP法を利用して，クロマチンドメインの境界として機能しているインスレーター結合分子の同定を試みた。iChIP法を質量分析法および RT-PCR 法を組み合わせることにより（それぞれ iChIP-MS および iChIP-RT-PCR 解析），ニワトリ β グロビンの HS4（cHS4）インスレーター複合体に RNA ヘリカーゼタンパク質 p68/DDX5，ステロイド受容体 RNA アクティベーター1（SRA1）RNA，核マトリクスタンパク質マトリン 3 が生体内で結合していることを示した[12]。p68 とマトリン 3 の cHS4 インスレーターコア配列への結合は，CCCTC 結合因子（CTCF）によって担われていた。このように筆者らは，iChIP法を用いて，特定ゲノム領域に生体内で結合しているタンパク質および RNA を直接同定することが可能であることを初めて示した。

iChIP法により，インスレーター構成分子として p68/DDX5 タンパク質が直接同定できたことは，iChIP法の有用性を示すものである。筆者ら

のグループがインスレーター構成分子として p68/DDX5 を同定するのにかかったのはプロジェクト開始から数ヵ月に過ぎないのに対し，従来法ではインスレーターの発見[13] から p68/DDX5 タンパク質がインスレーターに結合することが示されるまでに十年以上かかっている[14)15)]。このように，iChIP 法を利用することで，ゲノムの機能領域の構成要素の同定を 10 ～ 100 倍近く高速化することが可能である。

また，cHS4 インスレーター複合体の構成要素として SRA1 RNA が検出できたことは，iChIP 法を用いることで特定ゲノム領域に結合する RNA を生化学的に同定できることを示した点で非常に重要である。iChIP 法とマイクロアレイ解析（iChIP-on-chip）や RNA-Seq 解析（iChIP-RNA-Seq）を組み合わせることにより，従来法では不可能であった特定ゲノム領域結合 RNA のノンバイアス検索が可能である。

2. ゲノム間相互作用の検出

iChIP 法は，出芽酵母におけるゲノム間相互作用の検出にも既に利用されている。ゲノムワイドな iChIP-マイクロアレイ解析によって転写因子 Ste12 によって制御されているフェロモン応答遺伝子の染色体間相互作用が，Ste12 の阻害タンパク質である Dig1 の欠損細胞で増大することが示された[16]。そして，染色体間相互作用の増大が，メイティング経路の転写応答のノイズの増大の原因となっていることが示された。このように，iChIP 法はゲノムワイドにゲノム間相互作用を検出するための強力な手段である。

筆者らは，iChIP 法と次世代シークエンス法を組み合わせて（iChIP-Seq 解析），内在性遺伝子座と相互作用しているゲノム領域の網羅的な同定を行っている。iChIP-Seq 解析により，染色体間相互作用のような長距離ゲノム間相互作用を曖昧性なしに同定できた（投稿準備中）。このことから，iChIP-Seq 解析がゲノム間相互作用の網羅的な同定に有用であることが示唆される。

IV．iChIP 解析の今後

筆者らは，iChIP 解析の実験条件の最適化をめざして，第二世代のタグ付き LexA DB である 3xFNLDD を開発した[17]。3xFNLDD を用いた iChIP 解析では，インプットゲノム DNA の 10% 以上を再現性よく単離することができ，第一世代のタグ付き LexA DB と比べて数倍効率がいい。加えて，3xFLAG ペプチドによる溶出条件の最適化も行っている。

iChIP 法の有用性を高めるため，筆者らは高等真核細胞の内在性遺伝子座と相互作用している複合体の単離も試みている。例えば，B 細胞の系列決定に必須の転写因子である Pax5 遺伝子プロモーター領域における分子間相互作用を解析している。Pax5 遺伝子は，ニワトリでは Z 染色体上にあり，解析に使用しているニワトリの成熟 B 細胞株 DT40 では，全ゲノム中に 1 コピーしかない。これまでに，Pax5 プロモーターと結合するタンパク質として，転写因子・DNA 結合タンパク質・ヒストン・他の転写関連タンパク質など多数を同定している（投稿準備中）。

iChIP と SILAC（stable isotope labeling using amino acids in cell culture）[18] や iTRAQ（isobaric tag for relative and absolute quantification）[19] といった質量分析解析法と組み合わせることにより，異なった細胞種・刺激の有無など，異なった条件で，特定ゲノム領域に結合しているタンパク質の比較を行うことが可能である。実際，上記の DT40 由来細胞での iChIP-SILAC 解析により，Pax5 プロモーター領域に特異的に結合しているタンパク質の同定に成功している（投稿準備中）。

iChIP 法の応用のもう 1 つの重要な方向は，ヒストン修飾などの新しいエピジェネティックマークの検出である。これまでに，ヒストンの化学修飾が，特異的な因子の結合を介するクロマチンの構造変化により，DNA 複製・DNA 修復・転写・ヘテロクロマチン化などに重要な役割を果たしていることが示されている[20]。近年の質量分析法の発展により，新しいヒストン修飾が大規模に同定されてきている[21]。しかし，重要なエピジェネティックマークの中には，特定のゲノム領域にのみ分布しているものもあると考えられ，質量分析法に全ゲノムを用いた場合，このような局在が限定

されているエピジェネティックマークは検出されない可能性がある。これに対して，iChIP 法を用いることで特定のゲノム領域が単離できるので，このような稀なエピジェネティックマークでも同定できる可能性がある。

iChIP 法は，培養細胞に止まらず，個体にも容易に応用できる。筆者らは，共同研究者らとともに，マウス ES 細胞での LexA BE のノックインと，タグ付き LexA を発現するトランスジェニックマウスを用いて，マウス個体での iChIP 解析を行っている。

おわりに

このように，iChIP 法を利用することで，特定ゲノム領域に結合する分子の総体である"interactome"の解明が行え，iChIP 法は今後エピジェネティクス・クロマチン生物学の発展に大きく寄与すると考える。iChIP 法実施のためのプラスミドは広く分与しているので，興味のある研究者の方は遠慮なく筆者までメール（hodaka@biken.osaka-u.ac.jp）でリクエストを送っていただきたい。プラスミドの情報，iChIP 法のプロトコール・FAQ などは，藤井研究室ホームページに掲載している。

用語解説

1. **クロマチン**：核内の DNA 配列とそれに相互作用している RNA およびタンパク質からなる複合体。
2. **エピジェネティクス**：DNA 配列の変化を伴わない機序による遺伝子発現や細胞の表現系の変化を解析する研究分野。

参考文献

1) Kornberg RD, Lorch Y：Nat Struct Mol Biol 14, 986-988, 2007.
2) Hoshino A, Fujii H：J Biosci Bioeng 108, 446-449, 2009.
3) Dekker J, Rippe K, et al：Science 295, 1306-1311, 2002.
4) Simonis M, Klous P, et al：Nat Genet 38, 1348-1354, 2006.
5) Lieberman-Aiden E, van Berkum NL, et al：Science 326, 289-293, 2009.
6) de Wit E, de Laat W：Genes Dev 26, 11-24, 2012.
7) Déjardin J, Kingston RE：Cell 136, 175-186, 2009.
8) Pabo CO, Peisach E, et al：Annu Rev Biochem 70, 313-340, 2001.
9) Bogdanove AJ, Voytas DF：Science 333, 1843-1846, 2011.
10) Jinek M, Chylinski K, et al：Science 337, 816-820, 2012.
11) Fujita T, Fujii H：ISRN Biochem 2013, Article ID 913273, 2013.
12) Fujita T, Fujii H：PLoS One 6, e26109, 2011.
13) Chung JH, Whiteley M, et al：Cell 74, 505-514, 1993.
14) Lei EP, Corces VG：Nat Genet 38, 936-941, 2006.
15) Yao H, Brick K, et al：Genes Dev 24, 2543-2555, 2010.
16) McCullagh E, Seshan A, et al：Nat Cell Biol 12, 954-962, 2010.
17) Fujita T, Fujii H：Adv Biosci Biotechnol 3, 626-629, 2012.
18) Ong SE, Biagoev B, et al：Mol Cell Proteomics 1, 376-386, 2002.
19) Ross PL, Huang YLN, et al：Mol Cell Proteomics 3, 1154-1169, 2004.
20) Ruthenburg AJ, Li H, et al：Nat Rev Mol Cell Biol 8, 983-994, 2007.
21) Tan M, Luo H, et al：Cell 146, 1016-1028, 2011.

参考ホームページ

・藤井研究室
http://www.biken.osaka-u.ac.jp/lab/microimm/fujii/index.html

藤井穂高

1994 年	東京大学医学部医学科卒業
1998 年	同大学院医学系研究科博士課程修了
	同大学院医学系研究科医学部免疫学講座助手
2000 年	バーゼル免疫学研究所 Member（Principal Investigator：PI）
2001 年	ニューヨーク大学医学部病理学講座 Assistant Professor（PI）
2009 年	大阪大学微生物病研究所感染症学免疫学融合プログラム推進室准教授（PI）

第3章　エピジェネティクスの技術開発と創薬

5．次世代エピジェネティックドラッグ開発の最前線

鈴木孝禎

　DNAのメチル化やヒストンリシン残基のアセチル化・メチル化などのエピジェネティクス機構の異常は，がんなどの疾病に関与することが報告されており，これまでにDNAメチル基転移酵素阻害剤やヒストン脱アセチル化酵素阻害剤が開発され，臨床応用されている。現在，多くの研究グループが，次世代エピジェネティックドラッグをめざして，ヒストンメチル化酵素阻害剤やヒストン脱メチル化酵素阻害剤，ブロモドメイン阻害剤などの創製研究を行っている。これらの阻害剤は，新たな作用機序の治療薬として期待され，研究開発が急速に進んでいる。

はじめに

　近年の研究により，ヒストンのメチル化，アセチル化，リン酸化，ユビキチン化やDNAのメチル化などの化学修飾が塩基配列に依存せず遺伝子の発現を制御する機構，すなわちエピジェネティクス機構の一部であることが明らかにされてきた。ヒストンのメチル化やアセチル化などのエピジェネティクスを制御する化合物は，生命現象を理解するための重要なツールとなるであろうし，エピジェネティックな異常はがんなどの疾病をもたらすことも明らかになっていることから，治療薬として応用できる可能性もある。実際に，DNAのメチル化を制御するDNAメチル基転移酵素（DNMT）阻害剤のazacitidineとdecitabineは骨髄異形成症候群治療薬として[1]，ヒストン脱アセチル化酵素（HDAC）阻害剤のvorinostat[2]とromidepsin[3]は皮膚T細胞腫治療薬として臨床応用されている（図❶）。現在，これらDNMT阻害剤とHDAC阻害剤に続く次世代エピジェネティックドラッグの研究・開発が進められている。本稿では，近年特に注目されているヒストンメチル化酵素阻害剤，ヒストン脱メチル化酵素阻害剤，ブロモドメイン阻害剤に焦点を当て，それら低分

図❶　DNMT阻害剤azacitidine, decitabineとHDAC阻害剤vorinostat, romidepsinの構造式

key words

メチル化，脱メチル化，アセチル化，がん，阻害剤，エピジェネティックドラッグ，ヒストンメチル化酵素，ヒストン脱メチル化酵素，ブロモドメイン，エピジェネティクス制御化合物，創薬

子エピジェネティクス制御化合物について概説する。

I. ヒストンメチル化酵素阻害剤

ヒストンのメチル化はリシン残基とアルギニン残基で起こることが知られている[4]。リシン残基では，ヒストンH1, H3およびH4の7つのリシン残基（H1K26, H3K4, H3K9, H3K27, H3K36, H3K79, H4K20）でメチル化修飾が行われる。またアルギニン残基では，H3およびH4の5つアルギニン残基（H3R2, H3R8, H3R17, H3R26, H4R3）でメチル化修飾が行われる。これらのメチル化は転写活性にも抑制にも働き，例えばH3K4のメチル化は転写活性に，H3K9およびH3K27のメチル化は転写抑制に働くことが報告されている[5]。しかしながら，同じリシン残基においてもトリメチル化，ジメチル化，モノメチル化の状態をとることができ，クロマチン構造や転写に対してそれぞれが異なった影響を与えることが知られており，その機能は複雑化している[6]。

ヒストンリシン残基のメチル化はリシンメチル化酵素（KMT）により，ヒストンアルギニン残基のメチル化はタンパク質アルギニンメチル化酵素（PRMT）により触媒されている。KMTとPRMTはいずれも，S-アデノシルメチオニン（SAM）をメチル基供与体として，メチル基をSAMからリシン残基あるいはアルギニン残基に転移させることで，ヒストンのメチル化を行う。ヒストンメチル化酵素の中で創薬ターゲットとして最も期待されているのが，KMTファミリーに属するH3K79メチル化酵素DOT1LとH3K27メチル化酵素EZH2である[7]。

SAMの構造とDOT1LのX線結晶構造を基にした分子設計により，DOT1L阻害剤であるEPZ004777が見出された（図❷）[8]。EPZ004777は，他のメチル化酵素はほとんど阻害せず，DOT1Lのみを強力に阻害するDOT1L選択的阻害剤である。EPZ004777は，混合系統白血病（MLL）細胞においてH3K79のメチル化を選択的に阻害し，白血病誘発遺伝子の発現を抑制した。また，EPZ004777はMLL細胞の増殖を選択的に阻害し，MLL細胞を移植したマウスモデルにおいても延命効果を示した。これらの結果から，DOT1L阻害剤が抗MLL薬として有効であることが示された。

これまでに，リンパ腫細胞においてEZH2のTyr641およびAla677に点変異がみられ，その変異によりH3K27のトリメチル化が亢進し，がん抑制遺伝子の発現が抑制されリンパ腫細胞が増殖することが示されていたが[9]，最近EPZ005687[10]およびGSK126[11]がEZH2選択的阻害剤として報告された（図❷）。EPZ005687およびGSK126は，他のメチル化酵素と比較してEZH2を強く阻害し，変異型EZH2に対しても阻害活性を示した。これらのEZH2選択的阻害剤は，変異型EZH2をもつリンパ腫細胞に殺細胞効果を示し，野生型EZH2をもつ細胞にはほとんど効果を示さなかったことから，EZH2選択的阻害剤は抗リンパ腫薬として期待され，現在開発が進められている。

II. ヒストン脱メチル化酵素阻害剤

以前は，ヒストンのメチル化はそのC-N結合の強さから，安定かつ不可逆的な修飾であると考え

図❷ DOT1L阻害剤EPZ004777とEZH2阻害剤EPZ005687, GSK126の構造式

られていた。しかし最近になって，フラビン依存性のリシン特異的脱メチル化酵素（LSD1）やFe（Ⅱ）-α-ケトグルタル酸依存性のJumonji domeinを含むヒストン脱メチル化酵素（JHDM）といったリシン脱メチル化酵素（KDM）が次々と発見され，ヒストンのメチル化修飾は，KMTとKDMによる酵素可逆的な反応によって制御されることが明らかとなった。そして近年の研究により，KDMファミリーのいくつかの酵素も創薬の分子標的として期待されている[12]。

LSD1は，2004年に初めて発見されたヒストン脱メチル化酵素であり，主にH3K4me1/me2を脱メチル化する[13]。LSD1は様々ながん細胞・組織で過剰発現しており，LSD1をノックダウンすることで，それらの細胞増殖が抑制されたという報告もされている[14]。したがって，LSD1は新たな作用機序の抗がん剤として，有望なターゲットとなりうると考えられている。LSD1は，モノアミン酸化酵素（MAO）と同じくフラビン依存性の酸化酵素であることから，MAO阻害剤がLSD1を阻害する可能性が示された。様々なMAO阻害剤のスクリーニングが行われた結果，tranylcypromineが比較的強いLSD1阻害活性を示すことがわかったが[15]，その活性，選択性の低さが問題とされていた（図❸）。われわれは，tranylcypromineの構造を基にLSD1の触媒メカニズムに基づいたドラッグデザイン，LSD1のX線結晶構造も基にしたドラッグデザインにより，低分子LSD1選択的阻害剤NCL1を初めて見出した（図❸）[16]。NCL1は，LSD1を強く阻害する一方，MAOsはほとんど阻害しない化合物である。また固形がん細胞をNCL1で処理することにより，H3K4がメチル化され，p21やPUMAなどのがん抑制遺伝子の発現が亢進した[17]。さらには，NCL1は，in vivoでも抗がん効果を示したこと，HIVの転写抑制作用を示したことから[18]，LSD1選択的阻害剤の抗がん剤，抗ウイルス剤としての有効性が示された。

JHDMには21種類のアイソザイムが報告されているが，いくつかのアイソザイムは疾患に関与することが報告されている[19]。JHDMのアイソザイムであるJMJD2[20]とPHF8[21]に関しては，siRNAによるそれらの酵素のノックダウンが，がん細胞の増殖を抑制するという報告がある。したがって，JMJD2阻害剤およびPHF8阻害剤は，新たな作用機序の抗がん剤として期待されている。しかしながら，ノックダウン実験と阻害剤を用いた実験では表現型に違いがみられるケースも多くあり[22]，その酵素の低分子医薬品開発のターゲットとしての可能性は，阻害剤を用いた実験により検証する必要がある。JMJD2とPHF8の選択的阻害剤は報告例がなかったため，われわれはそれらの酵素の選択的阻害剤の創製研究を行った。JMJD2とPHF8のX線結晶構造を基に酵素の活性中心に作用しうる化合物群を設計・合成し，酵素阻害活性評価を行った結果，高い選択性および阻害活性を有するJMJD2選択的阻害剤NCDM-32およびPHF8選択的阻害剤NCDM-64を見出した[23]（図❹）。興味深いことに，JMJD2あるいはPHF8のノックダウンはがん細胞の増殖抑制という表現型を示すのに対し，JMJD2選択的阻害剤はがん細胞に対して何の効果も示さず，PHF8選択的阻害剤はがん細胞増殖抑制作用を示した。これらの実験結果から，PHF8阻害剤が抗がん剤として有効であると考えられた。また最近，GSK-J1（図❹）がJHDMファミリーのJMJD3およびUTXを選択的に阻害する化合物として報告された[24]。GSK-J1は，LPS刺激によるマクロファージからの炎症性サイトカインの産生を抑制したことから，抗炎症剤として期待されている。

Ⅲ．ブロモドメイン阻害剤

これまで報告されていたエピジェネティクス制御化合物は，もっぱらエピ

図❸ tranylcypromineとLSD1選択的阻害剤NCL1の構造式

図❹ JMJD2 選択的阻害剤 NCDM-32, PHF8 選択的阻害剤 NCDM-64, JMJD3/UTX 選択的阻害剤 GSK-J1 の構造式

図❺ BET 阻害剤の作用形式

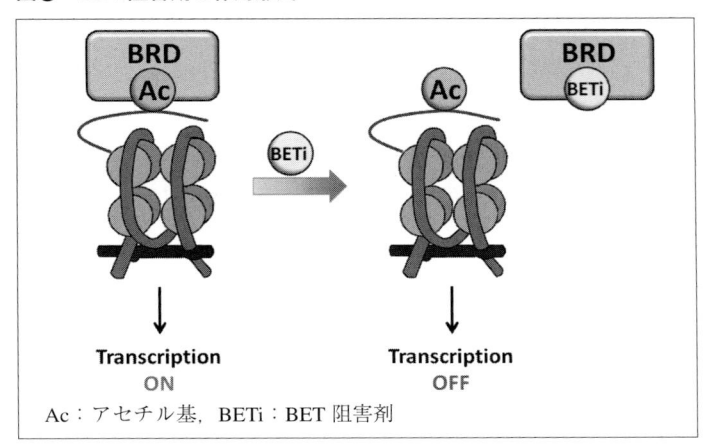

Ac：アセチル基，BETi：BET 阻害剤

図❻ BET 阻害剤 I-BET, JQ1, BIC1 の構造式

ジェネティクス情報の「書き込み」酵素（KMT, ヒストンアセチル化酵素）と「消去」酵素（KDM, HDAC）をターゲットとしたものであり，エピジェネティクス情報の「読み取り」タンパク質であるヒストン結合モジュールを標的とした化合物は知られていなかった．しかし，2010 年に転写因子のアセチルリシン認識モチーフであるブロモドメイン（BRD）に拮抗的に結合する阻害剤 I-BET[25] およびJQ1[26] が見出された（図❺, ❻）．

I-BET は，BET タンパク質（BRD2, BRD3, BRD4）にアセチル化リシンと競合して強く結合した．また I-BET は，BET 選択的に結合し，他のタンパク質には結合しなかった．また I-BET は，LPS 刺激による骨髄由来マクロファージからの炎症性サイトカイン，ケモカインの遺伝子発現を抑制し，炎症モデルマウスにおいて延命効果を示し

た。これらの結果から，BET 阻害剤の抗炎症剤としての有用性が示された。

JQ1 は，BRD4 に選択的に結合する化合物として報告された。BRD4 は転座によって NUT と呼ばれるタンパク質との融合タンパク質 BRD4-NUT を作り，小児上皮性悪性腫瘍（NMC）という致死性の高い悪性腫瘍を生じることが知られているが，JQ1 は NMC 細胞のアポトーシスを引き起こした。さらに患者から採取した NMC 細胞を移植したマウスモデルにおいて，JQ1 は腫瘍形成を抑えマウスの死を防いだ。以上の結果から，BET 阻害剤が抗 NMC 薬として有効である可能性が示された。

また最近，化合物スクリーニングおよびヒストンアセチル化蛍光プローブである Histac を用いた評価により，新規 BET 阻害剤 BIC1 が見出された（図❻）[27]。BIC1 も，I-BET や JQ1 と同様の抗炎症効果，抗腫瘍効果が期待できる。

おわりに

本稿では誌面の都合上，ヒストンメチル化酵素阻害剤，ヒストン脱メチル化酵素阻害剤，BET 阻害剤に焦点を当てて解説したが，ヒストンアセチル化酵素や HDAC のアイソザイムなど，他にもエピジェネティックドラッグの分子標的は存在し，それらの低分子阻害剤開発が展開されている。また今後も，様々な疾病におけるエピジェネティクス関連タンパク質の発現や変異が調べられ，病態との関連が明らかになり，新たな創薬ターゲット候補が登場することが予想される。しかしながら，実際に選択性の高いエピジェネティクス制御分子を創製し，その分子が薬効を示さないかぎり，低分子医薬品としてのフィージビリティがとれたことにはならない。ノックアウトやノックダウンの技術により，創薬ターゲット候補分子は次々と報告されているが，その分子の機能を制御する低分子化合物の開発が遅れをとっているのが現状である。今後，化学者が生物学研究者と連携し，創薬をめざした研究がますます進展することが期待される。これらの創薬研究が近い将来実を結び，病気で苦しむ患者の治療に役立つことを願ってやまない。

参考文献

1) Egger G, Liang G, et al：Nature 429, 457-463, 2004.
2) Sato A：Onco Targets Ther 5, 67-75, 2012.
3) Lyseng-Williamson KA, Yang LP：Am J Clin Dermatol 13, 67-71, 2012.
4) Bannister AJ, Kouzarides T：Nature 436, 1103-1106, 2005.
5) Li B, Carey M, et al：Cell 128, 707-719, 2007.
6) Kubicek S, Jenuwein T：Cell 119, 903-906, 2004.
7) Copeland RA, Solomon ME, et al：Nat Rev Drug Discov 8, 724-732, 2009.
8) Daigle SR, Olhava EJ, et al：Cancer Cell 20, 53-65, 2011.
9) Sneeringer CJ, Scott MP, et al：Proc Natl Acad Sci USA 107, 20980-20985, 2010.
10) Knutson SK, Wigle TJ, et al：Nat Chem Biol 8, 890-896, 2012.
11) McCabe MT, Ott HM, et al：Nature 492, 108-112, 2012.
12) Suzuki T, Miyata N：J Med Chem 54, 8236-8250, 2011.
13) Shi Y, Lan F, et al：Cell 119, 941-953, 2004.
14) Chen Y, Jie W, et al：Crit Rev Eukaryot Gene Expr 22, 53-59, 2012.
15) Yang M, Culhane JC, et al：Biochemistry 46, 8058-8065, 2007.
16) Ueda R, Suzuki T：J Am Chem Soc 131, 17536-17537, 2009.
17) Sareddy GR, Nair BC, et al：Oncotarget 4, 2013, in press.
18) Okamoto T, Asamitsu K, et al：Jpn Kokai Tokkyo Koho, JP 2012036124, 2012.
19) Arrowsmith CH, Bountra C, et al：Nat Rev Drug Discov 11, 384-400, 2012.
20) Cloos PA, Christensen J, et al：Nature 442, 307-311, 2006.
21) Björkman M, Östling P, et al：Oncogene 31, 3444-3456, 2012.
22) Knight ZA, Shokat KM, et al：Cell 128, 425-430, 2007.
23) Hamada S, Suzuki T, et al：J Med Chem 53, 5629-5638, 2010.
24) Kruidenier L, Chung CW, et al：Nature 488, 404-408, 2012.
25) Nicodeme E, Jeffrey KL, et al：Nature 468, 1119-1123, 2010.
26) Filippakopoulos P, Qi J, et al：Nature 468, 1067-1073, 2010.
27) Ito T, Umehara T, et al：Chem Biol 18, 495-507, 2011.

鈴木孝禎

1995 年	東京大学薬学部薬学科卒業
1997 年	同大学院薬学系研究科薬学専攻修士課程修了 （株）日本たばこ産業入社
2003 年	名古屋市立大学大学院薬学系研究科助手
2005 年	東京大学大学院薬学系研究科，博士（薬学）
2007 年	名古屋市立大学大学院薬学系研究科助教 米国スクリプス研究所客員研究員
2009 年	名古屋市立大学大学院薬学系研究科講師 科学技術振興機構さきがけ研究者（兼任）
2011 年	京都府立医科大学大学院医学研究科教授

第3章 エピジェネティクスの技術開発と創薬

6. エピジェネティクス可視化技術と創薬

佐々木和樹・吉田 稔

　エピジェネティクス情報は，修飾酵素によって書かれ，修飾結合タンパク質によって読まれ，脱修飾酵素によって消されている。これらの制御機構の異常は疾患に関わっていると考えられており，それぞれの酵素を制御する化合物の開発は創薬につながっていくと期待されている。本稿では，エピジェネティクスの可視化技術を紹介し，エピジェネティクス阻害剤の評価系としての可能性について議論したい。

はじめに

　私たち体は約60兆個の細胞から構成されており，それらの細胞はすべて同一のDNA塩基配列をもっているにもかかわらず，組織ごとに異なった遺伝子発現プロファイルがある。なぜ，組織形成に必要な遺伝子が，必要な時期に，必要な場所で発現するのだろうか？　その実体は，クロマチンの化学修飾であり，DNAのメチル化やヒストンのアセチル化・メチル化・リン酸化などがその役割を担っている。この塩基配列によらない遺伝子発現機構を「エピジェネティクス」といい，その異常は多くの疾患に関わっているのではないかと考えられている。そのため，その異常を正常に戻すことができる低分子化合物は，疾患の治療薬につながるのではないかと期待されている。ヒストン脱アセチル化酵素（HDAC）阻害剤であるFK228（istodax）とSAHA（zolinza）が，それぞれ2009年，2006年に米国で皮膚性T細胞リンパ腫（CTCL）治療薬として認可されたことも，エピジェネティクスを標的とした治療薬の可能性を示している。本稿では，エピジェネティクス修飾の中でもヒストン修飾に着目し，そのダイナミックな変化を追跡していくエピジェネティクスのイメージング技術を紹介し，創薬への応用について概説する。

I. ヒストン修飾可視化技術

　ヒストン修飾には，アセチル化，メチル化，リン酸化，ユビキチン化などがあるが，これらは修飾酵素と脱修飾酵素によってダイナミックに制御されていることが知られている。しかし，ヒストン修飾を検出するための方法というのは，放射能ラベルによる検出，またはヒストン修飾特異的な抗体を用いる方法に限られており，検出の際に細胞を固定もしくは破砕してから行うため，細胞内でダイナミックに起きているヒストン修飾の変化をリアルタイムに観察することはできなかった。

1. 抗体の抗原結合断片（Fab）を用いたヒストン修飾のイメージング

　2009年に林（高中）らは，修飾ヒストン特異的モノクローナル抗体の抗原結合部位（Fab）のみを用いて細胞内のヒストン修飾の観察を行った[1]。FabはIgGと比較して分子量が小さいため，蛍光標識したFabは核膜孔を通過できる。蛍光標識Fabを用いて，ヒストンリン酸化・メチル化・ア

---

key words
HDAC阻害剤，FK228，イメージング，FRET，蛍光プローブ，Histac，ヒストンH4，BRDT，ブロモドメイン，BRD2，トリコスタチンA（TSA），トランスポゾン

セチル化の生細胞内でのイメージングを行っており，また Fab を導入したマウスの初期胚でも発生が正常に進むことも確認している[1)2)]。

2. FRET を用いたヒストン修飾のイメージング

筆者らは，蛍光共鳴エネルギー移動（Förster/fluorescence resonance energy transfer：FRET）の原理に基づく蛍光プローブ Histac の開発を行い，細胞内のヒストンアセチル化の動態を，細胞を生かしたまま観察することに成功している[3)]。FRET とは，近接する 2 つの蛍光分子の間でエネルギーが移動する現象のことで，FRET が起きると，励起された蛍光ドナーの蛍光が減少し，近接する蛍光アクセプターの蛍光が検出できるようになる。FRET は，蛍光ドナーの蛍光スペクトルと蛍光アクセプターの励起スペクトルの重なり，蛍光分子間の距離と配向に依存している。一般的に蛍光タンパク質を用いた FRET では，蛍光ドナーにシアン色蛍光タンパク質（cyan fluorescent protein：CFP），蛍光アクセプターに黄色蛍光タンパク質（yellow fluorescent protein：YFP）が用いられているが，FRET 用に特化した蛍光タンパク質のペア CyPET・YPET[4)] や，シアン色と黄色以外の組み合わせの Clover・Ruby[5)] などの蛍光タンパク質も開発されている。筆者らは，CFP と YFP を 1 分子内に存在させ，構造変化による FRET 効率の変化を検出する分子内 FRET を Histac に用いている。分子内 FRET は，蛍光ドナーと蛍光アクセプターが常に 1：1 であるため解析が容易であること，相互作用するタンパク質間をリンカーで結んでいるため見掛けの濃度を上げることができ，相互作用の選択性を向上させることができる。

2004 年に Lin らによって，FRET を利用したヒストン H3 の K9 と K27 のメチル化の蛍光プローブ[6)]，およびヒストン H3S28 リン酸化の蛍光プローブ[7)] が開発された。H3K9 のメチル化の認識には HP1 のクロモドメイン，H3K27 のメチル化の認識にはポリコームタンパク質のクロモドメインが用いてられており，H3S28 のリン酸化の認識には 14-3-3τ ドメインが用いられている。Lin らは，基質にヒストンの全長ではなく，N 末端の基質ドメインのみを用いている。2012 年に Chu らは，H3K9 のメチル化蛍光プローブをセントロメアに局在させるために，蛍光プローブに CENP-B を付け，セントロメアでのヒストンメチル化の動態を観察している[8)]。

筆者らが作製した Histac は，黄色蛍光タンパク質 Venus，アセチル化ヒストン結合ドメイン，フレキシブルなリンカー，ヒストン，CFP を順につなぎ，アセチル化の変化を CFP と Venus 間の FRET の変化によって検出する蛍光プローブであ

図❶ アセチル化蛍光プローブ Histac の概念図と TSA によってアセチル化を誘導した Cos7 細胞の核の応答（文献 9 より）

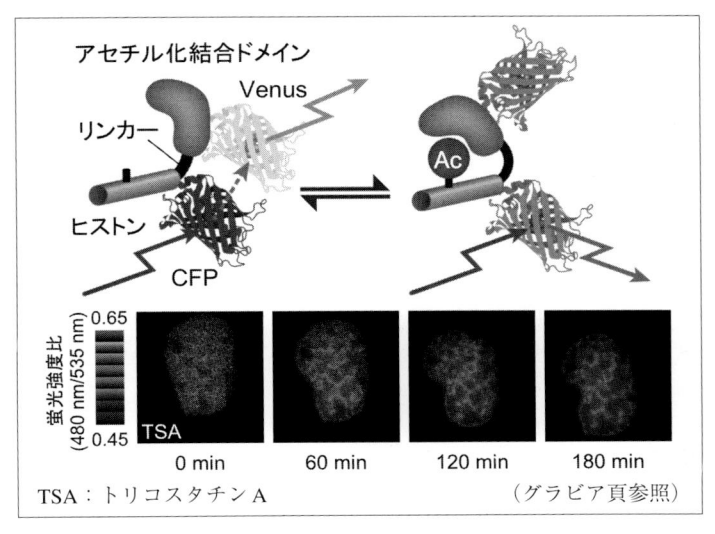

TSA：トリコスタチン A （グラビア頁参照）

る（図❶）[9]。この Histac は全長ヒストンを用いているため，クロマチンに取り込まれており，ヒストンのアセチル化サイトのみを用いた場合と比較して，アセチル化効率が高い。ヒストン H4 のアセチル化結合ドメインには，アセチル化リジン結合ドメインであるブロモドメインを 2 つもつ BRDT タンパク質を用いた。BRDT はヒストン H4 の K5 と K8 がアセチル化されたときに結合するため，Histac の応答はヒストン H4 の K5 と K8 のアセチル化の動態を示している。この Histac は，アセチル化結合ドメインを換えることで，他のサイトのヒストン修飾を検出する蛍光プローブに換えることができる。BRDT のブロモドメインをヒストン H4K12 のアセチル化を認識する BRD2 のブロモドメインを用いて，ヒストン H4K12 のアセチル化の動態を観察する蛍光プローブも開発している[10]。

Ⅱ. Histac を用いた HDAC 阻害剤の評価

エピジェネティクスの異常とがんとの関与が明らかになるにつれて，がんの治療薬を目的としたエピジェネティクスを制御するタンパク質の阻害剤の開発が行われるようになっている。実際，2 つの HDAC 阻害剤 SAHA と FK228 は，皮膚性 T 細胞リンパ腫（CTCL）治療薬として米国で認可され，SAHA は日本でも承認申請中である。このように，HDAC は創薬のための分子標的として注目を集めており，様々な HDAC をターゲットとした新規阻害剤が開発されている。一般的な阻害剤スクリーニングは，in vitro での酵素活性阻害を検討したものであるが，化合物の細胞膜透過性や細胞毒性などを評価できないことから，実際に細胞で阻害剤として機能するかどうかを再評価することが必要である。その

ため Histac は，HDAC 阻害剤の効果を生細胞内で観察することができるツールとして有効である。

HDAC 阻害剤として有名なトリコスタチン A（TSA）や FK228 の他に，微生物由来の HDAC 阻害剤であるトラポキシンの酵素認識部位である環状テトラペプチド部位と FK228 の活性基であるチオールのハイブリッドである SCOP の HDAC 阻害活性について Histac を用いて調べてみると，TSA，FK228，SCOP402 では阻害剤処理後すぐ HDAC 阻害活性を示すのに対し，SCOP304 は処理後 60 分過ぎから応答を開始した（図❷）[3]。この SCOP402 と SCOP304 は，構造内にジスルフィド結合をもち，そのままでは HDAC 阻害活性を

図❷　HDAC 阻害剤の構造式と Histac の応答（文献 3 より）

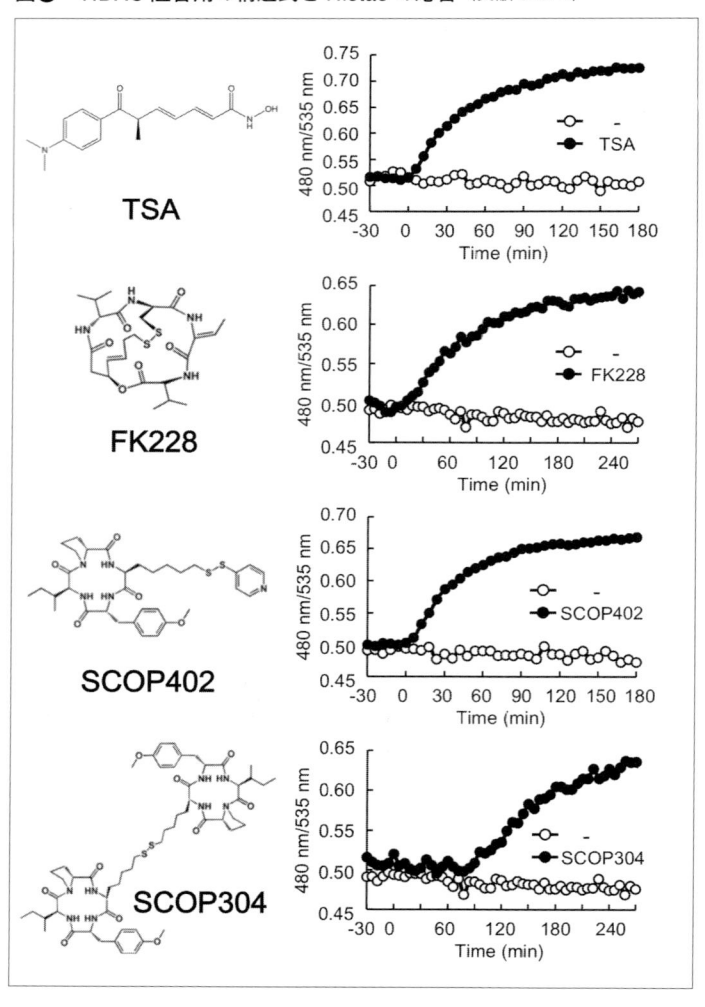

もたないが，細胞内で還元されると強力なHDAC阻害活性をもつようになる。細胞内で還元された後の構造は同じであるため，この差は細胞膜の透過性の問題ではないかと考えている。

また，HDAC阻害剤を処理してアセチル化を誘導した後，培地から阻害剤を除くとTSAおよびKy-6の場合は，アセチル化の応答がバックグラウンドレベルまで戻ったのに対して，FK228およびMS-275は応答が戻らなかった（図❸）[10]。HDACは大きく3つのクラスに分類され，そのうちクラスIおよびクラスIIは，活性中心に亜鉛をもつ亜鉛依存性加水分解酵素である。TSAは，基質のアセチル化リジンのアナログとして酵素ポケットに入り，構造中のヒドロキサム酸を通して，HDACの活性中心である亜鉛イオンをキレートすることで阻害活性を示す。FK228は，細胞内でジスルフィド結合が還元されチオール基ができ，このチオール基がHDACの活性中心の亜鉛と配位することで酵素活性を阻害している[11]。Ky-6もFK228と同様に細胞内で還元されてできたチオール基がHDACの活性中心の亜鉛と配位することで酵素活性を阻害するのだが，FK228とは対照的にKy-6は培地交換により阻害活性を失った。これらの結果は，阻害剤の活性基を見ただけでは，その細胞内における効果を判断することができないことを意味している。したがって，実際に細胞内でのHDAC阻害剤の活性を知ることができるHistacは，阻害剤を評価するうえで強力なツールといえるであろう。

Ⅲ．Histacを用いたブロモドメイン阻害剤の評価

TSAやKy-6の結果は，Histacが可逆的にヒストンのアセチル化を追跡できることを証明するものである。これはHistacが，エピジェネティク情報の「書く」・「消す」・「読む」のうち，「書く」と

図❸ HDAC阻害剤によってアセチル化を誘導した後，培地交換によりHDAC阻害剤を除いた後のHistacの応答（文献10より）

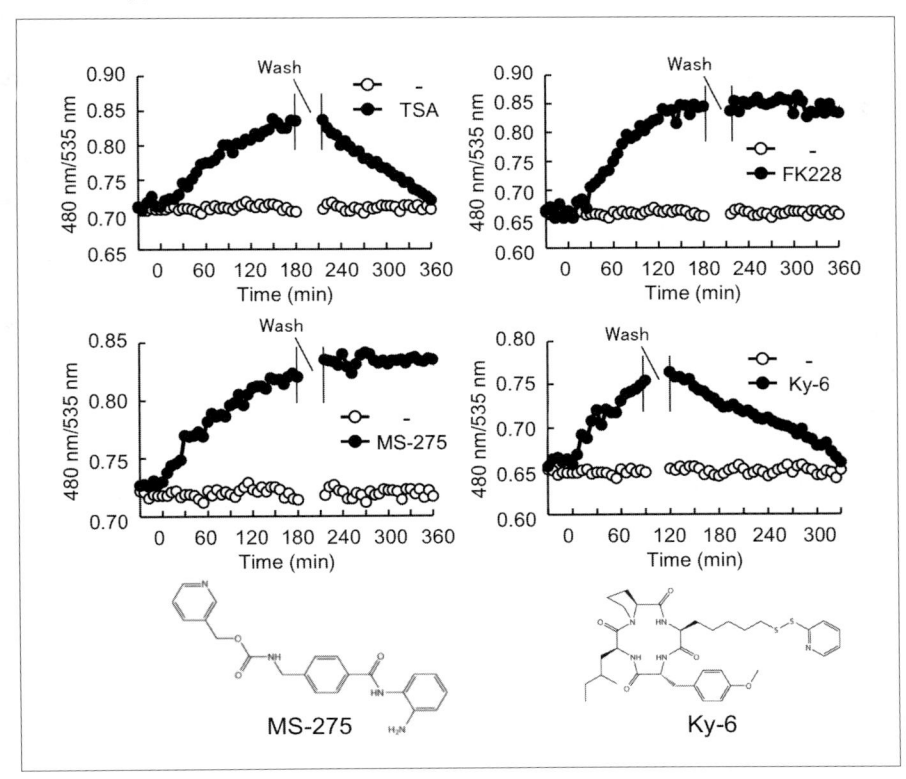

「消す」を生きた細胞内で観察することができることを意味している．2012年にはDancyらによって，「書く」を意味するヒストンアセチル化酵素（HAT）に対する阻害剤の評価にもHistacは用いられている[12]．またHistacの応答は，アセチル化ヒストンとブロモドメインの相互作用に依存しているため，残りの「読む」をターゲットにした阻害剤についても評価可能である．BRD2ブロモドメイン阻害剤であるBRD2-interacting compound-1（BIC1）は，TSAによるHistac-K12の応答を抑制した[10]．これは，実際に細胞の中でBIC1がBRD2のブロモドメインと結合して，アセチル化ヒストンH4とBRD2の結合を阻害することを意味している．よって，Histacシリーズはブロモドメイン阻害剤のスクリーニングにも応用可能である．

おわりに

今後の課題はハイスループット化である．これらの蛍光プローブは，基質ドメインを含んでいるので，蛍光プローブの発現量が異なる細胞間では基質と酵素の比が異なるため，応答の速度と変化量が異なってしまうという問題点があった．そのため，細胞に一過性に遺伝子導入した場合，同じレベルの蛍光強度をもつ細胞を探す作業を行わなければならなかった．これでは大量のケミカルバンクなどから調達したサンプルをスクリーニングしていくのは不可能である．そのため定常的に蛍光プローブを発現する細胞を作製する必要がある．最近，トランスポゾンを用いてFRET型蛍光プローブ定常発現細胞の作製に成功したとの報告もあり[13]．FRET型蛍光プローブを用いたハイスループットスクリーニングへの応用も現実的になってきている．

今回は主にエピジェネティクスのイメージングと創薬について述べたが，蛍光を用いたイメージング技術は，リプログラミングや分化の過程でのエピジェネティクスの動態観察など基礎研究にも貢献することが可能である．今後のさらなる研究の進展を期待したい．

参考文献

1) Hayashi-Takanaka Y, Yamagata K, et al：J Cell Biol 187, 781-790, 2009.
2) Hayashi-Takanaka Y, Yamagata K, et al：Nucleic Acids Res 39, 6475-6488, 2011.
3) Sasaki K, Ito T, et al：Proc Natl Acad Sci USA 106, 16257-16262, 2009.
4) Nguyen AW, Daugherty PS：Nat Biotechnol 23, 355-360, 2005.
5) Lam AJ, St-Pierre F, et al：Nat Methods 9, 1005-1012, 2012.
6) Lin CW, Jao CY, et al：J Am Chem Soc 126, 5982-5983, 2004.
7) Lin CW, Ting AY：Angew Chem Int Ed Engl 43, 2940-2943, 2004.
8) Chu L, Zhu T, et al：J Mol Cell Biol 4, 331-340, 2012.
9) Sasaki K, Ito A, et al：Bioorg Med Chem 20, 1887-1892, 2012.
10) Ito T, Umehara T, et al：Chem Biol 18, 495-507, 2011.
11) Furumai R, Matsuyama A, et al：Cancer Res 62, 4916-4921, 2002.
12) Dancy BM, Crump NT, et al：Chembiochem 13, 2113-2121, 2012.
13) Aoki K, Komatsu N, et al：Cancer Sci 103, 614-619, 2012.

参考ホームページ

・理化学研究所吉田化学遺伝学研究室
　http://www.riken.jp/r-world/research/lab/wako/chemi-gene/

佐々木和樹

2003年	東京大学大学院理学系研究科化学専攻博士課程修了 同大学院理学系研究科化学専攻分析化学研究室産学官連携研究員
2004年	理化学研究所吉田化学遺伝学基礎科学特別研究員
2007年	科学技術振興機構ERATO宮脇生命時空間情報プロジェクト研究員
2012年	科学技術振興機構さきがけ研究者

第3章　エピジェネティクスの技術開発と創薬

7. 再生医療とエピジェネティクス

梅澤明弘・西野光一郎

　ヒト多能性幹細胞は，その作製段階にてエピゲノム改変を生じ，再生医療における細胞評価に用いられる可能性は高い．細胞固有のエピゲノムパターンは細胞の組織特異的遺伝子発現パターンを決める記憶装置として働き，各細胞の性質を決定づける基盤となっている．ヒト多能性幹細胞のエピジェネティクス研究は，リプログラミング機構の解明につながるだけでなく，細胞の特性，未分化および分化制御機構の解明，さらには再生医療応用における移植細胞の細胞評価や規格化への応用につながる重要な領域である．ヒト体性細胞および多能性幹細胞のエピゲノム状態を定量することで細胞評価システムを構築できる．

はじめに

　ヒト細胞が組織から単離され，細胞製剤への可能性が検討されてきている．骨，軟骨，脂肪，腱，骨格筋，骨髄間質に由来する細胞は，グローバルな臓器再構築または細胞治療の生体マイクロデバイスとして利用されている．細胞製剤の原材料，中間製品および最終製品といった観点から，評価指標を明らかにしていくことは極めて重要と考える．その評価指標の1つとして，エピゲノム解析（エピゲノム試験）がある．本稿では，再生医療における特性解析[用解1]としてのエピゲノム解析の有効性を概説したい．

I．再生医療とは

　再生医療とは，細胞，組織，足場を利用して組織の再生を促すことで，組織の機能を回復させる治療戦略である．ここでは，主に細胞製品の特性解析としてエピゲノム試験が有用であることを紹介したい．細胞製品の特性解析には，分化能，ゲノム解析，タンパク質解析，感染物質の混入，また造腫瘍性試験がある（**表❶**）．これらの試験に加え，細胞の個性を決めるエピゲノムが有効であることが明らかとなってきた．エピゲノムの状態を明らかにすることで，細胞の品質（スペック）が決められる．細胞の性質を決めるのは，そもそもタンパク質の種類・量・修飾であるが，これらのタンパク質の種類と量は，mRNAの量と質，すなわち遺伝子発現に依存する．その遺伝子発現はエピゲノムによって決められるわけであるから，エピゲノム試験は細胞の同定およびその潜在性を示すことになる．

　エピゲノム試験を行う対象としては，最終製品および原材料である細胞となる．それらの細胞は，有限の寿命を有する体細胞だけでなく，無限の寿命を有するiPS細胞や胚性幹細胞（ES細胞）がある．有限の寿命を有する体細胞では，クローンでないことより一定の解析結果を得ることは難しいようにも思える．一方，iPS細胞およびES細胞ではクローンからなることより，正確なエピゲノム解析が可能となる．体細胞の場合でも，腫瘍性増殖が生じることにより均一の細胞集団となり，

---

key words

特性解析，細胞評価，判別式，主成分解析，網羅的解析，iPS細胞，胚性幹細胞

表❶ 特性解析項目

1. 多能性幹細胞（iPS細胞など）における多分化能
   a. 試験管内（胚葉体形成）
   b. 奇形腫形成
2. ゲノム
   a. 核型
   b. SNP array/CGH
   c. Exome/Whole genome
3. 識別
   a. STR
4. 未分化性
   a. 免疫組織化学
      i. Oct-4
      ii. Nanog
      iii. Tra-1-60
      iv. Tra-1-81
      v. 6E2
      vi. SSEA-4/3
   b. RT-PCR（外来・内在遺伝子）
      i. Oct-4
      ii. Nanog
      iii. Sox2
   c. Transcriptome
5. 形態
6. 形質転換
   a. 増殖
7. エピジェネティクス
   a. Bisulfite sequence法
   b. Illumina assay
8. 純度
   a. 細菌
   b. マイコプラズマ
   c. フィーダー細胞

正確なエピゲノム解析が可能となる場合もありうる。それぞれのエピゲノム解析結果を判断するための評価指標および評価基準は、これからの基礎的研究の成果に依存する。ここでは、そもそもリプログラミングによって作製されたiPS細胞では、エピゲノム試験評価項目および評価基準が一部明らかになっており、それらを例にして今後の再生医療におけるエピゲノム試験の理解を深めたい。

II．エピゲノム試験方法

再生医療におけるエピゲノム試験は、通常の研究に用いる方法を利用することが一般的である。エピゲノム解析には、基礎研究ではヒストン修飾、ゲノムメチル化、クロマチン構造、マイクロRNAなどのものが含まれる（第1章1～4を参照）が、再生医療の特性解析としてはその科学的評価が定まっていることより、ゲノムメチル化のみを行う。また、これらは一般的な基盤研究ではないことより、方法（フォーマット）を確立し、一定の手順を定め、標準作業手順書として共有することが要求される。ゲノムのエピゲノム解析には、メチル化に感受性を有する制限酵素を用いる方法、Bisulfite法（図❶，❷），Maxam-Gilbert法などの様々な方法がある（第1章5を参照）が、共通するプラットフォームとしては、近年目覚ましい進歩がみられる包括的な解析方法が一番良いのではないかと思う。

私は、網羅的DNAメチル化解析の方法であるIllumina Infinium HumanMethylation27Beadchip、およびIllumina Infinium HumanMethylation450Beadchipを用いたThe Infinium Methylation Assayを用いてきた。また、ゲノムDNAの抽出を含めた試験方法は、Illumina社が推奨する方法を採用している。これらの試験方法のみならず試験手順を固定することは、再生医療製品の評価を一般化するためにも必要不可欠である。当初は27Kのフォーマットを使用していたが、現在では450Kを使用している。少なくとも現時点においてはIllumina社のフォーマットは上位互換（450Kのプローブ中に27Kはすべて含まれる）となっているため、過去のデータを利用することができ、エピゲノム試験による特性評価に一貫性が担保できる。試験結果に対して評価判断基準は、前述したように全く定まっていないものの、判別式、主成分解析（図❸）、階層的クラスタ解析を含めて、最近は機械学習（線系分類）を用いることも可能となり、今後の研究の進展によるところが大きい。

III．iPS細胞に対するエピゲノム解析

iPS細胞樹立のために導入されたOCT4, SOX2, KLF4, c-MYCの外来遺伝子はサイレンシングされ、内在性の未分化遺伝子の発現へと置き換わる。つまりエピゲノムパターンが幹細胞型へ変換され、ES細胞とほぼ同等の自己複製能と分化多能性をもつようになる[1,2]。裏を返せばiPS細胞のエピゲノム解析はリプログラミング機構の解析で

7. 再生医療とエピジェネティクス

図❶ 遺伝子プロモーター領域におけるメチル化状態の検討

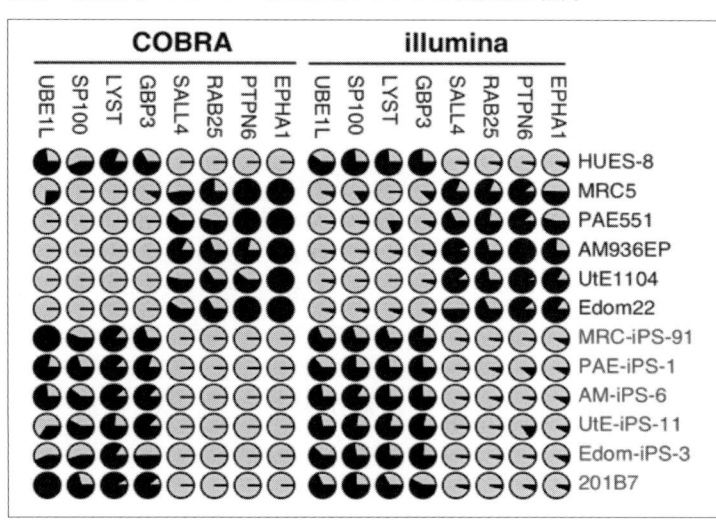

Illumina Infinium HumanMethylation27 Beadchip を用いた The Infinium Methylation Assay と Bio-COBRA 法の比較を行った。HUES-8 は ES 細胞であり，MRC5，PAE551，AM936EP，UtE1104，Edom22 は体細胞であり，MRC-iPS-91，PAE-iPS-1，AM-iPS-6，UtE-iPS-11，Edom-iPS-3，201B7 は iPS 細胞である。*EPHA1*，*PTPN6*，*RAB25*，*SALL4* は幹細胞特異的低メチル化領域をプロモーターにもつ遺伝子であり，*GBP3*，*LYST*，*SP100*，*UBE1L* は幹細胞特異的高メチル化領域をプロモーターにもつ遺伝子である。円グラフの黒い部分はメチル化された DNA の割合を示す。

図❷ Bisulfite 法によるメチル化解析

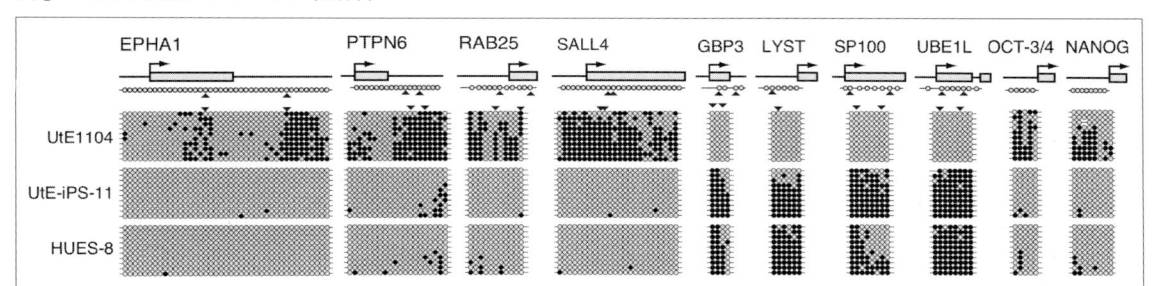

UtE1104 は体細胞であり，UtE-iPS-11 は iPS 細胞であり，HUES-8 は ES 細胞である。*EPHA1*，*PTPN6*，*RAB25*，*SALL4*，*OCT-3/4*，*NANOG* は幹細胞特異的低メチル化領域をプロモーターにもつ遺伝子であり，*GBP3*，*LYST*，*SP100*，*UBE1L* は幹細胞特異的高メチル化領域をプロモーターにもつ遺伝子である。上段に遺伝子の転写開始部位と第 1 エクソンを示す。

図❸ 多能性幹細胞と体細胞におけるエピゲノムに対する主成分解析

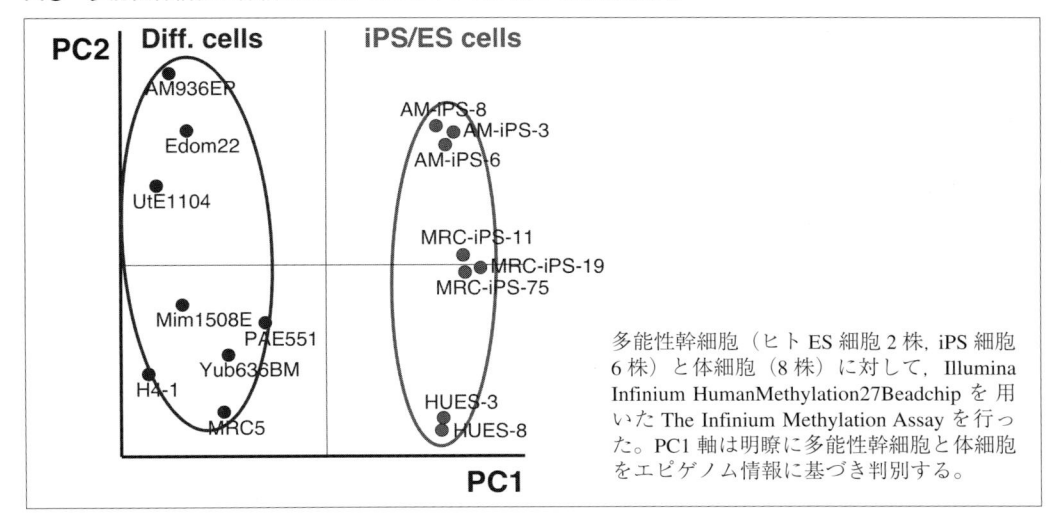

多能性幹細胞（ヒト ES 細胞 2 株，iPS 細胞 6 株）と体細胞（8 株）に対して，Illumina Infinium HumanMethylation27Beadchip を用いた The Infinium Methylation Assay を行った。PC1 軸は明瞭に多能性幹細胞と体細胞をエピゲノム情報に基づき判別する。

あり，iPS細胞を理解するうえで必要不可欠な研究である．しかし，これまでのヒトES細胞，iPS細胞研究では使用できる細胞株の数が限られていた．この問題を解決するため，われわれは8種類のヒト組織（子宮内膜，胎盤動脈，羊膜，胎児肺線維芽細胞，月経血，網膜，耳介軟骨，指皮膚）からヒトiPS細胞を300株以上樹立した[3)-7)]．これら貴重かつ豊富な細胞を用いて網羅的DNAメチル化解析を行い，膨大なDNAメチル化プロファイルデータを比較解析することでリプログラミング機構を理解するうえで興味深い結果を得ている．

これまで，幹細胞から特定の細胞へ分化するということは，発現できうる遺伝子を特定の遺伝子のみへ限定していくことであり，不必要な遺伝子をメチル化してOFFにしていくことだと考えられていた．つまり幹細胞はいろいろな遺伝子が発現可能であるために全ゲノム的には低メチル化状態であり，分化細胞では特定の遺伝子以外はメチル化されて抑制されているために全ゲノム的には高メチル化状態であると考えられていたのである．しかし，実際にDNAメチル化解析を行い詳細に調べてみると，全く逆の結果となった[6)7)]．iPS細胞やES細胞では分化した体細胞より高メチル化部位が明らかに多いのである．さらにiPS細胞を分化させてみると，高メチル化部位の数が減少した．多分化能を有する多能性幹細胞のほうが分化細胞より高メチル化状態なのである．これらの結果から，未分化状態とは分化をメチル化で抑えている状態であり，分化とは必要な遺伝子のメチル化を外し，ONにしているということになるのである．これらの結果を支持する結果がいくつかのグループからも報告されている[8)9)]．

IV. 多能性幹細胞特異的DNAメチル化領域

体細胞からiPS細胞へリプログラミングされる時の特異的遺伝子を同定するために，22株のヒトiPS細胞，その親細胞5株，ヒトES細胞5株のDNAメチル化プロファイルデータの比較解析から，iPS細胞において親細胞とは異なり，ES細胞とは共通のDNAメチル化領域，多能性幹細胞特異的DNAメチル化可変領域を220ヵ所同定した．また，網羅的遺伝子発現解析データとのマッチングにより，この220メチル化可変領域と発現変化に明らかに相関のある8遺伝子を同定した[7)]．*EPHA1*, *PTPN6*, *RAB25*, *SALL4*はES細胞，iPS細胞では低メチル化かつ高発現遺伝子であり，一方，*GBP3*, *LYST*, *SP100*, *UBE1L*は体細胞で低メチル化かつ高発現，ES細胞，iPS細胞で高メチル化かつ発現抑制されている遺伝子である．これまでiPS細胞樹立におけるエピジェネティクマーカーとしては*OCT4*および*NANOG*遺伝子しか知られていなかった．ここで同定された8遺伝子は，新たなエピジェネティクマーカーとして，iPS細胞の同定や細胞の評価マーカーとして有用性が高い．

iPS細胞は，形態や未分化遺伝子の発現，分化多能性などES細胞と同等の能力をもつ．しかし，網羅的DNAメチル化の比較解析からES細胞とは異なるメチル化可変領域があることが明らかとなった．各iPS細胞株とES細胞を比較すると，200-300領域においてES-iPS間で異なるDNAメチル化可変部位（異常メチル化部位）が検出された．異常メチル化部位は，iPS細胞樹立初期ほどその数は大きく，培養とともに減少していく[7)]．つまりiPS細胞は培養初期では，ES細胞との違いが大きく，iPS細胞株間の違いも大きいが，培養を続けていくと株間の違いが小さくなり，ES細胞に近づいていくのである．これまでに網羅的遺伝子発現パターン解析の研究から，培養期間とともにiPS細胞がES細胞化していくことが報告されていた[10)]．われわれは培養に伴うiPS細胞のES細胞化をエピジェネティクスの側面から初めて証明した．しかし異常メチル化部位は，22株のヒトiPS細胞で共通する領域は検出されなかった．iPS細胞における異常メチル化はゲノムDNA上にランダムに起こる現象なのである．

1. 山中4因子による一時的な高メチル化の波

長期培養とともにiPS細胞の異常メチル化領域の数は減少し，ES細胞に近づいていく．しかし，ES細胞化への過程は複雑なエピジェネティクス

変化を伴うものであった。子宮内膜細胞由来iPS細胞（UtE-iPS-11）を例にとって解説する。異常メチル化部位の個々の領域に注目してその変化を見てみると，培養初期（P13）における異常メチル化部位の数は300ほどである。この異常メチル化部位の数は培養とともに減少していく。しかしP18では新たなES-iPS-DMRsが出現し，培養とともに減少していく。同様にP31，P39においても新たな異常メチル化部位が出現していた。異常メチル化部位は出現と消失を繰り返しながら，総数としては減少してES細胞に近づいていくのである。さらに個々の異常メチル化部位のメチル化率に注目してみると，異常メチル化部位は単純にES細胞のレベルに近づくのではなく，一過性の高メチル化状態を経てES細胞化していくことが明らかになった。この傾向はすべてのiPS細胞株に共通に観察された。iPS細胞は高メチル化異常の波にさらされながら，ES細胞に近づいていく姿が浮かび上がってきた。つまり，外来遺伝子非依存的なリプログラミングとは「一過性の高メチル化異常の波」の「収束」によるものなのである。

V. エピジェネティクスによる形質転換の推測

再生医療を念頭においた場合，培養という過程は「がん化」への一歩を進んでいると言える。身も蓋もないような結論を先に言ってしまって申し訳ないが，そのことを念頭においておかないと議論が先に進まないことが多い。がん化への一歩がどの程度であり，それが再生医療の受益者である患者の利益と不利益のバランスを考慮に入れた場合に，許容できるかどうかは個々の事象として判断することが要求される。移植する細胞を培養することのない骨髄移植および臍帯血移植において，ドナー細胞が白血病化したという報告はあるものの，その頻度が決して高くないことから造血幹細胞移植は変わらぬ高い評価を受けている。前述した培養過程によるリスクを正確に捉え，再生医療・細胞移植を進めることが肝要となる。

培養細胞の形質転換は，増殖因子依存性の低下，増殖速度の増加，形態変化（小型化，不揃いな形，アポトーシス），接触阻止の喪失とパイルアップ，運動性向上，足場依存性の喪失（軟寒天コロニー形成），分化能の変化によって判断されてきた。特に免疫不全動物への培養細胞の移植は，形質転換の生体におけるアッセイで最も大事である。また，腫瘍化過程にテロメレース活性の出現，つまり *hTERT* 遺伝子発現は必要不可欠である。これらの変化のみならず，現在は再生医療用の細胞製剤にてゲノム試験を行う可能性について，医薬品医療機器総合機構科学委員会細胞組織加工製品専門部会にて議論がなされるようになってきた。ゲノムの変化に加え，エピゲノム変化が細胞がん化に直接的な原因となることが基盤的研究から解明されてきている（第2章1を参照）。再生医療製品の形質転換に関しても，それらの知見から判断することができる可能性が出てきた。正常な細胞のエピゲノム状態および形質転換した細胞のエピゲノム状態にかかるデータベース（第1章6を参照）が，細胞医療製品の特性解析評価における判断基準を決める際の基盤となる。

おわりに

細胞固有のエピゲノムパターンは細胞の組織特異的遺伝子発現パターンを決める記憶装置として働き，各細胞の性質を決定づける基盤となっている[11]。そのことより，再生医療応用における原材料および最終製品としてのヒト体性細胞の細胞評価や規格化へのエピゲノム試験応用は重要な領域である。体細胞（組織幹細胞を含む）は骨髄，臍帯血，臍帯，胎盤，月経血，子宮内膜，胎児，真皮，脂肪，末梢血，歯周靭帯，滑膜，その他ほとんどすべての組織から分離できる。体細胞は必要に応じて増殖分化を行い，組織の恒常性を維持し，組織の損傷の際には組織の修復・再生を引き起こすことができ，そのエピゲノム評価についての将来的展望を概説した。iPS細胞の評価には，多能性幹細胞特異的DNAメチル化可変遺伝子群の適切なメチル化状態の検定，異常メチル化領域の特定，さらには異常メチル化領域の数もモニタリングする必要がある。iPS細胞を用いた再生医療の実現は確実に近づいている。近年，急速な発展をみせ

るエピジェネティクス研究は再生医療の実現へ向けて重要な役割を担っている。

謝辞
原稿作成に関し支援いただいた鈴木絵李加氏に感謝します。

用語解説

1. **特性解析（再生医療における細胞評価）**：ヒト細胞の医療応用に際して必要となる特性解析では，特異的遺伝子や分化マーカー遺伝子の発現量の定量，インプリンティング遺伝子について，その発現安定性，細胞表面抗原のFACS解析および免疫組織染色，移植細胞の組織学的解析が行われている。これらの特性解析は，特に原材料となるヒトES細胞およびiPS細胞において国際的に標準化が進められている。

参考文献

1) Takahashi K, et al：Cell 126, 663-676, 2006.
2) Takahashi K, et al：Cell 131, 861-872, 2007.
3) Nagata S, et al：Genes Cells, 14, 1395-1404, 2009.
4) Makino H, et al：Exp Cell Res 315, 2727-2740, 2009.
5) Toyoda M, et al：Genes Cells 16, 1-11, 2011.
6) Nishino K, et al：PLoS One 5, e13017, 2010.
7) Nishino K, et al：PLoS Genet 7, e1002085, 2011.
8) Doi A, et al：Nat Genet 41, 1350-1353, 2009.
9) Deng J, et al：Nat Biotechnol 27, 353-360, 2009.
10) Polo JM, et al：Nat Biotechnol 28, 848-855, 2010.
11) Umezawa A, et al：Mol Cell Biol 17, 4885-4894, 1997.

参考ホームページ

・医薬品医療機器総合機構科学委員会細胞組織加工製品専門部会
http://www.pmda.go.jp/guide/kagakuiinkai/saibou-senmonbukai.html

（医薬品医療機器総合機構（PMDA）は，医薬品・医療機器審査等業務の科学的側面に関する事項を審議する機関として，2012年5月14日に科学委員会を設置した。より有効性・安全性の高い医薬品・医療機器を迅速に国民に提供するというPMDAの理念に基づき，今後の医療イノベーションの推進も踏まえ，レギュラトリーサイエンスの積極的推進とともに，アカデミアや医療現場との連携・コミュニケーションを強化し，先端科学技術応用製品へのより的確な対応を図ることを目的とする。医薬品・医療機器のうち，細胞組織加工製品（再生医療製品）の審査に関する科学委員会専門部会は，PMDA職員と抱えている課題について議論を行う場として設置した。再生医療における細胞特性を議論する場になっており，議事録，会議資料がアップロードされているウェブサイトである。）

梅澤明弘

1985年	慶應義塾大学医学部卒業
1989年	同大学院医学研究科病理学専攻課程修了（単位取得） 慶應義塾大学医学部病理学助手
1991年	米国カルフォルニア大学サンディエゴ校内科学教室研究員
1992年	米国ラ・ホヤ癌研究所研究員
1994年	慶應義塾大学医学部病理学助手
1995年	同専任講師
1999年	同助教授
2002年	国立成育医療センター研究所生殖医療研究部長
2009年	同生殖・細胞医療研究部長
2011年	独立行政法人国立成育医療研究センター研究所副所長，再生医療センター長，生殖・細胞医療研究部長

索引

キーワード INDEX

●ギリシャ文字
β 細胞 ……………………… 112

●数字
1 型 ICF 症候群 …………… 210
1 型遺伝性感覚性自律神経性
　ニューロパチー・タイプ E … 212
1 分子シークエンシング …… 245
3C ……………………… 54, 256
5- ヒドロキシメチルシトシン … 231
5- メチルシトシン ………… 231
14 番染色体父親性ダイソミー
　（UPD(14)pat）症候群 …… 206
14 番染色体母親性ダイソミー
　（UPD(14)mat）症候群 …… 206

●A
ADCA-DN ………………… 213
Angelman 症候群 ………… 189
Argonaute（Ago）…………… 44
azacitidine …………………… 85

●B
Beckwith-Wiedemann 症候群（BWS）
　………………………………… 195
BMP7 ……………………… 118
BRD2 ……………………… 268
BRDT ……………………… 268
B 型肝炎ウイルス …………… 70

●C
ChIA-PET …………………… 54
ChIP-seq …………………… 50
chromatin accessibility …… 52
CpG アイランド ……………… 24
CTCF ……………………… 226
C 型肝炎ウイルス …………… 70
Cdkn2a ……………………… 40

●D
decitabine …………………… 85
DNA 脱メチル化剤 ………… 140
DNA メチル化 …… 24, 44, 51, 77, 88,
　　　　　　　　98, 112, 158, 165,
　　　　　　　　179, 190, 231
DNA メチル化異常 ………… 137
Dnmt1 ……………………… 27
DNMT1 ………………… 71, 148
Dnmt3a ……………………… 25
Dnmt3a2 …………………… 26
Dnmt3b ……………………… 25
DNMT3B …………………… 72
Dnmt3L ……………………… 26
DNMT 阻害剤 …………… 85, 93

DOHaD ………………… 107, 184

●E
ES 細胞 ……………………… 37
EU …………………………… 55
Ezh2 ………………………… 39

●F
FAD ………………………… 108
FK228 ……………………… 266
FKBP5 ……………………… 145
FRET ……………………… 267

●G
GABA シフト ……………… 144
G-CIMP ……………………… 77

●H
HBII-85（SNORD116）…… 192
HDAC ………………… 118, 149
HDAC 阻害剤 ……… 86, 89, 266
Helicobacter pylori ………… 137
Histac ……………………… 267
HSN1E ……………………… 212

●I
iChIP ……………………… 254
ICON プローブ …………… 233
IDH1 遺伝子変異 …………… 76
IGF2/H19 ドメイン ………… 196
IHEC ………………………… 55
INK4A-ARF ………………… 96
lncRNA ……………………… 43
iPS 細胞 ……………… 101, 271

●J
JmjC ドメイン ……………… 32

●K
Kabuki 症候群 …………… 219
Kcc2 ………………………… 144
KCNQ1 ドメイン ………… 196
Kleefstra 症候群 ………… 221

●L
LINE-1 …………………… 154
LSD1 …………………… 32, 109
lymphoma ………………… 82

●M
MeCP2 …………………… 158
MECP2 …………………… 148
microRNA（miRNA）…… 43, 161
MMPs ……………………… 135

MS ………………………… 257

●N
neprilysin ………………… 150
Nfatc1 …………………… 132
NIH ………………………… 59

●O
one carbon metabolism …… 149
Osterix …………………… 133

●P
p53 ………………………… 96
PGC1α …………………… 113
PICh ……………………… 256
piRNA ……………………… 43
PPARγ …………………… 114
Prader-Willi 症候群 ……… 189
PRC ………………………… 96
PRC1 ……………………… 37
PRC2 ……………………… 39

●R
Ras ………………………… 95
RANKL …………………… 132
RB ………………………… 96
RNA スプライシング ……… 41
romidepsin ………………… 86
RRBS ……………………… 245
RTT モデルマウス ………… 159
Rubinstein-Taybi 症候群 … 219
Runx2 …………………… 133

●S
SASP ……………………… 96
Say-Barber-Biesecker-Young-Simpson
　症候群 ……………………… 220
Silver-Russell 症候群（SRS）… 202

●T
Th1 細胞 ………………… 124
Th2 細胞 ………………… 124
T 細胞リンパ腫 ………… 215

●U
UBE3A …………………… 190

●V
vorinostat ………………… 86

●X
X 染色体不活性化 ………… 46

キーワード INDEX

●あ
- アセチル化 247, 260
- アルツハイマー病 149
- アレルギー 123

●い
- 胃がん 64
- 胃がん予防 140
- 維持DNAメチル化酵素 210
- 一卵性双生児 155
- 遺伝環境相互作用 153
- 遺伝子発現 247
- イメージング 266
- インプリンティングセンター（IC） 202
- インプリンティング調節領域（ICR） 202
- インプリント異常症 180
- インプリント制御領域 46

●う
- うつ 187

●え
- エネルギー代謝 106
- エピゲノム 112
- エピジェネティクス 77, 88, 103, 158, 164, 172, 247, 254
- エピジェネティック修飾 44
- エピジェネティクス制御化合物 262
- エピジェネティック毒性 144
- エピジェネティック毒性リスク評価システム 146
- エピジェネティックドラッグ 260

●お
- オスミウム酸化 233
- オスミウム酸カリウム 233

●か
- 外因性内分泌かく乱物質（EDCs） 185
- 科学技術振興機構 58
- 核移植 103
- 可塑性 168
- 片親性ダイソミー 190, 202
- がん 95, 103, 252, 262
- がん遺伝子 95
- がん幹細胞 104
- がん細胞の不均一性 104
- 環境因子 127
- 肝硬変症 70
- 肝細胞がん 70
- がん診断 67

- がん治療 40
- 肝臓 115

●き
- 急性骨髄性白血病（AML） 82, 213
- 虚血 118
- 偽性副甲状腺機能低下症（PHP） 204

●く
- グリア瘢痕 172
- クロマチン 254
- クロマチン構造 113
- クロマチン相互作用 54
- クロマチン免疫沈降 50

●け
- 蛍光プローブ 267
- 継代効果 107
- ゲノムインプリンティング 178, 189
- ゲノムプライミング 144
- ゲノム網羅的バイサルファイトシークエンシング（WGBS） 238
- 健康長寿 131

●こ
- 膠芽腫（グリオブラストーマ） 76
- 合成エストロゲン 186
- 行動特性 220
- 呼吸鎖 109
- 国際コンソーシアム 55
- 国際ヒトエピゲノムコンソーシアム（IHEC） 55, 74, 187
- 骨格筋 113
- 骨芽細胞 133
- 骨髄異形成症候群（MDS） 82, 214
- 骨髄増殖性疾患（MPD） 83
- 骨粗鬆症 131
- コヒーシン 223
- 高血圧 117

●さ
- 再生医療 171
- サイトカイン 124
- 細胞移植医療 101
- 細胞イメージング 41
- 細胞周期 249
- 細胞老化 95
- 細胞評価 271

●し
- ジエチルスチルベストロー（DES） 186
- 子宮内発育遅延 107
- 軸索伸展阻害因子 172

- 次世代シークエンサー 237
- 次世代シーケンサー 50
- 質量分析 248
- 姉妹染色分体分離 224
- 周産期の異常 184
- 修飾部位特異的抗体 248
- 主成分解析 272
- 常染色体優性小脳失調・聴覚消失・ナルコレプシー 213
- 小児腫瘍 196
- 食塩感受性 118
- 新規DNAメチル化酵素 210
- 神経幹細胞 173
- 神経幹細胞移植 173
- 神経膠腫 76
- 神経疾患 158
- 神経発達障害 158
- 新生児一過性糖尿病（TNDM） 205

●す
- 膵臓 112
- スナネズミ 139
- 刷り込み遺伝子 195
- 刷り込み制御領域（ICR） 195
- 刷り込み中心 190
- 刷り込みドメイン 191
- 刷り込み変異 190

●せ
- 生活習慣 67
- 生殖細胞系列 217
- 生殖補助医療（ART） 200
- 精神運動発達遅滞 223
- 精神遅滞 217
- 成長障害 223
- 脊髄損傷 172
- セルソーター 121
- 先天奇形症候群 217
- 全胞状奇胎 185

●そ
- 双極性障害 153
- 創薬 262
- 阻害剤 260

●た
- ターゲットバイサルファイトシークエンシング 245
- 代謝性疾患 106
- 代謝メモリー 106
- 胎盤特異的DNAメチル化 187
- 耐容1日摂取量 142
- タグカウント 238
- 脱メチル化 32, 262

▶▶キーワード INDEX

多発奇形症候群 …………… 226

●て
低悪性度グリオーマ ………… 79
転写因子 …………………… 124
転写 …………………………… 31
転写制御 …………………… 247
転写抑制因子 ……………… 161
転写調節 …………………… 226

●と
統合失調症 ………………… 153
透析 ………………………… 117
糖尿病性腎症 ……………… 120
特性解析 …………………… 271
毒性試験 …………………… 142
トランスポゾン …………… 270
トリコスタチン A（TSA）……… 268

●な
ナショナルセンターバイオバンク
　ネットワーク …………… 187

●に
二核ペルオキソタングステン酸
　カリウム塩 ……………… 234
乳がん ………………………… 88
尿毒素 ……………………… 121
妊娠高血圧症候群 ………… 185

●ぬ
ヌクレオソーム ………… 25, 52

●の
脳機能 ……………………… 158
脳神経系 …………………… 166
ノンコーディング RNA ……… 92
脳腫瘍幹細胞 ………………… 80

●は
パーキンソン病 …………… 151

バイアブルイエローアグーチ
　マウス …………………… 143
バイオマーカー ……………… 67
バイサルファイトシークエンシング
　（BS） …………………… 240
胚性幹細胞 ………………… 271
ハイドロキシメチルシトシン … 154
ハイブリダイゼーション
　キャプチャー …………… 245
破骨細胞 …………………… 131
発がんリスク診断 ……… 72, 140
発達 ………………………… 165
発達障害 …………………… 165
バルプロ酸 ………… 155, 174
反応性アストロサイト ……… 172
判別式 ……………………… 272

●ひ
微小環境 …………………… 173
ヒストン ……………………… 31
ヒストン H4 ………………… 268
ヒストン修飾 … 37, 77, 89, 112, 166
ヒストン修飾酵素異常症 …… 217
ヒストン脱メチル化酵素 …… 261
ヒストン翻訳後修飾 ……… 247
ヒストンメチル化酵素 …… 261
ビスフェノール A（BPA）… 142, 186
ヒトエピゲノムプロジェクト … 58
ヒト死後脳 ………………… 153
ヒト生殖補助医療 ………… 178
ヒドロキシメチルシトシン … 51
ピペリジン ………………… 235
肥満 ………………………… 106
ピロリ菌 …………………… 137

●ふ
父性片親性ダイソミー（父性 UPD）
　 …………………………… 199
不妊症 ……………………… 178
ブロモドメイン ……… 262, 268

●へ
変形性関節症 ……………… 135

●ほ
乏精子症 …………………… 179
ポリコーム群 ………………… 37

●ま
マルチローカスメチル化異常 … 199
慢性炎症 ………………… 70, 140
慢性肝炎 …………………… 70
慢性腎臓病 ………………… 121

●む
無毒性量 …………………… 142

●め
メチル化 ………… 31, 64, 247, 260
メチル化 DNA 結合タンパク質 … 158
メチル化 DNA 免疫沈降（MeDIP）
　 …………………………… 240
メチル化可変領域（DMR） 196, 202
メチローム解析 …………… 237
メディエーター …………… 226

●も
網羅的解析 ………………… 272

●り
リプログラミング ………… 103
リンパ腫（lymphoma） ……… 82

●れ
レガシーエフェクト ……… 120
レット症候群（RTT） ……… 158
レトロトランスポゾン ……… 45

特集関連資料記事広告

UNITECH
バイオ医薬研究支援受託サービス

ユニーテック株式会社

〒277-0005　千葉県柏市柏367-2
TEL：0120-81-9788　FAX：04-716612039
http://www.uniqtech.co.jp
E-mail：eigyo@uniqtech.co.jp

[主な事業内容]

■Genomics & Gene Engineering
① DNA Sequence
② SNPs解析
③ メチル化解析
④ マイクロアレイ解析

■遺伝子改変マウス
① トランスジェニックマウス・ラット作製
② BAC Tgマウス・ラット作製
③ ノックインマウス作製，ノックアウトマウス作製
（ES細胞をご供与いただきマウス作製することも可能です）

■動物飼育・実験受託
① マウス飼育・繁殖
② マウス凍結胚作製・凍結精子作製
③ マウスSPF化
④ 動物実験受託
⑤ 薬理薬効試験
⑥ 各種動物試験

■iPS細胞関連受託
① iPS細胞作製（樹立）受託
② iPS細胞多能性能確認試験
③ ES／iPS細胞細胞対応フィーダー細胞（MEF）販売

■遺伝子組み換えタンパク質発現・精製受託（発現ベクター構築）
① 遺伝子組み換え大腸菌（E.coli）の培養・精製受託
② 組み換えバキュロウイルスを用いた昆虫細胞培養・精製受託
③ 動物細胞培養・精製受託
④ 酵母培養・精製受託

■ウイルス作製受託
① レトロウイルス作製受託
② アデノウイルス作製受託

■抗体作製受託
① モノクローナル抗体作製受託
② ポリクローナル抗体作製受託（ペプチド合成）

国内の自社ラボにて作製しております。お問い合わせは営業部まで。随時、ご説明に伺います！

エピジェネティクス研究用試薬

DNAメチル化阻害剤

A2033	5-Azacytidine (>95.0%)	100mg 5,000円 / 1g 25,900円
New A2232	5-Aza-2'-deoxycytidine	20mg 9,800円 / 100mg 34,300円
G0272	Genistein (>96.0%)	100mg 7,300円 / 1g 26,500円
A1163	Procaine Hydrochloride (>98.0%)	25g 2,300円
E0694	(-)-Epigallocatechin Gallate Hydrate (>98.0%)	100mg 12,300円
C0002	Caffeic Acid (>98.0%)	5g 3,700円 / 25g 12,400円
C0181	Chlorogenic Acid Hydrate (>98.0%)	1g 9,900円 / 5g 34,400円
H0409	Hydralazine Hydrochloride (>99.0%)	25g 8,900円

ヒストン脱アセチル化酵素（HDAC）阻害剤

New H1340	NCC-149 [1] (>95.0%)	5mg 19,900円
New H1388	Vorinostat (=SAHA) (>98.0%)	200mg 13,900円
New A2501	Acetyldinaline (>98.0%)	10mg 9,800円 / 50mg 34,300円
New D4188	M 344	20mg 16,600円 / 100mg 58,000円
New S0892	Splitomicin (>98.0%)	200mg 9,500円 / 1g 32,800円
T2477	Trichostatin A (>98.0%)	10mg 36,700円
S0519	Sodium Butyrate (>98.0%)	25g 3,100円 / 100g 6,400円
P0823	Valproic Acid (>99.0%)	25mL 5,300円 / 500mL 44,300円
S0894	Valproic Acid Sodium Salt	25g 4,900円 / 100g 14,900円

ヒストン脱メチル化酵素阻害剤

New A2411	NCL-1·HCl [2] (>97.0%)	5mg 27,700円
New D4078	NCDM-32b [3] (>97.0%)	5mg 15,000円
P0553	2,4-Pyridinedicarboxylic Acid Hydrate (>98.0%)	5g 7,500円 / 25g 22,300円
New D4015	Daminozide (>98.0%)	5g 4,800円 / 25g 16,800円

メチル化ヌクレオシド

D3610	2'-Deoxy-5-methylcytidine (>98.0%)	100mg 5,600円 / 500mg 16,200円 / 5g 97,400円
M1931	5-Methylcytidine (>98.0%)	1g 13,200円

[1) 2) 3)] 名古屋市立大学 宮田直樹先生，京都府立医科大学 鈴木孝禎先生らのご指導のもと製品化いたしました。

これらの製品はすべて"試薬"です。試験・研究用にご使用ください。
上記以外の化合物についてもお問合せください。受託合成での対応も可能です。

製品の詳細はホームページで ▶▶▶ エピジェネティクス

東京化成工業株式会社

お問い合わせは　東京化成販売（株）　Tel: 03-3668-0489　Fax: 03-3668-0520
　　　　　　　　大阪営業所　　　　　 Tel: 06-6228-1155　Fax: 06-6228-1158
www.TCIchemicals.com/ja/jp/　twitter.com/TCI_J　facebook.com/tci.jp

トランスレーショナルリサーチを支援する　※1, 3, 7, 8号は在庫がございません

遺伝子医学 MOOK
Gene & Medicine

10号
DNAチップ/マイクロアレイ臨床応用の実際
- 基礎, 最新技術, 臨床・創薬研究応用への実際から今後の展開・問題点まで -

編　集：油谷浩幸
　　　　（東京大学先端科学技術研究センター教授）
定　価：6,100円（本体5,810円＋税）
型・頁：B5判、408頁

9号
ますます広がる 分子イメージング技術
生物医学研究から創薬, 先端医療までを支える
分子イメージング技術・DDSとの技術融合

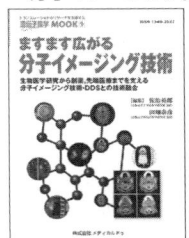

編　集：佐治英郎
　　　　（京都大学大学院薬学研究科教授）
　　　　田畑泰彦
　　　　（京都大学再生医科学研究所教授）
定　価：5,600円（本体5,333円＋税）
型・頁：B5判、328頁

6号
シグナル伝達病を知る
- その分子機序解明から新たな治療戦略まで -

編　集：菅村和夫
　　　　（東北大学大学院医学系研究科教授）
　　　　佐竹正延
　　　　（東北大学加齢医学研究所教授）
編集協力：田中伸幸
　　　　（宮城県立がんセンター研究所部長）
定　価：5,250円（本体5,000円＋税）
型・頁：B5判、328頁

5号
先端生物医学研究・医療のための遺伝子導入テクノロジー
ウイルスを用いない遺伝子導入法の材料, 技術, 方法論の新たな展開

編　集：原島秀吉
　　　　（北海道大学大学院薬学研究科教授）
　　　　田畑泰彦
　　　　（京都大学再生医科学研究所教授）
定　価：5,250円（本体5,000円＋税）
型・頁：B5判、268頁

4号
RNAと創薬

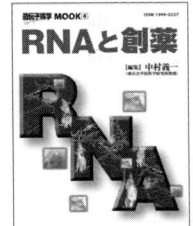

編　集：中村義一
　　　　（東京大学医科学研究所教授）
定　価：5,250円（本体5,000円＋税）
型・頁：B5判、236頁

2号
疾患プロテオミクスの最前線
- プロテオミクスで病気を治せるか -

編　集：戸田年総
　　　　（東京都老人総合研究所グループリーダー）
　　　　荒木令江
　　　　（熊本大学大学院医学薬学研究部）
定　価：6,000円（本体5,714円＋税）
型・頁：B5判、404頁

お求めは医学書販売店、大学生協もしくは弊社購読係まで

発行／直接のご注文は
株式会社 メディカルドゥ

〒550-0004
大阪市西区靭本町1-6-6　大阪華東ビル5F
TEL.06-6441-2231　FAX.06-6441-3227
E-mail　home@medicaldo.co.jp
URL　http://www.medicaldo.co.jp

トランスレーショナルリサーチを支援する

遺伝子医学 MOOK
Gene & Medicine

16号
メタボロミクス：その解析技術と臨床・創薬応用研究の最前線

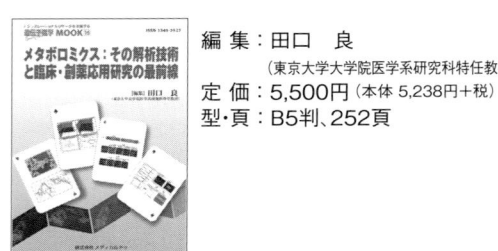

編 集：田口 良
（東京大学大学院医学系研究科特任教授）
定 価：5,500円（本体 5,238円＋税）
型・頁：B5判、252頁

15号
最新RNAと疾患
今，注目のリボソームから
疾患・創薬応用研究までRNAマシナリーに迫る

編 集：中村義一
（東京大学医科学研究所教授）
定 価：5,400円（本体 5,143円＋税）
型・頁：B5判、220頁

14号
次世代創薬テクノロジー
実践：インシリコ創薬の最前線

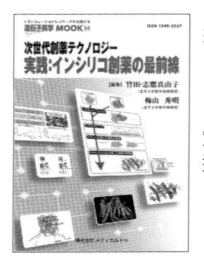

編 集：竹田-志鷹真由子
（北里大学薬学部准教授）
　　　梅山秀明
（北里大学薬学部教授）
定 価：5,400円（本体 5,143円＋税）
型・頁：B5判、228頁

13号
患者までとどいている 再生誘導治療
バイオマテリアル，生体シグナル因子，細胞
を利用した患者のための再生医療の実際

編 集：田畑泰彦
（京都大学再生医科学研究所教授）
定 価：5,600円（本体 5,333円＋税）
型・頁：B5判、316頁

12号
創薬研究者必見！
最新トランスポーター研究2009

編 集：杉山雄一
（東京大学大学院薬学系研究科教授）
　　　金井好克
（大阪大学大学院医学系研究科教授）
定 価：5,600円（本体 5,333円＋税）
型・頁：B5判、276頁

11号
臨床糖鎖バイオマーカーの開発
－糖鎖機能の解明とその応用

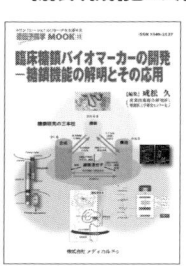

編 集：成松 久
（産業技術総合研究所
糖鎖医工学研究センター長）
定 価：5,600円（本体 5,333円＋税）
型・頁：B5判、316頁

お求めは医学書販売店、大学生協もしくは弊社購読係まで

発行／直接のご注文は

株式会社 メディカルドゥ

〒550-0004
大阪市西区靱本町 1-6-6　大阪華東ビル 5F
TEL.06-6441-2231　FAX.06-6441-3227
E-mail　home@medicaldo.co.jp
URL　http://www.medicaldo.co.jp

トランスレーショナルリサーチを支援する

遺伝子医学 MOOK
Gene & Medicine

22号
最新疾患モデルと病態解明, 創薬応用研究, 細胞医薬創製研究の最前線
最新疾患モデル動物, ヒト化マウス, モデル細胞, ES・iPS細胞を利用した病態解明から創薬まで

編　集：戸口田淳也
（京都大学iPS細胞研究所教授
京都大学再生医科学研究所教授）
池谷　真
（京都大学iPS細胞研究所准教授）
定　価：5,600円（本体 5,333円＋税）
型・頁：B5判、276頁

21号
最新ペプチド合成技術とその創薬研究への応用

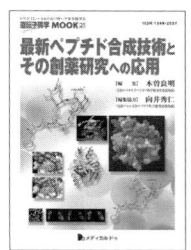

編　集：木曽良明
（長浜バイオ大学客員教授）
編集協力：向井秀仁
（長浜バイオ大学准教授）
定　価：5,600円（本体 5,333円＋税）
型・頁：B5判、316頁

20号
ナノバイオ技術と最新創薬応用研究

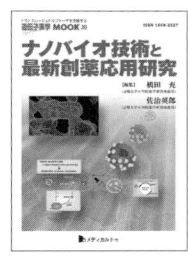

編　集：橋田　充
（京都大学大学院薬学研究科教授）
佐治英郎
（京都大学大学院薬学研究科教授）
定　価：5,400円（本体 5,143円＋税）
型・頁：B5判、228頁

19号
トランスポートソーム
生体膜輸送機構の全体像に迫る
基礎, 臨床, 創薬応用研究の最新成果

編　集：金井好克
（大阪大学大学院医学系研究科教授）
定　価：5,600円（本体 5,333円＋税）
型・頁：B5判、280頁

18号
創薬研究への分子イメージング応用

編　集：佐治英郎
（京都大学大学院薬学研究科教授）
定　価：5,400円（本体 5,143円＋税）
型・頁：B5判、228頁

17号
事例に学ぶ。実践、臨床応用研究の進め方

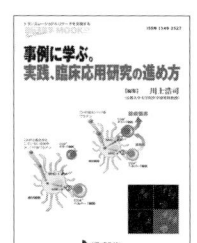

編　集：川上浩司
（京都大学大学院医学研究科教授）
定　価：5,400円（本体 5,143円＋税）
型・頁：B5判、212頁

お求めは医学書販売店、大学生協もしくは弊社購読係まで

発行／直接のご注文は
株式会社 メディカルドゥ

〒550-0004
大阪市西区靱本町 1-6-6　大阪華東ビル 5F
TEL.06-6441-2231　FAX.06-6441-3227
E-mail　home@medicaldo.co.jp
URL　http://www.medicaldo.co.jp

監修者プロフィール

佐々木裕之（ささき　ひろゆき）
九州大学生体防御医学研究所エピゲノム制御学分野　教授

<経歴>
- 1982年　九州大学医学部卒業
  同第一内科研修医
- 1987年　同大学大学院医学系研究科修了（医学博士）
  同遺伝情報実験施設助手
- 1990年　英国 AFRC 動物生理学遺伝学研究所・Cambridge 大学 Wellcome/CRC 研究所海外リサーチフェロー
- 1993年　九州大学遺伝情報実験施設助教授
- 1998年　国立遺伝学研究所人類遺伝研究部門教授
- 2010年　九州大学生体防御医学研究所エピゲノム学分野教授
  同大学主幹教授
- 2012年　同生体防御医学研究所所長

編集者プロフィール

中尾光善（なかお　みつよし）
熊本大学発生医学研究所細胞医学分野　教授

<経歴>
- 1985年　島根医科大学医学部医学科卒業
  久留米大学医学部小児科研修医
- 1991年　久留米大学大学院医学研究科博士課程修了（医学博士）
- 1992年　ベイラー医科大学，ハワードヒューズ医学研究所リサーチアソシエイト
- 1995年　熊本大学医学部助手
- 2000年　同大学医学部講師
- 2002年　同大学発生医学研究センター教授
- 2006年　同発生医学研究センター長
- 2009年　同発生医学研究所教授
- 2010年　同発生医学研究所長

中島欽一（なかしま　きんいち）
九州大学大学院医学研究院応用幹細胞医科学部門　教授

<経歴>
- 1990年　九州大学理学部化学科卒業
- 1992年　同大学大学院理学研究科化学専攻修士課程修了
- 1994年　平成 6 年度日本学術振興会特別研究員（〜 1996年）
  九州大学理学部化学科（〜 1995年）
- 1995年　九州大学大学院理学研究科化学専攻博士後期課程修了．博士（理学）取得
  大阪大学細胞生体工学センター（〜 1997年）
- 1996年　平成 8 年度日本学術振興会特別研究員（〜 1998年）
- 1997年　東京医科歯科大学難治疾患研究所（〜 1998年）
- 1998年　同助手（〜 2000年）
- 2000年　熊本大学発生医学研究センター助教授（〜 2004年）
- 2002年　平成 13 年度日本学術振興会海外特別研究員（ソーク研究所）（〜 2004年）
- 2004年　奈良先端科学技術大学院大学バイオサイエンス研究科教授（〜 2013年）
- 2013年　九州大学大学院医学研究院応用幹細胞医科学部門教授

遺伝子医学 MOOK 25
エピジェネティクスと病気

定　価：5,600 円（本体 5,333 円＋税）
2013 年 8 月 31 日　第 1 版第 1 刷発行

監　修　佐々木裕之
編　集　中尾光善・中島欽一
発行人　大上　均
発行所　株式会社 メディカル ドゥ

〒 550-0004　大阪市西区靭本町 1-6-6 大阪華東ビル
TEL. 06-6441-2231 / FAX. 06-6441-3227
E-mail：home@medicaldo.co.jp
URL：http://www.medicaldo.co.jp
振替口座　00990-2-104175
印　刷　モリモト印刷株式会社
©MEDICAL DO CO., LTD. 2013　Printed in Japan

- 本書の複製権・上映権・譲渡権・公衆送信権（送信可能化権を含む）は株式会社メディカルドゥが保有します。
- JCOPY ＜（社）出版者著作権管理機構　委託出版物＞
  本書の無断複写は著作権法上での例外を除き禁じられています。複写される場合は、そのつど事前に、（社）出版者著作権管理機構（電話 03-3513-6969、FAX 03-3513-6979、e-mail: info@jcopy.or.jp）の許諾を得てください。

ISBN978-4-944157-55-6